創新者們

掀起數位革命的天才、怪傑和駭客

INNOVATORS

How a Group of Hackers,
Geniuses and Geeks
Created the Digital
Revolution

Walter Isaacson
Author of Steve Jobs

《賈伯斯傳》作者
華特・艾薩克森__著　齊若蘭、陳以禮__譯

創新者們
掀起數位革命的天才、怪傑和駭客

目錄

the INNOVATORS

How a Group of Hackers,
Geniuses and Geeks
Created the Digital Revolution

推薦序

科技長河上游的智者群像

童子賢
和碩聯合科技董事長

《創新者們》的作者艾薩克森是博學多聞的典型，全書旁徵博引，字裡行間也充滿哲理深思。

艾薩克森探討科技創新且導引讀者去理解，所謂科技創新其實無法離開人文環境，也就是說科技創新宛如嬰兒、宛如幼苗，可成長、可茁壯，但文化與人文宛如母親、宛如土地，是撫育與滋養的源頭。這樣的觀察串起科技與文化的臍帶，這種哲思很有孔夫子「依於仁、遊於藝」的趣味。

也難怪書中引述賈伯斯的話「單是科技發展是不夠的，科技發展要能配合博雅教育，配合人文，才能帶領我們直抵心神嚮往的國度」來作最後一章的結論。

《創新者們》闡述資訊科技的發展歷史，介紹諸多科技發展傑出人物，從數學的模型創建到半導體發明的歷史人物，故事豐富、人物精彩、層次分明，很值得細細品嘗。

　　但往下發掘此書，因體系龐雜而不乏艱深苦澀之處，閱讀感受上有少年時期第一次閱讀《蒙田隨筆》的奮鬥趣味，《蒙田隨筆》中思想糾葛，敘事微妙且背後隱含博大精深的思考，當時不解古希臘斯多葛學派、伊比鳩魯學派的梗略，容易流於飛快閱讀的浮光掠影。因此細心的讀者可以閱讀《創新者們》，當成知識導覽與擴大閱讀的地圖。

　　書中令人印象深刻的其中一點是，強調菁英們也需要隊友，而創新需要好的團隊與好的平台。在介紹電晶體發明團隊貝爾實驗室的菁英時，此事尤甚，比如電晶體的諾貝爾獎舞台包含了量子物理學家巴丁、實驗高手布拉頓，當然還有名震江湖充滿熱情的蕭克利，追求知識與科技的熱情，「黏住」了這一整群恃才傲物的傑出菁英，而且作者也不忘提示背後的重中之重，其實是貝爾實驗室這樣的重要傑出平台，智者菁英與舞台相得益彰傳為佳話。

　　書中令人印象深刻的另外一個故事是，開場的夢幻與美麗的「數學」女士，居然是浪漫詩人拜倫的女兒愛達——一位熱愛數學與詩的伯爵夫人。在 19 世紀英國宮廷與貴族的「文學與科學沙龍」中，展現尊重文人與尊重知識的態度，在貴婦清談與杯觥交錯之間，不但不奢靡、不墮落，還為資訊科技累積了思想源頭，當他們不斷在宮廷與貴族間散播「數學與科學可以如詩一般美」的論述時，其實已經穿梭時空，預演了一齣精彩預告片，預告一百八十年後資訊科技世紀的到來。沙龍貴婦不愛水粉胭脂而愛好數學，王公貴族樂於與哲學家齊聚一堂辯論資訊處理的理論，也是科技發展歷史的佳話。

　　因此談科技創新不宜流於短視，而只追逐眼前的困難與因素，創新與設計一定觸及孕育創新構想的知識源頭與人文底蘊。

請容我引詩人楊澤的詩句作結：

我背坐水涯，夢想河的
上游有不朽的智慧和愛
（那是，啊，我們長久失去了的君父的城邦）

——楊澤〈彷彿在君父的城邦〉

推薦序

一場兩百年的腦力激盪

翟本喬

和沛科技股份有限公司總經理

　　你可能聽說過，福特在他的汽車廠使用生產線而大幅提高了生產力，但你知道生產線的原理是來自於 1790 年法國數學家戴普羅尼的想法嗎？你是否也知道，把複雜的運算變成一系列的簡單程式碼，也是源自同樣的概念？

　　你可能聽說過，很久以前的電腦用打孔卡片來儲存程式，但你知道打孔卡片最早是用來控制紡織機上面織出來的花樣的嗎？

　　在談到發明家的時候，我們很容易立刻由課本或小說裡的內容，想到像愛迪生、富蘭克林、達文西這樣的人物，一個人想出了許多改變歷史的重要發明。但這是一種很普遍的錯誤印象，它其實是來自於人類崇拜英雄的本能，使得作家把科學史過度簡化所造成的一種現象。任何一種改變人類生活的重大發明，都來自一群人的共同努力，而不會是一個人獨力完成的。而整個由發明到普及的過程，也不是革命性的一夕改變，而是逐步的讓普羅大眾漸漸接受。

7

《創新者們》這本書從愛達談起，乍看之下像是一個發明家的傳記。但隨著情節的鋪陳，作者帶出了一個又一個的科學家和發明家，娓娓道來他們對電腦和網路的貢獻。

書中提到了許多了解電腦歷史的人熟知的角色（不止是人而已），例如巴貝奇、圖靈、馮諾伊曼、夏農、艾肯、阿塔納索夫、莫渠利、艾科特、霍普、蕭克利、摩爾、貝爾實驗室、諾宜斯、基爾比、葛洛夫、洛克、布許聶爾、李克萊德、泰勒、羅勃茲、巴蘭、克萊洛克、瑟夫、布蘭德、恩格巴特、凱伊、全錄園區、麥卡西、羅伯茲、艾倫、蓋茲、沃茲尼克、賈伯斯、布李克林、斯托曼、托瓦茲、軟體、網際網路、電子郵件、電子布告欄、數據機、線上論壇、布萊恩、美國線上、馮麥斯特、高爾、柏納－李、安德生、瀏覽器、霍爾、威廉斯、部落格、坎寧安、威爾斯、維基百科、楊致遠、雅虎、佩吉、布林、搜尋引擎等等。但作者也不厭其繁的帶入了另外數十個次要的人物，而書中對他們的貢獻不是只以三言兩語帶過，而是不斷記錄他們和主線人物之間的互動，以及每一次互動時所提出的想法以及增加的價值。

你覺得前面這一段提出了太多的名字了嗎？我認為不這樣不足以彰顯出作者為了傳達他的理念所花費的巨大心力。透過這樣的呈現，作者在書中反反覆覆，不下十次的提到一套重要觀念：

一、偉大的創新通常是集體努力的結果，融合不同來源的小發明後產生的大結果。個人的靈光一現，其實是群體創造力交互激盪後爆發出的美麗火花。

二、個別天才和團隊合作並不衝突，而是相輔相成。有創意的天才想到的創新構想，必須仰賴和他們緊密合作、技術嫻熟的工程師把概念變成新發明。然後技術專才和創業家組成團隊，合力把新

發明變成實際產品。

　　三、真正成功推出創新產品的人，不是因為他們獨力完成一項發明，而是因為他們能從很多人身上學到新知，融滙貫通後加上自己的創新，再建立一支強大執行力的團隊，配合靈敏的商業頭腦，來實現他們的夢想。

　　資訊時代的實現，來自於這一場從十九世紀開始，到現在還沒有結束的腦力激盪。如果我們沒有設法去了解這些重大發明的來龍去脈，而只是試圖複製它的成果，那是注定要失敗的。最近幾年，台灣不管是產官學界，都一窩蜂把創新創業當作救國靈丹，拚命要把年輕人送上火線。希望這本書能讓大家對創新創業的過程，以及幕後所需的大環境背景，有更深入和真切的認識，而不再是揠苗助長，冀望人海戰術能讓創新創業一蹴可及。我們需要建立尊重天才、但又重視團隊的態度，追根究柢、發掘事實的習慣，以及跨域合作、多方結合的制度，才能在未來一百年腦力密集的世界競爭中，取得一席之地。

創新者們

the INNOVATORS

創新者們

掀起數位革命的天才、怪傑和駭客

Walter Isaacson

華特・艾薩克森__著　齊若蘭、陳以禮__譯

1843

勒夫雷思夫人愛達發表〈譯者評注〉，評論了巴貝奇的分析機。

1847

英國數學家布耳設法運用符號及方程式來表達邏輯敘述，為邏輯學帶來重大革新。

1890

何樂禮的打孔卡製表機，使人口普查能加速完成。

1931

麻省理工學院工程學教授布許建造了全世界第一部類比式電機電腦——「微分分析儀」。

1935

英國工程師弗拉沃斯率先在電子電路中使用真空管做為電路開關。

1937

圖靈發表〈論可計算數〉，描述了通用電腦的概念。

夏農描述，透過開關切換機制，可利用電路來執行布耳代數的各種函數。

貝爾實驗室的數學家史提必茲提議用電路設計計算機。

艾肯在哈佛大學之時，提議製造大型的數位電腦，並找到了巴貝奇的機器的部分零件。

阿塔納索夫在冬夜開車疾駛時，想出了電子電腦的整合概念。

1938

惠利特與普克德在帕洛奧圖的車庫裡創立了惠普公司。

1939

阿塔納索夫使用機械式轉鼓完成電子電腦的原型。

圖靈抵達布萊切利園，研究如何破解德軍密碼。

1941

楚澤完成了能完全運轉的電機式可編程通用數位電腦 Z3。

莫渠利到愛荷華州拜訪阿塔納索夫，親眼見到阿塔納索夫展示已完成的電腦。

1800

1942

阿塔納索夫完成了用
三百個真空管製成，
有部分功能的電腦，
然後應召入伍，離開
大學前往海軍。

1943

真空管電腦 Colossus
在布萊切利園完成，
主要功能是破解德軍
密碼。

1944

哈佛大學的馬克一號
開始運轉。

馮諾伊曼到賓州大學
打造 ENIAC。

1945

馮諾伊曼撰寫 EDVAC
報告初稿，內容主要描
述儲存程式型電腦。

ENIAC 的六位女程式
設計師，前往阿伯丁
試驗場受訓。

布許發表〈放膽去
想〉，提出了個人電
腦的構想。

布許發表〈科學，無
止境的邊疆〉，建議
美國政府資助學術界
及產業界的研究。

ENIAC 完全運轉。

1947

貝爾實驗室發明
電晶體。

1950

圖靈發表文章，討論
如何以圖靈測試來檢
驗人工智慧。

1952

霍普發展出史上第一
個電腦編譯器。

馮諾伊曼在普林斯頓
高等研究院完成現代
電腦。

UNIVAC 預測，艾森豪
將贏得美國總統大選。

1952

1957

諾宜斯、摩爾等人創立快捷半導體。

1961

甘迺迪總統宣示，要把人送上月球。

1954

圖靈自殺。

德州儀器引進矽電晶體，並發行口袋型 Regency 收音機。

蘇聯發射人類第一顆人造衛星旅伴號。

1962

MIT 的駭客造出「太空大戰」電玩。

李克萊德創立 ARPA 資訊處理技術局，並擔任首任局長。

恩格巴特與英格利希發明了滑鼠。

1960

李克萊德發表〈人機共生〉論文。

1958

美國國防部先進研究計畫署（ARPA）成立。

基爾比展示積體電路（微晶片）。

1956

蕭克利半導體成立。

首度舉辦人工智慧研討會。

1959

諾宜斯與快捷的伙伴也發明了微晶片。

蘭德公司的巴蘭提出封包交換的概念。

1963

李克萊德提出「星際電腦網路」構想。

恩格巴特與英格利希發明了滑鼠。

1964

凱西與歡樂搗蛋鬼社團展開橫跨美國的巴士之旅。

1965

科技趨勢專家尼爾森發表了第一篇有關於「超文件」的文章。

摩爾定律預測微晶片的效能每年約會加倍成長。

1966

布蘭德與凱西舉辦「旅程祭典」。

泰勒說服 ARPA 主任赫茲菲德提撥經費贊助 ARPANET。

英國學者戴維斯提出「封包」一詞。

1967

在密西根大學與蓋林堡舉行會議討論 ARPANET 網路計畫。

1968

羅勃茲為 ARPANET 的介面訊息處理器進行招標。

諾宜斯與摩爾創立英特爾,並聘任了葛洛夫。

布蘭德發行《全球概覽》創刊號。

恩格巴特在布蘭德的協助下,進行了「原型機之母」的特殊表演。

1969

ARPANET 設置了網路史上第一個節點。

1971

《電子新聞》週報的專欄作家霍夫勒開始寫一系列名為〈美國矽谷〉的專欄文章,「矽谷」之名從此流傳。

《全球概覽》舉行停刊大會。

英特爾公開 4004 微晶片。

工程師湯林生發明電子郵件。

1972

布許聶爾與艾爾康共同創造出熱門電玩「乓」。

1972

1974 英特爾 8080 處理器問世。

1978 BBS 誕生。

1973

凱伊在全錄的 PARC 協助創造出全錄奧圖。

梅特卡夫完成建立區域網路系統的乙太網路。

「社群記憶體」在加大柏克萊分校的里奧波德唱片行，裝設公用終端機。

康恩和瑟夫完成網路的 TCP/IP 協定。

1975

微儀系統家用電子公司做出 Altair 電腦。

艾倫與蓋茲為 Altair 電腦寫 BASIC 程式，之後創辦了微軟。

家釀電腦俱樂部舉辦首次聚會。

賈伯斯與沃茲尼克發表蘋果一號電腦。

1977

蘋果二號電腦發布。

1979 開發出 Usenet 新聞群組。

賈伯斯參觀全錄 PARC。

1980

IBM 與微軟進行會商，為個人電腦開發作業系統。

1981 家用的賀氏智慧數據機上市。

1983

微軟公布視窗系統。

斯托曼開始研發免費的系統 GNU。

1972

1984

蘋果發表麥金塔。

1985

布蘭德與布萊恩共同創辦「全球電子連結」（The Well）。

影控企業成立Q-Link，之後變成美國線上。

1991

瑞典裔芬蘭人托瓦茲公開首版的Linux 核心。

柏納-李公布全球資訊網WWW。

1993

安朱利森公開Mosaic 瀏覽器。

史帝夫·凱斯的美國線上提供直接連上網際網路的服務。

1994

個人部落格先鋒霍爾發布部落格與友站連結。

HotWired 以及時代公司的入口網站 Pathfinder 成為網路上首批主流雜誌出版公司。

1995

坎寧安的維基網站上線。

1997

IBM 的深藍電腦擊敗棋王卡斯帕羅夫。

1998

佩吉與布林公開Google。

1999

威廉斯公布Blogger 服務網。

2001

威爾斯與桑格成立維基百科。

2011

IBM 的華生電腦在益智節目「危險邊緣」中獲勝。

2011

前言
本書由來

　　電腦與網路是這個時代最重要的發明，但背後的創造者卻鮮為人知。電腦與網路並非由足以躍登雜誌封面、與愛迪生、貝爾和摩斯齊名的傑出發明家，獨自在閣樓或車庫中構思而成。數位時代大多數的創新其實都來自集體創作。許多有趣迷人的發明家參與其中，有些人極富創意巧思，少數人甚至是天才。本書談的正是這些先行者、駭客、發明家和創業家的故事 —— 他們是誰、他們的心智如何運作，以及他們為何擁有豐富的創造力。本書也描繪他們如何合作，以及團隊合作的能力為何能進一步提升他們的創造力。

　　這些團隊合作的故事很重要，因為一般書籍很少聚焦於團隊合作對創新的重要性。市面上有數千種書籍大力稱頌傳記作者筆下描繪或神化的人物，說他們是孤獨的發明家。我自己就寫了好幾本這類書籍。只要在亞馬遜網路書店搜尋以下字眼：「……的發明人」，就可找到 1,860 本這類書籍，但是談合作式創新的書種就遠遠不及此數。然而，如果我們想了解今天的科技革命究竟如何醞釀成形，其實更需要了解合作式創新。

關於創新，這些日子以來，大家已經談了很多，創新二字已漸漸變成流行語，但它真正的意義卻日益模糊。所以我計劃在本書中說明創新如何在真實世界中發生。這個時代最有想像力的創新者究竟如何實現顛覆性的構想？我把焦點放在數位時代最重要的突破，以及造成突破的創新者。還會探討哪些因素造就這些創造性的飛躍？哪些能力最有用？他們如何領導與合作，以及為何有些人成功，其他人卻失敗了？

本書也探討塑造創新氛圍的社會力和文化力，包括受美國政府資助、由軍產學界合作管理的研究生態系統，如何促進數位時代的誕生，此外由社群組織者、抱持公有心態的嬉皮、DIY 愛好者、自行編寫程式的駭客組成的鬆散聯盟帶來的貢獻也不容忽視，而他們大多數都對中央集權抱持懷疑的態度。

撰寫科技史時可以從不同觀點，強調上述任一層面。就以哈佛與 IBM 合作的馬克一號（Mark I）為例，這是史上第一部大型電機電腦。參與馬克一號設計的程式設計師霍普（Grace Hopper）所撰寫的歷史，把焦點放在馬克一號的主要創造者艾肯（Howard Aiken）身上。IBM 推出的歷史則強調默默耕耘的工程師團隊的貢獻，描述他們如何推動種種漸進式創新，包括從計數器到打孔卡輸入機等電腦機件。

同樣的，究竟應該強調卓越的個人貢獻，還是文化潮流的影響，長久以來一直是爭議的焦點。十九世紀中葉，詩人卡萊爾（Thomas Carlyle）曾聲稱：「世界史只不過是偉人的傳記。」而哲學家史賓賽（Herbert Spencer）則以強調社會力的理論來回應。學者和實際參與者往往有不同的權衡。1970 年代，美國國務卿季辛吉有一次在中東從事穿梭外交任務時告訴記者：「身為教授，我傾向於認為

歷史是由無關個人的客觀力量所主導。但是當你實際參與，你又會看到不同的個人特質帶來的影響。」數位時代的創新和中東和平任務一樣，受到不同的個人特質和文化力量的影響，我嘗試在本書中把兩個因素交織起來。

　　打造網際網路的初衷是促進合作。相反的，個人電腦（尤其是家用電腦）則設計成發揮個人創造力的工具。從 1970 年代初期開始的十多年間，網路和家用電腦一直各自獨立發展，但在 1980 年代末期，數據機、線上服務和全球資訊網相繼出現，兩股力量終於開始匯流。正如同蒸汽機和各種聰明機具結合後，帶動了工業革命的發展，電腦和分散式網路結合後，也啟動了數位革命，讓每個人都可以在任何地方創造、散播和接收資訊。

　　科學史家有時候十分謹慎，不願輕易稱發生重大改變的年代為「革命」，因為他們寧可把進步視為演化過程。「歷史上根本沒有科學革命這回事，而這正是本書討論的重點。」哈佛教授謝平（Steven Shapin）在關於這段時期歷史的著作中，半帶嘲諷的以這句話開頭。謝平避免自相矛盾的方法是，指出這段時期的關鍵要角如何「積極表達自己的觀點」，發揮推波助瀾的效果。「我們感覺到劇烈改變正在發生，主要都受他們影響。」

　　同樣的，今天我們大多數人都體認到，過去半世紀以來數位科技的進步改變了我們的生活方式，甚至掀起革命性巨變。我的父親和叔叔都是電子工程師，我和本書中眾多人物一樣，小時候家中地下室設了個工作室，裡面擺放著可以焊接的電路板、可以開啟的無線電、可以測試的真空管，還有一盒盒尚待分類和組裝的電晶體和電阻。我從小就是電子科技迷，酷愛 Heathkit 牌電子組裝套件和火

腿族無線電（WA5JTP），我還記得電晶體在何時取代了真空管。上大學後，我學會用打孔卡編寫程式，也記得令人痛苦的批次處理技術終於遭到淘汰、可以實際操作互動式電腦時，我簡直樂壞了。1980 年代，數據機開啟了線上服務和公布欄的神奇功能，聽到數據機在啟動時發出的刺耳聲音和靜電噪音，常令我開心不已。1990 年代初期，《時代》雜誌和時代華納公司推出新網站和寬頻網路服務時，我曾協助經營數位部門。正如同英國詩人華茲華斯（William Wordsworth）在描述法國大革命初期參與革命的狂熱份子時所寫的：「在那個黎明，能活著便是福氣。」

我十餘年前即開始撰寫這本書。寫作動機源自於我醉心科技，我親眼目睹了數位時代的種種科技突破，再加上我曾為富蘭克林（Benjamin Franklin）作傳，而富蘭克林正是一位創新者、發明家、出版人、郵政服務開創者，以及全方位的資訊連結者和創業家。由於一般傳記往往只強調個人角色，我想要擺脫傳記形式，再寫一本類似《智者》（The Wise Men）的書。《智者》是我多年前和同事合寫的，探討形塑美國冷戰政策的六名好友之間創造性的團隊合作關係。我最初的構想是把焦點放在發明網際網路的團隊，然而在採訪比爾‧蓋茲的時候，他認為網際網路和個人電腦同時誕生的故事更豐富有趣，我被說服了。到了 2009 年初，我開始為賈伯斯作傳，因此暫時把這本書擱下。但賈伯斯的故事更增強了我對於網際網路和電腦交織發展過程的興趣，所以一完成《賈伯斯傳》，我又回頭撰寫數位時代創新者的故事。

網際網路通訊協定是同儕合作的產物，產生的系統似乎從骨子裡就鼓勵合作。創造和傳送資訊的力量完全分散在每個節點，避開

任何施加控制或建立階層的可能性。只要不陷入目的論的謬誤，賦予科技意圖或性格，持平而論，與個別電腦相連結的開放式網路系統，有如過去的印刷媒體，試圖從守門人、中央主管機關、及雇用代書和抄寫員的機構手中，取得資訊散播的權力。一般老百姓因此愈來愈容易創造和分享內容。

開創數位時代的合作不只在同僚間進行，也在世代間發生。創意和概念往往由一群創新者傳遞給另一群創新者。從我的研究中浮現的另一個主題是，使用者會不斷強力要求數位創新，以創造通訊和社交網路工具。此外很有趣的是，事實不斷證明，設法建立人機共生的合作關係，遠比開發人工智慧（能自行思考的機器）更能帶來豐碩成果。換句話說，具有數位時代特色的合作式創新，也包含了人與機器的合作。

最後，令我深感訝異的是，數位時代真正的創造力通常都來自有能力結合藝術與科學的人，他們相信美感很重要，「小時候，我總認為自己比較偏好人文，但我喜歡電子學，」我開始為《賈伯斯傳》進行採訪時，賈伯斯告訴我：「後來我讀到，我的偶像之一、寶麗來創辦人蘭德（Edwin Land）曾說過，融合人文與科學非常重要之類的話，於是我決定要變成這樣的人。」能從容自在遊走於人文與科學的這群人協助開創了人機共生，這也是本書的核心思想。

藝術與科學交會時能激發豐富的創新火花，和有關數位時代的許多觀點一樣，早已不是新觀念，達文西就是最好的例子。愛因斯坦研究相對論時，如果思路受阻，就拿出小提琴演奏莫札特的樂曲，直到重新連結上他所謂的「天體和諧」。

談到電腦的發展，還要提到一位不那麼廣為人知的歷史人物，她也能兼容並蓄，融合藝術與科學，並和她那有名的父親一樣，深

諳詩中蘊含的浪漫。但不同於父親的是，她也看到數學與機械中蘊含的浪漫之美。我們的故事就要從這裡說起。

愛達的父親是著名的詩人拜倫勳爵（1788-1824），此圖
繪於1835年，是肖像畫家菲利浦斯的作品，以浪漫的筆
觸，描繪身穿傳統阿爾巴尼亞服飾的拜倫勳爵。

勒夫雷思伯爵夫人愛達（1815-52），數位時代的先行者。此圖繪
於1836年，由女肖像畫家卡本特（Margaret Sarah Carpenter）繪製。

對愛達有重要影響的巴貝奇（1791-1871），此照片約攝
於1837年。

01

勒夫雷思伯爵夫人愛達

詩意的科學

1833 年 5 月 1 日，芳齡十七的愛達‧拜倫（Ada Byron）參加宮廷宴會，和其他年輕女孩一起被引見給英國皇室認識。愛達生性敏感，個性獨立，家人原本很擔心她能否進退合宜，結果根據她母親的說法，愛達的表現「算是中規中矩，差強人意」。當晚愛達見到的王公貴族中包括威靈頓公爵（Duke of Wellington），她很欣賞他率直的作風。至於高齡七十九的法國大使塔列朗（Telleyrand），愛達覺得他像「老猴子」。

身為英國著名詩人拜倫的唯一婚生子女，愛達遺傳了父親的浪漫，母親為了調和她的浪漫天性，特別請家庭教師來教她數學。她那叛逆不羈的想像力，加上對數字的迷戀，讓她愛上了這門「詩意的科學」。在許多人眼中（包括她父親在內），浪漫時期的純淨感性與工業革命掀起的科技狂熱，其實相互衝突。但愛達置身於兩個時代的交叉口，卻感到怡然自得。

　　難怪愛達雖然在富麗堂皇的宮廷中初次踏入社交界，卻對幾個星期後的另一場盛會更為印象深刻。她在那次盛會中見到了巴貝奇（Charles Babbage）。喪偶的巴貝奇是數學和科學奇才，當時四十二歲，是倫敦社交圈名人。「愛達對星期三聚會的喜愛，勝過其他上流社會的豪華宴會，」愛達的母親對朋友表示：「她在那兒會碰到幾個科學界人士 —— 包括巴貝奇，她喜歡和他在一起。」

　　巴貝奇每週舉辦熱鬧有趣的沙龍，邀請近三百位賓客參加，身穿燕尾服的紳士、披著華麗織錦的淑女，和作家、工業家、詩人、演員、政治家、探險家、植物學家，以及其他「科學家」（這是巴貝奇的朋友剛創造的名詞）共聚一堂。一位著名的地質學家指出，巴貝奇成功的把科學家引進上流社會，從而「確立了科學在社會上的地位。」

　　聚會當晚，他們通常會跳舞、閱讀、玩遊戲、聆聽演講，同時品嘗各種美食，包括海鮮、肉類、異國飲料和冰品。女士在台上玩角色扮演，穿上戲服重現名畫中的情景。天文學家架好望遠鏡，研究人員展示他們的電磁發明，巴貝奇則搬出機械娃娃供賓客賞玩。聚會的焦點是巴貝奇展示差分機（Difference Engine）的部分模型，這也是他舉辦聚會的原因之一。差分機是巴貝奇在家中打造的巨大機械式計算機。巴貝奇總是以戲劇化的方式展示差分機，他會在差分機計算數字時轉動曲柄，然後等觀眾開始覺得無聊時，開始顯示機器如何根據輸入的指令，突然改變型態。對差分機特別感興趣的人會受邀穿過庭院，到過去是馬廄的棚子裡親眼見識巴貝奇正在打造的完整機器。

　　大家對於能解開多項式函數的巴貝奇差分機各有不同觀感。威靈頓公爵認為，將軍上戰場前或許可利用差分機來分析可能面臨的

各項變數。愛達的母親拜倫夫人則對這部「思考機器」大為讚歎。至於愛達（她後來有一段名言，指出機器永遠無法真正思考），根據一起出席展示會的朋友所言：「拜倫小姐雖然年輕，卻了解機器的運作，而且看出新發明的絕美之處。」

由於熱愛數學與詩，愛達得以看到計算機蘊含的美。浪漫科學時代的特色是對新發明和新發現展現高度熱情，愛達正是最佳範例。霍姆斯（Richard Holmes）在《奇蹟年代》（*The Age of Wonder*）中寫道，這個時期「為科學工作注入強烈的想像力與熱情。許多人對科學發現有強烈（甚至魯莽）的執著，驅動了科學發展。」

簡言之，這個時代和我們的時代頗為相似，工業革命的發展，包括蒸汽機、紡織機和電報的發明，改變了十九世紀的面貌，正如同數位革命（電腦、微晶片和網路）改變了我們的時代一樣。這兩個時代都有一群能結合想像力、熱情和神奇科技的創新者，創造出愛達口中的「詩意的科學」，以及二十世紀詩人布羅提根（Richard Brautigan）所謂「深情優雅的機器」。

浪漫詩人拜倫

愛達遺傳了父親的才情與叛逆，但她對機器的熱愛就和拜倫無關了。事實上，拜倫是抗拒機械化的盧德派（Luddite）。1812年2月，二十四歲的拜倫在英國上議院首度發表演講時，曾為四處搗毀紡織機的盧德派份子說話。當時諾丁罕的工廠老闆在推動一項法案，希望把摧毀自動織布機的行為，明訂為可以處死的罪行，拜倫以輕蔑的語氣嘲諷這些老闆：「他們把這些機器視為自身掌握的優勢，從此不必雇用太多工人，導致工人丟掉飯碗。」拜倫宣稱：「被拋棄的工人昧於無知，非但未因有益人類的種種改善而歡欣

鼓舞，還認為自己是機械進步下的犧牲品。」

兩星期後，拜倫出版了史詩《恰爾德‧哈羅德遊記》（*Childe Harold's Pilgrimage*）的頭兩章，浪漫描繪他在葡萄牙、馬爾他和希臘的遊歷。拜倫後來指出，他「早上醒來，發現自己在一夕間爆紅。」俊美迷人、迷惘憂鬱，又勇於嘗試各種性探險的拜倫，在創造詩中主角的原型時，自己也過著拜倫式的英雄生活。他成為倫敦文學界的寵兒，從早到晚邀宴不斷，而其中最令他難忘的是卡羅林‧蘭姆（Caroline Lamb）女爵的豪華晨間舞會。

雖然卡羅林嫁給有權勢的貴族，丈夫後來還當上首相，她卻瘋狂愛上拜倫。拜倫認為卡羅林「太瘦了」，然而她有違傳統的曖昧性向（她經常喜歡裝扮得像小廝），十分吸引拜倫。他們發展出狂亂的婚外情，戀情結束後，卡羅林依然深陷其中不可自拔，持續跟蹤糾纏拜倫。她有一句形容拜倫的名言是：「又瘋又壞，認識他很危險。」確實如此，但她自己又何嘗不是如此呢。

拜倫在卡羅林女爵的宴會上，注意到一位沉默寡言的年輕女子，他記得她「穿著比較樸素」。十九歲的安娜貝拉‧密爾班（Annabella Milbanke）出身豪門。宴會前一晚，她正好讀了《恰爾德‧哈羅德遊記》，心中有複雜的感受。「他太過矯揉造作了，」她寫道：「最擅長描寫深情。」在宴會中看到拜倫迎面走來時，安娜貝拉內心危險交戰。「我沒有央人為我引薦，因為所有女人一定都瘋狂追求他，希望有幸在他的抒情詩中被記上一筆。」她給母親寫信時表示：「我一點也不想出現在他的詩裡。雖然有機會的話，我不排斥和他認識，但我無意成為恰爾德‧哈羅德神壇上的祭品。」

結果事情的發展確實如她所願。拜倫經正式介紹，認識安娜貝拉後，認為她可能是妻子的適當人選。這是拜倫理智戰勝浪漫情感

的極少數時刻。安娜貝拉似乎不會挑動他的熱情，反而能馴服他熾烈的情感，保護他不至於過度放縱，還能協助他償還沉重的債務。他有點言不由衷的寫信向安娜貝拉求婚，而她明智的拒絕了，於是拜倫開始四處留情，發展出幾段不太恰當的關係，包括與同父異母的姊姊奧嘉絲塔‧雷伊（Augusta Leigh）的誹聞。但一年後，安娜貝拉又重新觸發拜倫的追求行動。

拜倫一方面想克制自己氾濫的情感，另一方面，由於在債務泥沼中愈陷愈深，即使缺乏浪漫的情感，他也理智看出這段關係的好處。「唯有結婚，而且是很快結婚，我才能得救，」他對安娜貝拉的姨媽表示：「如果您的外甥女首肯，她是我比較中意的人選；否則的話，我第一眼看到哪個似乎不會當面吐我口水的女人，大概就是她了。」拜倫勳爵居然也有不那麼浪漫的時刻。於是，拜倫和安娜貝拉在 1815 年 1 月成婚。

拜倫以他的拜倫式作風為這段婚姻揭開序幕。「晚餐前，我在沙發上得到拜倫夫人。」他如此描述大喜之日。新婚夫婦在兩個月後造訪拜倫同父異母的姊姊時，彼此的關係依然熱絡，因為安娜貝拉差不多就在這段時間懷孕。不過，在此同時，安娜貝拉也開始懷疑丈夫與奧嘉絲塔之間的情感已超越手足之情，尤其是有一次，拜倫居然躺在沙發上，要求兩人輪流親吻他。他們的婚姻開始出現裂痕。

對於安娜貝拉曾修習數學這件事，拜倫一直覺得很有趣，兩人交往期間，他曾拿他鄙視精確數字這件事開玩笑：「我知道二加二等於四——假如辦得到的話，我很樂於證明它，」他說：「雖然我必須說，假使我能找到法子，把二加二變成五，我會從中得到更大的樂趣。」稍早時，他還暱稱妻子為「平行四邊形公主」。然而當婚

姻開始變調，拜倫更細膩說明了這個數學意象：「我們是兩條並排向前，無盡延伸的平行線，從無交會的一天。」後來，他在史詩《唐璜》的第一章中嘲笑她：「數學是她的最愛……她是一部活的計算機器。」

即使女兒在 1815 年 12 月 10 日出生，仍然挽救不了這段婚姻。拜倫以心愛的同父異母姊姊的名字，為女兒取名為奧嘉絲塔・愛達・拜倫。拜倫夫人確信丈夫不忠後，從此都稱女兒為「愛達」。五個星期後，安娜貝拉打包行李，帶著小嬰兒愛達逃回娘家。

愛達從此再也沒見過父親。拜倫夫人寫了幾封工於心計的信給拜倫，威脅要公開他疑似亂倫的行徑和同性戀情，希望藉此達成分居協議，並取得女兒監護權（她因此獲得「數學界的米蒂亞＊」的名號），拜倫因此離開英國，遠走他鄉。

幾個星期後，拜倫在《恰爾德・哈羅德遊記》第三章的開頭，呼喚愛達為他的繆斯：

可愛的孩子，妳的面容可似母親？
愛達！我唯一的孩子和心頭摯愛！
上次見面，妳年輕的藍眼眸含著笑意，
然後就要離別。

拜倫在日內瓦湖濱別墅寫下這些詩句時，正和詩人雪萊及雪萊日後的妻子瑪麗在一起。湖濱鎮日陰雨綿綿，困在屋裡幾天後，拜倫提議大家來編恐怖故事。他想了一段吸血鬼的故事，這是文學史上最早的吸血鬼故事之一，但瑪麗創造的故事：《科學怪人，或現代普羅米修斯》，日後才真正成為經典。她借用古希臘神話中用陶土

創造活人、並偷取諸神火種供人類使用的英雄故事，描述一位科學家如何把人造的組合物，打造成會思考的人，是一則關於科學和技術的警世寓言。這個故事也提出了一個和愛達相關的問題：人造機器能真正的思考嗎？

拜倫在《恰爾德‧哈羅德遊記》第三章結尾，預測安娜貝拉會設法向愛達隱瞞有關父親的一切。確實如此。她們家中有一幅拜倫的畫像，但被拜倫夫人用布蓋起來，愛達二十歲之前，從未看過父親的肖像。

相反的，拜倫無論身在何處，桌上一定擺著愛達的畫像，也經常寫信關心愛達的近況或要求看她的畫像。愛達七歲時，拜倫在寫給姊姊奧嘉絲塔的信中提到：「我希望妳能請拜倫夫人描述一下愛達的性情⋯⋯ 小女孩很有想像力嗎？⋯⋯ 充滿熱情嗎？我希望老天爺怎麼塑造她都沒關係，就是不要賜予她詩意才情 ── 家裡出一個這樣的傻子就夠了。」拜倫夫人的回覆是，愛達的想像力「主要都發揮在與她的機械天分相關的事情上。」

差不多在此時，在義大利四處遊歷、譜出各種風流韻事的拜倫開始感到厭倦，他決定參戰，為希臘掙脫鄂圖曼帝國統治的獨立戰爭而奮鬥。他搭船到希臘的邁索隆吉翁後，在當地指揮部分反抗軍，準備攻打土耳其堡壘。但戰事還未開打，拜倫就得了嚴重感冒，醫生決定採取放血療法，導致他病情加劇，並在 1824 年 4 月 19 日過世。根據貼身男僕的描述，拜倫在最後遺言中感嘆：「噢，我可憐的孩子！親愛的愛達！老天爺，假如能見見她就好了！我祝福她！」

---

* 譯注：米蒂亞（Medea）是希臘神話中的悲劇人物，因為丈夫移情別戀，由愛生恨，殺死兩個稚子做為報復。

愛達——理性與浪漫的結合

拜倫夫人下定決心，絕不讓愛達變得像父親一樣，其中一個辦法就是要愛達苦讀數學，彷彿數學是對付詩意想像的解藥。愛達在五歲時顯露出對地理學的偏愛後，拜倫夫人就下令增加更多算術課來取代地理課，家庭教師很快就驕傲的報告：「她能把五、六行數字加起來，計算出正確數字。」儘管如此，愛達仍然逐漸顯露父親的某些劣根性。她十幾歲時，就和家庭教師偷偷談戀愛，被逮到後，教師遭掃地出門，愛達則試圖離家與老師私奔。除此之外，愛達情緒起伏很大，身心深受不同疾病所苦。

愛達認同母親的信念：浸淫在數學中，有助於馴服她拜倫式的傾向。結束和家庭教師的危險關係後，愛達在十八歲時因深受巴貝奇差分機啟發，自行決定學習一系列新課程。她寫信給新教師時提到：「我不能只想快快樂樂、心滿意足的過日子，我發現唯有密切投入具科學本質的科目，才能防止我天馬行空的想像……對我而言，首要之務似乎是研讀數學。」教師也同意這帖藥方：「妳說得對，目前高度智識性的學習是妳的主要資源和最佳防護。因此，最適合妳的科目莫過於數學。」教師開的處方是歐幾里得幾何學，加上三角函數和代數。師生倆都認為，對太過浪漫、擁有強烈藝術熱情的人而言，這帖藥方應能見效。

拜倫夫人曾帶愛達到英國中部的工業區旅行，愛達親眼見識到新工廠和新機具後，燃起對技術的濃厚興趣。尤其令她難忘的是自動織布機能利用打孔卡，指揮機器創造出想要的花樣，她把機器作業的方式素描起來。當時盧德派份子由於恐懼新技術危害人類，執意搗毀這類織布機，她的父親拜倫在上議院發表著名演說時，還特

地為盧德派辯護。但愛達卻以詩意的眼光看待一切，而且從中看到了這類機器日後與「電腦」的關聯。「這種機器令我想到巴貝奇和他的機械論。」

當時，索麥維（Mary Somerville）是英國極少數的著名女性數學家兼科學家之一，愛達見到她之後，對應用科學的興趣進一步被激發出來。索麥維當時剛完成她最偉大的著作之一《論各物質科學間的關聯》（*On the Connexion of the Physical Sciences*），她在這部劃時代的巨著裡，把天文學、光學、電學、化學、物理學、植物學和地質學的發展連結起來，*為當時各種非凡的努力與科學發現，提供了統一的見解。她在書中開宗明義的說：「尤其在過去五年，現代科學逐漸傾向於簡化自然律，以通用法則來統合原本互不相干的分支，在這方面有驚人進步。」

索麥維與愛達亦師亦友，她啟發並鼓舞愛達，也扮演心靈導師的角色。她經常和愛達見面，送愛達數學書籍，設計數學問題給愛達破解，還耐著性子解釋答案。索麥維也是巴貝奇的好友，1834 年秋天，索麥維和愛達經常參加巴貝奇的週末夜沙龍。索麥維的兒子葛利格（Woronzow Grieg）則協助愛達定下來，他向劍橋老同學提議，愛達是娶妻的適當（至少是有趣的）對象。

金恩（William King）是社交圈名人，他家境富裕，沉默寡言（相較於愛達的敏感熱情），聰明而不露鋒芒。他和愛達一樣熱愛科學，但研究重點比較實際，不那麼浪漫：金恩的主要興趣在研究農作物輪作理論和改進禽畜飼養技術。他認識愛達幾個星期後，就向她求婚，愛達也點頭答應。愛達的母親卻堅持向金恩透露，愛達曾打算和家庭教師私奔（大概只有精神科醫師才能看透拜倫夫人的動

---

* 巴貝奇的朋友惠衛耳（William Whewell）在評論這本書時，提出「科學家」（scientist）這個詞，以表達這些學門的關聯性。

機）。儘管如此，金恩仍願意繼續這椿婚事，兩人順利在 1835 年 7 月舉行婚禮。「仁慈的上帝賜給妳遠離危險的機會，讓妳擁有這樣的朋友兼守護者，」拜倫夫人在給女兒的信中寫道，還說她應該好好利用這個機會，向自己所有的「怪癖、任性和自我追尋」告別。

這椿婚姻是理性盤算後的結果。對愛達而言，她有機會過比較穩定踏實的生活；更重要的是，可以逃離霸道母親的掌控。金恩則可以擁有出身富裕名門、古靈精怪的有趣妻子。

拜倫夫人的表親墨爾本子爵（Viscount Melbourne）是當時的首相（他不幸娶了卡羅林・蘭姆女爵，不過此時女爵已身故），在他的安排下，金恩在維多利亞女王的加冕典禮上受封為勒夫雷思伯爵（Earl of Lovelace），妻子也成為勒夫雷思伯爵夫人，因此稱她為愛達或勒夫雷思夫人都頗恰當，現在大家都稱她「愛達・勒夫雷思」。

1835 年聖誕節，愛達接到母親寄來真人大小的父親肖像。這幅肖像是畫家菲利浦斯（Thomas Phillips）的作品，以浪漫的筆觸描繪拜倫勛爵身穿傳統阿爾巴尼亞服飾，披著紅色天鵝絨外套，配戴禮刀和頭飾，凝視著遠方。多年來，這幅畫像一直懸掛在愛達外祖父母的壁爐架上，但從她的父母分居那天起，這幅畫就一直被綠布遮住。如今她不但親眼看到，還可以擁有這幅畫，以及父親用過的筆和墨水台。

幾個月後，勒夫雷思夫婦的第一個孩子（是兒子）誕生，此時拜倫夫人做了一件更令人訝異的事。儘管她自己不屑追憶亡夫，卻仍然同意愛達為長子取名拜倫。愛達在次年生下女兒，十分守分的依照母親的名字，把女兒命名為安娜貝拉。接著愛達得了怪病，臥床數月。康復後，她生了第三個孩子，並為兒子取名雷夫，但愛達的身體仍然虛弱，消化系統和呼吸系統都出問題，由於醫生採用鴉

片酊、嗎啡和其他形式的鴉片來治療，病情變得更加複雜，她也因此情緒擺盪劇烈，有時還出現妄想。

這時候爆發了一件戲劇化的私人事件，令愛達更加不安，這件事即使以拜倫家的標準而言，都極不尋常。事情牽涉到梅朵拉・雷伊（Medora Leigh），她是拜倫同父異母姊姊兼偶爾愛人奧嘉絲塔的女兒。根據當時普遍的傳言，梅朵拉是拜倫的私生女。梅朵拉似乎也決意展現家族的黑暗面，她和姊夫有染，兩人私奔到法國，生下兩個私生子女。拜倫夫人基於自以為是的道德優越感，遠赴法國拯救梅朵拉，然後向愛達透露父親過去的亂倫行為。

愛達對於「這段最離奇而可怕的過去」似乎不太驚訝。「我絲毫不覺震驚，」她在給母親的信中表示：「妳只是證實了我多年來毫不懷疑的事情。」她不但不生氣，反而因為這個消息而出奇振奮。她宣稱自己大概遺傳了父親反抗權威的精神。她在寫給母親的信中提到父親「遭誤用的天分」。「假如他曾遺傳給我任何天分，我會把它用來探尋偉大的真理和原理。我認為他把這個任務傳到我手上。我有強烈的感覺，而且我很樂於執行這個任務。」

對潛藏事物的直覺

愛達為了安頓身心，重新研習數學，並說服巴貝奇教導她。她寫信給巴貝奇：「我的學習方式比較奇特，我認為也必須找個特別的人，才能教導我。」不管是因為服用的鴉片或因為她的血統，或者兩者皆是，她對自己的才華產生過度評價，稱自己為天才。她在給巴貝奇的信中寫道：「不要認為我太過自大……但我相信在進行這類探索時，我的確有能力隨心所欲，我在這方面顯然頗有品味，幾乎可說是熱情，我想甚至可以說，我一直都有一些這樣的天分。」

巴貝奇沒有答應愛達的要求，這或許是明智之舉，他們的友誼因此才得以延續，為未來更重要的合作關係鋪路。愛達另外找到一位一流的數學老師：笛摩根（Augustus De Morgan），這位耐性十足的紳士是符號邏輯學的先驅。他曾經提出一個觀念：代數方程式能應用於數字以外的事物上；而愛達日後也把這個觀念發揚光大。換句話說，符號之間的關係（例如 $a + b = b + a$）可能代表某種邏輯關係，可以應用在非數字的事物上。

愛達從來不是崇拜者所宣稱的那種偉大數學家，但她是渴望學習的好學生，有能力理解微積分的主要基本概念，由於擁有藝術美感，她喜歡想像方程式描繪的曲線波動軌跡。笛摩根鼓勵她專心研究破解方程式的規則，但她更渴望探討方程式背後的觀念。同樣的，在學習幾何學的時候，愛達常常要求以圖解方式觀看問題，例如，球體中相交的各個圓如何把球體切割為不同形狀。

愛達懂得欣賞數學之美，這是許多自認是知識份子的人都沒有的天分。愛達明白數學是一種美好的語言，能描述宇宙的諧和，有時還蘊含一種詩意的美感。儘管母親費盡心思，想要擺脫父親對她的影響，愛達依然是拜倫的女兒，生來就擁有詩意的感性與浪漫，正如她能想像「幽暗如酒的大海」* 或「她舉步果然美麗，像夜」†，在她眼中，方程式也是描繪大自然宏偉壯麗的筆觸。數學的吸引力更能觸動她心靈深處。「透過數學的語言，我們能充分表達自然界的偉大真相，」她說，而且我們因此得以描繪在創世過程中展開的「相互關係的變化」。

把豐富的想像力用於科學研究，是工業革命和電腦革命共同擁有的特色，而愛達日後也成為電腦革命的先驅。正如她對巴貝奇所

說，她擁有父親所沒有的天分，能夠理解詩與分析的關聯性。「我不認為父親對詩的造詣能勝過我的分析能力。對我而言，兩者密不可分。」

愛達告訴母親，重新研習數學激發她的創造力，並帶來「想像力的巨大發展，以致於我覺得只要我繼續研究，毫無疑問，我將在適當的時候成為詩人。」她對於把想像力運用於科技的觀念十分感興趣。「什麼是想像力？」她在 1841 年的文章中問道：「想像力是一種綜合能力，能把各種事情、事實、想法、觀念，做各種原創且不斷變動的新組合⋯⋯貫穿我們周遭潛藏未現的世界，也就是科學的世界。」

這時候，愛達已經自認擁有特殊、甚至超自然的能力，她稱之為「對於潛藏事物的直覺」。愛達對自己的天分有高度評價，就一位維多利亞時代貴族階層的婦女及母親而言，她的抱負極不尋常。「我相信我擁有獨特的綜合特質，恰好適合成為卓越的發現者，挖掘大自然潛藏的真相。」1841 年，她在給母親的信中寫道：「我可以把來自宇宙各個區域的光線匯聚於一個巨大的焦點上。」

基於這樣的心態，她決定再度和巴貝奇聯絡，這時距離她首度參加巴貝奇家的週末夜沙龍，已有八年之久。

巴貝奇和他的機器

巴貝奇從小就對替人類工作的機器深感興趣。十九世紀初，許多展覽廳和博物館在倫敦如雨後春筍般冒出，巴貝奇孩提時期常隨母親去參觀。有一回，漢諾瓦廣場的博物館經營者梅林（跟魔法

---

* 譯注：幽暗如酒的大海（wine-dark sea）為荷馬史詩中的詩句。

† 譯注：她舉步果然美麗，像夜（She walks in beauty, like the night）為拜倫的詩句，此處借用楊牧的譯文。

師同名，相當名符其實）邀請巴貝奇到他的閣樓工作室，參觀名為「自動機」的各種機器娃娃。其中的銀色舞孃，大約 30 公分高，會優雅的舞動手臂，手中的小鳥則拍翅擺尾，張開鳥喙。銀色女郎表露的感覺和個性，令小男孩十分著迷。巴貝奇還記得，「她的眼眸充滿了想像。」多年後，他在一次破產拍賣會中發現這個銀色舞孃，趕忙買下，當做在夜晚沙龍中頌揚神奇科技時的一大娛樂。

巴貝奇在劍橋結交的眾多好友，包括劍橋大學教授赫歇耳（John Herschel）和皮柯克（George Peacock），他們都不滿意劍橋大學的數學教學方式，於是組成一個名為「分析學會」的社團，希望促使劍橋大學放棄之前由校友牛頓設計的微積分記法（仰賴點的標示），改採萊布尼茲記法，這個方法用 dx 和 dy 來代表無限小的增量，因此稱為「d」記法。巴貝奇為他們的宣言下了標題：「有別於劍橋大學老邁點標示法的純粹 D 記法」*。他真是難纏，不過很有幽默感。

有一天，巴貝奇在分析學會研究一個誤差連連的對數表。赫歇耳問他在想什麼。「我真希望這些計算都由蒸汽機來執行，」巴貝奇回答。對於用機器來製作對數表的想法，赫歇耳的回答是：「頗有可能。」1821 年，巴貝奇把注意力都放在打造這類機器上。

多年來，許多人都曾經嘗試打造計算機。1640 年代，法國數學家及哲學家巴斯卡創造了一部機械式計算機，為擔任稅務官的父親分勞。這種計算機的金屬幅輪周邊有 0 到 9 的數字。進行數字加減時，操作人員會用筆尖先撥第一個數字，就好像操作舊式轉盤電話一樣，接著撥第二個數字；需要的時候，電樞會進 1 或借 1。這是史上第一部申請專利且在市場上販賣的計算機。

三十年後，德國數學家和哲學家萊布尼茲改良了巴斯卡的計算機，造出能乘除的「步進計算器」（stepped reckoner）。手搖步進計

算器時，計算器周邊的小齒輪會與圓柱體表面的齒逐一嚙合。當時萊布尼茲碰到的困難也是後來數位時代常見的問題。巴斯卡是熟練的工程師，能運用自己的機械天分來實踐科學理論。萊布尼茲則不然，他不太懂工程技術，周遭也沒有懂機械的朋友。所以，萊布尼茲就和許多偉大的理論家一樣，因為缺乏具實務經驗的合作伙伴，沒辦法為自己的設計打造出能穩定運作的原型。儘管如此，他的核心概念（稱為「萊布尼茲輪」）將影響巴貝奇時代的計算機設計。

巴貝奇知道巴斯卡和萊布尼茲的設計，但他想打造出更複雜的機器，來計算對數、正弦、餘弦、正切。[†] 於是，他設法改進法國數學家戴普羅尼（Gaspard de Prony）在 1790 年代提出的構想。戴普羅尼為了製作對數表和三角函數表，把計算過程分解為只包含加減運算的簡單步驟，再提出簡單指令，讓許多數學不太靈光的勞工也能執行簡單的計算，然後提供答案給下一組人。換句話說，他創造了裝配線，亞當·史密斯在描述大頭針工廠的勞務分配時，曾精闢分析這個工業時代的偉大創新。巴貝奇在巴黎聽人提起戴普羅尼採用的方式，他寫道：「突然之間，我想到可以用同樣的方法，解決我負擔的龐大工作量，也就是用生產大頭針的方法來生產對數。」

巴貝奇明白，即使非常複雜的數學計算，都可以分解為許多步驟，透過簡單的加減來計算「有限差分」。比方說要把平方數 1^2、2^2、3^2、4^2 等等列表，你可以把一開始的數值照下列順序排列：1、4、9、16……，這就是 A 欄。然後，你可以在右邊的 B 欄寫出這些數字之間的差數，也就是 3、5、7……。C 欄則列出 B 欄各數字之間的差數，也就是 2、2、2……。整個計算過程經過如此這般簡化之

---

* 編注：原文為：The Principles of pure D-ism in opposition to the Dot-age of the University，其中 dotage 有老邁之意，此為雙關語。

† 他尤其希望利用均差法，精確估算對數跟三角函數。

後，就可以倒轉回去，把計算工作分包給未受過訓練的勞工；可能有人負責把 B 欄最後一個數字加 2，然後把計算結果交給同事，這個人再把答案與 A 欄的最後一個數字相加，就產生平方數序列的下一個數字。

巴貝奇設計的方法把這樣的過程機械化，他為機器取名為「差分機」。任何多項式函數，差分機都能製成表格，以數位方式算出微分方程的近似解。

差分機如何運作呢？它是由直軸和上面有數值的圓盤組成，並連接齒輪。轉動齒輪，就能把某個數值與鄰軸圓盤上的數值相加或相減。差分機甚至能把計算過程中的暫時結果「儲存」在另外一個軸上。最複雜的部分是在必要時如何「進位」或「借位」，就好像我們用鉛筆在紙上計算 36 ＋ 19 或 42 － 17 時那樣。巴貝奇借用巴斯卡的設計，想出幾個聰明的新發明，利用齒輪和軸桿來處理數字運算。

就概念上而言，差分機確實很神奇。巴貝奇甚至設法讓差分機產出質數表，表上的質數可高達一千萬個。英國政府非常讚賞他的發明，至少最初的確如此，因此在 1823 年給了他一筆 1,700 英鎊的種子基金，後來又陸續增資，最後英國國庫總共支出了一萬七千多英鎊在巴貝奇的發明上，足以打造兩艘軍艦。巴貝奇用這筆錢來建造機器，但碰到了兩個問題。首先，巴貝奇和他雇用的工匠皆技能不足，無法做出能實際運轉的機器。再加上巴貝奇此時開始構思其他更厲害的發明。

巴貝奇在 1834 年醞釀的新構想，是能依程式指令執行各種運算的通用計算機。這部機器能在完成一項工作後，轉而執行其他工作，甚至能根據中間的計算結果，自行改變工作項目或「行動模

式」—— 這是巴貝奇的解釋。巴貝奇把機器命名為「分析機」，他走在時代尖端，領先潮流一百年。

分析機就是愛達在探討想像力的文章中，形容為有「綜合能力」的產物。巴貝奇的新發明其實結合了其他領域的創新，這是許多偉大發明家共同的訣竅。他最初利用有棘齒的金屬鼓輪來控制軸的轉動。但後來他和愛達一樣，開始研究法國人雅卡爾（Joseph-Marie Jacquard）在 1801 年發明、徹底改變絲織業的自動織布機。織布機的工作模式是先用鉤子挑起選定的經紗，再用桿子把緯線推至經紗下面。雅卡爾發明的新方法則利用打孔卡來控制織布流程。卡片上的孔會決定每次編織時啟動哪些鉤和桿，因此可以自動編織出複雜精緻的圖案。梭子每次交織經緯時，都依循不同打孔卡上的指令來作業。

1836 年 6 月 30 日，巴貝奇記在「塗鴉簿」上的這段話，代表電腦史前發展的里程碑：「假設用雅卡爾的織布機取代鼓輪。」用打孔卡來代替鋼鼓之後，可輸入無數指令，此外也可以調整工作順序，因此更容易設計出多功能且可重新編程的通用機器。

巴貝奇買了一幅雅卡爾的肖像在沙龍中展示，畫中的雅卡爾坐在搖椅上，背景有一部織布機，發明家手持卡尺對著長方形的打孔卡。巴貝奇常在餘興節目中，要賓客猜猜這是什麼。大多數人會以為那是一幅華麗的版畫。之後巴貝奇才會透露，事實上這是一幅精緻的絲綢織錦畫，裡面有兩萬四千條絲線，每條絲線都由不同的打孔卡操控。維多利亞女王的丈夫艾伯特親王參加巴貝奇的沙龍時，詢問巴貝奇為什麼對這幅織錦畫這麼感興趣。巴貝奇回答：「這幅畫有助於解釋我的計算機，也就是分析機的本質。」

不過，對於巴貝奇計劃中的新機器，懂得欣賞箇中奧妙的人並

不多，不但英國政府無意資助，也吸引不了大眾媒體或科學期刊的注意。

但巴貝奇仍然找到一位信徒。愛達充分了解通用機器的概念。更重要的是，她預見能讓這類機器一鳴驚人的特性：或許機器不但能處理數字運算，也能處理任何符號記法，包括音符和藝術符號。她看到其中蘊含的詩意，也鼓勵其他人抱持相同的看法。

愛達不斷寫信給巴貝奇，儘管巴貝奇比她年長二十四歲，愛達信中的內容有時候卻十分大膽，甚至近乎冒失和耍賴。她在其中一封信中，描述一種用到二十六顆彈珠的單人跳棋遊戲，目標是下到最後，只有一顆彈珠留下來。愛達是這種遊戲的高手，她試圖發展出「能以符號語言表達的數學公式……做為解方。」然後她問：「是我的想像力太豐富嗎？我想不是。」

愛達希望為巴貝奇工作，擔任他的發言人兼搭檔，協助他尋求支持，打造分析機。她在 1841 年初的信中表示：「我迫不及待想和你談談。我可以稍微透露一下我想談什麼。我認為，有朝一日……我的腦力將依你的目標和計畫而為你所用。果真如此的話，假如我夠資格為你所用的話，那麼我願聽候你差遣。」

一年後，天上掉下來一個為愛達量身訂製的好機會。

愛達的譯者評注

巴貝奇為分析機尋求金援時，曾應邀到都靈市，在義大利科學家大會中演講。年輕軍官兼軍事工程師米那比亞（Luigi Menabrea）也在場做筆記，他後來成為義大利首相。在巴貝奇協助下，米那比亞在 1842 年 10 月，於法國發表了一篇詳細描述分析機的論文。

愛達的朋友建議她替《科學實錄》（*Scientific Memoirs*）期刊翻

差分機的複製品。

分析機的複製品。

雅卡爾的織布機。

雅卡爾織布機織出的雅卡爾絲綢織錦肖像。

譯米那比亞的論文。這是她既能為巴貝奇效勞，又能一展身手的大好機會。論文翻譯完成後，愛達才告知巴貝奇，巴貝奇又驚又喜。「我問她，既然她對這個題目這麼熟悉，何不自己寫一篇原創論文呢？」巴貝奇說。愛達回答，她從沒有這種念頭。一般而言，當時的女人鮮少發表科學論文。

於是，巴貝奇提議愛達為米那比亞的論文補充一些評注，愛達欣然接受，並熱情展開工作。結果，這篇愛達題為〈譯者評注〉的文章總共有 19,136 個字，是米那比亞原文的兩倍長。文章署名「A.A.L.」，代表愛達的全名「Augusta Ada Lovelace」的英文縮寫。後來，這篇〈譯者評注〉變得比米那比亞的論文還有名，愛達注定成為電腦發展史上的指標人物。

1843 年夏天，愛達在薩里郡鄉間撰寫〈譯者評注〉時，和巴貝奇通了幾十封信，愛達在秋天搬回倫敦後，他們又討論了無數次。究竟〈譯者評注〉中有多少是愛達自己的觀點，有多少是巴貝奇的想法，曾在某些學術討論和性別相關的辯論中，引發小小的爭議。但巴貝奇在回憶錄中把大部分功勞歸於愛達。「我們一起討論應該附哪些圖表：我提議了幾個，但完全由她自己挑選。她也完成了針對不同問題的代數計算，只有與伯努利數相關的計算除外，我向勒夫雷思夫人提議，這部分由我代勞。但她檢查時發現我在計算過程中犯了一個嚴重錯誤，因此把數字寄回來給我修正。」

愛達在〈譯者評注〉中探討了四個觀念，這些觀念在百年後電腦終於誕生時，獲得歷史性迴響。首先是通用機器的觀念。通用機器不但能執行預先設定的工作，還能透過程式化和重新編程，執行可更動的無數工作。換句話說，她已經預見現代電腦的本質。這是她在「譯者評注 A」中提出的核心觀念，強調巴貝奇最初的差

分機和後來倡議的新分析機之間的差異。「這部差分機計算的是函數 $\Delta^7 u_x = 0$ 的積分」愛達開頭先解釋差分機的功能是計算航海表。「分析機則恰好相反，不是單單為了計算某個特殊函數而設計，而是用來發展和計算任何函數。」

愛達接著寫道，分析機之所以具備這樣的功能，是因為巴貝奇「引進雅卡爾設計的新方法 —— 在織布過程中，透過打孔卡來調節設定複雜的花樣」。愛達甚至比巴貝奇更清楚這件事代表的意義。換句話說，巴貝奇的機器很可能像我們今天習以為常的電腦一樣：是一部通用機器，而並非只能執行一種特定的計算功能。愛達解釋：

一旦萌生利用卡片的念頭，就跨越了算術的界限。分析機並非只是一般的「計算機」，而是有自己的獨特定位，它的運算機制能結合一連串各式各樣、毫無止境的通用符號，在實體機械操作和抽象心智運作之間，建立起統一的連結。

句子雖然有點累贅，卻值得仔細研讀。因為這些句子勾勒出現代電腦的本質，而愛達以帶詩意的華麗筆觸，生動描繪了其中的核心概念。她寫道：「正如同雅卡爾織布機編織出花與葉，分析機也編織出代數的型態。」巴貝奇讀了「譯者評注 A」後，非常高興，不做任何修改。他說：「希望不要改動它。」

愛達第二個值得注意的觀念，來自她對通用機器的描述。愛達充分了解，毋須把通用機器的作業局限於處理數學和數字。沿用從前數學老師笛摩根把代數延伸到邏輯關係的觀念，她指出，像分析機這樣的機器可以儲存、操作、處理任何可用符號代表的事物：包

括文字、邏輯、音樂，以及其他任何我們可能透過符號來傳達的事物。

為了解釋這個想法，愛達審慎定義「電腦作業」的意義：「也許可以說，『作業』一詞，是指會改變兩個以上事物間相互關係的流程，無論兩者之間的關係是哪一種。」她指出，電腦作業不只會改變數字之間的關係，也會改變符號之間的關係，只要這些符號有邏輯上的關聯性。「只要事物之間的相互基本關係能以作業的抽象科學來表達，那麼除了數字之外，也能對其他事物產生作用。」理論上，分析機甚至能處理音樂符號：「比方說，假如在和聲學和作曲學中不同音高之間的基本關係，也適用於這樣的表現方式和改編方式，那麼這部機器或許就能以科學方式，精心製作出複雜程度不一的樂曲。」

這樣的洞見後來成為數位時代的核心概念：任何內容、數據或資訊（包括音樂、文字、圖像、數字、符號、聲音、影像）都能透過數位化的表達方式，利用機器來操控。即便巴貝奇自己，都沒能充分洞察箇中涵義，他只專注於處理數字。但愛達領悟到齒輪上的數字不只代表數值，也代表其他東西。因此她在觀念上有了大躍進，從原本只是計算機的機器中，看到今天所謂的「電腦」。研究巴貝奇機器的電腦史學家史韋德（Doron Swade）宣稱：這是愛達留給後世的重要遺產，「如果我們檢視歷史，研究這段轉變過程，那麼很明顯，轉變是由愛達 1843 年的論文所帶動的。」

愛達的第三個貢獻是，她在最後的「譯者評注 G」中一步步詳細說明了我們今天所謂「電腦程式」或「演算法」的運作。她提出的例子是用來計算伯努利數 * 的程式，伯努利數是極複雜的無限數列，以不同的形式在數論中扮演重要角色。

　　為了說明分析機如何產生伯努利數，愛達先描述作業程序，然後再以圖表說明如何編寫程式碼、輸入機器。她提出「次常式」（執行特定工作〔例如計算餘弦或複利〕的指令序列，需要時可以把它插入更大的程式中）和「遞迴圈」（recursive loop，會自我重複的指令序列）的概念†。這些方式都因為採用打孔卡而變得可行。愛達解釋，產生每個數字都需要用到七十五張卡片，接著把產生的數字再輸入機器，產生下一個數字，整個程序反覆進行。她寫道：「顯然在計算一個接一個數字時，可以反覆使用相同的七十五張變數卡。」她想像以後會有程式庫儲存各種常用的次常式，而愛達在智識上的傳人，包括哈佛大學的霍普（G. Hopper，後來參與馬克一號的設計）、賓州大學的麥克納提（K. McNulty）和詹寧斯（J. Jennings）等人，在一個世紀後的確開發了許多次常式。此外，由於巴貝奇的機器可以根據已計算出來的中間結果，在一連串指令卡片中反覆「跳越」（jump），因此為今天所謂的「條件分支」（在符合特定條件時，改變指令路徑）奠定基礎。

　　巴貝奇協助愛達計算伯努利數，但往來信函顯示愛達深陷細節裡。「我為了推演伯努利數，一直鍥而不捨，抽絲剝繭。」她在7月寫道，而此時離譯文和評注付梓，只剩幾星期的時間。「我因為這些數字而深陷泥沼，苦惱萬分，眼看今天是不可能完成了，真是令人沮喪……我正處於混亂狀態。」

　　最後終於推演成功時，愛達加上了自己獨特的貢獻：用圖表說明如何一步步把演算法（包括兩個遞迴圈）輸入電腦。這是一張編

＊ 「伯努利數」（Bernoulli number）以十七世紀瑞士數學家伯努利之名命名。伯努利研究連續整數乘冪後的總和，伯努利數在數論、數學分析和微分拓樸學中扮演有趣的角色。

† 愛達舉的例子，是利用差分技巧做為子函式來計算多項式數值表，這種方法在內迴圈中必須具備範圍不等的巢套迴路結構。

了號的編碼指令清單，上面包含目的暫存器、操作和注解——今天任何使用 C++ 語言編碼的人對此都很熟悉。「我整天都努力不懈，進行得很順利，」她寫信給巴貝奇，「你會大大讚賞這份圖表，我製作時可是小心翼翼。」從所有的信函中都可看出，表格是由愛達自行繪製的，唯一的助力來自她的丈夫，他雖然不懂數學，但願意把愛達以鉛筆繪製的表格用墨水筆重新描一遍。「L 爵士正好心的幫我把它全部描上墨水，」她寫信給巴貝奇，「我起先必須用鉛筆製表。」

由於這份圖表，加上產生伯努利數的複雜流程，愛達受粉絲譽為「全世界第一位電腦程式設計師」。但這個說法有一點牽強。至少在理論上，關於機器執行工作的可能流程，巴貝奇已經設計了二十多種說明，但是都沒有公開發表，而且也沒有清楚描述如何安排運算程序。因此持平而論，愛達對於產生伯努利數的演算法和程式的詳細描述，可說是公開發表的第一個電腦程式，而且講到底，那幾個英文縮寫終究是代表愛達・勒夫雷思。

愛達在〈譯者評注〉中還提出另一個重要觀念（起源則要回溯到瑪麗・雪萊在與拜倫勛爵共度的週末中創作的科學怪人故事），這個觀念引發了有關電腦和人工智慧最有趣的哲學議題：機器能思考嗎？

愛達認為不能。巴貝奇打造的這類機器可以依照指令執行工作，卻無法自行產生想法或意圖，「分析機完全沒有創造任何東西的意圖。」她在〈譯者評注〉中寫道：「只要我們知道如何對它發號施令，它就會一一執行。分析機能夠遵循分析結果，但沒有能力預測任何分析關係或真相。」一個世紀以後，電腦先驅圖靈（Alan

Turing）稱她的主張為「勒夫雷思夫人的反對意見」。

愛達希望文章被當成嚴肅的科學論文看待，而不只是公開發表的主張，所以她在〈譯者評注〉一開頭就聲明，對於政府不願繼續資助巴貝奇的研究，她「不會表達任何意見」。對此巴貝奇可不太開心，他寫了一篇長文抨擊英國政府，並希望愛達把這篇沒有署名的文章納入〈譯者評注〉中，當成自己的意見。愛達拒絕了，她不希望自己的作品受連累。

結果，巴貝奇未徵得愛達同意，就把他提議的附錄直接寄給《科學實錄》。期刊編輯認為巴貝奇的文章應該單獨呈現，並建議他「像個男子漢般」簽上自己的名字。巴貝奇有迷人的一面，但是他和大多數創新者一樣，也有暴躁、頑固和叛逆的一面。編輯的建議把他惹惱了，於是巴貝奇寫信給愛達，要求她撤回〈譯者評注〉。現在輪到愛達生氣了。愛達以男性的語氣寫了一封信給巴貝奇：「親愛的巴貝奇，撤回譯文和〈譯者評注〉是不名譽且毫無道理的。」她在信的結尾表示：「放心，我依然是你最好的朋友；但我絕對不能、也不會支持這樣的行為，因為我認為你的原則不但錯誤，而且形同自殺。」

巴貝奇終於打退堂鼓，同意編輯把他的文章分開刊登。那天愛達向母親抱怨：

巴貝奇先生以令人困惑的方式騷擾和壓迫我…… 很遺憾我必須說，在我周遭的人士中，他最不切實際、自私自利且不知節制……我立刻告訴巴貝奇，我無論如何都不會把名字借他用在任何爭論上，也不會成為他的喉舌……他氣壞了。我則泰然自若，不為所動。

　　愛達對這次爭論的反應是寄給巴貝奇一封長達十六頁的怪異信函，發狂的傾瀉她的不滿，充分展現出她喜怒無常、充滿妄想和熱情洋溢的一面。她在信中哄他、貶他、稱讚他，也痛斥他。一度還把兩人的動機拿來對比：「我個人不容妥協的原則是，我熱愛真理和上帝甚於名聲和榮耀。」愛達聲稱：「你也熱愛真理和上帝；但你更愛名聲和榮耀。」她聲稱在她眼中，她無法規避的名氣具有崇高的本質，「我希望能盡棉薄之力，詮釋萬能的主和祂的戒律⋯⋯假如我能成為祂最著名的傳達者之一，將是莫大的榮耀。」

　　表明原則後，愛達提出條件：他倆應在商業和政治上成為合作伙伴。如果巴貝奇願意讓她主導商業決策，她可以運用豐富的人脈和犀利的文筆協助他打造分析機。「我願意提供我的聰明才智為你效勞，而且讓你擁有優先選擇權，」她寫道：「千萬不要隨隨便便就拒絕。」這封信有點像創業投資的投資條件書或婚前協議書，最後還加上找人居間仲裁的可能性。愛達宣稱：「在所有的實務問題上，你將完全遵從我的判斷行事（或你現在可以提議你喜歡的裁判人選，在我們意見相左時居間仲裁）。」但她也答應有所回報，「在一、兩年內，為你的機器提出明確而可敬的執行方案建議。」

　　假如不是愛達已寫過許多類似信函，這封信乍看之下，還真令人吃驚。她宏大的企圖心有時會戰勝一切，這件事正是最佳例證。儘管如此，愛達仍然非常值得尊敬，她超越了她的背景和性別帶來的社會期望，努力對抗家族陰暗面的影響，獻身於大多數人永遠無法企及的複雜數學運算（單單伯努利數就可以把許多人難倒了）。就在同父異母的梅朵拉發生鬧劇，以及她自己罹患重病，必須仰賴鴉片治療，情緒劇烈擺盪的期間，她仍孜孜不倦下苦功鑽研數學，提出充滿想像力的洞見。

她給巴貝奇的信函在結尾寫道：「親愛的朋友，如果你知道我曾經在你難以想像的情況下，經歷了多麼悲傷而可怕的事情，你就會認同我的感覺。」接下來，她稍稍離題，很快討論一個小問題，如何用有限差分的微積分來計算伯努利數，然後她為信上的汙漬向巴貝奇道歉，並用可憐的語氣探詢：「不知道你會不會選擇讓這位夢幻仙女繼續為你效勞。」

愛達深信巴貝奇會接受她的提議，成為她的創業伙伴。「他很清楚，有我的文筆為他服務會帶來什麼好處，所以他可能會屈服，雖然我要求他極大的讓步，」愛達在信中告訴母親：「如果他真的同意我的提議，我或許能讓他遠離麻煩，成功發展機器。」但巴貝奇認為，拒絕愛達才是明智之舉。他去拜訪愛達並「拒絕所有的條件」。雖然他們此後不曾在科學上有進一步的合作，兩人卻一直維持良好關係。「巴貝奇和我的友誼如今更勝以往，」她在接下來那個星期寫信告訴母親。巴貝奇同意下個月到她鄉居的住所探訪，並在信中稱她為「數字魔女」和「我最親愛和推崇的詮釋者」。

同一個月，也就是 1843 年 9 月，《科學實錄》期刊終於刊登了愛達的譯文和〈譯者評注〉。有一段時間，愛達享受友人的讚譽，以為從此可以像良師益友索麥維看齊，在科學界和文學界被認真當一回事。文章發表後，她終於覺得像個「徹頭徹尾的專業人士」，她寫信給律師時表示：「我真的像你一樣，和某個專業產生緊密連結了。」

但其實不然。巴貝奇沒能為機器爭取到更多金援，他的機器從來沒有真正建造完成，他過世時一貧如洗。至於勒夫雷思夫人呢，她此後沒有再公開發表過另一篇論文。相反的，她的人生開始走下坡，她沉迷於賭博和鴉片，還與賭伴發展出不倫的關係，對方勒索

她，強迫她拿傳家珠寶去典當。愛達在世的最後一年，辛苦對抗子宮癌及經常性出血的問題，最後在 1852 年過世，享年 36 歲，親人根據她的遺願，把她埋葬在鄉間墓地，緊鄰她從來不認識、也在同樣年紀過世的詩人父親。

數位時代的播種者

工業革命奠基於兩個單純的重要觀念。創新者先設法把工作簡化為可以在裝配線上完成的簡單小步驟。然後由紡織業帶頭，發明家逐步把許多步驟機械化，改由蒸汽機驅動機器來完成。巴貝奇以巴斯卡和萊布尼茲的概念為基礎，設法把這兩個流程應用到計算工作上，創造出現代電腦的機械前身。巴貝奇最重要的觀念突破在於：我們不見得需要把這類機器設定為只能執行一項程序，而能透過打孔卡，為機器編程和修改程式。愛達充分了解這個觀念的奧妙之處和重要性，也從中衍生出更令人振奮的概念：這類機器不但能處理數字，也能處理能以符號標示的任何資料。

多年來，愛達一直被視為女權主義的代表人物和電腦科學的先驅。比方說，美國國防部把軍方開發的高階物件導向程式語言命名為「愛達」。不過，她也曾備受奚落，被說成痴心妄想、反覆無常，對自己掛名的〈譯者評注〉其實只有小小的貢獻。她在〈譯者評注〉中寫道：「在思考任何新物件時，我們很容易先高估我們覺得很有趣或不尋常的情況，接著又出於某種自然反應，低估了真實狀況。」雖然她是在探討分析機時寫下這段文字，但也可用來形容她起伏不定的聲譽。

實情是，愛達的貢獻影響深遠且深具啟發。比起同時代的巴貝奇或其他任何人，她眼光獨到，能預見未來機器將會與人類的想像

力相輔相成，如雅卡爾的織布機般，共同編織出美麗的織錦。她欣賞詩意的科學，因此大力讚揚當時科學界漠視的計算機提案，獨具慧眼的看出，這類機器的資訊處理能力將可用來處理其他任何形式的資訊。勒夫雷思伯爵夫人愛達，就這樣為數位時代播下種子，百年後終於開花結果。

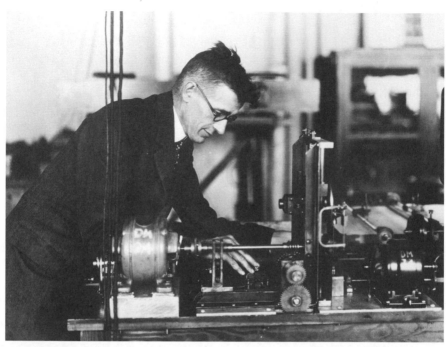

在MIT使用微分分析儀的布許（1890-1974）。

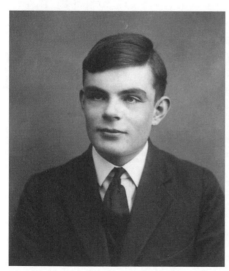

圖靈（1912-54），1928年攝於謝伯恩寄宿學校。

夏農（1916-2001）於1951年留影。

02

電腦

　　有時候，創新純然是時機問題，偉大的創意誕生之時，可以執行構想的技術已經存在。舉例來說，人類提出登月構想時，微晶片的技術正好突飛猛進，因此把電腦導航系統塞進火箭鼻錐中的想法，變得切實可行。不過有些時候，時機不是那麼恰到好處。巴貝奇在 1837 年發表了一篇關於複雜電腦的論文之後，人類又花了百年的時間，才擁有實際建造電腦所需的技術水準。

　　有些進步看似微不足道，但科技進步並非全來自於大躍進式的突破，有時候是數百個小改進逐步累積的成果。就以打孔卡為例，巴貝奇看到卡片在雅卡爾織布機上的使用，提議把打孔卡用在分析機上。後來美國人口普查局員工何樂禮（Herman Hollerith）發現，1880 年的美國人口普查數據以人工製表，竟然花了將近八年的時間才完成，他大感震驚，決心促使 1890 年人口普查的統計作業自動化，因此開始大幅改進在電腦上運用打孔卡的技術。

　　當時鐵路售票員會在火車票的不同位置打孔，標示出每位乘客的明顯特色（例如性別、約略的身高、年齡、髮色等）。何樂禮借

用這種方式設計打孔卡，以 12 列和 24 欄來記錄人口普查資料中的個人特點。之後把打孔卡插在一排排水銀杯和裝了彈簧的細針之間，當細針穿過卡片上的孔洞時，就會形成電路。機器不但能計算總數，也能把個別特點分門別類，製成表格，例如計算已婚男性的數目或出生於國外的女性有多少。有了何樂禮的製表機，1890 年的美國人口普查只花了一年時間就製表完成，毋須再耗費八年時光。這是人類第一次大規模使用電路來處理資訊，而何樂禮創辦的公司經過一連串併購後，在 1924 年成為國際商業機器公司（International Business Machines Corporation），簡稱 IBM。

創新往往是計數器或讀卡機之類的幾百個小進步累積的成果。在 IBM 這樣的公司裡，工程師團隊每天都在進行各種小改善，我們寧可從這樣的角度來理解創新如何發生。我們的時代中一些最重要的技術創新（例如在過去六十年中發展出來、用來開採天然氣的水力壓裂技術），都是仰賴無數小創新以及少數重大技術突破來達成的。

就電腦的發展而言，在 IBM 之類的組織中，無數的工程師不斷默默推動各種漸進的技術進步。IBM 在二十世紀初期生產的機器雖然有能力編輯資料，卻還不是我們今天所謂的電腦，甚至還不算是太厲害的計算機，部分功能依然殘缺。除了幾百個小小的進步外，電腦時代的誕生也需要靠創意十足、高瞻遠矚的開路先鋒發揮想像力，促成大躍進。

數位擊敗類比

何樂禮和巴貝奇設計的機器都是數位式機器，也就是說這些機器利用「數位」（digit），例如 0、1、2、3 之類的不同離散整數來計算。他們的機器就像計數器般，利用齒輪做加減計算，隨齒輪喀嗒

轉動，每次切換一個數字。另一種計算方法是設計出能模擬物理現象的裝置，然後在類比模型上進行測量、計算結果，由於這種方法以類比方式運作，所以稱為「類比電腦」。類比電腦不仰賴離散整數來做各種計算，反而採用連續函數。在類比電腦中，像電壓、滑車索具的位置、液壓、或距離等變量，都拿來類比待解問題中的相應數量。計算尺屬於類比式，算盤則為數位式；有長短針的時鐘屬於類比式，以數字顯示時間的時鐘則是數位式。

　　差不多就在何樂禮忙著打造數位製表機的同時，英國最傑出的兩位科學家凱文勛爵（Lord Kelvin）和兄長湯姆森（James Thomson）也正在打造類比機器。由於解微分方程式的過程十分單調沉悶，他們決定設計機器來代勞。這部機器能協助他們算出潮汐表和從不同角度發射砲彈產生的不同軌道。兩兄弟從 1870 年代開始以面積儀為本，設計這套系統。面積儀是用來測量平面圖形面積（例如畫在紙上的曲線所圍的面積）的工具，使用者能利用面積儀來追蹤弧形輪廓，藉由堆動小球沿著曲線走、而連動到有刻度的轉輪來計算面積。面積儀計算曲線包圍的區塊時，等於透過積分來解方程式 —— 換句話說，面積儀能執行基本的微積分計算。凱文勛爵和哥哥用這個方法打造了一部「諧波合成器」（harmonic synthesizer），能在四小時內產出整年的潮汐表。但由於在機械上碰到難以克服的困難，他們始終無法連結許多同類裝置，解開多項方程式。

　　直到 1931 年才有人成功克服挑戰，連結多部積分器。麻省理工學院（MIT）工程學教授布許（Vannevar Bush，請務必記住這個名字，因為他是本書的關鍵人物）建造了全世界第一部類比式電機電腦，他把機器命名為「微分分析儀」。凱文勛爵的機器是由電動馬達驅動連串齒輪、滑輪和軸桿旋轉，布許的機器則包含六個由輪

與盤構成的積分器,兩者並非真有太大的差異。由於布許當時任教於 MIT,周遭很多人都有能力組裝和校準複雜的機械裝置。最後建造完成的機器占地大約有一個小臥室那麼大,能夠解開含十八項不同變數的方程式。接下來十年中,美國馬里蘭州的陸軍阿伯丁試驗場、賓州大學的摩爾電機學院,以及英國劍橋大學和曼徹斯特大學,都紛紛複製布許的微分分析儀。這部機器在製作砲彈發射表時尤其有用,也訓練和鼓舞了新一代的電腦開路先鋒。

電腦時代的奇蹟年

不過,由於布許的機器為類比式裝置,注定不會成為電腦史上的重大突破。事實上,這時類比式運算已奄奄一息,至少往後數十年都難以翻身。

新方法、新技術和新理論在 1937 年浮現,距離巴貝奇發表有關分析機的論文正好一百年。這一年將成為電腦時代的奇蹟年,四種相互關聯的特性勝出,界定了現代電腦運算的核心特質:

數位式:電腦革命的基本特點是以數位電腦為主,而非類比電腦,造成此種結果的原因很多,包括邏輯理論、電路和電子開關技術同時出現一些突破,因此相較之下,採取數位方式更容易得到豐碩的成果。直到 2010 年之後,電腦科學家在研究如何模擬人類大腦功能時,才開始認真研究如何重新開發類比運算技術。

二進位制:現代電腦不只採取數位式,採用的還是二進位制的數位系統,換句話說,只會用到 0 與 1 兩個數字,而不是我們日常採用的從 1 到 10 的十進位制。二進位制和其他許多數學觀念一樣,是

由萊布尼茲在十七世紀末期率先提出的。1940 年代，情勢愈來愈明朗，利用切換開關形成電路、執行邏輯運算時，二進位制比其他數位形式（包括十進位制）效果更佳。

電子的： 1930 年代中，英國工程師弗拉沃斯（Tommy Flowers）率先在電子電路中使用真空管做為電路開關。在那之前，所有電路都仰賴機械式和電機式開關，例如電話公司使用的電磁繼電器。真空管主要用來放大訊號，而非當成電路開關。電腦使用真空管之類的電子零件後（後來則採用電晶體和微晶片），作業速度比採用電機開關的機器快了幾千倍。

通用的： 最後，工程師終於可以為機器編寫程式和重新編程，以因應各種不同用途。這些機器不但有辦法處理不只一種形式的數學計算，例如微分方程式，而且能夠處理多項工作和各種符號，包括文字、音樂、圖像、數字等，因此終能充分發揮勒夫雷思夫人描繪巴貝奇分析機時，極力稱頌的潛能。

　　當成熟的種子落在肥沃的土壤上，創新自然萌芽。1937 年的偉大突破並非由單一因素引發的，而是技術力、創意和需求同時在幾個地方匯聚後產生的結果，同樣的情況在發明史上屢見不鮮（尤其是資訊科技的發明史）。時機對了，環境也醞釀成熟，自然迸發出各種創新。例如，為了收音機產業的需求而開發的真空管，恰好為數位電路的誕生鋪路。接著邏輯學在理論上的突破，又為電路開創更大的用途。二次大戰的戰鼓擂動，加速了科技發展的腳步。當各國開始為即將爆發的衝突整軍經武時，計算能力顯然變得和火力一樣

重要。於是，在哈佛大學、麻省理工學院、普林斯頓大學、貝爾實驗室、柏林的某間公寓，甚至極其有趣也匪夷所思的，在愛荷華州艾姆斯鎮某個地下室裡，幾乎自然而然同步出現了點點滴滴的技術進步，而且相互影響。

技術進步背後的支柱則是在數學上美麗的（愛達可能稱之為「詩意的」）大躍進。其中一項躍進帶動了「通用電腦」的觀念，催生的通用機器能透過程式編寫，執行任何邏輯工作、並模擬其他邏輯機器行為。這是一位才華洋溢的英國數學家所做的想像實驗，而他的人生故事雖然啟迪人心，也令人不勝唏噓。

圖靈的想像實驗

圖靈（Alan Turing）的家族算是沒落英國貴族的旁系後裔，他從小在冷酷的環境中成長。圖靈的祖先在 1638 年就受封為爵，貴族頭銜一路傳承下來，落在他某個侄子頭上。但是族譜中非嫡系的其他後代子孫（例如圖靈和他的父親及祖父）並沒有分到土地，繼承的財富也少得可憐，大多數人轉而從事神職（圖靈的祖父就是如此），或遠赴英國殖民地擔任公職人員，例如圖靈的父親在印度偏遠地區當個小官。圖靈的母親在印度恰特拉普爾懷孕後，於返回倫敦探親的假期中，在 1912 年 6 月 23 日生下圖靈。圖靈才一歲大，雙親就回印度長達數年，把他和哥哥託付給一位退休陸軍上校和他的妻子撫養，兄弟倆在英格蘭南部的濱海小城度過童年。「我不是兒童心理學家，」圖靈的哥哥約翰後來表示：「但我很確定，把襁褓中的嬰兒連根拔起，放到完全陌生的環境裡，絕對不是好事。」

母親回英國後，和圖靈一起生活了幾年，直到圖靈十三歲時才把他送去寄宿學校就讀。圖靈當時隻身騎著單車，花了兩天時間，

騎了九十幾公里的路到學校報到。圖靈一直有強烈的孤獨感，這也反映在他對長跑和騎單車的熱愛上。在圖靈身上可以看到創新者常見的某種特質，為他作傳的霍奇斯（Andrew Hodges）形容得很妙：「圖靈很晚才懂得分辨主動與不服從之間那條模糊的界線。」

母親在回憶錄中對自己一向溺愛的兒子有犀利的描繪：

圖靈長得高大壯碩，有一張堅定的國字臉，一頭不聽指揮的亂髮。他最引人注意的是深邃清澈的藍眼眸。微微上翻的鼻頭和詼諧的嘴部線條讓他的外表顯得十分年輕——有時候帶點孩子氣。以致於年近四十時，偶爾還有人誤以為他還在念大學。他的穿著和習慣都很邋遢。頭髮通常都留得過長，常需要甩甩頭，把垂在臉上的一小撮捲髮甩開……他也許想法抽象，喜歡做夢，經常陷入沉思……因此看起來不太容易親近。有時候，他會因為太過害羞，而顯得非常沒有禮貌……的確，他猜想自己可能最適合到中古世紀的修道院隱居。

圖靈在謝伯恩寄宿學校就讀時，發現自己的同性戀傾向。當時，他迷戀一位身材修長、滿頭金髮的同學莫康（Christopher Morcom），兩人一起研究數學和討論哲學問題。可惜莫康在畢業前一年冬天因肺結核驟逝。圖靈後來在給莫康母親的信中寫道：「我膜拜他踏過的土地 —— 很遺憾的說，我不打算掩蓋這件事。」圖靈寫信給自己的母親時，透露他似乎從信念中尋求安慰：「我覺得我日後將會在某處和莫康重聚，那裡有工作等著我倆一起完成，正如同我過去一直深信這裡有一些工作需要我倆一起完成一樣。既然我被留下來獨自完成任務，我絕對不能讓他失望。假如我成功了，我會

比現在更有資格和他團聚。」但這樁悲劇終究打擊了圖靈的宗教信仰，他變得更加內向，更難和別人建立親密關係。舍監在 1927 年給圖靈雙親的報告中指出：「他無疑不是個『正常』孩子，倒不是說他比別的孩子糟，而是他或許比較不快樂。」

圖靈在謝伯恩寄宿學校的最後一年，申請到劍橋國王學院的獎學金，於是在 1931 年進入劍橋大學研讀數學。他用一部分獎學金買了三本書，其中之一為馮諾伊曼（John von Neumann）的著作：《量子力學的數學基礎》。馮諾伊曼是迷人的匈牙利裔數學家，也是電腦設計的先驅，後來對圖靈的一生產生持續的影響。圖靈對於量子物理核心的數學觀念尤其感興趣，它描述次原子層次的活動是由統計機率來主導，而非確定的法則。他（至少在年輕時）認為，次原子層次的不確定性讓人類得以發揮自由意志 —— 果真如此的話，這似乎是人類之所以有別於機器的重要特質。換句話說，由於次原子層次的活動並非預先決定的，因此我們的思想和行動也並非預先決定的。他寫信給莫康的母親時解釋：

　　過去的科學一直都假定：假設我們完全了解某個特定時刻宇宙萬事萬物的狀態，就能預測未來。這個觀念的形成要拜高度成功的天文預測之賜。不過現代科學的推論是，當我們面對原子和電子的層次時，其實不太知道它們的確切狀態；而我們的儀器本身也是由原子和電子組成的，因此在尺度極小的層次，我們能掌握宇宙確切狀態的認知必須被打破。換句話說，我們也必須打破這樣的理論：人類的行為和日食一樣，都是預先注定的。我們的意志說不定能決定腦部小小區塊中原子的活動，或有可能影響整個大腦的活動。

　　窮其一生，圖靈一直都在苦思這個問題：人類心智和預先設定好的機器，是否有根本上的差異？他慢慢得到一個結論：兩者的差異其實不如他想像的那麼清楚。

　　他直覺的認為，由於次原子領域充滿不確定性，因此某些數學問題也無法用機械方式來解決，注定籠罩在不確定性中。當時部分受到希爾伯特（David Hilbert）的影響，數學家熱中於探討邏輯系統的完備性和一致性的問題。希爾伯特是德國哥廷根的天才數學家，對數學有卓越貢獻，包括和愛因斯坦同時提出廣義相對論的數學方程式。

　　希爾伯特在 1928 年的數學大會上，提出三個關於數學形式系統的重要問題：（1）規則是否完備，因此只要應用這些規則，任何敘述都可得到證明（或反證）？（2）是否具有一致性，因此任何敘述不可能既證明為真，又證明為假？（3）是否有一套程序來判定某個敘述能否證明真假，而不是容許某些敘述一直處於無法判定的狀態（就像費馬最後定理 *、哥德巴赫猜想 †、或考拉茲猜想 ‡ 之類長期懸而未決的數學謎題一樣）？希爾伯特認為，頭兩個問題的答案是肯定的，第三個問題則尚待解決。但他又簡單的說：「沒有不能解決的問題。」

　　然而不到三年時間，和母親同住在維也納的二十五歲奧地利邏輯學家哥德爾（Kurt Gödel）就針對頭兩個問題，給了出人意表的答案：否和否。他的「不完備定理」顯示，有些敘述既非可證，也非不可證。如果把它稍微過度簡化的話，那麼像「自我參照的表述」

---

* 費馬最後定理：若 $a^n + b^n = c^n$，a, b, c 都是正整數，當 n 大於 2 時，則方程式無解。

† 哥德巴赫猜想：任何大於 2 的偶數都能表示成兩個質數的和。

‡ 考拉茲猜想（Collatz conjecture）：某數如為偶數，則除以 2，如為奇數，則乘 3 再加 1，如此反覆操作，最後都會得到 1。

（self-referential statement）之類的敘述也包括在內，例如：「這句話無法證明真假。」如果命題為真，那麼這句話已經限制我們不能證明其為真；如果是假，也會產生邏輯上的矛盾。這種情形有點像希臘的「說謊者弔詭」，它的陳述為：「這句話是假的。」這樣的陳述其實無法判定真假（即使這句話是真的，那麼也必然是假的，反之亦然）。

　　哥德爾提出這些無法證明或反證的敘述，藉以說明任何足以表達一般數學的形式系統都是不完備的。他也提出另外一個定理，有效針對希爾伯特的第二個問題，提出否定的答案。

　　接下來，就剩下希爾伯特的第三個問題，所謂的「判定性問題」（Entscheidungsproblem）。即使哥德爾已經提出一些可能無法證明或反證的敘述，或許我們仍可找出這些奇怪的敘述，把它區隔開來，於是系統中只剩下完備而一致的命題。但如此一來，我們就非得找到足以「判定」敘述是否可證的方法不可。偉大的劍橋大學數學家紐曼（Max Newman）在教導圖靈有關希爾伯特問題時，提到「判定性問題」時是這麼說的：有沒有一種「機械程序」，能用來判定某個邏輯敘述是否可證？

　　圖靈很喜歡「機械程序」的概念。1935 年初夏的某一天，圖靈照例獨自在伊利河畔慢跑，跑了幾公里路之後，他停下來休息，躺在葛蘭切斯特草原的蘋果樹下沉思。他按照「機械程序」字面上的意義，構思了一種機械程序，也就是一種假想的機器來解決這個問題。

　　他想像的「邏輯計算機」（是指他的想像實驗，而不是即將打造出的真實機器）乍看之下非常簡單，理論上卻可以處理任何數學問題。這部機器會用到一條無限長的紙帶，上面有一個個方格，方格

裡有符號；在最簡單的二進位制例子裡，方格中的符號可能是 1 或空白。這部機器能夠解讀紙帶上的符號，並根據「指令表」執行某些動作。

指令表會根據當時機器的組態和方格中的符號，來指揮機器工作。比方說，某項工作的指令表可能會下令，假如機器處於組態 1，看見方格中的符號為 1，那麼就應該向右移一格，移到組態 2。令人訝異的是，只要給這樣的機器適當的指令表，就能完成任何數學工作，無論工作有多複雜。

那麼，這個想像中的機器可能如何回答希爾伯特的第三個問題 —— 判定性問題呢？圖靈的方法是進一步琢磨「可計算的數字」的概念。數學規則定義的任何實數都可以用邏輯計算機來計算。即使像 π 這種無理數，也可以利用有限的指令表來做無限的計算。那麼，7 的對數或 2 的平方根，或愛達協助產生對數的伯努利數序列，或任何其他數字或數列，無論多麼難計算，只要有固定的計算規則就可行。依照圖靈的說法，這些都是「可計算的數字」。

圖靈繼續說明，還有一種不可計算的數字存在，而這和他所謂的「停機問題」相關。他指出，目前還無法預先確定，是否有任何指令表結合輸入，會引導機器算出解答，還是讓機器陷入某種迴圈，無休無止的反覆計算卻徒勞無功。他指出，「停機問題」的不可解，意味著希爾伯特的判定性問題也不可解。雖然希爾伯特似乎期望：沒有任何機械程序能決定每個數學敘述的可證性。哥德爾的不完備定理、量子力學的不確定性、以及圖靈針對希爾伯特第三個問題的解答，都對機械式、確定性、可預測的宇宙予以痛擊。

圖靈在 1937 年發表的論文，取了個不怎麼響亮的標題：〈論可計算數字，及其在判定性問題上的應用〉（On Computable Numbers, with an Application to the Entscheidungsproblem）。圖靈針對希爾伯特第三個問題提出的解答，有助於數學理論的發展，但更重要的是這個證明產生的副產品：邏輯計算機的觀念，大家很快稱之為「圖靈機」。「有可能發明一部機器，用來計算任何可計算的序列。」他宣稱。這類機器有辦法解讀其他機器的指令，及執行其他機器能做的工作。基本上，這樣的機器實現了巴貝奇和愛達的夢想，是完全通用的機器。

同一年稍早，普林斯頓大學的數學家丘池（Alonzo Church）也針對判定性問題提出不同的解答，丘池的方法不如圖靈的奧妙，名稱「不具型式之 λ 演算」（untyped lambda calculus）也更呆板。圖靈的老師紐曼認為，讓圖靈去美國跟隨丘池研究，應該會對他大有幫助。他在推薦信中形容圖靈潛力無窮。他還因圖靈的個性，加了一段個人訴求：「他的研究工作一直沒受到任何人的督導或批評，」紐曼寫道：「因此盡快接觸到這個領域的頂尖學者，對他更加重要，免得他慢慢發展出習慣性的孤獨。」

圖靈的確愈來愈獨來獨往。由於他的同性戀傾向，他有時會覺得與周遭格格不入，他不但獨居，也避免和別人深交。圖靈有一度曾向女同事求婚，但後來又覺得必須向她坦承自己的同志身分。雖然女同事並不在意，仍願結婚，圖靈卻覺得這樣的婚姻很可恥，決定終止婚約。不過他並沒有真的變成「習慣性的孤獨」。他學會在團隊中和其他人分工合作，他的抽象理論能反映在實體發明中，這是重要關鍵。

1936 年 9 月，二十四歲的博士候選人圖靈在等待論文出版的期間，登上老舊的皇家郵輪貝倫加麗亞號（RMS Berengaria）的三等艙，帶著珍愛的六分儀航向美國。普林斯頓大學把他的研究室安排

在數學系館，和高等研究院備受矚目的大師愛因斯坦、哥德爾及馮諾伊曼等人在同一棟大樓。溫文儒雅、交遊廣闊的馮諾伊曼儘管和圖靈的個性南轅北轍，對圖靈的研究卻很感興趣。

不過，圖靈發表的這篇重要論文，並不是帶動 1937 年偉大技術突破的直接因素，事實上，起先根本沒有什麼人注意到這篇論文。圖靈請母親把論文副本寄給數學哲學家羅素（Bertrand Russell）和其他幾位著名學者，但只有丘池寫了一篇重要評論。由於丘池比圖靈早一步解開希爾伯特的判定性問題，因此不吝對圖靈大加讚揚。丘池不但大方給予論文好評，還用「圖靈機」一詞來形容圖靈所說的「邏輯計算機」。所以圖靈在二十四歲時，名字已經與數位時代最重要的觀念產生不可抹滅的連結。

貝爾實驗室的夏農與史提必茲

1937 年還出現了另外一個影響深遠的理論性突破，這項突破和圖靈的突破類似，是純粹的想像實驗。麻省理工學院研究生夏農（Claude Shannon）在這一年交出史上最有影響力的碩士論文，《科學美國人》雜誌後來譽之為「資訊時代的大憲章」。

夏農在美國密西根州的小鎮成長，從小喜歡組裝模型飛機和業餘無線電。長大後，他進入密西根大學主修電機和數學。大四時，他瀏覽布告欄上的徵人啟事時，看到有一份工作是到 MIT 協助布許教授操作微分分析儀。他應徵了這份工作並獲錄取，從此迷上這部機器——他主要是對控制電路中的電磁繼電器開關感興趣，而不是輪軸、滑輪和輪子等類比零件。繼電器開關在接收到不同的電訊號而切換開關時，會產生不同的電路型態。

1937 年夏天，夏農暫時離開 MIT，到 AT&T 的研究中心貝爾

實驗室工作。當時貝爾實驗室座落於曼哈頓赫德遜河畔的格林威治村，對於一心想實現創意的發明家而言，這裡可說是最佳避風港。在貝爾實驗室，各種抽象理論與實際問題不斷交鋒，不管在走廊上或餐廳裡，理論家與實務經驗豐富的工程師、技術高超的技工，以及實事求是的解決問題高手打成一片，激發出理論與工程的異花授粉、跨界交流。貝爾實驗室建立起的基本原型，成為數位時代最重要的創新支柱之一，哈佛大學科學史教授嘉里森（Peter Galison）稱之為「交易區」（trading zone）。不同領域的理論家和實踐者共聚一堂時，自然會找到共同的語言來交換資訊、交流觀念。

在貝爾實驗室，夏農得以近距離觀察電話系統電路的神奇威力，看到電話系統如何利用電路開關來分配電話線路和平衡負載量。於是，夏農腦子裡開始把電路的運作和另一個他很感興趣的題目連結起來 —— 英國數學家布耳（George Boole）在九十年前建構的邏輯系統。布耳設法運用符號及方程式來表達邏輯敘述，為邏輯學帶來重大革新：當命題為真時，就給 1 的數值，當命題為假時，則為 0；於是可透過這些命題來執行一套基本邏輯運算 —— 例如「與」（AND）、「或」（OR）、「非」（NOT）、「若／則」（IF／THEN）等，就像數學方程式一樣。

夏農發現，透過開關切換機制，可利用電路來執行這類邏輯運算。比方說，如要執行「AND」的功能，可能需把兩個開關串聯，當兩個開關都開啟時，電流才能通過。要執行「OR」的功能，則需讓兩個開關並聯，因此只要開啟任一開關，電流都能通過。更多用途的開關則稱「邏輯閘」，可以提高流程的效率。換句話說，你可以設計出包含許多繼電器和邏輯閘的電路，依序逐步執行一系列邏輯工作。

（所謂「繼電器」，是以電磁鐵之類的電動方式開啟和關閉的開關。切換式開關因為部分零件可以移動，有時稱為「電動機械」開關。電路中的開關也可以用真空管和電晶體來做，稱為「電子式」開關，因為真空管和電晶體能操控電子的流動，卻不需要移動任何實體零件。「邏輯閘」是能處理多種輸入的開關，比方說，同時有兩個輸入時，如果兩者都開，則開啟「AND」邏輯閘；如其中任一輸入開啟，則開啟「OR」邏輯閘。夏農的洞見在於，這些開關可以用電路連結起來，執行布耳的邏輯代數。）

夏農在秋天回到麻省理工學院，布許對他的構想深感興趣，慫恿他把這些想法放到碩士論文中。這篇題為〈繼電器與開關電路的符號分析〉（A Symbolic Analysis of Relay and Switching Circuits）的論文說明如何執行布耳代數的各種函數。「我們可以透過繼電器電路，執行複雜的數學運算，」他在論文結尾中如此指出，這也成為所有數位電腦的基本概念。

圖靈深受夏農的想法吸引，因為圖靈才剛發表有關通用機器的概念（這種機器能透過以二進位制編碼的簡單指令，處理數學和邏輯問題），兩人的想法有巧妙的關聯。同時，由於邏輯學與人類推理方式相關，因此理論上，能執行邏輯工作的機器也可以模擬人類的思考方式。

同一時間，數學家史提必茲（George Stibitz）也在貝爾實驗室上班。當時電話工程師需要處理的計算日益複雜，史提必茲的職責就是設法因應工程師的計算需求。他手上唯一的工具是機械式的桌上型加數機，所以他決心根據夏農的洞見，也就是利用電路來執行數學和邏輯工作，發明出更好的工具。11 月某個深夜，他到儲藏室拿

了一些電磁繼電器和燈泡回家，在廚房餐桌上把菸草罐和幾個開關組裝成可加二進位數字的簡單邏輯電路。燈泡亮時代表 1，不亮時代表 0。因為是在廚房（kitchen）組裝完成，他的妻子稱之為「K 模型」。第二天，他把模型帶到辦公室，想說服同事，只要給他足夠的繼電器，他就有辦法製造出計算機。

貝爾實驗室的重要任務之一是在傳送長途電話訊號時，想辦法放大訊號，同時又過濾掉靜電。工程師用公式來處理增強訊號和消除靜電的問題，他們解方程式時，有時會牽涉到複數（含有代表負數平方根的虛擬單位）。史提必茲的上司問他，他提議的機器能否處理複數。得到肯定的答案後，上司派一組人協助他打造機器。1939年，「複數計算機」建造完成，裡面有四百多個繼電器，每個繼電器每秒鐘能開關二十次，比起機械式計算機簡直快得驚人，但和剛發明的全電子式真空管電路相較之下，又太過笨重了。史提必茲的電腦雖然無法程式化，卻展現了繼電器電路在二進位運算及處理資訊和邏輯程序的潛能。

艾肯與馬克一號

同樣在 1937 年，哈佛博士班學生艾肯（Howard Aiken）正辛苦的用加數機為他的物理學論文做煩人的計算。他遊說哈佛大學打造更複雜的電腦來處理這類運算。系主任提到，哈佛科學中心的閣樓有一些黃銅製的輪子，來自百年歷史的老機器，看起來很像他想要的東西。艾肯到閣樓搜尋，找到當年巴貝奇的兒子亨利打造的巴貝奇差分機展示模型。艾肯迷上了巴貝奇的機器，把這套銅輪搬到自己的辦公室。「我們確定找到兩個巴貝奇的輪盤，」他回想：「我後來把它裝到電腦上。」

那年秋天，當史提必茲正在醞釀餐桌上的發明時，艾肯寫了長達 22 頁的備忘錄給哈佛的上司及 IBM 的主管，力勸他們撥款打造現代版的巴貝奇數位機器。「人類長久以來一直想節省數學運算的時間和心力，並減少人為失誤，這樣的欲望或許和算術科學本身同樣歷史悠久。」

艾肯在美國印第安納州長大，成長過程十分艱辛。他十二歲的時候，曾經用壁爐火鉗捍衛母親，抵擋醉醺醺的父親家暴，父親後來拋妻棄子而去，沒留下分文。當時才九年級的艾肯只好輟學打工，擔任電話安裝人員以維持家計。後來他晚上到當地電力公司當班，白天則到技術學校上課。艾肯靠著強烈的自我驅動力，逐步邁向成功。但在努力過程中，他慢慢變成一個脾氣火爆的工作狂，在別人口中，他有如即將來襲的雷暴雨。

哈佛大學對於是否要建造艾肯提議的計算器，以及艾肯有沒有可能因為這個實用性大於學術性的計畫而獲得終身職，其實五味雜陳。（對某些哈佛教授而言，稱某人的研究實用性大於學術性，是一種侮辱。）不過哈佛大學校長科南特（James Bryant Conant）支持艾肯。科南特當時擔任美國國防研究委員會主席，毫無芥蒂的視哈佛大學為產業界、學術界和軍方三角合作關係的重要一環。但艾肯所在的物理系則較堅持純粹學術性的研究，系主任在 1939 年 12 月寫信給科南特時表示：「如果找得到錢，有這部機器也還不錯，但比起其他設備，我們不見得更渴望擁有這部機器。」教評會在談到艾肯時表示：「應該有人清楚告訴他，這類活動不會增加他升等的機會。」最後科南特獲勝，並批准艾肯打造機器。

1941 年 4 月，IBM 依照艾肯訂定的規格，在艾肯位於紐約州恩狄考特（Endicott）的實驗室中打造馬克一號。艾肯此時已離開哈

佛，到美國海軍服役。他以海軍少校的官階，在維吉尼亞州海軍水雷戰訓練學校任教兩年。同事曾形容他「滿腦子公式和哈佛大學理論，全副武裝有備而來」，卻「撞上一群根本分不清微積分和玉米餅的南方佬」。他大部分的時間都在思考馬克一號的問題，偶爾會一身軍裝造訪恩狄考特的實驗室。

艾肯善盡兵役義務帶來的報酬是：1944 年初，IBM 準備把建造完成的馬克一號運至哈佛時，艾肯說服海軍接管機器及指派他為負責的軍官。艾肯因此得以繞過哈佛學院派的官僚體系，當時哈佛仍倔強的不肯授與他終身職。於是，哈佛計算實驗室（Harvard Computation Laboratory）暫時成為海軍的設施，而艾肯的員工全是穿制服上班的海軍人員。他稱他們為「組員」，他們則稱呼他為「指揮官」，提到馬克一號時，則一律以「她」為代號，彷彿那是一艘軍艦。

哈佛馬克一號借用了許多巴貝奇的構想。雖然不是採二進位制，卻是數位式機器；輪盤上有十個位置，15 公尺的輪軸上有七十二個計數器，可以儲存多達二十三位數的數字。最後的成品重達 5 噸，足足有 24 公尺長、15 公尺寬，以電動方式操控軸桿、移動零件，但速度很慢。馬克一號沒有採用電磁繼電器，而是採用電動馬達開關的機械式繼電器，因此計算一個乘法問題就得花 6 秒，相較之下史提必茲的機器只需 1 秒鐘就能完成。不過馬克一號有個令人讚歎的特性，後來成為現代電腦的重要標記：馬克一號是全自動的機器，用紙帶輸入程式和數據後，可以連續運轉幾天，完全毋須人力介入操作。艾肯因此說馬克一號「實現了巴貝奇的夢想」。

在客廳埋頭苦幹的楚澤

這群電腦先驅渾然不知，有一位在父母的公寓中埋頭苦幹的德國工程師，早在 1937 年就已擊敗他們。楚澤（Konrad Zuse）即將完成的二進位計算機原型，能夠解讀打孔帶上的指令。不過，這部叫 Z1 的機器至少在初版時還是機械式裝置，而不是電子機器。

楚澤和其他許多數位時代的開路先鋒一樣，在成長過程中醉心藝術與工程學。楚澤從技術學院畢業後，在柏林一家飛機公司擔任應力分析師，負責計算包含載重、強度和彈性等各種因子的線性方程式。當時即使有機械式計算機代勞，單憑一己之力仍不太可能在一天內解決六個以上有六個未知數的聯立線性方程式。假如方程式有二十五個變數，那麼可能要花一年的時間才能解開。所以楚澤和其他人一樣，很想把解數學方程式的煩人過程機械化。於是，楚澤把父母在柏林滕珀爾霍夫機場附近的公寓客廳，改裝為工作室。

楚澤打造 Z1 初版時，和朋友用豎鋸做出有溝槽和接腳的金屬碟來儲存二進位數字。他起先用打孔紙帶來輸入數據和程式，但很快就改採廢棄的 35 毫米電影膠卷，不但更堅固，也便宜許多。楚澤在 1938 年完成 Z1，這部機器雖然不是很穩定，仍有辦法解決一些問題。機器的所有零件都是手工打造，很容易卡住。由於楚澤並非置身於貝爾實驗室之類的研究機構，沒有加入大型合作計畫（例如哈佛大學與 IBM 的合作），身邊也沒有優秀的工程師和他合作，無法發揮互補功能。

不過 Z1 顯示，楚澤的邏輯概念在理論上確實可行。大學時代結交的朋友史瑞爾（Helmut Schreyer）一直從旁協助，力勸他改採電子真空管，不要用機械式開關。假如他們當時立刻改弦易轍，必將留

名青史，成為催生現代電腦（二進位、可編程的電子電腦）的首批發明家。但由於打造一部含兩千個真空管的機器所費不貲，楚澤和他諮詢的技術學院專家都躊躇不前。

所以打造 Z2 的時候，他們決定採用從電話公司買來的二手電機繼電器開關，雖然速度比較慢，但比較堅固且便宜。結果，他們建造的電腦用繼電器做為運算單元，記憶單元則為機械式，採用的是金屬薄板上可移動的接腳。

1939 年，楚澤開始打造第三個模型 Z3，這一回無論運算單元、記憶和控制單元都採用電機繼電器。1941 年 Z3 打造完成時，是第一部能完全運轉的可編程通用數位電腦。即使這部機器還無法直接處理程式中的條件跳轉指令和分支指令，但理論上已經可以像通用圖靈機般執行工作。這部電腦和日後的電腦最大的不同之處在於，Z3 採用的是笨拙的電機繼電器，而不是真空管或電晶體之類的電子零件。

楚澤的朋友史瑞爾在博士論文〈真空管繼電器及其開關切換技術〉（The Tube Relay and the Techniques of Its Switching）主張，威力強大的快速電腦應該採用真空管。但是當史瑞爾和楚澤在 1942 年向德國軍方提議打造這樣的機器時，指揮官信心滿滿的表示，等到兩年後機器造好之時，他們早就打贏這場戰爭了，因此對製造武器比較有興趣，而無意打造電腦。結果，楚澤被調離電腦研發工作，回去擔任飛機工程師。1943 年，他的電腦和種種設計都在聯軍轟炸柏林時付之一炬。

楚澤和史提必茲雖然各自努力，卻都想到可以利用繼電器開關來建構電路，處理二進位的計算。受戰火阻隔的兩支團隊為何會同時想到相同的概念？部分原因在於，技術的進步和理論上的突破導

致時機漸漸成熟。楚澤及史提必茲都很了解繼電器在電話電路中的用途，因此自然會聯想到可以把它用在數學及邏輯的二進位運算上。同樣熟悉電話電路的夏農也在理論上有所突破，主張利用電子電路來執行布耳代數的邏輯工作。不消多久，分散全美各地的研究人員幾乎都領悟到，數位電路才是電腦運算的關鍵，即使置身於愛荷華州中部偏鄉也不例外。

孤軍奮戰的阿塔納索夫

1937 年，還有另外一位發明家和史提必茲、楚澤一樣，也在實驗數位式電路。他在愛荷華州的地下室中為下一個劃時代創新埋首苦幹，試圖打造出至少部分利用真空管的計算器。就某方面而言，他的機器不像其他人的發明那麼先進，這部機器無法編寫程式，也非多用途，而且採用了一些機械式移動元件，不完全是電子式機器。此外，即使他的模型理論上應該行得通，實際上卻無法讓機器穩定運作。儘管如此，阿塔納索夫（John Vincent Atanasoff，妻子與朋友都稱他為「文森」）仍然有資格被稱為先驅，因為他構思了第一部含部分電子式元件的數位電腦，而這是他在 1937 年 12 月某個晚上開長途快車時靈光一閃的傑作。

阿塔納索夫在 1903 年出生，是家裡七個孩子中的老大，父親是保加利亞移民，母親則是新英格蘭古老家族的後裔。阿塔納索夫的父親是工程師，在愛迪生經營的新澤西電力公司上班，後來全家搬到佛羅里達州坦帕市南方的鄉間小鎮。阿塔納索夫九歲時協助父親安裝家中電線，父親送他一把帝金牌（Dietzgen）計算尺。「我很愛那把計算尺，」他回想道。他在年紀還很小時，就埋首研究對數，雖然他回憶往事時熱切的表示：「你能想像滿腦子都是棒球的九歲

孩子，會因為這樣的知識而徹底改變嗎？開始認真研讀對數後，棒球變得一點也不重要。」但小小年紀就如此熱中數學，仍然有點奇怪。他利用暑假，計算以 e 為基底的 5 的對數值。上中學後，當過數學老師的媽媽輔導他自修微積分。阿塔納索夫的父親在磷酸鹽工廠擔任電機工程師時，曾帶他去工廠，展示發電機如何運作。年輕的阿塔納索夫十分羞怯，但創意十足且才華洋溢，他只花兩年時間就讀完中學課程，雖然修課量是同學的兩倍，卻每門課都拿 A。

　　阿塔納索夫進入佛羅里達大學主修電機後，展露實用主義的傾向，常常待在學校的機械工廠。他仍然對數學十分著迷，大一時曾潛心研究牽涉二進位計算的證明題。創意十足又充滿自信的阿塔納索夫以空前優異的成績從大學畢業後，接受愛荷華州立大學獎學金，前往攻讀數學和物理碩士學位，雖然他後來又收到哈佛大學的入學許可，仍堅守原先的承諾，到美國玉米帶的小鎮艾姆斯就讀研究所。

　　接著阿塔納索夫又到威斯康辛大學攻讀物理博士學位。在這段期間，他和巴貝奇以降的其他電腦先驅有了相同的體驗。他研究的是如何透過電場來極化氦，其中牽涉到許多單調煩人的計算。他利用桌上型加數機辛苦解決數學問題時，經常想像如何發明能做更多繁複運算的計算機。阿塔納索夫在 1930 年回愛荷華大學擔任助理教授時，已擁有電機、數學和物理三重學位，覺得自己準備好了。

　　他決定不留在威斯康辛大學任教，也不去哈佛大學或其他規模較大的研究型大學，這帶來了一些後遺症：愛荷華大學除了阿塔納索夫以外，沒有其他人研究如何打造新型計算機，阿塔納索夫只能孤軍奮戰。他可能想到一些新點子，周遭卻無人可分享、給他意見，或協助他克服理論上或工程上的挑戰。阿塔納索夫和數位時代

大部分的創新者不同，他是獨行俠，雖然在獨自一人長途駕車時靈光一閃，想出解決辦法，卻只能和研究助理討論。結果也證明這是他的一大障礙。

阿塔納索夫起先考慮建造一部類比機器；基於小時候對計算尺的熱愛，他試圖利用長條膠卷設計出超大型計算尺。但他明白，解線性代數方程式時，要達到他要求的準確度，需要的膠卷可能長達數百公尺。他也建造一種能塑造石蠟模子的裝置，以計算偏微分方程式。由於這些類比裝置都有重重限制，阿塔納索夫轉而專注於打造數位式機器。

阿塔納索夫碰到的第一個問題是如何把數字儲存在機器裡。他用「記憶」來形容這項特性：「當時，我對於巴貝奇的研究只有粗淺的認識，所以不知道他用『儲存』來形容相同的概念……我喜歡他的用語，假如我當時曉得這件事，也許會採用他的說法。我也喜歡『記憶』這個詞，因為這與大腦可相類比。」

阿塔納索夫檢視　連串可能的記憶裝置：包括機械接腳、電磁繼電器、可用電荷極化的小塊磁性材料、真空管、小型電容器等。真空管速度最快，但價格十分昂貴，所以他決定改用電容器（至少能短暫儲存電荷的便宜小元件）。他做這個決定情有可原，只是機器會因此變得較遲鈍笨重。即使機器能以電子速度做加減運算，但從記憶單元存取數字的過程，就會慢到跟轉鼓（rotating drum）等速。

記憶單元的問題解決後，阿塔納索夫投入心力於建造運算單元和邏輯單元，他稱之為「運算機制」。他決定全部採電子式，換句話說，即使真空管十分昂貴，仍然採用真空管。真空管將在電路中執行開關邏輯閘的功能，因此能做加減運算和執行任何布耳函數。

這時出現了一個理論性的數學問題，正好也是阿塔納索夫從孩

提時代就熱愛的問題類型：他的數位系統應該採取十進位制、二進位制，還是改採其他進位制？阿塔納索夫對數字系統十分著迷，因此探討了各種可能選擇。「有一小段時間，我們連百進位制都納入考慮，」他在一篇未發表的論文中表示：「相同的計算顯示，理論上能達到最快計算速度的基底是 e，自然基底。」阿塔納索夫權衡理論和實用性之後，決定採取二進位制。然而在 1937 年底之前，各種概念和構想一直在他腦中激盪，沒辦法有清楚的定論。

豁然開朗

阿塔納索夫熱愛汽車，也很愛買車，如果可以的話，他每年都想買一部新車來開。1937 年 12 月，他買了一輛福特新車，上面安裝了威力強大的 V8 引擎。為了放鬆，他深夜開車在路上疾駛，這幾個小時後來成為電腦運算史上的著名時刻：

1937 年冬天某個晚上，我為了解決機器的問題而心力交瘁。為了控制情緒，我駕著車子，在路上高速奔馳了很長一段時間。我很習慣像這樣開車兜風：我可以藉由專心開車，恢復自我控制。但是那天晚上，我非常苦惱，就一直往前開，直到穿越密西西比河，進入伊利諾州，總共開了 304 公里。

他駛離高速公路停在路邊小酒館。和愛荷華州不一樣，至少在伊利諾州，他可以買杯酒喝*，於是他點了一杯威士忌加蘇打，然後又來一杯。「我感覺自己不再那麼緊繃，腦子裡又開始思考計算機的問題，」他回憶：「不知道為什麼我之前一直想不通，但這時候腦袋卻突然靈光起來，情況似乎靜悄悄的好轉了。」服務生沒怎麼搭

理他，所以阿塔納索夫在不受干擾的情況下，開始處理困擾多時的問題。

他把想法畫在餐巾紙上，然後把實際會碰到的問題分門別類。最重要的問題是電容器要如何充電，否則一、兩分鐘後，電力就會耗盡。他想到的法子是，把電容器裝在大約是 48 盎司 V8 果汁罐大小的圓筒形轉鼓上，如此一來，電容器每秒鐘會碰觸一次如毛刷般的電線，並重新充電。「那天晚上，我在小酒館中想到再生記憶的可能性，」他表示：「我當時稱之為『觸動』。」圓筒每一次旋轉，電線都會「觸動」電容器的記憶，並且在必要的時候，從電容器取得數據和儲存新數據。他也想出一種結構，能夠從兩個不同的電容器圓筒取得數據，再利用真空管電路做加減計算，然後把計算結果存在記憶單元中。花了幾個小時把相關細節全想清楚後，他回憶：「我跳上車子，以較慢的速度開車回家。」

1939 年 5 月，阿塔納索夫已開始建造機器的原型。他需要一位助理，最好是有工程經驗的研究生。有一天，同為教授的朋友告訴他：「我這兒有適當人選。」於是開啟了阿塔納索夫和貝利（Clifford Berry）的長期伙伴關係，巧合的是，兩人的父親都是自學成功的電機工程師。

阿塔納索夫的機器只為一個目的設計：解聯立線性方程式。機器最多可以處理二十九個變數，每個步驟可以處理兩個方程式、消除一項變數，然後把得出的方程式印在 8 × 11 的二進位打孔卡上。接著再把記載了簡化方程式的這組卡片重新輸入機器，展開新的資料處理程序，消除另一項變數。這樣的處理程序需要花一點時間。

＊譯注：愛荷華州當時實施禁酒令。

史提必茲（1904-95），約攝於1945年。

楚澤（1910-95）跟他的Z4電腦合影，時間為1944年。

阿塔納索夫（1903-95），約在1940年時攝於愛荷華州。

重組後的阿塔納索夫電腦。

操作順利的話，這部機器大約要花一星期的時間來處理一組二十九個方程式。不過，如果在桌上型計算機上以人工處理相同的算式，則至少要十個星期才能完成。

阿塔納索夫在 1939 年底展示機器原型，希望募足經費打造出實物大小的機器。他草擬了 35 頁的提案，還用複寫紙製作了幾份副本。「本文的主要目的，是說明和展示主要為解開大型線性代數方程式系統而設計的運算機器，」他這樣開頭。許多人對他的批評是，對大型機器而言，這樣的用途未免太過局限。阿塔納索夫彷彿為了自我辯解，特別列出需要解這類方程式的一長串問題：「曲線擬合…… 振動問題…… 電路分析…… 彈性結構。」最後還詳列所有可能支出，總計需要 5,330 美元，他後來從私人基金會拿到這筆補助。然後，他把計畫書的副本寄去芝加哥給愛荷華州立大學聘請的專利律師。但這位失職的律師從來沒有提出任何專利申請，釀成後來數十年的歷史紛擾和法律爭議。

1942 年 9 月，阿塔納索夫幾乎已經完成實物大小的完整模型。整部機器大約有一張桌子大，裡面包含了將近三百個真空管。不過還有一個問題：利用火花在打孔卡上燒孔的方式始終不太理想，而愛荷華州立大學也沒有技工和工程師團隊可以當他的後盾，提供技術支援。

研究工作只好停頓下來。此時阿塔納索夫應召入伍，被分派到首府華盛頓的海軍軍械實驗室，從事感音水雷的研究，後來還參加了在比基尼環礁的原子彈試爆。雖然阿塔納索夫把注意力從電腦轉移到軍械工程，他骨子裡仍是發明家，獲得三十項專利，其中之一是掃雷裝置。但他的芝加哥律師從沒為他的電腦設計申請專利。

阿塔納索夫的電腦原本可能成為劃時代的里程碑，後來卻被掃進歷史的灰燼（無論就字面意義或象徵意義上都是如此）。愛荷華州立大學把這部即將可以運轉的機器儲藏在物理系館的地下室，幾年後，幾乎沒有人記得這部機器是做什麼用的。1948 年，由於物理系需要把空間拿來做其他用途，一個搞不清狀況的研究生把機器解體，並丟掉大部分零件。後來許多探討電腦時代早年歷史的論述，甚至連提都不提阿塔納索夫。

不過阿塔納索夫的機器即使能順利運轉，也仍然有其限制。真空管電路雖然有閃電般的計算速度，但因採取機械轉動式記憶單元，會大幅拖慢處理過程。在打孔卡上燒孔的方式即使行得通，也面臨同樣的問題。現代電腦為了能真正的高速運轉，都必須完全採用電子式，而非只是局部採用。此外，阿塔納索夫的模型也無法程式化。整部機器只為一個目的而打造：解線性方程式。

阿塔納索夫有歷久不衰的浪漫吸引力，因為他是在地下室敲敲弄弄、孤軍奮戰的發明家，只有年輕友人貝利為伴。但阿塔納索夫的故事也是最好的例證，提醒我們不應太過浪漫看待獨行俠的故事。阿塔納索夫和巴貝奇一樣，都在自己小小的工作室中埋首苦幹，只有一位助理襄助，結果阿塔納索夫的機器從來沒有完全發揮效用。假如他當初是在貝爾實驗室做研究，置身於眾多工程師、技師和維修人員之間，或如果他當時任職於規模較大的研究型大學，那麼或許他早就為讀卡機和其他零件的問題找到解方。而且當他在1942 年應召入海軍時，其他團隊成員仍會繼續完成計畫，或至少記得當時的研究成果。

原本阿塔納索夫已注定成為被遺忘的歷史注腳，後來卻意外谷底翻身，由於他日後對此事頗多怨言，為整件事增添了些許諷刺意

味。有些創新者不喜歡孤軍埋頭奮戰，而樂於到處參訪，吸取不同的想法，參與團隊合作。1941 年 6 月，就有這樣的一個人遠道而來拜訪阿塔納索夫。莫渠利（John Mauchly）的愛荷華之旅後來引發代價高昂的法律訴訟、嚴厲的指控，以及相互衝突的歷史論述。但阿塔納索夫也因此不再沒沒無聞，更把電腦的發展路程向前推進了一大步。

總想拿第一的莫渠利

二十世紀初的美國和先前的英國一樣，出現了一群紳士科學家，他們聚集在考究的探索者俱樂部和崇高的研究機構中聆聽演講，也彼此交流觀念，還合作進行各種計畫。莫渠利就在這樣的環境下成長。他的父親是物理學家，也是華盛頓卡內基研究院地磁部門的首席研究學者。卡內基研究院當時是促進美國科學研究與知識分享的重要機構。他父親的專長是記錄大氣中電的狀態，並研究這些狀態和天氣的關聯性，研究計畫需要協調從格陵蘭到祕魯的各國研究人員共同努力。

莫渠利在華盛頓郊區切維契斯（Chevy Chase）成長的過程中，接觸到當地蓬勃發展的科學社群。他誇耀：「華盛頓所有科學家幾乎都住在切維契斯。標準局度量衡處的處長就住在我家附近，無線電處處長也是。」此外，史密森博物館館長也是他們的鄰居。莫渠利常常在週末時，利用桌上型加數機替爸爸做各種計算，對氣象學數據分析產生強烈興趣。他也很喜歡研究電路。他和鄰居好友會在彼此住家之間鋪設線路，把幾個房子連結成一個通信系統，開派對時，他們還自己做遙控裝置來施放煙火。「我一按下按鈕，煙火就在十五公尺外的地方爆開。」十四歲時，他靠著幫鄰居整修家裡的

電線，掙了不少錢。

莫渠利在約翰霍普金斯大學就讀時，加入直攻物理學博士的資優生計畫。他的論文題目與明帶光譜學（light band spectroscopy）有關，因為這個領域融合了美感、實驗和理論。「你必須稍微懂一點理論，才有辦法弄懂帶光譜是怎麼回事，但除非你已經有一些光譜實驗照片，否則仍然無法真正理解帶光譜。那麼，誰會幫你取得這些照片呢？」他說：「唯有靠自己。所以，我受過很多吹玻璃、抽真空、抓漏等訓練。」

莫渠利的個性迷人，善於也樂於解說，所以後來自然而然當上大學教授。在經濟大蕭條時期，要找到大學教職並不容易，但莫渠利仍設法在距費城約一小時車程的尤西紐斯學院（Ursinus College）謀得教職。「整所學校只有我一個人教物理，」他說。

莫渠利的基本特質是樂於和別人分享他的想法，而且通常都笑嘻嘻又風度翩翩，所以極受學生歡迎。「他很喜歡講話，而且他有許多想法似乎都是在和別人交流時發展出來的，」一位同事回憶：「他樂於參加各種社交聚會，品嘗美食和好酒。他也喜歡女人和有魅力的年輕人，樂於和聰明人及與眾不同的人交往。」但千萬別一時興起問他任何問題，因為他可以熱情的滔滔不絕，從戲劇、文學到物理學，幾乎無所不談。

課堂是莫渠利的表演舞臺。他會在解說動量時手舞足蹈；在描述作用力和反作用力時，站在自製的滑板上來回晃動，有一年還因此跌斷一條手臂。許多人不惜開車遠道而來，聆聽他聖誕節前的期末演講。學校往往要把演講場地移至全校最大的禮堂，才足以容納所有的校外訪客。他在演講中解釋，如何利用攝譜術和其他物理學工具，毋須拆開包裹，就可判定裡面是什麼東西。他的妻子

說：「他會測量、秤重，或把包裹沉到水裡，還用長針來刺探。」

由於年少時期就迷上氣象學，莫渠利在 1930 年代初期，專注於研究日焰、太陽黑子及太陽自轉與長期天氣型態的關聯。卡內基研究院和美國氣象局的科學家提供他兩百個氣象站長達二十年的數據，於是他開始計算數據之間的關聯性。雖然正值經濟大蕭條時期，他仍設法從經營困難的銀行手中買到一些二手的桌上型計算機，同時透過羅斯福推行新政時設立的國家青年局，雇用一批年輕人，以美金五毛錢的時薪為他做各種計算。

莫渠利和其他需進行各種繁瑣計算的研究人員一樣，非常渴望能發明新機器來代勞。莫渠利原本就很喜歡交朋友，所以他開始探索其他人做的研究，並依循偉大創新者的良好傳統，開始把各式各樣的不同想法重新組合起來。1939 年，紐約舉行世界博覽會，他在 IBM 展示館中見到使用打孔卡的電動計算機，但莫渠利明白，以他需要處理的資訊量，一味仰賴打孔卡會拖慢速度。他也在那裡看到利用真空管把訊息編碼的加密機。那麼，有沒有可能把真空管用在其他邏輯電路上呢？他帶學生到史沃斯莫爾學院（Swarthmore College）參觀用真空管電路來測量宇宙射線電離作用的計數裝置。他還選修一門夜間電子學課程，並動手自製真空管電路，看看這類電路還能有什麼用途。

1940 年 9 月，莫渠利在達特茅斯學院的學術研討會上，看到史提必茲演示他在貝爾實驗室打造的複數計算機。整場演示中最有趣的部分是，其實史提必茲的電腦仍安放在位於下曼哈頓的貝爾實驗室，只是透過電傳打字通信線路（Teletype line）來傳輸數據，這是第一部遠距使用的電腦。電腦在三小時內，不斷解決聽眾提出的問題，平均每個問題只花了一分鐘左右。那場展示會的聽眾包括資訊

系統先驅韋納（Norbert Wiener），他當時試圖挑戰史提必茲的機器，要求它把某數除以 0，但機器沒有上當。博學的匈牙利科學家馮諾伊曼也在場，不久之後，他將和莫渠利一起，在電腦發展史中扮演重要角色。

　　當莫渠利決定打造一部自己的真空管電腦時，他和許多優秀創新者一樣，充分利用在各處參觀遊歷時獲得的資訊。由於尤西紐斯學院沒有研究預算，莫渠利只好自掏腰包購買真空管，並向製造商求援。他寫信給至上儀器公司（Supreme Instruments Corp.），要求提供零件，宣稱：「我打算建造一部電動計算器。」他造訪 RCA 公司時，發現氖管也可以用來當開關，雖然速度較慢，卻比真空管便宜，於是他買下一批單價只有八分錢的氖管。他的妻子後來說：「1940 年聖誕節前，莫渠利已為他計劃打造的電腦測試了部分零件，並且說服自己，確實有可能只用電子零件來打造便宜可靠的數位機器。」她堅稱，此時莫渠利甚至連聽都沒聽過阿塔納索夫的名字。

　　1940 年尾，莫渠利向朋友透露，他希望整合所有的資訊，打造一部數位式電子電腦。「我們目前正在考慮建造一部電動計算器，」他在 11 月寫信給一位合作過的氣象學家時提到：「這部機器採用真空管繼電器，能在 1/200 秒內執行運算。」即使他喜歡合作，也從別人那裡獲得許多資訊，但他開始展露強烈的好勝心，希望成為第一個建造出新電腦的人。他在 12 月寫了一封信給以前的學生：「私下告訴你，我預期大約在一年內，等我拿到零件，把它組合起來，就能有一部電子計算器……千萬要為我保守祕密，因為今年我還沒有充足的設備來完成計畫，而我想要『拿第一』。」

當莫渠利遇上阿塔納索夫

就在 1940 年 12 月，莫渠利碰巧遇見阿塔納索夫，隨後開啟了一連串事端，莫渠利喜歡從不同來源蒐集資訊的習性和他渴望「拿第一」的心願，日後引發多年爭議。阿塔納索夫當時在賓州大學參加會議，他順便旁聽其他議程時，聽到莫渠利聲稱希望打造一部能分析氣象資料的機器。阿塔納索夫告訴莫渠利，他也在愛荷華州立大學打造電子計算機。莫渠利在議程表上匆匆記下：阿塔納索夫聲稱他已經設計了一部機器，可以處理和儲存資訊，每個數位（per digit）平均成本只有 2 美元。（阿塔納索夫的機器能以 6,000 美元的成本，處理三千個數位。）莫渠利大感訝異。他估計真空管電腦的成本大約是每個數位 13 美元。他表示很想看看這部機器是怎麼辦到的，於是阿塔納索夫邀請他到愛荷華參觀。

1941 年上半年，莫渠利一直和阿塔納索夫保持聯絡，繼續對阿塔納索夫聲稱的低廉成本表示驚嘆。「每個數位的處理成本不到 2 美元，幾乎是不可能的事！然而就我的理解，你確實是這樣說的，」他寫道：「你提議我造訪愛荷華的事，起初看似不太可能，但我現在愈來愈感興趣。」阿塔納索夫力勸他接受邀請，承諾道：「為了增加額外的誘因，到時候我會向你解釋每個數位只花 2 美元的事情。」

命定的拜訪

這次命中注定的訪問歷時四天。莫渠利帶著六歲的兒子吉米，駕車從華盛頓長途跋涉，在 6 月 13 日星期五晚上抵達愛荷華，阿塔納索夫的妻子蘆拉大吃了一驚，因為她還沒收拾好客房。「我只好在屋裡四處飛奔，到閣樓找出備用枕頭，張羅所有事情，」她後

來回憶。她也為他們準備晚餐，因為莫渠利餓著肚子來到她家。阿塔納索夫有三個孩子，但莫渠利似乎假定在他造訪期間，蘆拉會替他照顧吉米。蘆拉確實也心不甘情不願的這麼做了。她不喜歡莫渠利，她有一次對丈夫表示：「我不覺得他是誠實的人。」

雖然妻子擔心他對別人太過輕信，阿塔納索夫仍迫不及待想炫耀他打造了一半的機器。「在專利還沒申請到之前，你必須小心為上！」蘆拉警告他。儘管如此，第二天早上，阿塔納索夫仍然帶著莫渠利，加上蘆拉和幾個孩子，到物理系館地下室，自豪的拉掉蓋住機器的床單，展示他和貝利一起拼湊敲打出來的成果。

莫渠利對幾件事情留下深刻的印象：把電容器用在記憶單元中是極具成本效益的聰明點子，阿塔納索夫把電容器裝在旋動的圓筒上，每秒進行充電的方式也很聰明。莫渠利曾經思考過要不要用電容器來取代昂貴的真空管，他很欣賞阿塔納索夫用「觸動記憶」的方式，讓這個方法變得可行。這正是每數位成本只有 2 美元的奧妙之處。在讀完阿塔納索夫關於機器的 35 頁備忘錄並詳細做筆記後，莫渠利詢問能否帶一份副本回家。阿塔納索夫拒絕了，一方面是因為他沒有多餘的副本（當時影印機尚未誕生），也因為他開始擔心莫渠利吸收了太多資訊。

但整體而言，莫渠利並不覺得在艾姆斯的所見所聞有什麼太了不起的地方，至少他後來回顧整件事情時堅稱如此。阿塔納索夫的機器最大的缺點是，它並非全電子式的，記憶功能仰賴機械式轉鼓電容器，機器因此變得便宜，但速度也很慢。「我認為他的機器很巧妙，但由於部分採機械式，包括切換開關的旋轉換向器，這和我的構想完全不一樣，」莫渠利表示：「我不再對其中的細節有什麼興趣。」後來，莫渠利為捍衛自己的專利出庭作證時，聲稱阿塔納索

夫機器半機械式的本質「令人非常失望」，並貶之為「在操作時用到幾個電子管的機械小工具」。

莫渠利辯稱，第二個令他失望的是，阿塔納索夫的機器只為單一用途而設計，無法重新編程或修改程式後做為他用。「他為這部機器所做的一切規劃和設計都是為了單一用途，只用來解線性方程式。」

所以，莫渠利離開愛荷華時，並沒有獲得任何打造電腦的突破性觀念，只多了一些小小的啟發和洞見，可以融入他之前參加研討會或參觀大學和博覽會時，在有心或無意下蒐集的一大堆概念。「我去愛荷華時抱持的心態，和我參觀世界博覽會或其他大學的心態一樣，」他作證時表示：「這裡有沒有什麼東西可能有助於我或其他人的計算工作？」

莫渠利和大多數人一樣，從各種經驗、談話和觀察中汲取洞見。就他的例子而言，他在史沃斯莫爾、達特茅斯、貝爾實驗室、RCA、世界博覽會、愛荷華州立大學及其他地方的所見所聞，最後融合而成的概念，他覺得是自己想出來的。愛因斯坦曾說過：「新的想法如直覺般突然閃現，但直覺不過是早期種種智識經驗累積的成果。」當人們從各種不同的來源汲取洞見，並重新組合後，他們自然會以為從中誕生的概念是自己想出來的 —— 事實也是如此。概念誕生的過程都如出一轍。所以莫渠利認為，關於如何打造電腦，他所有的直覺和想法都完全是自發的，不是從其他人那裡整批偷來的。無論後來法律上有什麼發現，莫渠利的認知大部分還是對的，任何人都可以自認點子是自己想出來的。創造的過程就是這麼一回事，但取得專利的過程就不同了。

和阿塔納索夫不同的是，莫渠利有機會、也有意願和優秀人才

組成的團隊合作。結果,他和他的團隊名留青史,成為打造出第一部電子式通用電腦的發明家,而不像阿塔納索夫,只製造出一部不太管用的機器,長期被棄置於地下室。

莫渠利準備從愛荷華啟程回家時,得知了好消息。賓州大學的電子學課程決定收他,這是當時美國戰爭部(War Department)緊急撥款補助,在全美各地開辦的電子學課程之一。莫渠利如今深信在建造電腦時,採用真空管才是上策,因此正好透過這個機會,多多了解如何把真空管用在電子電路中。由此可見,美國軍方是推動數位時代科技創新的要角。

1941 年暑假為期十週的電子學課程,讓莫渠利有機會操作 MIT 微分分析儀,也就是布許設計的類比電腦。有了這次經驗,莫渠利更加興致勃勃,想要打造一部自己的電腦。他也領悟到,想要達到目標,賓州大學這類機構擁有的資源,遠非尤西紐斯學院所能及,所以到了暑假尾聲,他獲聘擔任賓州大學講師時,簡直樂壞了。

莫渠利寫信向阿塔納索夫報告好消息,他在信裡暗示的計畫卻令這位愛荷華教授忐忑不安。「關於電腦電路,我最近腦子裡冒出很多不同的想法,有的構想或多或少融合了你的方法和其他方式,有的則和你的機器完全不一樣,」莫渠利誠實以告:「我心裡有個疑問:從你的角度來看,你對於我在打造電腦時,融合了你的機器中的某些特性,有沒有任何反對意見?」從這封信及隨後多年的辯解和證詞中,都很難看出莫渠利無辜的語氣究竟是真心,還是假意。

無論如何,阿塔納索夫讀信後十分沮喪,當時他還沒能成功督促律師提出任何專利申請。他幾天內就回信給莫渠利,直言道:「我們的律師曾經強調,提出專利申請之前,在散播任何有關機

器的資訊時都要格外小心。照理講應該不需要再等太久。當然，我不會覺得告訴你關於機器的事，有什麼不妥，但是就目前而言，我們確實需要避免公開發布任何相關細節。」令人訝異的是，儘管有這些書信往來，阿塔納索夫或他的律師並沒有因此加快申請專利的腳步。

1941年秋天，莫渠利勇往直前，繼續設計自己的電腦，他自認靈感來自各種不同的來源，因此設計出來的電腦和阿塔納索夫的機器截然不同。他在暑期課程中，認識了可以一起努力的合作伙伴：這位22歲的研究生雖然比莫渠利年輕十二歲，也尚未拿到博士學位，但是他熱情追求精密工程的完美極致，同時因為精通電子學而在莫渠利的實驗室中擔任講師。

艾科特──工程師中的工程師

艾科特（John Adam Presper Eckert Jr.）是家裡的獨生子，父親為家財萬貫的費城房地產商。艾科特的外曾祖父輩母系先人中，有一位名叫密爾斯（Thomas Mills）的發明家，發明了製造鹽水太妃糖的機器，並在大西洋城創業，專門生產和銷售這種機器。艾科特小時候就讀於1689年創設的威連潘恩私立學校，每天都由司機開車送他上學。但他並沒有仰賴富爸爸的優勢，而是靠自己的才能出人頭地。艾科特十二歲的時候，就用磁鐵和變阻器做了模型船的導航系統，並在全市科展中獲獎。十四歲時，他又想出新方法，利用家用電流改善父親某一棟房子對講通信系統的電池狀態。

高中時期，艾科特繼續想出各種令同學眼花撩亂的新發明，還靠自製的收音機、揚聲器和聲音系統賺了一些錢。富蘭克林發跡的費城是當時的電子產品重鎮，法斯沃（Philo Farnsworth）的研究實驗室是

他經常流連的地方，法斯沃是電視機發明人之一。雖然艾科特很想去讀 MIT，雙親卻不希望他離家。他們騙他經濟大蕭條造成家裡經濟狀況窘迫，迫使他就近到賓州大學就讀，繼續住在家裡。不過，他仍然小小反叛了一下，沒有照父母的期望讀商，而選擇到賓州大學摩爾電機學院就讀，因為他覺得電機學比商學有趣多了。

艾科特在賓州大學的社交圈大出鋒頭，因為他發明一種叫「親吻計量器」（Osculometer）的東西，用來測量接吻時的熱情指數和浪漫電力。情侶會先握住親吻計量器兩端的把手然後接吻，兩唇交接時接通電路，一排燈泡也隨之亮起。接吻時愈火熱愈好，目標是讓十個燈泡全部發亮，並啟動霧角大鳴大放。但參加接吻比賽的聰明人都曉得，濕吻和汗濕的掌心都會增加電路的導電率。艾科特還有另一個發明，是利用光調變技術把聲音記錄在膠卷上，他讀大學時年方二十一，就成功為這項發明申請到專利。

艾科特也有怪癖。由於他精力旺盛又有點神經質，經常一邊沉思，一邊在屋裡來回踱步、咬手指甲、跳來跳去，甚至偶爾還會站到桌上。他戴的錶鏈根本沒有連上手錶，他還會把錶鏈拿在手裡轉來轉去，彷彿那是一串玫瑰念珠。他脾氣暴躁，但大發雷霆後，很快氣就消了，又恢復原本的迷人風采。他的父親在工地走動時，會隨身帶著一大包蠟筆，看到有什麼不對就草草寫下指令，還會用不同顏色的筆跡來標示該由誰負責。艾科特也遺傳到父親追求完美的個性。「他是完美主義者，會密切監督你把事情做對，」艾科特的兒子說：「但是他真的很有魅力。大半時候，都有一批心想做事的人幫他把事情完成。」艾科特是工程師中的工程師，他認為莫渠利之類的物理學家需要像他這樣的工程師相輔相成。「物理學家關心的是真理，」他後來說：「工程師關心的是如何把事情做成。」

雙人組打造ENIAC

戰爭往往動用到科學的力量。數百年來，從古希臘人建造投石器和達文西擔任樞機主教波吉亞（Cesare Borgia）的軍事工程師以來，軍事需求一向驅動科技的發展和進步，二十世紀中葉尤其如此。二十世紀的許多重大科技突破 —— 電腦、原子動力、雷達和網路，都由軍方所催生。

美國在 1941 年 12 月加入第二次世界大戰後，提供軍方充足的動力，開始撥款資助莫渠利和艾科特正在設計的機器。當時賓州大學和阿伯丁試驗場的陸軍軍械部共同肩負一項任務：為運往歐洲的大砲提供發射角度設定說明書。為了讓槍砲準確瞄準目標，必須把氣溫、濕度、風速、海拔、彈藥種類等數百種不同條件納入計算，並製成彈道表。

單單為一尊大砲發射砲彈時的一種條件計算彈道及製表，就可能需要從一組微分方程式算出三千種彈道，當時大都採用布許在 MIT 發明的微分分析儀為計算工具。這部機器計算時需要動用一百七十多個人力，大多數為女性計算員（當時稱這類計算人員為 computer），她們負責在卡片上打孔，並手握曲柄轉動加數機來計算方程式。軍方從全美各地招募許多主修數學的婦女來協助計算工作。但即使如此，仍需耗費一個月的時間，才能完成一種砲彈射表。到了 1942 年夏天，進度日益落後，導致美軍有些大砲根本派不上用場。

那年 8 月，莫渠利在一份備忘錄中提出協助軍方克服挑戰的方法，改變了計算科學發展的軌跡。莫渠利把備忘錄題為〈把高速真空管裝置用於計算工作〉，要求軍方撥款資助他和艾科特正在打造的

機器：數位式電子電腦，這個電腦利用真空管電路來解微分方程式及執行其他數學運算。他指出：「假如採用電子式機器，計算速度將大增。」他還估計，可以在「100 秒之內」算出砲彈的彈道。

莫渠利的備忘錄沒有受到賓州大學長官的重視，卻引起即將升為上尉的陸軍中尉高士譚（Herman Goldstine）的注意。二十九歲的高士譚原本是密西根大學的數學教授。他在賓州大學的任務是加速砲彈射表的產出，曾派遣同為數學家的妻子阿黛兒巡迴全美各地，招募更多婦女加入賓州大學龐大的計算大軍。莫渠利的備忘錄說服他，要達成目標，一定有更好的方式。

美國戰爭部在 1943 年 4 月 9 日決定資助電子電腦的建造。前一晚，莫渠利和艾科特通宵達旦趕工撰寫計畫書，等到出發的時間來臨，計畫書卻還沒完工，他們要從賓州大學啟程，開兩個小時的車到馬里蘭州的阿伯丁試驗場，向軍械部官員報告。於是，高士譚中尉負責開車，莫渠利和艾科特則在後座繼續趕工。抵達阿伯丁試驗場後，兩人在一個小房間裡把剩下的部分寫完，高士譚則動身前往會議室。這場會議的主持人是普林斯頓高等研究院院長維布倫（Oswald Veblen），他當時是軍方數學專案的顧問，美國陸軍彈道研究實驗室主任賽門（Leslie Simon）上校也在場。

高士譚還記得當時的情景，「維布倫聽了一下我的簡報就往後一靠，讓椅子靠後腳搖晃了一會兒，接著椅子猛然落地，他站起來說了聲：『賽門，撥款給高士譚。』就走出去。會議就這樣快樂的結束了。」

莫渠利和艾科特把備忘錄的內容融合到他們的論文中，論文在訂題目〈電子差分（微分）分析機報告〉（Report on an Electronic

Diff. Analyzer）時，謹慎的採用縮寫「diff.」：因為「diff.」既可以代表「差分」（differences），反映出這部機器的數位本質；也可以代表「微分」（differential），描繪機器處理的方程式。不過，這部機器很快就有了更令人難忘的名字：ENIAC（Electronic Numerical Intergrator and Computer，電子數值積分器和計算器）。雖然 ENIAC 主要是設計來處理微分方程式，這是計算彈道的關鍵，但莫渠利寫道，這部機器仍然可以有個「程式設計機制」，讓它有能力完成其他工作，因此變得比較像通用電腦。

1943 年 6 月，他們開始建造 ENIAC。仍擔任教職的莫渠利扮演高瞻遠矚的顧問，高士譚代表軍方監督工程作業和控制預算，堅持細節和要求完美的艾科特則是首席工程師。艾科特把全副心力都投入這個計畫，有時候甚至睡在機器旁邊。有一次，兩位工程師開他玩笑，趁他熟睡時把帆布床抬到樓上一模一樣的房間裡。艾科特醒來時嚇壞了，以為有人偷了他的機器。

艾科特深知，再偉大的概念如果不能準確執行，就毫無價值，所以他事必躬親，什麼都管。他會在其他工程師旁邊逡巡不去，教他們怎麼焊接接頭或纏繞電線。他強調：「我會接手每個工程師的工作，檢查機器中每個電阻器的計算，確定都正確無誤。」他鄙視對問題掉以輕心的人。「人生是一堆小事的集合，」他曾說：「而電腦也不過是聚集了大量的瑣事。」

艾科特和莫渠利恰好相互制衡，是數位時代典型的雙人領導組合。艾科特熱切追求精準，不斷驅策員工；莫渠利則善於安撫員工，讓他們感覺受到關愛。艾科特還記得：「他總是不停和大家開玩笑，親和力十足。」艾科特的技術本領高超，帶有神經質而精力充沛，他巨細靡遺，什麼都管，很需要有個明智的伙伴從旁提點，

而莫渠利很樂於扮演這個角色。雖然莫渠利不是工程師，但他確實有能力以啟發性的方式連結科學理論和工程技術。「我們聯手把這件事做成了，我認為，如果單憑一己之力，我倆都無法完成這項任務。」艾科特後來承認。

ENIAC 是數位電腦，但並非採用只有 0 和 1 的二進位制，而是採取十進位制，用的是十進位的計數器。就這點而言，ENIAC 不同於現代電腦。除此之外，ENIAC 比阿塔納索夫、艾肯和史提必茲打造的機器都先進許多。ENIAC 採用「條件分支」的功能（愛達在百年前曾描述過的功能），能根據計算過程的中間結果在程式中來回跳轉，還可以重複執行好幾段程式碼，也就是用來執行常見功能的「次常式」）。艾科特還記得，當莫渠利提議採用這項功能時，「我立刻明白，這個點子是整個事情的關鍵。」

他們著手打造 ENIAC 約一年，約莫在 1944 年 6 月諾曼第登陸日之時，莫渠利和艾科特開始測試兩個組件，計劃中的機器此時完成了六分之一左右。他們先從簡單的乘法問題開始。每當機器產出正確答案，他們都興奮的大喊大叫。但後來又花了一年多的時間，直到 1945 年 11 月，ENIAC 才有辦法完全運轉。這時候，這部機器已經可以在一秒鐘內完成五千次加減計算，速度比之前的任何機器都快一百倍以上。ENIAC 足足有三十公尺長，二點五公尺高，占據的空間相當於一間大小適中的三房公寓，重達三十噸左右，裡面有17,468 個真空管。相形之下，當時在愛荷華地下室中日益凋零的阿塔納索夫－貝利電腦只有 300 個真空管，每秒鐘只能做三十次加減計算。

艾肯（1900-73），1945年攝於哈佛。

莫渠利（1907-80），約攝於1945年。

艾科特（1919-95），這張照片約攝於1945年。

碰觸機器的艾科特、倚著柱子的莫渠利，後方女士為詹寧斯，站在她旁邊的是高士譚，四人與ENIAC合影，時間為1946年。

神祕的布萊切利園

雖然當時沒幾個圈外人知道這個地方,而且被蒙在鼓裡長達三十年,不過 1943 年底,在倫敦西北方八十七公里遠的布萊切利鎮,一棟維多利亞式莊園的紅磚建築中,曾祕密建造了另外一部採用真空管的電子電腦。當時英國政府悄悄聚集了一批天才和工程師,在莊園中破解德軍密碼。這部叫「巨像」(Colossus)的電腦,是史上第一部全電子式、部分可編程的電腦。由於 Colossus 是為特殊任務設計的,因此並非通用電腦或「圖靈完備」(Turing-complete)電腦,但圖靈確實在上面留下了個人印記。

早在 1936 年秋,圖靈就開始專心研究程式碼和密碼學,就在他完成了論文〈論可計算數〉(On Computable Numbers),並抵達普林斯頓大學之後。他在 10 月寫了一封信給母親,信中說明了他的興趣:

我剛為目前正在研究的東西找到可能的應用方式,它能夠回答這個問題:「什麼是最通用的密碼?」同時這讓我得以建構許多特別而有趣的密碼,其中有個密碼,如果沒有金鑰幾乎不可能解得開,但很快可以編碼,我預期可以把它賣給英國政府,拿到一筆可觀的數目,但頗質疑這樣做的道德性。您覺得呢?

接下來那年,由於擔心與德國開戰的可能性,圖靈對密碼學的興趣雖日益濃厚,拿它來賺錢的念頭卻逐漸淡去。1937 年底,圖靈在普林斯頓大學物理系館的機械工場中,打造出編碼機的初步雛型,能把文字轉為二進位數字,並利用電機繼電器開關,把產生的

數字編碼訊息乘以一個巨大的祕密數字，因此幾乎不可能遭破解。

傑出的物理學家和數學家馮諾伊曼是圖靈在普林斯頓的良師益友，馮諾伊曼逃離匈牙利之後，落腳到普林斯頓高等研究院，此時研究院暫時棲身於普林斯頓大學的數學系館。1938 年春天，圖靈完成博士論文後，馮諾伊曼有意延攬他為研究助理。當時歐洲戰雲密布，馮諾伊曼的提議十分誘人，但圖靈隱約覺得這樣做不太愛國，決定返回劍橋大學，而且不久之後就加入英國破解德軍密碼的祕密行動。

當時英國政府在倫敦設立密碼學校，人員多半是從事文學研究的學者，例如劍橋大學古希臘羅馬語文教授諾克斯（Dillwyn Knox）和喜歡附庸風雅的社交名流斯特雷奇（Oliver Strachey），他會彈鋼琴，偶爾寫寫關於印度的文章。圖靈在 1938 年秋天抵達之前，那裡的八十位工作人員中，沒有任何數學家。第二年夏天，英國開始為參戰做準備，密碼學校也積極招募數學家，有一次還以舉辦競賽為招募工具，考題包括破解《每日電訊報》的填字遊戲。之後密碼學校遷到清一色紅磚建築的布萊切利鎮，這裡是交通連結點，牛津大學和劍橋大學之間的鐵路以及從倫敦到伯明罕的鐵路恰好在此交會。英國情報局派了一組人假扮「雷德利上尉射擊隊」（Captain Ridley's shooting party），造訪布萊切利園宅邸，並慎重買下這棟融合了維多利亞及歌德式風格、原本快被夷平的古怪建築物。負責破解密碼的人員在農舍、馬廄和臨時搭建的組合屋中工作。

圖靈被分派到八號小屋（Hut 8）中工作，這個小組專門負責破解德軍「謎碼」（Enigma Code），產出這種密碼的可攜式機器「謎碼機」（Enigma），有機械旋轉盤和電路。謎碼機會用密碼把軍事訊息加密，每次按鍵後，都改變替換字母的公式，因此很難破解，英

國政府幾乎已經不抱希望。但後來波蘭情報員根據擄獲的德國編碼器，打造出一種機器，能破解部分謎碼，出現一線曙光。但是等到波蘭人展示機器給英國人看時，機器早已失靈，因為德軍已經在謎碼機中，增加了兩個旋轉盤和兩個插接板。

於是，圖靈的團隊設法打造更複雜的機器，他們稱之為「炸彈機」（bombe），炸彈機能破解改進後的謎碼訊息 —— 尤其是德國海軍下達的命令，命令中會透露德軍打算在哪裡部署潛艇，以摧毀英國補給艦隊。炸彈機利用德軍密碼中各種微細的弱點，例如任何字母加密後都不能仍是原字母，還有德軍經常重複使用一些語詞。1940 年 8 月，圖靈的團隊已經擁有兩部炸彈機，有能力破解 178 則密碼訊息。二次大戰結束時，他們已打造出將近兩百部機器。

圖靈設計的炸彈機還不算是電腦技術的重大突破。炸彈機使用的是繼電器開關和旋轉盤的電機裝置，而不是真空管和電子電路。但後來在布萊切利園打造的機器以及 Colossus，卻是重要的里程碑。

後來德國研發出的新密碼機採二進位制，是有 12 個大小不等碼輪的電子數位機器，並開始用來為重要訊息（例如希特勒和德軍統帥的命令）加密，這時候圖靈設計的電機式炸彈機完全束手無策，必須採用有閃電般速度的電子電路，才有辦法破解密碼。

負責這項任務的是常駐於 11 號小屋（Hut 11）的小組，由於召集人是劍橋大學數學教授紐曼，而稱為「紐曼族」（Newmanry），紐曼也就是十年前介紹圖靈認識希爾伯特問題的老師。紐曼的工程師搭檔是電子學鬼才弗拉沃斯，他是真空管技術的先驅，原本任職於倫敦近郊的多利斯西爾（Dollis Hill）郵局研究站。

圖靈並非紐曼小組的成員，但他的確想出一種統計方法，當

一連串密碼中有任何字母偏離均勻分布時，就可以偵測出來，稱為「圖靈法」（Turingery）。他們建造了一部機器，用光電頭掃描兩條打孔紙帶，以比較兩串數字所有可能的排列。他們還以英國漫畫家羅賓森（Heath Robinson）的名字來為這部機器命名。羅賓森和美國漫畫家戈德堡（Rube Goldberg）一樣，擅長描繪設計得過度複雜、近乎荒謬的機械裝置。

近十年來，弗拉沃斯一直對真空管電路十分著迷。他擔任郵局電話部門工程師時，曾在 1934 年設計了一個實驗系統，利用三千多個真空管來控制一千條電話線之間的連結。他也率先把真空管用於資料儲存。圖靈徵召弗拉沃斯來協助打造炸彈機，然後又把他推薦給紐曼。

弗拉沃斯深知要快速分析德軍的密碼流，必須把數據存入機器內部的電子記憶體中，而不是試圖比較兩條打孔紙帶。如此一來，將需要 1,500 個真空管。起初布萊切利園的長官半信半疑，但弗拉沃斯大力推動這件事，而且只花了不到十一個月的時間，就在 1943 年 12 月建造出第一部 Colossus 機器。到了 1944 年 6 月 1 日，使用 2,400 個真空管的更大型機器也已就緒。這部機器首批破解成功的加密情報，充分印證了盟軍統帥艾森豪從其他情報來源獲知的消息：希特勒不會加派軍隊到諾曼第。當時艾森豪即將發動諾曼第登陸。於是英國在一年內再生產了八部 Colossus 機器。

換句話說，早在 1945 年 11 月 ENIAC 開始運轉之前，英國解碼專家已造出全電子式的數位（二進位）電腦。他們在 1944 年 6 月建造的第二部機器，甚至具備一些條件分支功能。但是和擁有十倍真空管的 ENIAC 不同的是，Colossus 是為了破解密碼而設計的特殊用途機器，不是通用電腦。由於 Colossus 只具備有限的程式化能力，

（理論上）無法像 ENIAC 那樣，依照指令執行所有的計算工作。

那麼，電腦究竟是誰發明的？

要評價每個人在電腦發明過程中占了多大的功勞，也許應該先釐清哪些特性定義了電腦的本質。大體而言，電腦的定義原本應該涵蓋從算盤到 iPhone 的所有裝置。只不過在記述數位革命誕生的歷史時，我們仍應遵循現代用語中大家廣泛接受的電腦定義。以下是電腦的部分定義：

> 「可程式化的機器，且通常為電子裝置，可以存取和處理資訊。」《韋氏大字典》

> 「能以特定形式接收資訊（數據或資料），並根據預先設定但可改變的程序指令集（程式）來執行連續作業，以產出結果。」《牛津英語辭典》

> 「可經由程式化，自動執行演算作業或邏輯作業的通用裝置。」（維基百科，2014）

所以理想的電腦是電子式、可程式化的通用機器。那麼，哪部機器可算是第一部電腦呢？

史提必茲根據 1937 年 11 月開始在廚房餐桌上打造的 K 模型，在 1940 年 1 月於貝爾實驗室開發出的完整模型，是採二進位制的電腦，也是第一部能遠距使用的這類裝置。但它採用電機繼電器，因此不是完全的電子裝置。而且它也是特殊用途電腦，無法程式化。

楚澤在 1941 年 5 月建造完成的 Z3，是第一部自動控制、可程式化、採二進位制的電動機器，不是通用機器，而是專門設計來解決工程問題。不過後來顯示，這部機器理論上可當成圖靈完備機器使用。Z3 和現代電腦最大的差別在於，Z3 是電機裝置而不是電子裝置，需仰賴啪嗒作響、速度又慢的繼電器開關。另外一個缺點是，Z3 還不曾全面運轉，就在 1943 年柏林遭盟軍轟炸時被摧毀了。

阿塔納索夫設計的電腦是全世界第一部電子數位電腦，但只有部分採電子電路。這部電腦雖然在 1942 年 9 月打造完成，但還無法完全運作，就因阿塔納索夫入海軍服役而遭棄置。這部機器利用真空管來做加減計算，但記憶和資料檢索系統會使用到機械式轉鼓。以全球首部現代電腦的標準而言，這部機器還有其他缺點，例如無法程式化，也非通用電腦；它純粹是為解線性方程式的特殊用途而設計的機器。而且阿塔納索夫還來不及讓這部電腦完全運轉，電腦就被打入冷宮，棄置於愛荷華州立大學的地下室。

紐曼和弗拉沃斯合作打造（圖靈也有一些貢獻）的 Colossus I，於 1943 年 12 月在布萊切利園建造完成，是第一部完全電子式、可編程、可實際作業的數位電腦，不過仍然不是通用電腦或圖靈完備機器，因為這部電腦完全是為了破解德軍戰時通訊密碼而設計的。

艾肯在哈佛大學與 IBM 合作建造的馬克一號，在 1944 年 5 月大功告成。各位在下一章將讀到，這是一部可編程的電機電腦，而非電子電腦。

艾科特和莫渠利在 1945 年 11 月完成的 ENIAC 才是第一部融合了現代電腦所有特性的機器。ENIAC 是全電子式的超高速電腦，可以透過插上和拔掉連接不同單位的電纜而程式化。ENIAC 可根據中間計算結果改變路徑，可以算是通用的圖靈完備機器，也就是說，

理論上，ENIAC 有能力處理任何工作。最重要的是，ENIAC 可以順利運轉，發揮功效。艾科特後來在比較 ENIAC 和阿塔納索夫的機器時指出：「對新發明而言，這是很重要的事。你必須讓整套系統發揮效用。」莫渠利和艾科特的機器具有強大的運算能力，之後的十年都經常被使用。ENIAC 成為後來的大多數電腦的基礎。

最後的這一項特性非常重要。當我們針對某項新發明，試圖釐清誰的功勞最大，並決定誰最應該揚名立萬、名垂青史時，其中一項判斷標準是檢視誰的貢獻發揮了最大的影響力。發明意味著對歷史發展有一些貢獻，影響了創新的進程。如果以歷史影響力為準的話，艾科特和莫渠利是最值得矚目的創新者。在 1950 年代所有電腦身上，幾乎都可以追溯到 ENIAC 的影響。至於弗拉沃斯、紐曼和圖靈，各自有多大的貢獻就比較難以估計了。當時他們的工作內容是最高機密，不過三人都曾參與戰後英國電腦的發展和建造。楚澤當時置身於頻遭砲火轟炸的柏林，孤立無援，他對後來其他國家的電腦發展軌跡，影響就更小了。至於阿塔納索夫，他對電腦發展最主要的貢獻（或唯一的影響）在於，他在莫渠利造訪時，提供了一些啟發。

莫渠利 vs. 阿塔納索夫

1941 年 6 月，莫渠利到愛荷華拜訪阿塔納索夫的四天期間，究竟獲得哪些啟發，這個問題後來演變成曠日廢時的法律訴訟。因此從尊重法律的角度（而非歷史的角度），衍生出另外一個評估發明家功勞的標準：最後由誰獲得專利權？就全世界首部電腦而言，最後沒有人擁有專利權。但之所以會產生這樣的結果，是因為一場爭議性的法律訴訟，導致艾科特和莫渠利的專利遭到撤銷。

故事要從 1947 年說起，艾科特和莫渠利離開賓州大學之後，為他們的 ENIAC 研究成果申請專利，後來終於在 1964 年審核通過（專利審核過程通常都很漫長）。當時他們已經把艾科特－莫渠利公司和擁有的專利權一併賣給雷明頓蘭德（Remington Rand）公司，雷明頓蘭德公司後來又變成斯佩里蘭德（Sperry Rand）公司，並開始壓迫其他公司付授權費。IBM 及貝爾實驗室都與斯佩里蘭德公司達成協議，漢威聯合（Honeywell）公司卻不肯就範，並開始想辦法挑戰他們的專利。漢威聯合公司聘請的年輕律師寇爾（Charles Call）是工程師出身，曾任職於貝爾實驗室。他的任務是證明艾科特與莫渠利的構想並非原創，以推翻他們的專利。

漢威聯合公司的一位律師曾就讀於愛荷華州立大學，讀過一些描述阿塔納索夫電腦的報導，於是寇爾開始追蹤這條線索，前去拜訪住在馬里蘭州的阿塔納索夫。寇爾如此了解他的電腦，令阿塔納索夫感到飄飄然，同時也因為自己從沒享受到太多光環，而有些忿忿不平。他把幾百封信件和文件交給寇爾，資料內容足以顯示莫渠利確實有些構想衍生自那次愛荷華之旅。那天晚上，寇爾開車到華盛頓，坐在講堂後面聆聽莫渠利的演講。在回答有關阿塔納索夫電腦的問題時，莫渠利堅稱他幾乎沒怎麼檢視那部機器。寇爾了然於心，如果他能讓莫渠利在作證時說出這番話，就能藉由阿塔納索夫的文件，戳破他的證詞。

幾個月後，莫渠利發現阿塔納索夫可能在協助漢威聯合公司挑戰他的專利權，於是他也帶著斯佩里蘭德公司的律師，到馬里蘭州拜訪阿塔納索夫。這是一次尷尬的會面。莫渠利聲稱他那次造訪愛荷華時，並沒有仔細閱讀阿塔納索夫的文件或仔細查看他的電腦，而阿塔納索夫只冷冷指出，莫渠利所言不實。莫渠利留下來吃晚

餐，試圖討好阿塔納索夫，卻徒勞無功。

1971 年 6 月，爭議鬧上法庭，由聯邦法官拉森（Earl Larson）主判。莫渠利是個可疑的證人。他推稱自己記性不好，說到那次愛荷華之旅的見聞時語氣怪異，而且一再反覆，推翻之前的證詞，包括他只有在昏暗的燈光下看到阿塔納索夫的電腦，而電腦當時還半遮蓋著。阿塔納索夫則恰好相反，提供了有力的證詞。他形容自己打造的機器，展示機器的模型，並指出莫渠利借用了他的哪些構想。雙方總共傳喚了七十七個證人到法庭作證，還另外對八十位證人進行庭外採證，並有 32,600 項證據納入法庭紀錄。審判進行了九個月，是當時美國費時最久的聯邦審判案件。

拉森法官後來又花了十九個月的時間來寫裁決書，最後在 1973 年 10 月公布，判定艾科特－莫渠利的專利無效：「艾科特和莫渠利並非自己率先發明自動電子數位電腦，而是衍生自阿塔納索夫博士研究的題材。」斯佩里蘭德公司選擇和漢威聯合公司和解，而沒有上訴。[*]

法官在長達 248 頁的判決書中提出的意見雖然完善，卻忽略了兩部機器之間的重大差異。莫渠利的發明中衍生自阿塔納索夫的部分，並不如法官認為的那麼多。舉例來說，阿塔納索夫的電子電路採用二進位邏輯閘，莫渠利則採用十進位的計數器。倘若艾科特－莫渠利申請的專利保護範圍不是如此全面的話，或許就會過關。

雖然官司落幕，但法律上並沒有針對現代電腦的發明，判定究竟誰的功勞大、哪個部分應該由誰居功，不過這個案子帶來兩個重要的影響：原本在電腦發展史上備受忽視的阿塔納索夫因此鹹魚翻身。雖然法官或訴訟雙方的原意都並非如此，但這樁專利訴訟清楚顯示，偉大的創新通常都是融合各種不同來源的概念後產生的結

果。新發明通常不是個人靈光一閃的結果，而是群體創造力交互激盪後交織出的美麗織錦，像電腦這麼複雜的新發明更是如此。莫渠利曾經拜訪過許多人，也和許多人談話，他或許因此不容易申請到專利，卻無損於他帶來的莫大影響。

在發明電腦的功勞簿上，莫渠利和艾科特都應該名列前茅，不是因為這項發明完全出自他們的構想，而是因為他們有能力從不同來源汲取概念後，融入自己的獨特創新，然後建立一支有執行力的能幹團隊，實現他們對電腦的想像；他們對後來電腦發展軌跡的影響也最大。他們打造的機器是第一部通用電子電腦。「阿塔納索夫或許在法庭上得分，不過他隨即回學校教書，而我們則繼續打造第一部真正可編程的電子式電腦。」艾科特後來表示。

圖靈也有很大的功勞，因為他發展出通用電腦的概念，而且後來還加入布萊切利園團隊，參與實際工作。至於要如何為其他電腦先驅者的貢獻排名，有部分要取決於你重視的標準為何。假如你很容易受到浪漫的獨行俠發明家所吸引，不那麼在意誰真正影響了這個領域的發展，那麼你可能會把阿塔納索夫和楚澤排在前面。但電腦誕生經過給我們的重要教訓是，創新通常是集體努力的結果，夢想家與工程師之間的合作，以及融合不同來源的想法後產生的創意都很重要。唯有在故事書中，獨行俠才能在地下室或閣樓或車庫中，靠靈光閃現來創造新發明。

---

* 當時阿塔納索夫已經退休。二次大戰後，他轉往軍械和砲兵領域發展，而非電腦領域。他在1995年過世。莫渠利一直是電腦科學家並兼任斯佩里蘭德公司的顧問，後來還擔任計算機協會首任主席。他在1980年過世。艾科特也一樣，職業生涯大部分時間都任職於斯佩里蘭德公司，他在1995年過世。

艾肯與霍普（1906-92），以及巴貝奇差分機的部分機件，1946年攝於哈佛。

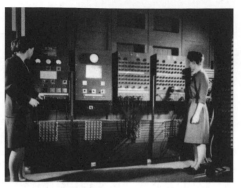

詹寧斯與畢拉斯跟ENIAC合影。

詹寧斯（1924-2011）攝於1945年。

史奈德（1917-2001）攝於1944年。

03

程式設計

　　現代電腦的發展還需要重要的另一步。戰時打造的所有機器，最初構思時都以完成某項特殊工作（例如解方程式或破解密碼）為目標。但在愛達或圖靈心目中，真正的電腦應該能完美且快速的執行任何邏輯作業。如此一來，機器的作業就並非只由硬體決定，軟體（可以在上面跑的程式）也扮演重要角色。圖靈再度清楚說明這個概念：「我們不需要靠無數的不同機器來完成不同的工作。」他在 1948 年寫道：「只需要一部機器就夠了。在辦公室為通用機器『設計程式』來完成這些工作，取代了為執行不同工作而要生產不同機器的工程問題。」

　　理論上，像 ENIAC 這樣的機器應該可以程式化，甚至當成通用機器來使用。但實際上，載入新程式的程序非常辛苦，包括必須動手——拔除連結電腦中不同單元的電纜。戰時打造的機器無法以電子速度轉換程式，因此催生現代電腦的下一個步驟就很重要：設法把程式儲存在機器的電子記憶體中。

霍普——膽識過人的程式設計先驅

從巴貝奇以降的電腦發明者都把焦點放在硬體上。但二次大戰期間參與計算工作的女性和愛達一樣，很早就看出程式設計的重要。她們設法把指揮硬體作業的指令編成程式碼，軟體中蘊含的神奇程式，能以奇妙的方式改變機器的作業。

這群程式設計先驅中，故事最繽紛有趣的是膽識過人、活潑迷人的海軍女軍官霍普（Grace Hopper），她先是為哈佛大學的艾肯工作，然後又加入艾科特和莫渠利的團隊。她在 1906 年出生於曼哈頓上西城姓莫瑞的有錢人家，父母為她取名為葛瑞絲·布魯斯特·莫瑞（Grace Brewster Murray）。祖父是土木工程師，經常帶著孫女在紐約市四處勘查。母親是數學家，父親則擔任保險公司主管。她在大學時代主修數學和物理，從瓦薩學院畢業後，進入耶魯大學攻讀研究所，並且在 1934 年拿到數學博士的學位。

出人意料之外的是，霍普的教育過程在當時其實不算太不尋常。耶魯大學在 1895 年首度頒發數學博士學位給女性，而她是第十一位獲頒耶魯數學博士學位的女性。女性數學博士在 1930 年代並不算太罕見，尤其如果她們出身名門的話。事實上，比起後來的世代，霍普成長的年代更常見到女性數學博士。1930 年代，美國有 113 位女性獲得數學博士學位，占美國數學博士總數的 15%。但到了 1950 年代，只有 106 位女性獲得數學博士學位，只占總數的 4%。（到了二十一世紀的最初十年，情況已大幅好轉，那段期間美國總共有 1,600 位女性獲頒數學博士學位，占總數的 30%。）

嫁給比較文學教授文森·霍普（Vincent Hopper）之後，葛瑞絲·霍普到瓦薩學院任教。和其他數學教授不同的是，她堅持學生

必須具備良好的寫作能力。她上機率課時，會先講解自己最愛的數學公式 *，然後要求學生以此為題寫一篇文章。她批改時，也會就文章清晰度和寫作風格來評析。「我（在文章上）寫滿評語，而他們會抱怨這是數學課，又不是英文課，」她回憶道：「然後我會解釋，除非他們懂得怎麼和別人溝通，否則學習數學毫無用處。」終其一生，霍普一直很擅長把科學問題（例如有關軌道、流體流動、爆炸、天氣型態的問題）轉換為數學方程式，然後再翻譯成一般人聽得懂的英文。這項才能也幫助她成為優秀的程式設計師。

到了 1940 年，霍普開始覺得無聊。她沒有小孩，婚姻生活平淡無趣，教學工作也不如想像中那麼充實。於是她向學校請假，到紐約大學投入著名數學家庫朗（Richard Courant）門下，專心研究偏微分方程的解法。日本在 1941 年 12 月偷襲珍珠港時，她還跟著庫朗研習數學。美國參戰讓她有機會改變人生。接下來十八個月，霍普辭掉瓦薩學院的教職並和丈夫離婚，在 36 歲時加入海軍，被送到麻州史密斯學院的海軍預備軍官學校受訓，並在 1944 年 6 月以第一名的優異成績畢業，成為霍普上尉。

霍普上尉原以為海軍會把她分發到密碼和編碼部門工作，結果令她訝異的是，上級命令她到哈佛大學報到，參與馬克一號的開發工作。前面說過，這部巨大的數位電腦是由艾肯在 1937 年設計的，上面裝了笨重的電機繼電器和馬達驅動的轉軸。霍普加入時，機器已經歸屬海軍管轄，艾肯仍然主導整個計畫，不過是以海軍指揮官的身分主持計畫，而不是哈佛大學教授的身分。

霍普在 1944 年 7 月報到時，艾肯給了她一份巴貝奇備忘錄的副本，然後帶她去看馬克一號並告訴她：「這是一部用來計算的機

---

* 她最喜歡的是斯特林公式（Sterling's formula），這個公式可計算出某個數階乘的近似值。

器。」霍普頓時目瞪口呆。「這部龐然大物在那兒發出一堆吵雜的聲音，」她回想時說：「整部機器就整個敞開，赤裸裸的放在那裡，而且吵得不得了。」她明白，自己必須充分了解這部機器，才能操作得宜，於是她利用晚間分析機器的藍圖。霍普的長處是很懂得把現實世界的問題轉化為數學方程式，然後用機器能夠了解的方式下達指令，和機器溝通。「我學習海洋學的術語，還有和掃雷、雷管、近發引信及生醫領域相關的種種詞彙，」她解釋：「我們必須學習他們的用語，才有辦法解決他們的問題。我可以隨時轉換詞彙，先用高度技術性的術語跟程式設計師溝通，然後幾小時之後，再用完全不同的詞彙向主管報告相同的事情。」要成功創新，有賴於清楚的溝通。

由於霍普清晰準確的溝通能力，艾肯指派她撰寫電腦程式設計手冊，這是全世界第一部程式設計手冊。有一天，艾肯站在霍普的辦公桌旁，對她說：「妳要寫一本書。」

「我沒辦法寫書，」霍普回答：「我從來沒有寫過書。」

「妳現在加入海軍了，」艾肯說：「妳要撰寫一本書。」

結果霍普寫出一部厚達五百頁的巨著，裡面包含了馬克一號的發展史和程式設計指南。第一章描述早期計算器，把焦點放在巴斯卡、萊布尼茲和巴貝奇打造的機器。封面是擺在艾肯辦公室的巴貝奇差分機的部分機件。霍普的引言就從巴貝奇開始說起。她和愛達一樣，知道巴貝奇分析機有一種特質，也就是她和艾肯所深信，馬克一號有別於其他電腦的特質。艾肯的馬克一號和巴貝奇未完成的機器一樣，藉由打孔紙帶接收源源不絕的指令，可以透過重新編程，傳達新的指令。

霍普每天晚上都把當天撰寫的內容唸給艾肯聽，她因此領悟到

成為優秀寫手的簡單訣竅,她說:「他指出,如果你大聲朗讀時,會結結巴巴讀不順,那麼最好修改句子。我每天都得朗讀五頁我寫下的內容。」於是,她寫的句子變得簡潔、生動、清晰。霍普和艾肯成為最佳拍檔,活生生是百年前愛達與巴貝奇的現代翻版。霍普愈深入了解愛達,就愈認同她。「她寫了第一個程式迴圈,」霍普說:「我絕對不會忘記這點。我們都不會忘記。」

霍普撰寫的電腦發展史偏重個人,所以她的書強調個人角色。反之,在霍普的著作完成後沒多久,IBM 的主管也推出自己的馬克一號發展史,把大部分功勞都歸諸在紐約恩狄考特建造機器的 IBM團隊。「以組織歷史取代個人歷史,最符合 IBM 的利益,」曾深入研究霍普的史學家拜耳(Kurt Beyer)指出:「根據 IBM 的說法,公司才是科技創新的所在。組織裡的工程師團隊扮演無名英雄,逐步推動進步,取代了獨自在實驗室或地下室埋首研究的激進發明家。」在 IBM 版本的歷史中,馬克一號涵蓋的一長串小創新(例如棘輪式計數器和雙層饋卡機制等),都要歸功於一群工程師在恩狄考特默默耕耘、通力合作所促成的。*

霍普版的歷史和 IBM 版之間的差異,其實不只關乎誰功勞最大的爭議,而隱含了更深遠的意義,進一步暴露出雙方的創新史觀在根本上的差異。和霍普一樣,有些科技相關研究也強調創意十足的發明家推動了跳躍式的創新。其他研究則強調團隊和組織的角色,例如貝爾實驗室工程師的努力,以及 IBM 恩狄考特團隊的合作成果。後者試圖說明,有些科技突破也許表面看來像是靈光閃現後的

---

* 哈佛科學中心原本在展示馬克一號時,隻字不提霍普,也沒有展示任何女性的照片,直到2014年才修正,開始凸顯霍普和其他程式設計師扮演的角色。

大躍進，實際上卻是逐步演進的結果，等到各種想法、概念、技術和工程方法都同時醞釀成熟時，才一舉畢其功。這兩種科技發展史觀都不夠完善。事實上，數位時代大部分的偉大創新，都仰賴擁有高度創造力的個人（莫渠利、圖靈、馮諾伊曼、艾肯等），和有能力實現創意的團隊之間的良好互動。

霍普的伙伴是主修數學的布洛克（Richard Bloch），他曾在哈佛大學某個喜歡惡搞的樂團中擔任長笛手，後來進入海軍服役。布洛克少尉比霍普早三個月加入艾肯的工作團隊，他很照顧霍普。「我還記得常在漫漫長夜中，坐在那裡檢視機器的運作方式，思考如何設計程式，」他說。布洛克和霍普每人值班十二小時，輪流照顧機器，以及應付同樣難搞的指揮官艾肯。「他有時會在清晨四點鐘現身，並發表議論：『我們到底有沒有在生產數字？』只要機器一停下來，他就緊張得不得了。」布洛克說。

霍普用系統化的方法撰寫程式。她會把每個物理問題或數學方程式分解成一個個算術小步驟。「你只要按部就班告訴電腦該怎麼做就成了，」她解釋：「拿到數字後，把它和另外一個數字相加，把得到的答案放那兒，再把這個數字乘以另外一個數字，得到另外一個答案。」等到工作人員把程式打孔在紙帶上並開始測試時，馬克一號小組會進行一個從玩笑演變出來的儀式。他們會拉出一條祈禱用的跪毯，全體面向東方跪下，祈禱眾人心血能順利通過考驗。

布洛克有時會趁深夜，在馬克一號的硬體線路上東弄西弄，搞得霍普的程式出問題。個性活潑、精力旺盛的霍普，說話常夾帶著海軍官校學生的習慣用語，她接連拋出的連串斥責，常令冷靜的布洛克不覺莞爾。兩人的互動正預示了軟體工程師與硬體工程師之間

混雜著衝突和友誼的複雜關係。「每次我有程式要跑，他就偏偏在晚上跑去實驗室，修改電腦上的電路。第二天早上，程式就完全跑不出來，」霍普哀嘆：「更過分的是，他接著就回家睡大覺，完全不告訴我改了什麼東西。」碰到這種時候，他們就「死定了」，布洛克如此形容：「艾肯面對這些狀況時，可沒那麼好的幽默感。」

這些小風波讓霍普蒙上無禮的名聲。她確實會出言不遜，但她也具備軟體駭客的能力，能融合桀傲不遜與合作精神。這種海盜間的同志情誼，也是霍普和後來世世代代的程式設計師共享的精神，反而讓她得到解放，而非受到束縛。拜耳曾寫道：「真正為霍普的獨立思考和行動能力開創出揮灑空間的，是她的合作精神，而非叛逆天性。」

事實上，和指揮官艾肯時生齟齬的反倒是冷靜的布洛克，而不是堅定無畏的霍普。「他老是惹上麻煩，」霍普表示：「我試圖跟他解釋，艾肯就像電腦一樣，已經按照固定方式連線，想要和他一起工作，一定要了解他的線路是怎麼連結的。」艾肯最初對於旗下增加一位女軍官十分猶豫，但很快的，霍普不但成為艾肯最重要的程式設計師，還是他的首席代理人。多年後，艾肯在回想霍普對電腦發展的貢獻時，憐愛的說：「霍普是好人。」

霍普在哈佛大學開發出來的其中一種程式是「次常式」，是為了特殊工作而編寫的大段程式碼，可暫時儲存起來，在主程式某個部分需要用到時再叫出來使用。「次常式是明確、簡潔，而且通常一再重複的程式，」她寫道：「哈佛的馬克一號包含了為 sin x、log10x、10x 設計的次常式，每個次常式都用一個作業碼來呼叫。」愛達在關於分析機的評注中，最先描述了這個概念。霍普累積了許

多這類次常式。她為馬克一號寫程式的時候，也發展出「編譯器」（compiler）的概念，她發明一種程序，能把源碼轉譯為不同電腦處理器使用的機器語言，加速了為多部機器撰寫相同程式的過程。

除此之外，「bug」（錯誤）和「debug」（除錯）這兩個詞，也在霍普團隊推波助瀾下，成為電腦界的流行用語。當時打造馬克二號電腦的哈佛建築物沒有裝紗窗。有一天晚上機器突然故障，工作人員開始檢查究竟哪裡出問題。他們發現有一隻翅膀達四公分寬的大飛蛾卡死在電機繼電器中。於是他們取出飛蛾，把牠用膠帶黏在對數表上，並在實驗日誌中記下：「面板 F，（飛蛾）在繼電器中。找到第一隻真正的蟲（bug）。」從此他們就把偵錯和除錯稱為「debug」。

到了 1945 年，拜霍普之賜，哈佛馬克一號成為世界上最容易撰寫程式的大電腦。只要透過打孔紙帶下達新的指令，就能輕鬆轉換工作，不需要重新配置硬體或電纜。不過，無論在當時或在後來的歷史紀錄中，大家幾乎都忽略了其中的差異，因為馬克一號（甚至1947 年推出的下一代馬克二號）採用的是電機繼電器，而不是真空管之類的電子零件。霍普談到馬克二號時說：「大家還來不及認識她，她就沒救了，因為大家都已開始電子化。」

電腦創新者和其他開路先鋒一樣，如果在半途卡住了，很容易從超前變落後。執著和專注等特質令他們創造力豐沛，但是面對新觀念時，他們也可能因為相同的特質而抗拒改變。賈伯斯的執著和專注十分有名，然而當他領悟到必須改弦易轍時，他會突然改變主意，令同事眼花撩亂，困惑不已。艾肯卻缺乏這種靈活應變的能力，只是一味憑著海軍指揮官的本能，採取中央集權的管理方式，所以在他的麾下工作，不像賓州大學的莫渠利－艾科特團隊成員那

麼自由。艾肯重視可靠度甚於速度。所以即使後來賓州大學和布萊切利園的團隊都看出真空管才是大勢所趨,艾肯仍堅持採用歷經考驗、比較可靠的電機繼電器。他的馬克一號每秒鐘大約只能執行三個指令,而賓州大學打造的 ENIAC 在相同時間內可以執行五千個指令。

艾肯曾到賓州大學參觀 ENIAC 和聽演講,一份有關這次會面的報告指出:「艾肯太專注於自己的做法,似乎沒有意識到新電子機器的重要性。」霍普在 1945 年參觀 ENIAC 時也一樣。在她眼中,由於馬克一號很容易程式化,所以比較厲害。她提到 ENIAC 時說:「基本上,你把插頭插上,就有了一部可以處理每一項工作的特殊電腦。我們很習慣自己撰寫程式,然後用我們的程式控制電腦。」然而,除非讓 ENIAC 一再重複相同的工作,否則每次為 ENIAC 重新撰寫程式,都需要花掉一整天的時間,抵消了 ENIAC 在資訊處理速度上的優勢。

不過和艾肯不同的是,霍普的心胸比較開放,所以很快就改變看法。那一年,他們做了許多改善,可以更快改編程式。令霍普欣慰的是,這場程式設計革命是由女性打頭陣。

ENIAC背後的娘子軍

打造 ENIAC 硬體的工程師清一色是男性,但歷史較少提及,有一群娘子軍(尤其是其中的六位)對現代電腦的貢獻,幾乎和男性不相上下。賓州大學團隊在 1945 年建造 ENIAC 時的想法是,這部電腦會重複執行特定的計算工作,例如根據不同變數來計算砲彈的彈道。但隨著戰爭結束,開始對機器產生不同形態的需求,例如讓機器計算聲波、天氣型態和新式原子彈的爆炸威力等,因此必須經

常改寫程式。

如此一來，就需要不時動用人力，把雜亂的 ENIAC 電纜拔掉再插上，重新設定電路開關。起初，程式設計似乎是例行性工作，甚至是比較卑微的工作，或許這是為什麼這項任務多半交付女性來完成，而當時的社會並不鼓勵女性當工程師。但 ENIAC 背後的這群娘子軍很快讓大家看到（男性也慢慢領悟到），為電腦設計程式可能和硬體設計同等重要。

詹寧斯（Jean Jennings）的故事正勾勒出早期女性程式設計師的面貌。她出生於美國密蘇里州阿蘭瑟葛洛夫（Alanthus Grove）的郊區小鎮，當地人口只有 104 人，她家一貧如洗，但非常重視教育。詹寧斯的父親任教於只有一間教室的學校，她是學校的明星投手和壘球隊上唯一的女生。母親雖然只讀到八年級就輟學，也在學校幫忙輔導學生代數和幾何。詹寧斯排行第六，家中七個孩子後來都讀完大學。當時的州政府十分重視教育，也了解讓人民負擔得起便宜的學費，能創造極大的社會經濟價值。詹寧斯當年在瑪利維爾（Maryville）就讀西北密蘇里州立師範學院時，每年只需繳 76 美元學費（到了 2013 年，就讀這所大學的密蘇里州居民每年需繳 14,000 美元的學費，經過通膨調整後，等於學費漲了十二倍。）詹寧斯最初主修新聞，但她很討厭她的指導教授，所以轉為主修數學，而且讀得很開心。

1945 年 1 月，詹寧斯完成學業時，微積分老師拿了一張徵人廣告傳單給她看，賓州大學正在招募具數學專長的女性來從事例行數學運算，這群被稱為「computer」的計算人員，主要工作是為美國陸軍計算砲彈彈道。以下是其中一張廣告的內容：

徵求：擁有數學學位的女性……我們將提供女性從事科學與工程類職務的機會，過去這類工作都偏好雇用男性。想要從事科學工程類工作，現在正是大好時機……你會發現到處都有大大標語寫著：「徵求女性！」

從來不曾離開密蘇里州的詹寧斯決定應徵這份工作。收到錄取通知的電報後，詹寧斯登上東行的午夜火車，四十小時後抵達賓州車站。「不消說，他們看到我這麼快就到了，嚇了一大跳。」

1945 年 3 月，詹寧斯到賓州大學報到時年方二十，當時賓州大學雇用了大約七十位婦女，利用桌上型加數機做各種計算，一張張巨大紙張上潦草寫著各項數字。高士譚中尉的妻子阿黛兒負責人員招募和訓練。「我絕對忘不了第一次見到阿黛兒的情景，」詹寧斯表示：「她嘴角叼著菸，慢慢踏進教室，走到一張桌子旁，一腿橫跨桌子的一角，然後用微帶布魯克林腔的英語，開始講課。」這對詹寧斯而言是脫胎換骨的經驗。詹寧斯原本就是活潑的女孩，個性像男生般大喇喇，她從小就對周遭充斥的性別歧視忿忿不平。「我知道我已經離開瑪利維爾很長一段路了，在那裡，女人如果想要吸口菸，得偷偷溜到溫室去。」

她抵達幾個月後，這群女性之間流傳著一份通知，上面說有六個職缺正在徵人，工作和某具神祕的機器有關，而這個機器放置在賓州大學摩爾工程學院一樓深鎖的房間中。「我完全不清楚那是什麼樣的工作，也不知道 ENIAC 是什麼，」詹寧斯回首當年時表示：「我只知道我或許能從頭參與某個新發展，我相信我的學習能力和工作能力絕對不輸人。」她也期盼能從事比計算彈道更有趣的工作。

面談時，高士譚問她對電懂得多少。「我說我修過物理，知道E等於IR。」她指的是定義電流與電壓和電阻關係的歐姆定律，高士譚回答：「我不在乎那個，我是問妳怕不怕電？」他解釋，因為這份工作會需要經常插接電線和切換開關。她說她不怕。面談到一半，阿黛兒走進來看著她，點點頭。於是詹寧斯就被錄取了。

除了詹寧斯之外，他們還錄取了威斯考夫、利奇特曼、史奈德、畢拉斯、麥克納提。*她們是因戰爭而組合的典型團隊：威斯考夫和利奇特曼是猶太人，史奈德是教友派信徒，麥克納提是愛爾蘭出生的天主教徒，詹寧斯曾是基督教新教徒。根據詹寧斯的說法：「我們處得很好，共度了一段美好時光，主要是我們大家都沒有和不同宗教背景的人親密相處的經驗。」詹寧斯說：「我們對於宗教的真理和信念有過劇烈爭辯。但儘管有這些差異，或正因為這些差異，我們真的很喜歡彼此。」

1945 年夏天，六位女性被送去阿伯丁試驗場學習如何使用 IBM打孔卡以及連接插頭板。「我們討論很多關於宗教、家庭、政治和工作的事情，」麥克納提回憶：「我們總是有聊不完的話題。」詹寧斯成為她們的大姊頭。「我們不但一起工作，吃住也都在一起，時常徹夜聊天，無所不談。」由於她們當時都小姑獨處，身邊圍繞著許多單身軍人，在軍官俱樂部裡幾杯雞尾酒下肚後，也曾發展出幾段難忘的浪漫戀情。威斯考夫找到一位「高大帥氣」的海軍陸戰隊員，和詹寧斯配對的是叫彼得的陸軍中士，他「迷人，但稱不上英俊」。彼得來自密西西比州，而詹寧斯一向直言不諱，毫不掩飾她反對種族隔離的立場。「彼得有一次跟我說，他絕對不會帶我去比洛克希（Biloxi），因為談到對種族歧視的看法時，我講話太直率了，會惹上殺身之禍。」

　　經過六週訓練，六位女程式設計師把男友收藏到記憶庫中，回到賓州大學，接著收到一堆海報大小的 ENIAC 說明圖表。「有人發給我們一堆藍圖，是所有面板的線路圖，他們說：『好好弄清楚機器是怎麼運作的，然後想出辦法替它設計程式。』」麥克納提解釋，因此她們需要分析微分方程，然後決定如何配置電纜，以連接到正確的電子電路。「從圖表了解 ENIAC 最大的好處是，我們開始明白它能做哪些事，又有哪些做不到，」詹寧斯說：「結果，即使是個別真空管出錯，我們都有辦法抓出來。」她和史奈德設計了一個系統，可以偵測出一萬八千個真空管中，究竟是哪個真空管燒壞了。「由於我們既懂應用，也了解機器，我們學會診斷問題，即使沒有比那些工程師厲害，也和他們不相上下。說真的，工程師都樂透了，他們從此可以把偵錯的工作留給我們處理，」

　　史奈德描述她們如何小心翼翼繪製新的電纜和開關配置圖。「當時我們做的事情，是程式設計的開端，」她說，雖然當時還沒有一個名詞來形容她們的工作。為了自我保護，她們用紙筆把每個新程序記錄下來。「我們都覺得，萬一電路板毀了，我們就死定了。」

　　有一天，詹寧斯和史奈德坐在徵用的二樓教室中，注視著面前攤開的 ENIAC 不同部分圖表。這時候，有個人走進來檢查教室狀況。「嗨，我是莫渠利，只是來檢查一下天花板有沒有塌陷，」他說。雖然她們都沒見過這位高瞻遠矚的 ENIAC 設計者，兩人卻一點也不羞怯。「哇，真高興見到你。」詹寧斯說：「你能不能告訴我們，這部該死的累加器到底要怎麼操作？」莫渠利仔細回答了

---

*　詹寧斯後來冠夫姓巴提克（Bartik）、威斯考夫（Marlyn Wescoff）後來冠夫姓梅澤（Meltzer）、利奇特曼（Ruth Lichterman）後來冠夫姓泰特鮑姆（Teitelbaum）、史奈德（Betty Snyder）後來冠夫姓霍伯頓（Holberton）、畢拉斯（Frances Bilas）後來冠夫姓史賓斯（Spence）、麥克納提（Kay McNulty）後來嫁給莫渠利。

問題，然後又回答其他問題，最後告訴她們：「我的辦公室就在隔壁。只要我在辦公室，妳們隨時都可以進來問問題。」

她們幾乎每天下午都去問問題。根據詹寧斯的說法：「他是很好的老師。」莫渠利促使她們想像，ENIAC 除了計算彈道之外，有朝一日還能做到哪些事情。他深知，要使 ENIAC 成為真正的通用電腦，必須激勵程式設計師想辦法讓硬體發揮更多功能。「他總是設法讓我們想到其他問題，」詹寧斯說：「他總是希望我們求反矩陣或做其他嘗試。」

霍普在哈佛大學開發次常式的時候，這批 ENIAC 的娘子軍差不多也在做相同的事情。當時她們煩惱著邏輯電路容量不足，無法計算某些彈道，結果麥克納提想出了解決辦法。有一天，她興高采烈的說：「噢，我知道了，我知道了！我們可以利用主程式器＊來重複程式碼。」她們嘗試這個方法，居然成功了。「我們開始思考怎麼樣編寫次常式、巢套次常式等等，」詹寧斯回憶：「就解決彈道問題而言，這是很實際的辦法，因為不需要重複整套程式的概念，可以只重複部分程式，並且設定主程式器來做這件事。一旦你明白這點，就會學習以模組方式來設計程式。在學習如何設計程式的過程中，程式模組化和發展次常式都是非常重要的關鍵。」

詹寧斯在 2011 年逝世，過世前不久她曾回顧過往，並自豪的點出，史上第一部通用電腦的程式都是由女性設計的：「雖然在我們出道的年代，女性的職涯發展機會十分有限，但我們仍協助開創了電腦時代。」當時之所以出現這樣的情況，是因為主修數學的女性很多，而社會也需要她們的能力。諷刺的是：當時手裡拿著新玩具的男生一心認定，組裝硬體才是最重要的工作，應該由男人來擔當大任。「當時美國科學與工程界的性別偏見比今天嚴重多了，」詹寧

斯說：「假如當初 ENIAC 的主事者曉得，程式設計對電子電腦的運作如此重要，而且程式設計如此複雜，他們或許會有些遲疑，不敢把這樣的重責大任交到女人手上。」

儲存程式──電腦科技的下一波大突破

莫渠利和艾科特打從一開始就知道，很多方法都可以讓 ENIAC 更容易重新編程。但他們沒有這樣做，因為硬體設備必須變得更複雜，才能具備這樣的能力，而就他們最初設想的工作而言，完全沒有這個必要。「我們並未嘗試規劃任何自動設定問題的機制，」他們在 1943 年底提出的 ENIAC 進度報告指出：「一方面是為了單純起見，也因為我們預期主要會用 ENIAC 來解決的問題型態是，每次設定好機器後都會重複使用多次，之後才再設定機器去解決另一個型態的問題。」

但是距離 ENIAC 完成還有一年多的時候，也就是早在 1944 年初，莫渠利和艾科特就明白，有個好法子可以更輕鬆的為電腦重新編程：把程式儲存在電腦記憶體中，而不是每次都重新載入機器。他們覺得這會是下一波電腦發展的大突破。有了這種「儲存程式」的架構，毋須靠人工重新配置電纜和開關，就可以立刻改變電腦的工作。

但如果想要把程式儲存在電腦中，電腦必須具備龐大的記憶容量。艾科特想了許多方法來擴大記憶容量。「這類程式也許暫存在合金碟片上，或永久蝕刻在碟片上。」1944 年 1 月艾科特在備

---

* 譯註：主程式器（master programmer）是ENIAC的控制元件，負責控制所有程式序列的執行。詹寧斯在《程式設計先驅》（*Pioneer Programmer: Jean Jennings Bartik and the Computer That Changed the World*）中描述：「（麥克納的）驚呼代表了一大突破！我們很快開始研究應該如何利用ENIAC的控制單元：主程式器。它裡面的步進開關，可以讓電腦重複執行某個程式若干次後，再轉換到另一個程式。」

忘錄中寫道。由於當時這類碟片還十分昂貴，所以他提議新一代的
ENIAC 採用較便宜的儲存方式，也就是所謂的「延音線」（acoustic
delay line）儲存。貝爾實驗室工程師蕭克利（William Shockley）率
先提出這種方法，並在 MIT 開發出來（我們在後面的章節會更詳細
介紹蕭克利）。延音線儲存方式是把資料以脈衝形式，儲存於充滿濃
稠液體（例如水銀）的長管中。管子末端的石英插頭會把攜帶數據
流的電訊號轉換為脈衝，在管子中來回波動一段時間。可以視需要
透過充電維持脈波。等到需要提取資訊時，石英插頭會把脈波轉換
回電訊號。每個管子大約可以處理一千位元的數據，成本只有真空
管電路的百分之一。所以 1944 年夏天，艾科特和莫渠利在備忘錄中
指出，新一代 ENIAC 應該採用這種延音線管，以數位方式儲存數據
和基本程式設計資訊。

馮諾伊曼再度登場

　　電腦發展史上最有趣的人物之一、匈牙利出生的數學家馮諾伊
曼，此時再度登場。馮諾伊曼是圖靈在普林斯頓大學遇到的貴人，
曾提議圖靈擔任他的研究助理。馮諾伊曼是熱情的博學家和謙謙君
子，對於統計學、集合論、幾何學、量子力學、核武器設計、流體
動力學、賽局理論和電腦架構，都有重要貢獻。莫渠利、艾科特等
人當時已開始思考儲存電腦程式的架構，馮諾伊曼後來大幅改進了
程式儲存方式，因此在史上留名，並收割了大部分的功勞。

　　馮諾伊曼於 1903 年出生於布達佩斯的富裕猶太家庭，當時適逢
奧匈帝國廢除反猶太限制令，是猶太人的光輝時代。奧匈帝國皇帝
約瑟夫（Franz Joseph）在 1913 年賜予銀行家諾伊曼（Max Neuman）
世襲頭銜，以嘉獎他對金融界的貢獻，從此諾伊曼一家得以在姓氏

冠上「von」，稱「馮諾伊曼」。馮諾伊曼*在家中排行老大，三兄弟在父親過世後，都改信天主教（其中一人承認這是「為了方便起見」）。

馮諾伊曼是另一位能融合人文與科學的創新者。「家父是業餘詩人，他認為，詩不但能表達情感，也能傳達哲學思想，」弟弟尼可拉斯表示：「他認為詩是語言中的語言，他的觀念可能影響了約翰後來如何思考電腦的語言和大腦。」關於母親，尼可拉斯寫道：「她深信，音樂、藝術和相關的美感經驗，在我們生活中占據重要地位，優雅是可敬的特質。」

關於馮諾伊曼的超凡天分，坊間流傳著許多故事，其中有些很可能是真的。據說馮諾伊曼六歲時，已經能操著一口古希臘語和父親說笑，還能心算八位數除法。他最喜歡在聚會中玩的把戲是，隨便翻到電話簿某一頁，把上面的姓名和電話號碼全部記起來，然後再一一背出，他還能以五種語言，一字不漏背出讀過的小說或文章。氫彈發明人泰勒（Edward Teller）曾表示：「假如地球發展出智力超凡的種族，那麼他們的族人一定就像馮諾伊曼這樣。」

除了學校課業，馮諾伊曼的父母還聘請私人教師教他數學和語言，因此他十五歲時已精通微積分。共產黨員貝拉·庫恩（Béla Kun）1919 年短暫統治匈牙利期間，馮諾伊曼轉移陣地，到維也納和亞得里亞海濱渡假勝地繼續受教育，從此他一直很討厭共產主義。他就讀於蘇黎士的瑞士聯邦理工學院（愛因斯坦也曾在此就讀）時主修化學，後來又到柏林和布達佩斯攻讀數學，並在 1926 年獲得博士學位。1930 年，他應聘到普林斯頓大學擔任量子物理學教授，後來（和愛因斯坦及哥德爾一起）成為普林斯頓高等研究院的創院元老。

---

* 馮諾伊曼出生時的名字是亞諾斯（János），小時候大家叫他顏西（Jancsi），到了美國後，則變成約翰（John）或強尼（Johnny）。

　　馮諾伊曼和圖靈相識於普林斯頓，兩人後來都被視為通用電腦的偉大理論家，但他們的個性和脾氣其實南轅北轍。圖靈租屋而居，過著斯巴達式的生活，遠離人群；馮諾伊曼則品味優雅，懂得享受生活，他和妻子每星期總有一、兩天在位於普林斯頓的豪宅大宴賓客。圖靈是長跑健將；至於馮諾伊曼呢，從不曾讓他起心動念的事情可說少之又少，但長跑（或甚至短跑）可說是其中之一。圖靈的母親某次提到愛子時表示：「就穿著和習性而言，他通常都不修邊幅。」馮諾伊曼恰好相反，他幾乎隨時都穿著三件式西裝，即使在大峽谷中騎驢也不例外。馮諾伊曼甚至在學生時代，就已經穿著考究，據說數學家希爾伯特第一次見到他時，腦子裡只浮現一個問題：他的裁縫是誰呀？

　　馮諾伊曼喜歡開玩笑，常在自家宴會中，以不同語言背誦打油詩。他也熱愛美食，妻子曾經說他什麼都懂得計算，就是不會計算卡路里。他開車橫衝直撞，但難保都不出事，他還喜歡耀眼的凱迪拉克新車。「無論舊車撞壞了沒有，他每年都至少會換一次新車。」科學史家喬治‧戴森（George Dyson）寫道。

　　1930 年代後期，馮諾伊曼開始研究以數學模擬炸彈震波的方法，因此在 1943 年成為曼哈頓計畫的成員之一，經常飛到新墨西哥州羅沙拉摩斯開會，那裡是發展原子彈的祕密基地。由於當時鈾 235 不足，只能製造一枚原子彈，羅沙拉摩斯的科學家也試圖設計出使用鈽 239 的核武器裝置。馮諾伊曼專注於研究如何建造出爆炸透鏡（explosive len），以壓縮原子彈鈽核心達到臨界質量。[*]

　　評估這個內爆概念必須解大量方程式，以計算爆炸後空氣或其他物質壓縮時的流動率。因此馮諾伊曼開始研究高速電腦的潛能。

　　也因為這個緣故，馮諾伊曼在 1944 年夏天到貝爾實驗室一探究

竟，研究史提必茲的新版複數計算機有何能耐。最新版的機器有一項創新格外吸引馮諾伊曼的注意：輸入各項工作指令的打孔帶上面也含有各項混合在一起的數據。他還造訪哈佛大學，評估艾肯的馬克一號是否有助於原子彈的計算工作。從夏天到秋天，馮諾伊曼搭火車穿梭於哈佛大學、普林斯頓大學、貝爾實驗室和阿伯丁試驗場之間，像蜜蜂般嗡嗡嗡飛來飛去，忙著在不同團隊間異花授粉，散播原本黏在他腦中的各種概念。正如同莫渠利在遊歷各方時汲取的養分後來催生出第一部可運轉的電子式電腦，馮諾伊曼四處漫遊時蒐集的各種構想概念，後來都成為建構儲存程式型電腦的元素。

在哈佛大學，霍普和布洛克這對程式設計搭檔，在緊鄰馬克一號的會議室中，為馮諾伊曼布置了一間辦公室。馮諾伊曼和布洛克會在黑板上寫出方程式，然後輸入機器，再由霍普宣讀機器吐出的中間結果。霍普說，機器忙著「生產數字」的時候，馮諾伊曼經常闖進來，預測結果為何。「我永遠忘不了他們一陣風似的從後面冒出來，然後又一陣風似的跑回去，在黑板上寫滿東西。馮諾伊曼會預測最後的數字為何，而且九成九的時候，他都預測得神準 —— 真是太不可思議了！」霍普熱切的說：「他似乎曉得、或能感覺到最後會計算出什麼結果。」

馮諾伊曼的合作精神也令哈佛團隊印象深刻。馮諾伊曼會吸收他們的想法，雖然其中他有部分居功，但也清楚表示，任何人都不應聲稱擁有任何概念。等到需要寫報告說明研究成果時，馮諾伊曼

---

* 馮諾伊曼成功做到了。1945年7月美國在新墨西哥州阿拉莫戈多附近舉行的第一次原子彈試爆「三一核試」（Trinity test），就是使用鈽來製造炸彈，後來也用於美軍在1945年8月9日於長崎投下的原子彈。而之前三天，美軍才在廣島投下了鈾原子彈。由於馮諾伊曼痛恨納粹和蘇聯支持的共黨政權，他公開提倡核武器。他除了參加三一核試，後來還參加太平洋的比基尼環礁核試，他認為美國應取得核武器優勢，即使有一千人因輻射而死亡，仍是可接受的代價。或許因為核彈試爆時散發大量輻射，馮諾伊曼在十二年後因骨癌和胰臟癌過世，享年五十三歲。

堅持把布洛克的名字擺在前面。「我真的不認為我應該列名第一作者，不過結果就是如此，我很珍惜這份榮耀。」布洛克說。艾肯也同樣心胸開放，樂於交流。「不要擔心別人偷走你的點子，」他曾經告訴學生：「如果你有原創的想法，要設法逼他們聽你說。」然而面對哪些想法應歸功於誰的問題，連艾肯都對馮諾伊曼的輕率態度大感震驚，甚至有些不安。「他談到各種概念時，完全不在意這些概念是打哪兒來的。」

馮諾伊曼在哈佛碰到的問題是，由於馬克一號採用的是電機繼電器，因此速度慢得不得了，得耗費數月的時間，才能完成原子彈的相關計算。雖然在需要為機器重新設定程式時，紙帶輸入方式很有用，但每次需要叫出次常式時，都必須以手動方式更換紙帶。馮諾伊曼認為，唯一的解決辦法是打造一部既能以電子速度運轉、又能在內部記憶體中儲存和修改程式的電腦。

與高士譚意外邂逅

於是，馮諾伊曼準備迎接下一波大突破：開發出具備儲存記憶功能的電腦。幸運的是，1944 年 8 月，馮諾伊曼在阿伯丁試驗場火車站的月台上，有了一次意外邂逅。

在莫渠利及艾科特的 ENIAC 計畫中擔任陸軍聯絡官的高士譚中尉，當時恰好也在阿伯丁車站的月台上等候北上火車。雖然高士譚和馮諾伊曼素未謀面，卻立刻認出大名鼎鼎的馮諾伊曼。高士譚是追星族，一向崇拜才智超凡的大師，居然在此偶遇數學界名人，令他興奮不已。「所以我冒昧走向這位世界聞名的大人物，跟他自我介紹，並開始攀談，」他回憶道：「幸好馮諾伊曼為人親切和善，總是盡量讓別人覺得輕鬆自在。」等到馮諾伊曼發現高士譚是做什麼

的，談話就變得更熱烈了。「當馮諾伊曼發現我涉及電子電腦的開發工作，而且我們的電腦每秒鐘能完成 333 次乘法計算，談話的氣氛立刻改變，從輕鬆談笑變得好像數學博士學位的口試。」

在高士譚大力慫恿下，馮諾伊曼在幾天後造訪賓州大學，參觀他們正在建造的 ENIAC。艾科特對這位著名的數學家十分好奇，心裡早已想好要怎麼測試他是不是「真的天才」：只要看他提出的第一個問題是不是關於機器的邏輯架構就知道了。結果，馮諾伊曼果真一開始就提出這個問題，令艾科特大為佩服。

ENIAC 可在 1 小時內解開的偏微分方程，哈佛的馬克一號得耗費近 80 小時才辦得到，馮諾伊曼對此印象深刻。不過，如果要為 ENIAC 重新編程，以執行不同工作，卻可能花掉幾小時的時間。馮諾伊曼知道，需要處理許多不同問題時，這會變成嚴重缺陷。1944年一整年，莫渠利和艾科特都絞盡腦汁，嘗試各種方法把程式儲存在機器內部。馮諾伊曼帶著從哈佛、貝爾實驗室和其他地方吸收的概念抵達後，他們對儲存程式型電腦的思考就提升到更高層次。

馮諾伊曼成為 ENIAC 小組的顧問，大力推動一個觀念：電腦程式應該和一般資料儲存在相同的記憶體上，這樣工程師才能在機器運轉時輕易修改程式。1944 年 9 月的第一週，莫渠利和艾科特向馮諾伊曼詳細說明機器的架構，並分享他們的想法：為下一代機器打造出「有位址的儲存裝置」，同時儲存資料和程式指令。於是，馮諾伊曼展開工作。高士譚當週向上級報告時寫道：「我們提議設計一個中央控管的程式設計裝置，把程式以編碼形式儲存在前面提議的同一種儲存裝置中。」

馮諾伊曼和 ENIAC 小組連續開了多次會議，1945 年春天的四次正式會議尤其意義非凡，會議紀錄甚至以〈與馮諾伊曼的會議〉為

標題。馮諾伊曼在黑板前面來回踱步，以蘇格拉底式的提問帶動討論，他吸收眾人的想法，消化琢磨後再寫在黑板上。「他像個教授般站在會議室前面和我們討論，」詹寧斯回憶：「我們會陳述碰到的問題，提問的時候都很小心，希望提出的問題代表當時碰到的根本問題，而不僅僅是機械問題。」

馮諾伊曼雖然態度開放，但他的超凡才智也令人生畏。無論他宣布任何事情，都很少有人反駁，只有詹寧斯有時會甘冒大不諱。有一天，詹寧斯因為和馮諾伊曼看法不同，兩人起了爭執，會議室中的男性全都以難以置信的眼光瞪著詹寧斯。但馮諾伊曼偏著頭沉吟半晌後，接受詹寧斯的看法。馮諾伊曼懂得聆聽，而且深諳佯裝謙虛以博取好感的藝術。「他是令人讚歎的綜合體，一方面擁有非凡的才華，深知自己才思敏捷，但同時又非常謙虛，怯於向別人表達自己的想法，」詹寧斯指出：「他非常不安，總是在會議室裡走來走去，然而當他說明自己的想法時，說話的口氣彷彿他因和你意見相左或想到更好的點子，而滿懷歉意。」

馮諾伊曼尤其善於規劃電腦程式設計的基本原則。自從愛達寫下分析機產出伯努利數的詳細步驟以來，電腦程式設計到了二十世紀仍進展有限，依然是一門讓人摸不清的技藝。馮諾伊曼明白，要設計出簡潔的指令集，嚴謹的邏輯和精確的表達缺一不可。「他會非常詳細的向我們解釋，為何需要或不需要某個特殊指令。」詹寧斯回想：「這是我生平頭一遭了解程式碼的重要性，以及它背後的邏輯和整個指令集必備的元素。」馮諾伊曼還有另一項本事，他很能抓住新觀念的核心本質。「馮諾伊曼有辦法挑出問題最重要的關鍵，我注意到其他天才也都具備這樣的能力。」

馮諾伊曼明白，他們目前所做的已不僅僅是改進 ENIAC 重新編

程的速度，更重要的是，他們正在實現愛達的願景，打造出能在任何符號系統中執行任何邏輯工作的機器。「由圖靈構思、馮諾伊曼實現的儲存程式型電腦，打破了代表意義的數字和執行工作的數字之間的界線。」

除此之外，馮諾伊曼也比同僚更能掌握一項重要特性：把資料和程式指令融合在相同的儲存記憶體中。如今稱這種可抹除的記憶體為「讀寫記憶體」（read-write memory），換句話說，不必等到程式跑完才修改機器儲存的程式指令，即使程式還沒跑完，也能隨時修改指令。電腦能根據得到的結果自行修正程式。馮諾伊曼還設計出「可變位址程式語言」（variable-address program language），讓機器即使還在跑程式，也能輕鬆轉為新替換的指令。

賓州大學團隊向陸軍提議，可以朝這些方向改良新一代的ENIAC。新機器將採二進位制，而不是十進位制，採用汞延遲線記憶體，還包含了所謂「馮諾伊曼架構」的許多部分（雖然不是全部）。他們給陸軍的原始提案稱這部新機器為「電子離散可變自動計算機」（Electronic Discrete Variable Automatic Calculator）。不過後來他們逐漸稱之為「電腦」（computer），因為這部機器能做的事情不只是計算而已。大家簡稱這部機器為 EDVAC。

保護專利 vs. 自由分享

接下來幾年，不管在專利訴訟或研討會中，在各類書籍和觀點迥異的歷史文件中，大家都議論紛紛，爭辯在 1944 年和 1945 年初醞釀成熟的部分儲存程式型電腦概念，究竟誰的功勞最大。比方說，前面的敘述把儲存程式型電腦的概念主要歸功於艾科特和莫渠利的貢獻，馮諾伊曼的功勞是了解到，能在機器還在跑程式時修

正儲存的程式，是電腦非常重要的能力，同時他也創造了可變位址程式設計的功能，以加速上述的能力。但與其追究概念起源，更重要的是，能認知到賓州大學的創新正是合作式創新的範例：馮諾伊曼、艾科特、莫渠利、高士譚、詹寧斯和其他許多人一起反覆討論，推敲各種想法，並且向工程師、電子學專家、材料科學家和程式設計師請益。

我們大都參加過激發創意的腦力激盪會議。往往會議才開完沒幾天，究竟哪個點子是誰最先提出來的，每個人的記憶可能已大不相同，但我們都明白，各種概念構想在成形之前，往往都經過群體相互激盪，反覆討論，而不是某人直接提出全然原創的想法；創新的火花是在不同概念相互碰撞下產生的，而不是憑空閃現的靈光造成的。無論在貝爾實驗室、羅沙拉摩斯、布萊切利園或賓州大學，都是如此。馮諾伊曼最大的長處是他有能力指揮協調合作創新的過程 —— 懂得提問和聆聽，試探性的拋出一些初步構想，清楚說明概念，以及整合不同的想法。

由於馮諾伊曼善於蒐集和整合他人的想法，又毫不在意明確說明構想的原始出處，雖有助於推動 EDVAC 的部分概念播種萌芽並孕育成形，但有時會激怒了很在意功勞（或智慧財產權）誰屬的人。馮諾伊曼曾表示，集體討論出來的構想根本不可能分辨誰才是原創者。據說艾科特聽到馮諾伊曼的說法後，只回了一句：「真的嗎？」

1945 年 6 月，馮諾伊曼這樣做的利弊已明顯浮現。和賓州大學團隊一起忙了十個月之後，馮諾伊曼提議把討論內容整合為論文，而且在搭長途火車回羅沙拉摩斯的途中，開始整理資料。

他把報告手稿寄回賓州大學給高士譚，以密集的數學式子詳細說明他們構思的儲存程式型電腦結構和邏輯控制機制，以及為何他

們傾向於「把整個記憶體當成一個元件來處理」。當時艾科特曾質疑，馮諾伊曼怎麼好像把大家集體發展出來的構想，當成撰寫論文的材料，高士譚安撫他：「他只不過想整理一下思緒，釐清這些概念，所以他會把整理的內容寫信告訴我，如果他的理解有什麼不對的地方，我們可以寫信向他反應。」

馮諾伊曼在報告中留下許多空白處，以便在引用他人研究成果時填上出處，而且他的報告從來不曾用過 EDVAC 這個縮寫名稱。但是當高士譚把論文交付打字時（長達 101 頁），他只把偶像的名字列為唯一的作者。高士譚在論文扉頁上打的標題為〈EDVAC 報告初稿，約翰·馮諾伊曼撰〉。高士譚用油印機把論文印了二十四份，並在 1945 年 6 月發布。

這份〈報告初稿〉是極有價值的文件，引領接下來十年的電腦發展方向。馮諾伊曼決定撰寫這份報告，並讓高士譚發布報告，反映了學術導向的科學家（尤其數學家）開放的態度，他們希望發布和傳播重要概念，而非著眼於智慧財產權。馮諾伊曼向同事解釋過：「我當然希望盡一己之力，讓這方面的知識（從專利的角度來看）能盡量歸屬於公共領域。」他後來說，撰寫這份報告有兩個目的：「幫忙釐清和整合 EDVAC 小組的想法」，以及「推動高速電腦建造藝術的發展」。他說他自己不會主張其中任何概念的所有權，也絕不會拿來申請專利。

艾科特和莫渠利的看法卻截然不同。「我們最後覺得馮諾伊曼是大聲叫賣別人構想的販子，而高士譚就是他的頭號推銷員，」艾科特說：「馮諾伊曼竊取別人的點子，把（賓州大學）摩爾工程學院的研究成果拿來當成自己的貢獻。」詹寧斯也同意他的說法，她後來感嘆高士譚，「熱心支持馮諾伊曼不正當的聲明，基本上協助

他挾持艾科特、莫渠利和摩爾學院其他組員的成果。」

尤其令莫渠利和艾科特沮喪的是，他們原本試圖為 ENIAC 和 EDVAC 背後的概念申請專利，然而由於馮諾伊曼發表了這份報告，導致這些概念在法律上歸屬於公共領域。莫渠利和艾科特為儲存程式型電腦架構申請專利時，美國陸軍的律師團和法院裁決都認為，在他們申請專利之前，馮諾伊曼的報告已早一步公開發表此概念了。

這些專利權爭議正預示了數位時代的重要問題：我們是否應該自由分享智慧財產，並盡可能讓智慧財產變成開放的公共資源？網路技術的先驅多半都遵循此道，認為如此一來，透過快速傳播觀念並藉由群眾外包加速改善，可以刺激創新。抑或專利權應該受到保護，讓發明家從他們擁有的構想和創新中獲利？電腦硬體製造業、電子業和半導體業大致都遵循這條路徑，因為如此一來，才會有充分的財務誘因和資本投資，來鼓勵創新和承擔風險。在馮諾伊曼成功把關於 EDVAC 的〈報告初稿〉歸屬公共領域後的七十年間，在電腦界，除了少數例外，技術專有化為大勢所趨，2011 年更達到重要里程碑：這一年，蘋果和谷歌（Google）兩大公司的專利訴訟和專利費支出超越了新產品研發費用。

賓州大學團隊雖然已經開始設計 EDVAC，但也急著推動 ENIAC 順利運轉，最後終於在 1945 年秋天達到目標。此時戰爭已經結束，毋需再計算炮彈彈道，不過 ENIAC 在戰後的首樁任務仍然與武器相關。祕密任務來自新墨西哥州的羅沙拉摩斯原子武器實驗室，當時匈牙利裔理論物理學家泰勒提出「超級」氫彈發展計畫，利用原子核分裂來激發核融合反應。為了掌握氫彈的運作方式，科學家必須算出每十萬分之一秒的核融合反應威力有多大。

這個問題原屬高度機密，但由於需要大量計算，他們把大量方程式拿到賓州大學交由 ENIAC 處理。賓大小組需要用大約一百萬張打孔卡來輸入資料，詹寧斯和同事都被叫到放置 ENIAC 的房間，由高士譚指揮她們設定機器。ENIAC 在解方程式的過程中，顯示泰勒的設計有缺陷。波蘭難民及數學家烏蘭（Stanislaw Ulam）後來和泰勒〔以及之後證明為蘇聯間諜的富克斯（Klaus Fuchs）〕一起，根據 ENIAC 的計算結果，修正氫彈的概念，以產生巨大熱核反應。

揭開ENIAC的神祕面紗

在這類祕密任務完成之前，美國一直把 ENIAC 隱藏得很好，直到 1946 年 2 月 15 日，才把 ENIAC 公諸於世。美國陸軍和賓州大學打算在 ENIAC 正式亮相前，先在媒體面前舉行一場公開展示會。高士譚中尉決定展示會的重頭戲是現場讓 ENIAC 表演如何計算砲彈彈道。於是，他在展示會之前兩個星期，邀請詹寧斯和史奈德到家裡作客，阿黛兒忙著倒茶招呼客人，高士譚則問她們有沒有辦法及時為 ENIAC 寫好程式。「當然可以！」詹寧斯掛保證。她興奮極了，這是非常難得的機會，可以親手操作機器。於是她倆開始把記憶體匯流排插接到正確部位，並設置程式托盤（program tray）。

幾個男人都心知肚明，展示會的成敗操在這兩位女子手中。於是，莫渠利在星期六帶著一瓶杏子酒來鼓舞士氣，「那酒還真好喝！」詹寧斯還記得，「從那天開始，我總是在櫥子裡放一瓶杏子酒。」幾天後，工程學院院長也帶著紙袋來探班，裡面有五分之一瓶的威士忌，他對她們說：「繼續加油！」史奈德和詹寧斯都不是愛喝酒的人，但這些禮物仍然達到目的。「這讓我們了解到展示會的重要性，」詹寧斯表示。

展示會前一天恰好是情人節，雖然她倆交遊廣闊，那天卻沒有慶祝活動。「我們和機器一起困在這裡，忙著最後的檢查和修正，」詹寧斯回憶。其中有個難纏的問題，讓她們一直百思不得其解：她們設計的程式能夠完美吐出砲彈彈道的數據，卻不知道什麼時候該停止。即使砲彈應該早已落地，程式仍繼續勤奮的計算彈道，「彷彿有顆假想的砲彈正依著剛剛飛越空中的速度刨穿地面。」詹寧斯形容，「除非我們能解決這個問題，否則這場展示將會像失效的未爆彈一樣，令 ENIAC 發明人和工程師十分難堪。」

記者會前夕，詹寧斯和史奈德加班到很晚，希望解決問題卻徒勞無功。到了午夜時分，住在郊區的史奈德必須趕搭最後一班火車回家。史奈德上床就寢後突然想通了，「我半夜醒來，想到是哪裡出錯了……於是那天早上，我特別搭早班車回辦公室檢查線路。」問題在於，Do 迴路的設定結尾少了一個位數。於是她切換開關，問題迎刃而解。詹寧斯後來讚歎：「史奈德睡著時的邏輯推理比許多人醒著的時候還高明。神智清醒時一直解不開的結，潛意識趁她睡覺時替她解開了。」

在展示會上，ENIAC 只花了十五秒鐘，就吐出一系列彈道計算數據，而人類計算員即使有微分分析儀襄助，仍然要花幾個星期的時間，才能計算完畢。

整場展示會戲劇效果十足。莫渠利與艾科特和其他優秀創新者一樣，很懂得作秀的藝術。ENIAC 累加器中以 10 × 10 格子狀排列的真空管，會從機器面板的孔中冒出頭來，但這些氖燈泡的微弱燈光原本只做為指示燈用，幾乎不太看得見。所以艾科特把乒乓球切成兩半，寫上號碼後套在燈泡上。電腦開始處理資料時，他們把房間裡的燈全部關掉，乒乓球在黑暗中一閃一閃，觀眾看得目瞪口

呆，這幅畫面也成為電影和電視節目的重要素材。「計算彈道的時候，累加器中逐漸算出一些數字，並且把數據從這裡轉到那裡，於是燈泡開始一閃一閃的，彷彿拉斯維加斯的跑馬燈，」詹寧斯說：「我們完成了最初設定的目標，成功的把 ENIAC 程式化了。」這句話值得再說一遍：他們成功的把 ENIAC 程式化了。

這場揭開 ENIAC 神祕面紗的展示會躍上《紐約時報》頭版，標題是：〈電子電腦閃現答案，可能加速工程學發展〉。報導是這樣開頭的：「這是二次大戰的最高機密，一部神奇機器能以前所未見的電子高速，執行艱深繁複、過去無法解決的數學運算，今晚由戰爭部發布。」《紐約時報》在內頁以全版篇幅繼續報導，並刊登莫渠利、艾科特和占滿整個房間的 ENIAC 的照片。莫渠利聲稱，有了這部機器，氣象預報（他最初的興趣）會變得更準確，也能改進飛機和「超音速拋體」的設計。

美聯社的報導則描繪出更宏大的遠景：「這部機器開啟了新的數學運算方式，讓人人都能擁有更美好的生活。」在舉例說明「更美好的生活」時，莫渠利強調有朝一日，拜電腦之賜，或許連麵包的成本都會因此下降。他沒有進一步解釋箇中緣由，但事實上，在電腦推波助瀾下，後來的確衍生了無數這類例證。

和愛達很類似，後來詹寧斯抱怨報紙不但在報導中稱 ENIAC 為「巨腦」，還暗示這部機器能夠思考，過度渲染了 ENIAC 的本事。「ENIAC 絕對和人類大腦不同，」她堅持：「它沒有推理能力，但能提供人們更多推理時需要的數據。」

詹寧斯還有其他私人抱怨：「展示會結束後，就沒有人理睬我和史奈德，我們完全被遺忘了。簡直就像我們原本在一部有趣的電影中扮演要角，但情勢急轉直下。我們先是忙了兩個星期，累得像狗

一樣，也交出驚人的成果，然後突然編劇筆鋒一轉，我們就沒戲唱了。」那天晚上，眾人在賓州大學的休士頓廳舉行燭光晚宴慶祝，科學大師、高級將領和曾經參與 ENIAC 計畫的工作人員全都匯聚一堂，卻不見詹寧斯、史奈德和其他女性程式設計師的身影。「沒有人邀請我們，」詹寧斯說：「我們感到非常震驚。」在 2 月這個酷寒的夜晚，在男人和高官忙著慶功的當兒，詹寧斯和史奈德只得孤伶伶踏上歸途。

大選之夜的明星

莫渠利和艾科特協助發明了 ENIAC，但他們一心想取得專利權並從中獲利，卻為賓州大學帶來困擾，因為當時賓大還沒有建立明確的智慧財產權分配政策。於是，賓大雖然准許莫渠利和艾科特申請 ENIAC 專利，卻堅持賓大必須取得免費技術授權，並有權把 ENIAC 設計的各部分技術轉授權出去。由於雙方對於究竟誰才擁有 EDVAC 創新技術的專利，一直無法達成共識，其中牽涉到許多複雜的爭議，結果莫渠利和艾科特在 1946 年 3 月底離開賓州大學。

兩人一起在費城創辦了艾科特－莫渠利電腦公司，率先把電腦運算從學術領域推向商業化。〔1950 年，雷明頓蘭德公司買下艾科特－莫渠利電腦公司和他們即將取得的專利，雷明頓蘭德公司後來改名為斯佩里蘭德公司，之後又變成優利系統（Unisys）。〕他們打造的其中一部機器是 UNIVAC，購買的客戶包括美國人口普查局和奇異公司（General Electric）等。

美國 CBS 電視網在 1952 年的總統大選之夜，讓 UNIVAC 登上舞台，一閃一閃的燈泡加上好萊塢式的氛圍，使得 UNIVAC 一炮而紅。年輕主播克朗凱（Walter Cronkite）當時還曾質疑這部巨大的

機器會有多大能耐，哪比得上深具專業素養的 CBS 記者，但他也同意，對電視觀眾而言，這幅畫面真是娛樂效果十足。莫渠利和艾科特徵召賓州大學的統計學者，設計了一個程式來比較過去總統大選中某些樣本選區的初期票數與最終選舉結果。於是，在美國東岸晚間八點半，當全美大部分選區的票數尚未統計完畢之時，UNIVAC 已經以 100：1 的確定性預測艾森豪會輕鬆獲勝，擊敗對手史蒂文森（Adlai Stevenson）。CBS 最初並沒有發布 UNIVAC 的預測，克朗凱告訴電視機前面的觀眾，電腦尚未得出結論。不過等到開票結果證實艾森豪輕鬆獲勝後，克朗凱派出記者柯林伍德（Charles Collingwood）在螢光幕上坦承，當晚 UNIVAC 其實早已做此預測，只是 CBS 沒有發布罷了。UNIVAC 從此名氣響噹噹，成為大選之夜固定登場的要角。

雖然艾科特和莫渠利沒有邀請賓州大學的女性程式設計師參加 ENIAC 慶功晚宴，但他們並沒有忘記這群老同事。他們網羅了史奈德，她後來成為程式設計領域的拓荒者，協助開發了 COBOL 和 Fortran 等程式語言。詹寧斯則嫁給姓巴提克的工程師，全名變成吉恩·詹寧斯·巴提克。莫渠利也想延攬麥克納提來上班，不過在妻子因意外溺水過世後，莫渠利轉而娶麥克納提為妻。他們有五個子女，她也持續協助設計 UNIVAC 的軟體。

莫渠利也網羅了這群娘子軍的大姐大霍普。「他願意讓別人嘗試，」有人問霍普是怎麼被說服加入莫渠利－艾科特電腦公司的，她說：「他鼓勵創新。」到了 1952 年，霍普已經開發出全世界第一套切實可用的編譯器 A-0 系統，能把符號式的數學碼轉換成機器語言，讓一般人更容易撰寫程式。

霍普像經驗老到的水手，喜歡全體動員，群策群力，她把編譯

器的最初版本寄給程式設計界的朋友和熟人，請他們協助改進，促進了開放原始碼式的創新。她在領導開發 COBOL 語言（第一個跨平台的標準化電腦商用語言）時，也採取同樣的開放式開發流程。她直覺認為，程式設計應該與機器無關，正反映出她重視合作的態度。她認為，即使機器都應該合作無間，這也顯示她很早就了解電腦時代的關鍵事實：硬體會變成大眾化的商品，程式設計才是真正的價值所在。然而在比爾・蓋茲崛起前，大多數男性都缺乏霍普的洞見。*

馮諾伊曼十分鄙視艾科特－莫渠利唯利是圖的作風。「艾科特和莫渠利是商業團體，有他們的商業專利政策，」他向朋友抱怨：「不管和他們直接合作或間接合作，都不能像和學界合作時那麼開放。」但儘管說得正義凜然，馮諾伊曼自己也免不了拿構想來賺錢。他在 1945 年和 IBM 協商了一份私人顧問合約，從此他發明的任何技術，IBM 都擁有權利。這份協議完全具備法律效力，卻激怒了莫渠利與艾科特。「他從後門把我們所有的構想賣給 IBM，」艾科特抱怨：「他言行不一，說一套，做一套，不值得信任。」

莫渠利與艾科特求去後，賓州大學很快就喪失了創新中心的地位。馮諾伊曼也離開了，回到普林斯頓高等研究院，還帶走一批人才，包括高士譚夫婦及勃克斯（Arthur Burks）這樣的重要工程師。「或許組織和人一樣，也會感到疲乏，」高士譚後來回顧賓州大學在電腦界的沒落時這樣表示。當時的學者把電腦當成研究工具，而不是學術研究的主題。沒有幾位教授體悟到，電腦科學日後會演變為比電機工程還重要的學門。

雖然人才大批出走，賓大仍然設法在電腦發展史上再度扮演要角。1946 年 7 月，電腦領域的大多數專家 —— 包括長期不和的馮

諾伊曼、高士譚、莫渠利等人，都回到賓大，參加「摩爾學院講座」的系列演講和研討會，傳播電腦運算知識。為期八週的系列演講吸引了艾肯、史提必茲，還有曼徹斯特大學的量子化學家哈特里（Douglas Hartree）、劍橋大學的統計學家威爾克斯（Maurice Wilkes）等人參與，主要重點在討論如果要實現圖靈的通用電腦願景，採用儲存程式型電腦非常重要。結果，莫渠利、艾科特、馮諾伊曼和其他專家在賓大共同發展出來的設計概念，為未來大多數電腦奠定了穩固的基石。

各領風騷

1948 年夏天幾乎同時建造完成的兩部機器，共同分享了第一部儲存程式型電腦的光環。一部是 ENIAC 的最新版本。馮諾伊曼、高士譚與工程師梅卓波利斯（Nick Metropolis）及克利平格（Richard Clippinger）想了個法子，用三個 ENIAC 函數表來儲存一套基本指令集。過去工程師曾用這些函數表來儲存關於砲彈阻力的數據，但由於這部機器已經不再用來計算彈道表，因此可以把記憶空間用在其他用途上。和過去一樣，實際的程式設計工作主要由女性完成，包括高士譚的妻子阿黛兒、馮諾伊曼的妻子克萊拉，以及詹寧斯。「我再度和阿黛兒及其他人共事，一起開發將 ENIAC 轉變為儲存程式型電腦所需要的原始版本程式碼，用函數表來儲存編碼指令，」詹寧斯回憶。

重新改造後的 ENIAC 在 1948 年 4 月開始運轉，新版 ENIAC 採用唯讀記憶體，換句話說，很難在機器運轉時修改程式。除此之

---

* 1967年，60歲的霍普在屆齡退伍後，又受美國海軍召回並賦予重任——設法把COBOL的使用標準化，以及驗證COBOL編譯器。美國國會還為此投票，特准她超過退休年齡後仍繼續服役。她後來晉升為海軍少將。1986年8月，霍普在79高齡時終於退伍，當時她是美國年紀最長的海軍軍官。

馮諾伊曼（1903-57），攝於1954年。

高士譚（1913-2004），約攝於1944年。

艾科特（中）與克朗凱（右）關注UNIVAC對1952年大選的選戰預測。

外，這部機器的汞延遲線記憶體反應遲鈍，需要精密工程調整。英國曼徹斯特大學的小機器則因為從一開始就設計為儲存程式型電腦，因此避開這兩大缺陷，這部機器名叫「曼徹斯特寶貝」，在 1948 年 6 月開始運轉。

曼徹斯特大學計算實驗室主持人是圖靈的老師紐曼，打造新電腦的相關工作主要由威廉斯（Frederic Calland Williams）和吉爾伯恩（Thomas Kilburn）完成。威廉斯發明的儲存機制採用陰極射線管，機器運轉起來比採用汞延遲線的更快速簡單。由於這部機器運作情況良好，後來又開發出威力更強大的曼徹斯特馬克一號，也在 1949 年 4 月開始運轉。而威爾克斯和劍橋大學的團隊也在 5 月打造完成 EDSAC（電子離散順序自動計算機）。

在英美團隊加緊開發這類機器時，圖靈也嘗試開發儲存程式型電腦。圖靈離開布萊切利園之後，加入倫敦聲望崇隆的學術機構 —— 英國國家物理實驗室。為了向巴貝奇設計的兩部機器致敬，他為自己設計的電腦取名為「自動計算機」（Automatic Computing Engine, ACE），但開發 ACE 的進度時斷時續，到了 1948 年，圖靈已經受不了如此緩慢的步調，他一心想超越機器學習和人工智慧的極限，同事卻顯得興趣缺缺，令他心灰意冷，於是圖靈決定轉換跑道，到曼徹斯特大學加入紐曼的團隊。

同樣的，1946 年馮諾伊曼在普林斯頓高等研究院安頓下來之後，立刻開始開發儲存程式型電腦，喬治・戴森曾在著作《圖靈的大教堂》（*Turing's Cathedral*）中詳細描述這段過程。儘管高研院其他學者抨擊打造計算機器的計畫有損高研院的聲譽，因為成立高研院的初衷是做為理論思考的搖籃，但院長欸迪樓（Frank Aydelotte）和最具影響力的學者兼董事維布倫都大力支持馮諾伊曼，幫他抵擋

批評聲浪，這部電腦後來被稱為「IAS 機器」*。「他公開聲稱自己最感興趣的是研究黑板、粉筆或紙筆之外的其他數學工具，顯然把高研院精於抽象思考的數學家嚇壞了，」馮諾伊曼的妻子克萊拉回憶：「在高研院的神聖殿堂中打造電子計算機的提議，起碼可以說，在當時沒有得到什麼掌聲。」

馮諾伊曼的研究小組藏身於哥德爾祕書棄之不用的辦公室。他們在 1946 年發表論文，詳細說明他們的設計，並把論文寄給美國國會圖書館和專利局，但不是為了申請專利，而是附上宣誓書，聲明他們希望研究成果為社會大眾所共享。

他們的機器在 1952 年開始運轉，只是等到馮諾伊曼離開高研院、到華盛頓加入原子能委員會之後，機器就逐漸無人理會。「不管對普林斯頓或科學整體發展而言，電腦小組無以為繼都是一場大災難，」喬治·戴森的父親、高研院物理學家佛里曼·戴森（Freeman Dyson）表示：「因此在至關重要的 1950 年代，沒有任何學術重鎮能把不同領域的電腦人才匯聚在一起，從事最高智識水準的交流。」反之，從 1950 年代起，企業成為計算領域的創新重鎮，由費倫蒂（Ferranti）、IBM、雷明頓蘭德和漢威聯合等公司引領風騷。

因此我們要回頭來探討專利權保護的問題。假如當初馮諾伊曼和他的團隊繼續引領創新，並與大眾分享創新成果，這樣的開放原始碼發展模式，會不會加速電腦科技的進步？抑或創造智慧財產帶來的市場競爭和金錢報酬更能刺激創新？就網路和某些軟體形式而言，開放模式的效果比較好。但如果是電腦和微晶片等硬體，情況又不同，在 1950 年代，專利制度能提供更好的創新誘因。尤其對電腦科技的發展而言，專利制度效果較佳的原因在於，大型工業組織

比較善於管理這類機器的研發、生產和行銷，而他們需要籌募營運資金。除此之外，以往硬體一直比軟體容易申請到專利，這情況直到 1990 年代中期才改變。[†]不過，為硬體創新提供專利權保護有個缺點：如此催生出來的企業容易變得太過閉關自守，自我防衛，以致於在 1970 年代初錯失了參與個人電腦革命的大好機會。

機器懂得思考嗎？

在思考儲存程式型電腦時，圖靈想到百年前的愛達在關於巴貝奇分析機的〈譯者評注〉中提出的主張：機器缺乏真正的思考能力。圖靈問：如果機器能根據所處理的資訊，自行修改程式，算不算某種形式的學習？這樣一來，是否形成人工智慧？

自古以來，人工智慧和相關的人類意識問題，一直引發種種爭議。和大多數這類問題一樣，笛卡兒總是能以現代詞彙協助大家界定問題。他在 1637 年出版的《談談方法》(*Discourse on the Method*)中提出著名的主張，笛卡兒寫道：

假使有些機器外觀和我們相似，又會模仿我們的行為，而且盡可能模仿得很像，我們應該仍有兩個很確定的方式，可以辨識它們並非真正的人類。第一是……無法想像這樣的機器會懂得排列文字，針對在它面前說的任何事情，給予中肯而有義意的回答。

＊譯注：IAS是高等研究院的英文縮寫。

†美國憲法授權國會「保障作者及發明家於限定期間內享有作品及發明物的專利權，以促進科學及藝文發展」。在1970年代，如果申請專利的技術與現有技術的差別只是使用了新的軟體演算法，美國專利與商標局基本上都不會核准專利。到了1980年代，由於上訴法庭和最高法院的裁決時相牴觸，審核標準變得渾沌不明。到了1990年代中期，美國政策開始改變，華盛頓巡迴法院發布了一系列裁決，准許能產生「有用、具體、實質成果」的軟體取得專利，而且柯林頓總統任命的專利局長曾經是軟體出版業的主要說客。

其次，即使有些機器或許能把一些事情做得和我們一樣好或甚至更好，但不可避免的，它們仍會搞砸一些事情，並因此顯示它們並非經由理解而行動。

圖靈一直很想了解電腦如何複製人類大腦運作方式，他對解密機的研究進一步強化了他的好奇心。1943 年初，正當布萊切利園團隊加緊設計 Colossus 電腦時，圖靈遠渡大西洋，造訪位於下曼哈頓的貝爾實驗室，向研究電子語音加密技術的小組討教如何以電子方式，把電話通話內容加密和解碼。

他在貝爾實驗室見到有趣的天才夏農。1937 年，夏農還在 MIT當研究生時，曾發表著名的碩士論文，在文中說明如何以電子電路執行布耳代數，把邏輯命題轉換為方程式。於是，圖靈和夏農經常利用午茶時間長談。兩人都對腦科學深感興趣，也都明白兩人在1937 年發表的論文有一些基本的共通點：都說明了以簡單二進位指令操作的機器，不但能處理數學問題，也能處理所有的邏輯問題。由於邏輯是人類大腦推論的基礎，所以理論上，機器應該有辦法複製人類智能。

「夏農不只想餵（機器）數據，還想餵它文化！」圖靈與貝爾實驗室的同僚共進午餐時曾表示：「他希望播放音樂給機器聽！」另外一次在貝爾實驗室的餐廳用餐時，圖靈高聲說：「不，我沒興趣開發威力強大的腦。我只不過想開發一個平凡的腦，差不多像 AT&T 總裁那樣的大腦就行了。」餐廳裡所有主管幾乎都聽到他高亢的聲音。

圖靈在 1943 年 4 月回到布萊切利園之後，和名叫米奇（Donald Michie）的同事結為好友，兩人經常在晚上到附近的酒館下棋。他們聊到有沒有可能設計出懂得下西洋棋的電腦，而圖靈解決問題的

方式不是設法利用電腦強大的資訊處理能力,來計算棋局的每一步,而聚焦於機器或許能經由反覆練習,學會下西洋棋。換句話說,每次輸贏都可能促使機器嘗試不同的開局法或調整策略。如果成功的話,圖靈的方法將是令愛達瞠目結舌的根本突破:機器不但能遵從人類的指令,還能從經驗中學習,改進自己的指令。

「過去大家總說計算機只能根據指令,執行工作,」圖靈在 1947 年 2 月對倫敦數學學會演講時指出:「但我們真的需要一直以這種方式使用機器嗎?」接著,他開始探討能自行修正指令表的新儲存程式型電腦代表的意義。「就好像徒弟向師父學習一樣,只不過加上更多自己的努力。我覺得等到發生這樣的情況時,我們必須視之為機器開始展現智能。」

演講結束後,台下一片靜默,大家聽到圖靈的說法,都目瞪口呆。而圖靈執意打造思考機器,同樣令英國國家物理實驗室的同事十分困惑。實驗室主任查爾斯‧達爾文爵士(Charles Darwin,為演化生物學家達爾文的孫子)1947 年寫信給上司時指出,圖靈「想進一步把他對機器的研究擴及生物層面」,以回答以下問題:「人類能否打造出懂得從經驗中學習的機器?」

「有朝一日,機器或許能像人類一樣思考」,圖靈令人不安的念頭引發憤怒的反對聲浪。教會的反對和一些(無論在內容或語氣上的)情緒化反應,都是意料中事。「除非機器能根據自己的思想和感受的情緒,寫出十四行詩或協奏曲,而不是聽從碰巧落下的符號指揮,我們才能認同機器等同於大腦的說法,」1949 年,著名腦外科醫生傑弗遜(Geoffrey Jefferson)爵士在發表崇高的「李斯特演說」(Lister Oration)時如此指出。倫敦《泰晤士報》記者採訪圖靈時,圖靈就這個問題給了一個雖不太莊重、卻頗為巧妙的回答:「這

樣的比較或許有些不公平,因為機器更懂得欣賞其他機器寫的十四行詩。」

模仿遊戲

因此,1950 年 10 月,圖靈在《心智》(*Mind*)期刊發表了第二篇重要論述〈計算機器與智能〉時,在論文中設計了所謂的「圖靈測試」。圖靈一開始先明確聲明:「我提議大家思考以下問題:『機器能不能思考?』」他像個愛玩的孩子般發明了一個遊戲(直到現在還有人玩這個遊戲,並為之爭辯不休),賦予上述問題實證的意義。他為人工智慧提出了純粹操作型定義:假如我們分辨不出機器的產出和人類大腦思考的結果有何不同,那麼就沒有理由堅持機器不會「思考」。

圖靈稱為「模仿遊戲」的測試其實很簡單:提問者會事先寫好問題,然後對不同房間的人與機器提問,再根據他們的回答辨認哪個房間裡的答題者是人,不是機器。他寫道,以下是題目範例:

問:請以福斯橋為題,寫一首十四行詩。

答:別指望我。我從來都不懂寫詩。

問:34,957 加 70,764 等於多少?

答:(停頓 30 秒後,給的答案是)105,621。

問:你會下西洋棋嗎?

答:會。

問:我的棋子 K 在 K1 位置上,此外沒有其他棋子了。你只有 K6 位置上的棋子 K 和 R1 位置上的棋子 R。輪到你走,你要怎麼下這一步?

答：（停頓 15 秒後）棋子 R 走到 R8，將軍。

在這段對話範例中，圖靈做了幾件事。仔細檢查後發現，答題者在計算了三十秒後，仍犯了個小錯誤（正確答案是 105,721）。這樣就足以證明答題者是人嗎？也許吧。不過，也說不定是機器在處心積慮假扮人類。傑弗遜的反對意見（機器不會寫十四行詩）也遭圖靈輕鬆反駁：上面的答案說不定是人類答題者在承認自己的不足。圖靈後來在論文中，以下列提問內容說明：以能否創作十四行詩為標準，來判斷答題者究竟是人或機器，其實不是那麼容易：

問：你的十四行詩在第一行說「你好比夏日」，那麼用
　　「春天」來形容也一樣嗎，還是會更好？
答：這樣不合詩的韻律。
問：那假如用「冬日」呢，這樣就能押韻了。
答：對，可是沒有人想被比擬為冬日。
問：你覺得皮克威克先生會讓你想起聖誕節嗎？
答：或多或少吧。
問：可是聖誕節的時候正逢冬天，我認為皮克威克先生不
　　會介意這樣的比喻。
答：你不是當真吧。「冬日」的意思是指典型的冬天，而
　　不是像聖誕節這樣的特殊節日。

圖靈的觀點是，或許我們根本無從判斷答題者究竟是真人，或只不過是機器在假扮人。

究竟電腦能否在這場模仿遊戲中勝出，圖靈的猜測是：「我相信

大約要到五十年後,人類才有能力設計出電腦程式……讓電腦玩模仿遊戲的功力高強到,一般人質問電腦五分鐘後,能正確判斷的機率低於七成。」

圖靈也試圖在論文中為他所定義的思考提出辯駁。神學界的異議著眼於,世間萬物中,上帝只賦予人類靈魂和思考能力;圖靈則加以駁斥,認為他們的觀點「暗自為無所不能的上帝設下嚴重限制」。他問道,只要上帝「認為適當」,祂能否「自由賦予大象靈魂」?假設如此,那麼依照相同的邏輯(諷刺的是,這樣的邏輯居然出自沒有宗教信仰的圖靈),只要上帝想這麼做,祂自然可以讓機器也擁有靈魂。

最有趣的反對意見(尤其對本書而言),則是愛達的看法。「分析機不會聲稱自己創造了任何東西,」她在 1843 年寫道:「它可以執行任何我們懂得命令它做的事情,但它沒有能力預言任何分析關係或真相。」換句話說,機械裝置和人類心智不同的是,機器沒有自由意志,也無法採取主動,只能依照設定的程式執行任務。圖靈則在 1950 年發表的論文中,特別撥一些篇幅來討論「勒夫雷思夫人的反對意見」。

針對愛達的反對意見,圖靈最有創意的反駁是辯稱:機器或許有能力透過學習而開始產生主體性,有能力創造新的思維。「與其試圖設計程式來模擬成人心智,何不乾脆製造出能模擬孩童的程式?」他問:「透過適當的教育,或許可讓它擁有成年人的腦力。」他承認,機器的學習過程和孩童不一樣。「比方說,機器沒有腳,所以你不能叫他到屋外鏟煤,把桶子裝滿。機器可能也沒有眼睛……你不能送機器去上學,因為其他孩子會拚命取笑它。」所以,必須想其他法子來教育機器寶寶。圖靈建議利用獎勵和懲罰機

制，引導機器重複某些行為和避免某些行為，最後機器自然會發展出一套自己的判斷方式。

但圖靈的批評者指出，即使機器真能模擬人類思考，仍然不具備真正的意識。當參與圖靈測試的人類使用文字時，會把文字連結到真實世界代表的意義、情感、經驗和知覺，機器則不然。然而如果缺乏這樣的連結，語言就完全脫離意義，只是一場遊戲。

對圖靈測驗最歷久不衰的挑戰，正是由這類反對意見引發的：1980 年，哲學家瑟爾（John Searle）提議進行一項名為「中文房間」的想像實驗。進行實驗時，房間裡有個人只會講英語，對中文一竅不通，他拿到一本完整的中文指南，教他在面對任何中文字組合時，如何依照規則形成新的中文字組合，然後把答案遞出房間。只要教學手冊寫得夠完整，這個人或許能讓提問者信以為真，以為他真的懂中文。儘管如此，他完全不了解自己的答案究竟在說什麼，也沒有展現任何意圖。套用愛達的說法，他完全說不上有任何原創力，只不過聽命行事罷了。同樣的，無論圖靈模仿遊戲中的機器能多麼逼真的模仿人類反應，機器仍然不了解、也無法意識到自己在說什麼。所以，說機器懂得「思考」，就好像說那個照著中文指南依樣畫葫蘆的人懂中文一樣。

針對於瑟爾的觀點，反對者辯稱，即使這人並非真的懂中文，中文房間裡的整套系統，包括這個人（處理單位）、中文指南（程式）和充滿中文字的檔案（資料），加總起來可能真的理解中文。這很難有定論。的確，圖靈測驗和反駁圖靈測驗的論點，迄今仍是認知科學領域最火熱的爭辯主題。

圖靈在完成〈計算機器與智能〉幾年後，似乎十分樂於參與這場他挑起的爭論。對於那些一味嘮叨著十四行詩和意識問題的批

評者,他以反諷式的幽默挑撥他們:「有朝一日,女士會帶著電腦在公園裡散步,互相閒聊著:『今天早上,我的電腦說的事情好好笑!』」他在 1951 年如此戲謔的說。他的老師紐曼後來指出:「他說明自己的想法時,會用種種好笑但聰明的比喻,和他聊天十分愉快!」

有別於機器,性慾和情感欲望在人類思考中扮演的角色,是許多人和圖靈討論時一再提及的題目,而且不久之後就引發悲劇性的回響。1952 年 1 月,BBC 在電視上播出圖靈與腦外科醫師傑弗遜的辯論,這場辯論會由紐曼和科學哲學家布瑞斯維特(Richard Braithwaite)一起主持。「人類的興趣大體上是由欲望、渴求、衝動和本能所決定,」布瑞斯維特指出。他認為,要創造出真正能思考的機器,「似乎必須讓機器擁有相當於欲望的東西。」紐曼插話指出,機器的「欲望很有限,感到尷尬時也不會臉紅。」傑弗遜更進一步,不斷拿「性衝動」為例,提及「人類與性相關的情感和本能」。他說,男人飽受「性衝動」所苦,「有時可能讓自己出醜」。他大談性慾如何影響人類思考,以致於 BBC 不得不剪掉一部分內容之後才播出,包括他提到除非親眼見到機器去摸另一部女性機器的大腿,否則他不相信機器也能思考。

圖靈當時仍小心隱瞞自己的同性戀傾向,在討論到這部分時,一直沉默不語。這個節目在 1952 年 1 月 10 日播出,而圖靈在辯論會錄影前幾個星期忙的事情可說充滿人性,遠非機器所能理解。由於剛完成一篇科學論文,圖靈在他寫的短篇故事中談到他打算如何慶祝:「事實上,他孤家寡人好一段時間了,自從去年夏天在巴黎遇見那個大兵以來,就一直無人作伴。既然論文已經完成,或許他理當找個同志作伴,而他很清楚到哪兒可以找到適當人選。」

圖靈在曼徹斯特的牛津街上，挑上了工人階級出身的十九歲流浪漢默瑞（Arnold Murray），兩人開始交往。錄完影回來，他邀請默瑞搬到他家。一天晚上，圖靈告訴年輕的默瑞，他曾經幻想和一部兇惡的電腦對弈，而他因為成功引發電腦展現怒氣、開心和自以為是，而擊敗電腦。接下來一段時間，兩人的關係變得愈來愈複雜，有一天晚上，圖靈回家時發現家裡曾遭竊賊闖入，犯案者是默瑞的朋友。圖靈向警方報案時，透露自己和默瑞的性關係，於是警方以猥褻罪名逮捕圖靈。

這個案子在 1952 年 3 月審判，圖靈當庭認罪，但說自己並不後悔。紐曼出庭擔任品格證人。圖靈被定罪並剝奪參與機密計畫的資格 *，同時還面臨兩個選擇：入獄服刑，還是接受荷爾蒙治療以獲得緩刑，藉由注射合成雌激素抑制性慾，彷彿他是化學藥物控制的機器。圖靈選擇後者，忍受了一年的荷爾蒙治療。

圖靈起初從容面對打擊，後來卻在 1954 年 6 月 7 日，吃下沾了氰化物的蘋果自殺。他的朋友指出，〈白雪公主〉故事中，邪惡王后把蘋果浸在毒藥中的畫面，一直很令他著迷。圖靈被發現時躺在床上，口吐白沫，體內有氰化物反應，身旁有一顆咬了一半的蘋果。

機器會做出這樣的事情嗎？

---

* 圖靈死後多年，在2013年聖誕節，英國女王伊莉莎白二世正式向圖靈道歉。

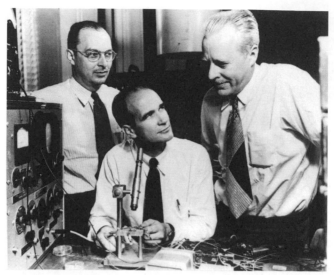

由左而右分別是，巴丁（1908-91）、蕭克利（1910-89），以及布拉頓（1902-87），三位電晶體的發明人，在1948年攝於貝爾實驗室。

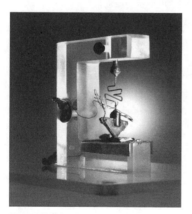

貝爾實驗室做出的全世界第一枚電晶體。

蕭克利（坐在主位者）贏得諾貝爾獎當天，接受同事舉杯道賀。摩爾坐在蕭克利左邊，諾宜斯是後方中央站立舉杯者。攝於1956年。

04

電晶體

電腦雖然誕生，卻沒能立刻掀起巨浪、啟動革命，原因是最初的電腦仍需仰賴昂貴、脆弱又耗電的巨大真空管來運作，成本十分高昂，唯有企業、研究型大學和軍方才負擔得起。真正的數位時代（電子裝置滲透到生活的每個層面）其實要等到 1947 年 12 月 16 日午後才發端。當天在美國新澤西州默里丘（Murray Hill）的貝爾實驗室，兩位科學家用小條金箔、一小片半導體材料和扭曲的迴紋針，把他們的巧妙設計組裝成功，只要把幾個東西擺弄到正確位置，就可以放大電流，也可以把電流開開關關。新裝置很快命名為「電晶體」，就好比蒸汽機啟動工業革命，電晶體也對數位時代帶來重大衝擊。

電晶體誕生後，各種創新發明紛至沓來，新科技能夠把數百萬個電晶體蝕刻在小小的微晶片上，換句話說，比 ENIAC 強大數千倍的資訊處理能力，從此可藏身於火箭鼻錐、筆記型電腦、掌上型計算機和音樂播放器，以及能和網路世界任何節點交流資訊或共享娛樂的手持裝置之中。

三位對科技懷抱強烈熱情的工作伙伴（他們的個性既互補，也相互衝突）後來都名垂千史，被譽為電晶體的發明人，這三人是技巧熟練的實驗高手布拉頓（Walter Brattain）、量子理論學家巴丁（John Bardeen），以及三人之中最熱情執著（後來因此成為悲劇人物）的固態物理學家蕭克利（William Shockley）。

但是，這齣戲裡還有一個要角，重要性和任何發明家不相上下：三人所任職的貝爾實驗室。電晶體的發明並非單憑少數天才天馬行空的想像，而是綜合了各種不同才能後的成果。由於電晶體的本質使然，研究小組必須結合對量子現象有敏銳直覺的材料科學家、善於在矽中摻入雜質的專家，以及熟練的實驗高手、工業化學家、製造專家和靈巧的工匠。

貝爾實驗室——創新的搖籃

1907 年，美國電話電報公司（AT&T）面臨嚴重危機。由於創辦人貝爾擁有的專利過期，AT&T 有可能喪失長期以來在美國電話服務業近乎壟斷的地位。董事會只得召回已退休的前總裁維爾（Theodore Vail）力挽狂瀾，維爾決定讓 AT&T 戮力追求大膽的目標，以重振雄風。於是，AT&T 承諾建造連結紐約與舊金山的電話系統。但必須結合工程技術和純科學的突破，才能因應這個艱巨挑戰。結果，AT&T 運用真空管和其他新科技打造出中繼器和放大器，在 1915 年 1 月達成目標。在撥打第一通橫跨美洲大陸的電話時，見證歷史性時刻的人除了維爾和威爾遜總統之外，還有貝爾本人。貝爾重複了他三十九年前說過的名句：「華生先生，請過來一下，我有事找你。」而這一回，遠在舊金山的前助理華生回答：「我得花一個星期的時間才到得了呢！」

一個新型工業組織的種子就此播下，之後成為了貝爾實驗室。貝爾實驗室最初座落於紐約市曼哈頓區格林威治村的西邊，俯瞰哈德遜河，理論家、材料科學家、冶金專家、工程師，甚至爬電線桿的 AT&T 維修工人，都匯聚於此。史提必茲在這裡開發出使用電磁繼電器的電腦，夏農也在這裡研究資訊理論。正如同全錄的帕洛奧圖研究中心（PARC）及隨後出現的許多企業研究中心，我們從貝爾實驗室的發展看到，不同領域的優秀人才匯聚一堂，經常一起開會或不時巧遇，往往能激發持續的創新。這是好的一面。壞處則是，大公司往往出現龐大的官僚體系；貝爾實驗室和全錄的 PARC 都讓我們看到，如果缺乏熱情的領導人和能把創新變成偉大產品的反骨員工，工業組織將面臨什麼樣的局限。

貝爾實驗室真空管部門的主管名叫凱利（Mervin Kelly），是個能幹的密蘇里人，凱利最初在密蘇里礦業學院研習冶金，後來成為芝加哥大學教授密立坎（Robert Millikan）的門生，並獲得物理博士學位。雖然他設計的水冷卻系統提高了真空管的可靠性，但他也明白，真空管絕對不可能成為高效率的放大器和開關。1936 年，凱利被拔擢為貝爾實驗室的研究主任，首要之務就是設法找出替代方案。

凱利的偉大洞見在於，貝爾實驗室過去雖然是實務工程的技術重鎮，但也應聚焦於原本屬於大學範疇的基礎研究和理論研究。於是，他開始積極獵才，網羅美國最出色的年輕物理學博士，希望把創新變成組織的常態，而不是袖手旁觀，只靠古怪的天才躲在車庫和閣樓裡獨自鑽研。

「貝爾實驗室開始思考發明的關鍵究竟繫於個人天分，還是仰賴團隊合作，」歷史學家葛特納（Jon Gertner）在關於貝爾實驗室的著作《創意工廠》（*The Idea Factory*）中寫道。答案是兩者皆是。

「必須透過許多不同領域科學家的努力，匯聚各種不同的天分才華，才能把所有必要的研究，導向某種新裝置的開發，」蕭克利後來解釋。他說的沒錯，而且他這麼說時，也展露出罕見的謙遜。蕭克利一向堅信，像他這樣的天才實在太重要了。即使凱利後來轉而重視合作，他也深深明白個人才華的重要性。「儘管我們必須強調領導、組織和團隊合作，個人依然最重要，」凱利曾經表示：「創造性的構想和概念要先從個人腦中萌芽。」

　　無論對貝爾實驗室或對數位時代整體而言，創新的關鍵都在於，必須了解培養個別天才和提倡團隊合作並不衝突，不是非此即彼的零和遊戲。的確，在數位時代，兩種方式可以並行不悖。有創意的天才（莫渠利、蕭克利、賈伯斯等）想到的創新構想，必須仰賴和他們緊密合作的工程師（艾科特、布拉頓、沃茲尼克等）把概念變成新發明。然後技術專才和創業家組成團隊，合力把新發明變成實際產品。像這樣的生態系統如果缺了一角，偉大的概念很可能淪為泡影，最後只能塵封在歷史中，愛荷華州立大學的阿塔納索夫或在倫敦自家後院小棚子裡的巴貝奇，情況就是如此。偉大的團隊如果缺乏高瞻遠矚、滿懷熱情的夢想家，創新的火花也會慢慢熄滅，例如莫渠利和艾科特離開後的賓大團隊、馮諾伊曼求去後的普林斯頓、或蕭克利離開後的貝爾實驗室。

　　對當時的貝爾實驗室而言，固態物理學（研究電子如何在固態物質中流動的科學）變得愈來愈重要，因此必須設法讓理論家和工程師攜手合作。1930 年代，貝爾實驗室的工程師開始試驗像矽這樣的材料（矽僅次於氧，是地殼中分布最廣的物質，也是沙的主要成分），研究能否拿矽來做成電子元件。貝爾實驗室的理論家則在同

一棟建築物中，努力鑽研晦澀難解的量子力學。

量子力學是以丹麥物理學家波耳（Niels Bohr）和其他學者對原子內部運作方式提出的理論為基礎。1913年，波耳提出原子結構的模型，在他的模型中，電子是在特定的能階軌道上環繞原子核旋轉。電子可能產生量子躍遷，從一個能階跳到另一個能階，但絕不會處於兩個能階狀態之間。元素的化學和電子特性，包括導電性，是由外層軌道上的電子個數來決定的。

有些元素（例如銅）的導電性佳。有些元素（例如硫）的導電性極差，因此是很好的絕緣體。還有一些元素介於兩者之間，例如矽和鍺，這些元素就是所謂的「半導體」。我們很容易就可以把半導體變成更好的導體。比方說，如果你在矽中摻雜微量的砷或硼，那麼矽原子裡的電子就比較能自由游走。

量子理論有所突破時，貝爾實驗室的冶金專家正設法運用新的純化技術、化學方法與配方，結合稀有礦物質和一般礦物質，創造出新材料。他們試驗各種方法，試圖解決日常生活中碰到的種種問題，例如真空管燈絲很快就燒壞了，或電話筒振動膜發出的聲音太刺耳。比方說，他們會混合出新合金，或開發冷卻、加熱合金的新方式，以提高合金的性能。他們有如在廚房中烹調的廚師，透過不斷嘗試和修正，帶動材料科學革命，與當時量子力學領域爆發的理論革命攜手並進。

貝爾實驗室的冶金專家忙著用矽和鍺樣本做實驗時，化學工程師意外找到證據，可以證實理論家一向以來的推測。*顯然理論家、工程師和冶金專家都可以從彼此學到很多。所以，貝爾實驗室

---

* 比方說，工程師和理論家發現，如果矽（外層軌道有四個電子）摻雜了磷或砷（外層軌道有五個電子），就會出現一個多餘電子，成為帶負電的載體，稱為n型半導體。如果矽摻雜硼（外層軌道有三個電子），就會缺一個電子，原本電子停留的位置會出現一個「洞」，因此帶有正電，成為p型半導體。

在 1936 年成立了固態讀書小組，成員涵蓋了實務界和理論界的厲害人物。他們每星期都挑一個傍晚聚會，先分享各自的心得和發現，然後稍微打打嘴砲，接著才展開一直延續到深夜的非正式討論。大家共聚一堂、面對面討論的效果，顯然遠勝於只是閱讀彼此的論文：經過熱烈討論後，拋出的想法可以提升到更高層次，就好像電子偶爾掙脫束縛後，會迸發連鎖反應一樣。

讀書小組中有一位成員特別突出，他名叫蕭克利，剛好在讀書小組成立時加入貝爾實驗室，他過人的才智和強烈的熱情令其他組員印象深刻，有時候甚至把他們嚇壞了。

設法取代真空管的蕭克利

蕭克利從小就喜歡藝術，也熱愛科學。他的父親年輕時在 MIT 攻讀礦業工程，在紐約修習音樂，還曾漫遊歐亞兩大洲，從事探險活動及開礦，在期間學會七種語言。他的母親就讀史丹佛大學時主修數學及藝術，是最早獨自成功攻頂惠特尼峰的登山者之一。兩人相識於內華達州的托諾帕（Tonopah）採礦村，父親在當地爭取採礦權，母親則做調查工作。兩人婚後搬到倫敦定居，並在 1910 年生下蕭克利。

小蕭克利是家中獨子，雙親非常感恩有這個兒子。即使還在襁褓中，小蕭克利的壞脾氣已經展露無遺，發怒時大哭大鬧，久久不止，因此歷任保母都待不久，父母也被迫頻頻搬家。他的父親曾在日誌中形容兒子：「高聲尖叫，把身體前後搖晃，」還記錄兒子曾經「幾度對著媽媽重重咬下去」。小蕭克利非常頑固，無論什麼事情都得順他的意。雙親後來決定豎白旗投降，不再試圖管教他，而且八歲以前都讓他在家裡自學，由父母親自教導。這時候，他的父母已

經搬到帕洛奧圖市，離媽媽的娘家近一些。

蕭克利的父母深信孩子是天才，因此曾送他去接受特曼*的測試。當時特曼已經設計出史丹佛－比奈智力測驗（Stanford-Binet IQ test），並計劃針對天才兒童進行研究。年幼的蕭克利測驗出來的智商接近 130，雖然相當高，卻還稱不上特曼所定義的神童。蕭克利後來對智力測驗十分著迷，他會用智力測驗來評估求職者甚至同事，還發展出一套關於種族和天分的惡毒理論，讓晚年蒙上汙點。或許他應該從自己的人生經驗，體悟到智力測驗的局限。

雖然童年時期沒有通過天才兒童的認證，但蕭克利已經夠聰明了，所以在中學連連跳級，從加州理工學院畢業後，更申請到 MIT 攻讀固態物理學博士學位。年輕的蕭克利思路敏捷、創意十足，而且有強烈的企圖心。他喜歡變魔術和惡作劇，但從來不是隨和友善的人。他從小就才智過人，自我意識強烈，因此很難相處，等到他出人頭地後更是變本加厲。

1936 年，蕭克利拿到 MIT 的博士學位後，凱利特地從貝爾實驗室遠赴 MIT 面談蕭克利，並當場提供他工作機會。凱利給蕭克利的任務是：想辦法設計出更穩定、堅固和便宜的新裝置來取代真空管。三年後，蕭克利認為如果利用矽之類的固態材料，取代燈泡中發亮的燈絲，說不定能解決問題。1939 年 12 月 29 日，蕭克利在實驗室日誌中寫下：「今天我突然想到，放大器如果採用半導體而不是真空管，基本上或許行得通。」

就好像編舞家能在腦中勾勒出舞蹈律動，蕭克利也能把量子理論描繪的電子運動具象化。同事說，蕭克利眼睛盯著半導體材料看時，能見到裡面的電子。不過，正如同莫渠利需要艾科特的協助，

---

* 特曼（Lewis Terman）的兒子佛瑞德·特曼（Fred Terman）後來成為史丹佛大學知名的工程學院院長和教務長。本書在181頁起提到的特曼，都是指佛瑞德·特曼。

蕭克利還需找到一位技巧熟練的實驗高手拍檔，才能把藝術家的直覺轉化為真正的發明。這裡是貝爾實驗室，人才濟濟，尤其是脾氣火爆的西部人布拉頓，他喜歡用氧化銅之類半導體化合物做出精巧的新裝置。比方說，他做的整流器能把交流電變成直流電，因為電流在通過銅片與氧化銅層的界面時，只會朝單一方向流動。

布拉頓在華盛頓州東部鄉下的偏僻牧場長大，年少時經常幫家裡趕牛放牧。他有一副破鑼嗓子加上不加修飾的質樸作風，有一股老愛自我解嘲的自信牛仔調調。布拉頓的手很巧，是天生的工匠，喜歡設計實驗。「他可以用封蠟和迴紋針把東西組合起來，」曾經與他在貝爾實驗室共事的工程師回憶。但他也懂得取巧，不會一味埋頭苦幹、反覆嘗試。

在思考如何用固態物質取代真空管時，蕭克利的構想是把柵極植入氧化銅層中。布拉頓卻持疑，他笑著告訴蕭克利，他早已試過這個方法了，從未成功產生放大效果。但蕭克利不信邪，仍不斷催促他：「這件事實在太重要了。」布拉頓終於表示：「只要你說清楚想怎麼做，我會試試看。」但不出布拉頓所料，這個方法沒能奏效。

蕭克利和布拉頓還來不及弄清楚實驗為何失敗，第二次世界大戰就來攪局。蕭克利只好放下貝爾實驗室的工作，成為美國海軍反潛艇小組的研究主任。他曾經發展出分析深水炸彈爆炸深度的技術，提升盟軍攻擊德軍潛艇的戰果，後來還飛到歐洲及亞洲，協助B-29 轟炸機群使用雷達。布拉頓也離開貝爾實驗室，到華府為海軍開發潛艇偵測技術，尤其是空中磁性裝置。

固態小組的粉筆會談

在蕭克利和布拉頓離去的這段時間，戰爭逐漸改變貝爾實驗室

的面貌。貝爾實驗室開始在政府、研究型大學和私人企業的三角關係中扮演要角。歷史學家葛特納指出：「珍珠港事變後那幾年，貝爾實驗室承接了將近一千個不同的軍方專案 —— 從開發坦克無線電裝置，到設計出戴氧氣罩的飛行員可用的通訊系統，或研究能在機密訊息中加入亂碼的加密機，簡直無所不包。」貝爾實驗室的員工人數加倍成長，達到九千人左右。

由於曼哈頓總部已經容納不下這麼多人，貝爾實驗室把大部分人員及設施都遷移到新澤西州默里丘占地兩百畝的新基地。凱利和同事希望新家感覺像大學校園，但又不要像大學那樣，把不同科系分隔在不同系館。他們知道，偶然的交會往往能擦撞出創意的火花。一位主管寫道：「所有建築都相互連結，以避免各部門只在固定的地理範圍內活動，並以此鼓勵大家自由交流，密切聯繫。」他們刻意把走廊設計得特別長，超過了兩個足球場加起來的長度，以促進不同專業、各擁才華的優秀人才偶遇的機會。七十年後，賈伯斯在設計蘋果公司的新總部時，也複製了相同的理念。

任何人只要在貝爾實驗室走一圈，都可能不斷接觸到各種偶發的創意，像太陽能電池般吸收龐大的能量。舉止怪誕的資訊理論大師夏農有時會騎著獨輪車，在長廊的紅磨石子地板上來回穿梭，手裡一邊拋著三顆球，一邊和同事點頭致意。* 從某個角度而言，同時拋接幾顆球的畫面，也對貝爾實驗室走廊上的騷動氣氛，形成古怪的隱喻。

1941 年 11 月，布拉頓接到戰時召集令，他在離開曼哈頓的貝爾實驗室之前，在編號 18194 的本子記下最後一筆實驗日誌。將近四年後，他在默里丘的新實驗室中，拿起同一本日誌，開始新的工作

---

* 夏農甚至造了拋球機器，可見短片於https://www.2.bc.edu/~lewbel/shortsha.mov。

紀錄，他寫下：「戰爭已經結束。」凱利指派布拉頓和蕭克利參加的研究小組，成立宗旨是「統合固態領域的理論與實驗工作」，他們的任務則一如戰前：開發能取代真空管的半導體元件。

布拉頓看到凱利發布的固態研究小組名單後，讚歎裡面真是人才濟濟，看不到庸才。他記得自己驚呼：「天哪！小組裡沒有半個痞子！」過了一會兒才開始擔心，「也許我才是小組裡的痞子。」後來他聲稱：「這可能是有史以來最傑出的研究團隊。」

蕭克利是小組中主要的理論大師，由於他身兼小組領導人（他的辦公室在另一層樓），他們決定引進另外一位理論家，並看中說話輕聲細語的量子物理專家巴丁。巴丁從小就是神童，曾經跳級三次。他在普林斯頓大學撰寫博士論文時，接受維格納（Eugene Wigner）的指導，而且二次大戰期間巴丁在海軍軍械實驗室服役時，曾和愛因斯坦討論魚雷設計。關於如何運用量子理論來了解物質導電特性，他是全世界數一數二的專家，根據同事的描述，他「他不管和理論家或實驗家，都能合作愉快。」

最初巴丁沒有自己的辦公室，只能棲身於布拉頓的實驗室。結果這個聰明的選擇再度驗證，近距離的接觸能激發龐大的創新能量。當理論家和實驗家比鄰而坐時，他們時時刻刻都能面對面腦力激盪，討論各種想法。

布拉頓十分健談，總是滔滔不絕，巴丁卻很安靜，因此有個綽號：「說悄悄話的約翰」（Whispering John）。想要聽懂巴丁究竟在咕噥什麼，得傾身靠近他，不過這樣做總是很值得。巴丁喜歡沉思，行事審慎，不像蕭克利思路敏捷，各種理論和主張時常脫口而出。

他們相互交流激盪，產生諸多洞見。「從實驗概念發想到結果

分析，實驗家和理論家在研究的各階段都密切合作，」巴丁表示。他們幾乎每天都召開臨時會議，見面討論，會議通常都由蕭克利發起，大家逐漸培養起心有靈犀的默契和創造力。「我們常常一時興起，就開會討論重要步驟，」布拉頓說：「討論會中許多人都有一些想法，往往一個人說了什麼，就啟發其他人想到別的點子。」

大家漸漸稱這些會議為「黑板會議」或「粉筆會談」，因為蕭克利往往拿著粉筆站在黑板前面，草草寫下他的想法。性急的布拉頓則在會議室後面來回踱步，偶爾高聲反駁蕭克利的論點，有時候還拿出一美元，打賭這樣一定行不通。蕭克利不喜歡輸的感覺。「有一次他竟然給我十個一毛硬幣，我這才發現，我把他惹惱了，」布拉頓回憶。他們的好交情還延伸到社交生活上，大家常常一起打高爾夫球，到一家叫斯納非（Snuffy's）的餐館喝啤酒，還夫妻搭檔打橋牌。

電晶體誕生

有了貝爾實驗室的新團隊，蕭克利重拾五年前的理論，研究如何用固態物質取代真空管。他判斷，假如半導體材料旁邊有強烈的電場，電場會把某些電子吸引到半導體片的表面，並讓電流穿過半導體片。這樣一來，或許就能讓半導體用非常小的訊號來控制較大的訊號。以極低功率的電流為輸入電流，控制（或開關）較高功率的輸出電流。如此半導體就和真空管一樣，能做為放大器或電路開關。

像這樣的「場效應」有個小問題：蕭克利測試理論時（他的團隊用一千伏特的電壓為金屬板充電，然後讓它離半導體表面只有一毫米）卻發現行不通。「沒有可觀測到的電流變化，」他在實驗日

誌中寫下。他後來表示這「頗離奇」。

釐清理論失敗的原因，才能知道改進的方向，所以蕭克利請巴丁設法找出原因。他倆耗費無數小時討論所謂的「表面態」（surface state）── 物質表面原子層的電子特性和量子力學描述。五個月後，巴丁有了自己的看法，他寫在黑板上與布拉頓分享。

巴丁領悟到，半導體帶電之後，電子會困在表層，無法自由移動，而形成了屏障，即使相隔一毫米之外有強烈電場，都無法穿透壁壘。「新增的電子陷在表面態中，無法移動，」蕭克利指出：「事實上，表面態保護半導體內部不受帶正電荷的控制板影響。」

研究小組現在有個新任務：設法打破半導體表面形成的屏障。「我們把焦點放在與巴丁的表面態相關的新實驗，」蕭克利解釋。他們必須突破壁壘，才能讓半導體發揮調節、開關和放大電流的功能。

次年的進度十分緩慢，但到了 1947 年 11 月，突然出現一連串突破，大家後來稱之為「奇蹟之月」。巴丁採用的方法是以「光伏效應」理論為基礎，光伏效應是指不同材料相互接觸的界面，會因為受到光照而產生電壓。他推測在過程中，可能會迫使某些形成屏障的電子開始移動。和巴丁並肩作戰的布拉頓則設計了一連串聰明的實驗，測試各種做法。

過了一陣子，幸運之神意外眷顧。布拉頓在保溫瓶中進行某些實驗，以測試不同溫度下的反應。但矽表面凝結的水氣會干擾實驗結果，要解決這個問題，最好的辦法是把整套實驗器材置於真空中，但這要耗費很大的工夫。「基本上，我是懶惰的物理學家，」布拉頓坦承：「所以我想到一個辦法，把整套器材浸在介電液中。」他把保溫瓶灌滿水，這是避免水氣凝結的簡單方法。他和巴丁在 11 月 17 日做實驗，發現效果奇佳。

那天是星期一，接下來幾天，各種理論概念和實驗構想紛紛冒出。到了星期五，巴丁已經想出毋須把實驗器材浸在水裡的做法。他提議，只需把一小塊尖銳金屬戳進矽片，並且在接觸點滴下一滴水或一點點凝膠就可以了。布拉頓反應熱烈的說：「好啊，咱們就動手吧！」但其中有個困難，不能讓金屬接點碰到水滴，不過鬼才布拉頓靈機一動，用一點點封蠟解決了問題。他找到一塊矽板，在上面滴了一滴水，然後用蠟包覆金屬線造成絕緣，再讓金屬線穿過水滴，刺進矽板。成功了，這個方法真的可以放大電流，至少可以稍微放大。有了這個「點接觸」裝置，電晶體於焉誕生。

理論家與實驗家四手聯彈

第二天星期六的早晨，巴丁仍然進辦公室，在實驗日誌上記錄實驗結果：「這些實驗明確證明，在半導體中置入電極或柵極來控制電流，的確是有可能的。」他甚至連星期天都進辦公室，往常他都會特別把這一天空下來打高爾夫球。他們也決定差不多是時候了，應該打電話通知蕭克利。過去幾個星期以來，蕭克利一直被其他事情絆住。接下來兩個星期，蕭克利不時就會進實驗室，提供一些建議，不過主要仍放手讓這對動力二人組快馬加鞭進行。

兩人在布拉頓的實驗室中比鄰而坐，巴丁會靜靜提出各種想法，布拉頓則興致勃勃展開實驗。有時實驗進行到一半，巴丁會拿布拉頓的實驗日誌來記錄。他們忙著試驗各種不同的設計（用鍺代替矽、用漆取代蠟、用金來當接觸點等），不知不覺就過了感恩節。

進行研究時，通常都是由巴丁的理論發想帶動布拉頓的實驗設計，但有時候也會倒過來：出乎意料之外的實驗結果催生出新理論。在一次針對鍺的實驗中，電流的方向和他們的預期恰好相反，

但電流卻放大了三百倍以上，放大效果超越以往的紀錄。結果正應驗了物理學界老掉牙的笑話：他們很清楚這個方法切實可行，但有沒有辦法在理論上也說得通呢？巴丁很快找到理論上的解答：負電壓會驅趕電子，導致「電洞」增加（當電子離開原來的位子產生空洞時，就會出現電洞）。一旦出現電洞，就會吸引電子流動。

還有一個問題：新方法無法放大較高頻率的訊號，其中包括可聽聲，如此一來就無法應用在電話上。巴丁推論，原因在於水滴或電解液會導致反應變遲鈍。所以他臨時想了幾個不同的設計，其中一個方法是讓戳進鍺板的金屬尖端離產生電場的金板只有一點點距離。結果，這個方法果然成功放大電壓（至少有稍微放大），而且對高頻率訊號也依然管用。巴丁再度為意外的結果提供理論：「實驗顯示，電洞從金點流入鍺表面。」

巴丁和巴拉頓就像在進行相互應和的四手聯彈，持續激盪出無窮創意。他們明白，要增強放大作用，最好的辦法是在鍺表面有兩個非常靠近的點接觸。根據巴丁的計算，兩個點接觸之間的距離應該小於二千分之一英寸。即使對布拉頓而言，這都是一大挑戰。但他想到一個聰明辦法，把金箔黏在如箭頭般的小小楔形塑膠塊上，然後用刮鬍刀在塑膠塊頂端的金箔上割一條細縫，形成兩個非常接近的點接觸。布拉頓回憶：「我總共只做了這些事。我小心翼翼用刮鬍刀切開電路，把它連上彈簧，然後壓在同一片鍺上。」

布拉頓和巴丁在 1947 年 12 月 16 日星期二下午開始測試這個方法，結果產生了驚人的效果：這精巧的裝置成功了。「我發現只要我能把它擺弄得恰到好處，就能產生一百倍的放大效果，甚至到達音頻的範圍。」當晚在回家的路上，健談的布拉頓告訴同車的同事，他剛完成「這輩子最重要的實驗」，然後要大家發誓守口如

瓶，不能對外透露一個字。巴丁則一如往常惜字如金。不過下班回家後，他竟一反常態，告訴太太當天在辦公室發生了什麼事，但只說了一句話。巴丁太太在廚房水槽邊忙著削胡蘿蔔皮時，巴丁嘴裡咕噥著：「我們今天有重要的發現。」

的確，電晶體是二十世紀最重要的發明之一，由理論家和實驗家如共生關係般並肩合作完成。過程中，理論推演和實驗結果不斷在第一時間反覆激盪。新發明誕生的重要關鍵在於，兩人都浸淫在貝爾實驗室的特殊環境中：長廊上迎面而來的可能是懂得操弄鍺中雜質的專家；參加研究小組討論時，許多人都能從量子力學的角度來解釋表面態；吃午餐時，鄰座工程師恰好熟知長途電話訊號傳輸的種種竅門。

接下來那個星期二，也就是 12 月 23 日，蕭克利安排兩人跟半導體小組的其他同事及貝爾實驗室幾位主管展示成果。主管戴上耳機，輪流對著麥克風講話，親耳聽到經由簡單固態裝置放大的人聲。這是關鍵時刻，理應和當年貝爾對電話筒吼出的最初幾個字相互輝映。但後來沒有人記得在那個重要的下午，他們究竟對著新發明說了什麼。歷史只記下實驗日誌中布拉頓輕描淡寫的幾句話：「透過把裝置併入及離開電路，可以清楚聽到聲音變大。」巴丁的紀錄更是平鋪直敘：「把兩個金電極放在特別準備的鍺表面，能放大電壓。」

不想再被拋在後頭

蕭克利雖然在巴丁那本有歷史意義的實驗紀錄上簽名作證，卻沒有在上面登錄任何內容。他顯然因此懊惱不已，原本他應該為團隊的成功感到驕傲，但強烈的好勝心掩蓋了一切。「我覺得很矛

盾，」他後來承認：「由於我不是發明者之一，沖淡了我對團隊成功應有的欣喜。我很挫折，因為我從八年前就開始不斷努力，卻沒能在發明上產生重大的個人貢獻。」內心的惡魔不斷折磨他，從此蕭克利和布拉頓及巴丁再也當不成朋友，他拚命宣稱自己對新發明的貢獻和他們不相上下，而且積極研發蕭克利版的更佳設計。

聖誕節過後不久，蕭克利就搭火車到芝加哥參加兩場研討會，但其實他大半時間都待在俾斯麥斯飯店的房間裡，修改自己的發明。除夕夜，樓下舞廳熱鬧滾滾，蕭克利卻在房間裡振筆疾書，在方格紙上寫了七頁注記。1948 年的元旦，蕭克利一早醒來又繼續埋首寫了十三頁，然後以航空郵件把二十頁注記寄回去給貝爾實驗室的同事，要他把這些注記黏貼在蕭克利的實驗室日誌上，並要巴丁簽名作證。

這時候，凱利已經指派貝爾實驗室的律師盡快為新發明申請專利。此地不像當年愛荷華州那樣缺乏專人來處理相關事務。蕭克利從芝加哥回到辦公室後，發現律師已和巴丁及布拉頓商議此事，感到非常沮喪。他把兩人分別叫進辦公室，說明為何他應該得到、甚至獨享主要功勞。布拉頓回憶：「他認為可以從場效應著手，把整個東西寫成一項專利。」巴丁照例保持沉默，雖然事情過後，他的確喃喃抱怨了幾句。布拉頓就沒那麼客氣了，他大吼：「喔！真是活見鬼！蕭克利，這件事帶來的榮耀，足以讓每個人雨露均霑！」

蕭克利迫使貝爾實驗室的律師根據他最初的洞見（關於場效應如何影響半導體中的電流），申請一項範圍廣泛的專利。但律師深入研究後發現，有一位沒沒無聞的物理學家李林菲德（Julius Lilienfeld）曾提議利用場效應來打造新裝置（雖然從未實現），並在 1930 年成功申請到專利。所以他們決定縮小範圍，單單為半導體的

點接觸技術申請專利，而且就這項特殊應用技術而言，申請表格上只會登錄巴丁和布拉頓為發明人。律師分別詢問兩人，兩人都說這項技術是他們共同努力的成果，彼此的貢獻不相上下。蕭克利勃然大怒，因為最重要的專利申請竟然把他排除在外。貝爾實驗室的主管試圖粉飾太平，要求所有公開發布的照片和新聞稿都必須把三人涵蓋在內。

接下來幾個星期，蕭克利愈來愈感倉皇不安，甚至嚴重到夜裡難以入眠。「想在這個顯然非常重要的發展上，扮演更重要的個人角色，而非只是管理角色」的強烈動機，驅動了他所謂的「思考的決心」。他在夜裡來回踱步，苦思更好的設計方式。1948 年 1 月 23日，在展示巴丁－布拉頓新發明一個月後，蕭克利一早醒來有了新領悟，終於知道如何把芝加哥之旅的種種思考串連起來。於是，他開始在餐桌上振筆疾書。

蕭克利概念中包含的半導體放大器新設計，比巴丁和布拉頓拼湊出來的新發明更加穩定。蕭克利想到的新方法不必把金點戳入鍺板，而是比較簡單，看起來像三明治的「接面」方式。三明治結構的上下兩層都是摻了雜質的鍺板，因此會有多餘的電子，兩層中間夾著一層有電洞（短缺電子）的薄薄鍺片。有多餘電子的上下兩層稱為「n 型」鍺，n 代表「負」（negative）；短缺電子的中間層則稱為「p 型」，p 代表「正」（positive）。每一層都連接電線，可以調整電壓。中間層是可調整的壁壘，可藉由改變電壓來調節上下兩層間流動的電子流。

根據蕭克利的記載，只要在壁壘上施加小量正電壓，就會「讓電子流以指數方式激增」。中間 p 層的電壓愈強，就愈能把外側一個n 層的電子吸到另一個 n 層。換句話說，這個三明治結構可以在數十

億分之一秒的極短瞬間,放大或關閉半導體內部流動的電流。

蕭克利在自己的實驗室日誌中做了一點注記,但長達一個月的時間,他都沒有向任何人透露一點風聲。他後來承認:「在好勝心驅使下,我想要自己有一些重要的電晶體發明。」直到2月中旬,一位貝爾實驗室科學家向大家報告他做的相關研究時,蕭克利才告訴同事他的想法。蕭克利還記得,那位科學家提到的發現正好為接面裝置提供很好的理論基礎,他聽了大吃一驚,因為他心知肚明,觀眾席上一定有人可以推演出接下來該怎麼做,而那人很可能就是巴丁。蕭克利指出:「從此大家很容易就會想到,可以用 p-n 接面來取代金屬點接觸,進一步發明出接面電晶體。」因此蕭克利趁巴丁及其他人還未及提出類似概念時,趕緊跳上講台,說明他正在研究的新設計。他後來寫道:「這一回,我不想再被拋在後頭了。」

巴丁和布拉頓嚇了一大跳。他們十分沮喪,因為蕭克利一直把他們瞞在鼓裡,甚至不惜違反貝爾實驗室重視分享的文化。不過他們也不得不嘆服蕭克利的方法蘊含的單純之美。

律師為兩種方法都提出專利申請後,貝爾實驗室的高層覺得差不多是公開發表新發明的時候了,但得先為它取個名字。他們在內部曾把它稱為「半導體三極管」和「表面態放大器」,但是就一項驚天動地的重要發明而言,這些名字都不是那麼琅琅上口、容易記住。有一天,有個叫皮爾斯(John Pierce)的同事信步走進布拉頓的辦公室,皮爾斯不但是優秀的工程師,文字造詣也十分深厚,平日還會以科普林(J. J. Coupling)為筆名創作科幻小說。他的名言包括:「老天爺痛恨真空管」和「在瘋狂成長多年後,計算領域似乎來到嬰兒期」。布拉頓一看到他就大嚷:「我正好要找你!」並

問他該怎麼命名才好。皮爾斯想了一會兒，就提出建議：由於新發明有「跨阻」（transresistance）的特性，而且名字應該和熱阻體（thermistor）或變阻體（varistor）等裝置的名稱類似，所以他提議取名為「transistor」。布拉頓驚呼：「這就對了！」新名字還需要經過其他工程師正式投票，不過和其他五個名字相較之下，「transistor」（電晶體）輕而易舉脫穎而出。

1948 年 6 月 30 日，曼哈頓西街貝爾實驗室的舊大樓禮堂擠滿了媒體記者。發表會由一身暗色西裝、打著鮮豔領結的貝爾實驗室研究主任包恩（Ralph Bown）主持，主角則是蕭克利、巴丁和布拉頓三人小組。包恩強調這項發明是結合了團隊合作和個人才華的成果：「今天大家愈來愈體認到，科學研究必須仰賴群體努力或團隊合作……今天呈現在各位面前的，正是結合團隊合作和卓越的個人貢獻，加上充分發揮產業界基礎研究高度價值的最佳例證。」這段話正準確描繪出數位時代成功創新的不二法門。

《紐約時報》把這則報導埋藏在報紙的第 46 頁，是「廣播新聞」專欄的最後一則訊息，前一則短訊是有關即將播出的風琴演奏會。《時代》雜誌卻以這則專題報導為科學版的主打文章，標題是「小小腦細胞」。貝爾實驗室規定，公開發布的每一張照片都不能只有巴丁和布拉頓，必須把蕭克利也包含在內。最著名的照片是三人一起現身於布拉頓的實驗室。就在攝影師即將按下快門的瞬間，蕭克利突然坐到布拉頓的座位上，彷彿那是他的座椅和顯微鏡，而成為整張照片的焦點。多年後，巴丁描述布拉頓十分沮喪，久久無法釋懷，且對蕭克利非常不滿：「布拉頓恨透了這張照片……那是他的設備，也是我們的實驗，根本和蕭克利毫不相干。」

膽識過人的海格提

　　貝爾實驗室是創新的大熔爐，除了發明電晶體之外，還率先開
發電腦電路、雷射技術和蜂巢式電話。不過，談到如何從發明中獲
利，貝爾實驗室就不是那麼在行了。由於母公司 AT&T 在電話服務
業享有壟斷地位，是受管制的公司，因此不是特別熱中於開發新產
品，美國法律也限制 AT&T 利用獨占事業的優勢進入其他市場。為
了避免引起大眾批評，也不想受到反托拉斯訴訟，貝爾實驗室願意
把專利授權給其他公司。任何公司如果想要生產電晶體，只需付出
二萬五千美元，就可取得專利授權，貝爾實驗室甚至還會舉辦研習
會，詳細說明電晶體生產技術。

　　雖然授權政策如此寬鬆，有一家剛起步的小公司想取得授權，
仍遭遇重重困難：這家公司位於達拉斯，原本是石油探勘公司，轉
型後改名為德州儀器（Texas Instrument）公司。當時的執行副總裁
海格提（Pat Haggerty）後來成為德州儀器公司領導人，他曾經在海
軍航空局服役，認為電子學將改變我們生活的每個層面。當他聽到
電晶體誕生的消息後，認為德州儀器必須設法利用新發明。德州儀
器勇於自我改造，作風和大企業很不一樣。但海格提還記得當時貝
爾實驗室的人員「顯然覺得很好笑，我們居然臉皮這麼厚，以為自
己可以發展出充分的能力，在這個領域和其他公司一爭高下。」至
少剛開始的時候，貝爾實驗室根本拒絕授權給德州儀器公司。他們
告訴德州儀器：「你們不適合這個行業，我們不認為你們做得來。」

　　1952 年春天，海格提終於說服貝爾實驗室授權德州儀器生產電
晶體。他也向貝爾實驗室挖角，延攬化學家提爾（Gordon Teal）來
為他做事。提爾是操弄鍺的專家，但加入德州儀器時，他的興趣已

轉移到矽，矽是蘊藏量更豐富的元素，在高溫下的效能也更佳。到了 1954 年 5 月，提爾已經有辦法運用蕭克利開發的 n-p-n 接面架構來製造矽電晶體。

當月他在研討會發表演說時，宣讀了一篇厚達三十一頁的論文，聽眾正昏昏欲睡時，提爾突然宣布：「我的同業告訴各位，矽電晶體前景黯淡，但他們說錯了，現在我口袋裡就有幾個矽電晶體。」接著，他把連接到電唱機的鍺電晶體浸在一杯熱油裡，電唱機立刻啞口無聲，然後改換成矽電晶體後同樣浸在熱油中，而電唱機繼續播放爵士歌手亞提・蕭（Artie Shaw）以嘶吼的嗓音唱著「Summit Ridge Drive」的歌聲。提爾後來表示：「研討會結束前，震驚的聽眾爭相索取論文影本，而我們恰好帶了一些去。」

創新通常有幾個不同階段。就電晶體的例子而言，先是蕭克利、巴丁和布拉頓催生新發明；接著提爾之類的工程師接手開發新的生產技術；最後同樣重要的是，設法開拓新市場的企業家登場。在創新流程的第三階段，提爾膽識過人的老闆海格提正是個豐富多彩的案例。

海格提和賈伯斯一樣，有辦法讓「現實扭曲力場」發威，習慣逼迫部屬達成不可能的任務。1954 年，德州儀器以每顆 16 美元的價格，出售電晶體給美國軍方。但為了打入消費者市場，海格提堅持工程師必須設法降低生產成本，才能把每顆電晶體的價格壓低到 3 美元以下。工程師果真辦到了。海格提也像賈伯斯一樣，有一種特殊本事，能夠在消費者還渾然不覺時，看出他們需要什麼裝置，而且新發明很快就變得不可或缺。就電晶體的例子而言，海格提最初想到的點子是開發可以放在口袋中的袖珍型收音機。他試圖

說服 RCA 和其他製造桌上型收音機的大公司投資新產品，他們卻指出：消費者不需要口袋型收音機。

但海格提深知，開拓新市場遠比一味追逐舊市場重要多了。於是他說服印第安納波利斯市一家製造電視天線放大器的小公司和他合作，大量生產後來取名為 Regency TR-1 的收音機。兩家公司在 1954 年 6 月簽約，海格提堅持新產品必須在 1954 年 11 月之前上市，後來果真辦到了。

只有索引卡大小的 Regency 收音機採用四顆電晶體，售價為49.95 美元。由於當時俄國人已經擁有原子彈，所以最初有一個行銷訴求是把電晶體收音機定位為安全裝置。第一本使用者指南宣稱：「萬一敵軍來襲，你的 Regency TR-1 會變成最重要的資產。」但電晶體收音機很快就變成消費者渴求、青少年著迷的熱門商品。Rengency 收音機如 iPod 般的塑膠外殼有四種顏色可以選擇：黑色、象牙色、橘紅色和雲灰色。收音機在一年內熱銷十萬台，是史上最暢銷的新產品之一。

突然間，人人都曉得電晶體是什麼。IBM 執行長華生（Thomas Watson Jr.）買了一百台 Regency 收音機送給高階主管，叫他們好好研究怎麼把電晶體用在電腦上。

更根本的影響是，電晶體收音機成為第一個凸顯數位時代特色的重要範例：科技進步會驅使電子裝置日益個人化。收音機不再是擺在客廳裡、讓大家共同使用的電器，而變成了個人裝置，你隨時隨地都可用來聆聽自己愛聽的音樂（包括父母不准你聽的音樂）。

的確，電晶體收音機問世和搖滾樂興起之間，有奇妙的共生關係。貓王艾維斯‧普里斯萊（Elvis Presley）的首張唱片《That's All Right》和電晶體收音機差不多同時上市。充滿叛逆精神的新音樂讓

每個孩子都想要一台收音機。大家可以帶著電晶體收音機去海灘玩樂或躲到地下室，大人既聽不見、也管不著，無形中促進了新音樂的蓬勃發展。電晶體的共同發明人布拉頓常常半開玩笑感嘆：「關於電晶體，我唯一的遺憾是它用在搖滾樂上。」飛鳥樂團（The Byrds）主唱羅傑‧麥桂恩（Roger McGuinn）還記得 1955 年他十三歲時，收到的生日禮物就是一台電晶體收音機。「我拿來聽貓王的音樂，」他回憶：「我的人生從此改變。」

　　大家（尤其年輕人）對電子科技的觀感開始轉變。電子科技不再是只有大企業和軍方涉足的領域，也能促進個體性、個人自由、創造力，甚至帶著點叛逆精神。

做一番驚天動地的大事

　　成功的團隊不免面臨一個問題：有時會關係破裂。要凝聚這樣的團隊，必須發揮特殊領導力 —— 領導人必須既懂得鼓舞人心，也能培育人才，雖鼓勵競爭，也重視合作。蕭克利卻不是這樣的領導人。恰好相反，當他自顧自的開發接面式電晶體時，等於和自己的同事競爭，還把大家都瞞在鼓裡。卓越的團隊領導人必須懂得打破階層，激發團隊精神，而這正是蕭克利的弱點。他行事專斷，經常打擊士氣。布拉頓和巴丁的偉大發明之所以誕生，是因為當時蕭克利只提供了少許建議，沒對他們指手畫腳，管東管西。但之後蕭克利變得更加蠻橫自大。

　　巴丁和布拉頓週末會相約打高爾夫球，互相傾吐對蕭克利的不滿。有一度，布拉頓覺得應該讓貝爾實驗室總裁凱利了解實情。他問巴丁：「你會打電話給他嗎？還是你希望我來打這通電話？」這份差事自然落在口才辨給的布拉頓頭上。

　　他和凱利挑了個下午碰面，兩人在蕭特山市郊凱利家中的書房暢談。布拉頓大吐苦水，描述蕭克利是多麼糟糕的主管和同事，凱利卻顧左右而言他。「所以最後我沒怎麼思索就脫口而出，說我和巴丁很清楚蕭克利是在什麼時候發明 PNP（接面式）電晶體的，」布拉頓回憶。換句話說，他在不經意間隱隱威脅凱利，公司在申請接面式電晶體的專利時，把蕭克利列為某些概念的發明人，但有些概念其實源自於布拉頓和巴丁的研究。「凱利很清楚，假如有朝一日，巴丁或我因為專利訴訟而需要出庭作證時，我們都會據實以告，不會撒謊。於是，凱利的態度完全改變。從此以後，我在實驗室的地位稍有改善。」巴丁和布拉頓不需再向蕭克利報告了。

　　但新的安排仍不足以安撫巴丁。當時巴丁的研究重心已經從半導體轉移到超導理論。他決定接受伊利諾大學的教職。「我所有的困擾都是從發明電晶體之後才開始的，」巴丁寫信給凱利表達辭意時表示：「在那之前，這裡的研究風氣非常好……然而電晶體發明後，蕭克利先是不讓任何組員研究這個問題。總之，他大半時候都只是利用我們來開發他自己的構想。」

　　巴丁辭職和布拉頓訴苦都動搖了蕭克利在貝爾實驗室的地位。由於他個性尖刻易怒，自然升遷無望。蕭克利曾向凱利投訴，甚至向 AT&T 總裁告狀，但都沒有用。「去他的！」蕭克利告訴同事：「我要自己出去創業，我可以藉機賺進幾百萬。順便說一下，我會在加州以外的地方創業。」凱利知道蕭克利的計畫後，並沒有試圖攔阻。恰好相反，「我跟他說，假如他自認可以賺到一百萬，那就放手去賺吧！」凱利甚至打電話給洛克菲勒（Laurence Rockeffeller），建議他為蕭克利的創業計畫提供金援。

　　1954 年，蕭克利經歷職涯轉折時，正好也面臨中年危機。原本

他一直在協助妻子對抗卵巢癌,卻在妻子病情好轉時移情別戀,交了女友。蕭克利後來和女友結婚,並向貝爾實驗室請了長假。這是典型的中年危機,他甚至還買了一輛跑車,綠色捷豹 XK120 雙人座敞篷車。

蕭克利到加州理工學院當了一學期客座教授,還擔任華府的美國陸軍武器系統評估小組的顧問,不過他大半時間都為了新事業遍訪美國各地,拜訪科技公司,以及惠利特(William Hewlett)和藍德(Edwin Land)之類的成功創業家。他在給女友的信中表示:「我想我會嘗試籌募一些資金,開創自己的事業。說到底,比起其他大多數人,我顯然更聰明、更有活力,也更了解人性。」從他 1954 年的日誌中可以看到他努力探索自己的目標。「不受上司賞識,意味著什麼?」他一度寫道。和許多傳記主人翁一樣,蕭克利一輩子都努力達到已逝父親的期望。在思考如何籌組新公司,讓電晶體變得無所不在時,蕭克利寫道:「做一番驚天動地的大事,讓爸爸感到驕傲。」

做一番驚天動地的大事!蕭克利的確做到了,儘管在商業上不算成功,他即將建立的公司讓原本以杏樹果園聞名的縱谷,搖身一變為點矽成金的矽谷。

蕭克利半導體催生矽谷

1955 年 2 月,洛杉磯商會在年度盛會中表揚了兩位電子業先驅:真空管發明人德福雷斯特(Lee de Forest),以及真空管替代品的發明人蕭克利。坐在蕭克利旁邊的是著名的工業家兼商會副主席貝克曼(Arnold Beckman)。和蕭克利一樣,貝克曼也曾在貝爾實驗室工作,開發真空管製造技術。貝克曼擔任加州理工學院教授時,

發明了各種測量儀器，包括能測量檸檬酸度的儀器。後來他以自己的發明為基礎，創辦了一家大型製造公司。

那年 8 月，蕭克利邀請貝克曼擔任他即將創辦的電晶體公司的董事。「我稍稍問他一下，另外還有哪些人會出任董事？」貝克曼回憶：「結果，幾乎每個儀器業者都在他的董事名單上，而這些人全是他的競爭對手。」貝克曼這才明白蕭克利這個人是多麼「天真到令人難以置信的地步」，為了幫助蕭克利採取較合理的做法，他邀請蕭克利到紐波特海灘討論，貝克曼在那兒有一艘遊艇。

蕭克利計畫採用的電晶體製造方式是利用氣體擴散作用，在矽中摻入雜質。他可以經由調整時間、壓力和溫度，準確控制製程，大量生產各種不同的電晶體。他的構想打動了貝克曼，貝克曼說服他不要成立自己的公司，而是在貝克曼儀器公司內部領導新的事業部，如此一來，貝克曼就會挹注資金。

貝克曼希望新事業部座落在洛杉磯，因為他大部分的事業部都以洛杉磯為根據地，但蕭克利堅持選擇帕洛奧圖，因為他從小在這裡長大，也離年邁的母親近些。儘管有些人覺得母子間愛得如此濃烈，頗為怪異，但就矽谷的誕生而言，蕭克利此舉卻有歷史性的意義。

帕洛奧圖和蕭克利孩提時代沒什麼兩樣，依然是果樹環繞的小小大學城。但是到了 1950 年代，人口已加倍成長，達五萬二千人，同時也將新建十二所新小學。大量人口流入的部分原因是冷戰時期國防工業興起。美國把 U-2 偵察機拍攝的膠卷一罐罐送到附近森尼維爾（Sunnyvale）的航太總署艾米斯研究中心。國防工業包商開始在附近區域生根，例如洛克希德公司的飛彈與太空事業部（負責製造潛射彈道飛彈），以及為飛彈系統建造發射器和變壓器的西屋公

司。因應年輕工程師和史丹佛新進教授的住屋需求，新興住宅如雨後春筍般冒出來。「所有尖端軍備公司都在這裡聚集，」1955 年出生，在這個區域長大的賈伯斯曾經回憶：「這裡感覺既神祕又高科技，住在這裡非常刺激有趣。」

　　生產電動測量儀器和其他科技裝置的公司，也和國防包商一起蓬勃發展。電子產業在此扎根要回溯到 1938 年，當時電子業先驅普克德（Dave Packard）帶著新婚妻子搬到帕洛奧圖，而好友惠利特很快也在他們家後院的小屋住了下來。這房子有個車庫（日後證明，矽谷的車庫都大有用處而且深具指標意義），他倆在車庫中東弄西弄，創造出第一個產品 —— 音頻振盪器。到了 1950 年代，惠普（Hewlett-Packard）公司已經成為帕洛奧圖科技新創事業的指標公司。

　　好在車庫空間不敷所需時，還有其他地方可以讓創業家容身。布許在 MIT 的博士班學生特曼（Fred Terman）當上史丹佛大學工程學院院長後，在 1953 年把校方七百英畝未開發的土地開闢為工業園區，科技公司可以用低廉的價錢租下土地，建造新辦公室，因此為整個地區帶來脫胎換骨的改變。惠利特和普克德都是特曼的學生，當時史丹佛頂尖人才畢業後大都到東岸闖天下，特曼卻說服兩人留在帕洛奧圖創業。於是，惠利特和普克德成為史丹佛工業園區的第一批承租人。特曼當上史丹佛教務長後，在 1950 年代大力鼓吹在工業園區落腳的公司和史丹佛大學形成共生關係，企業的員工和主管可以在史丹佛修課或擔任兼任教授，而史丹佛大學也給教授很大的自由度，讓他們協助輔導新創公司。史丹佛工業園區後來成功滋養了 Varian、Facebook 等數百家公司。

　　當特曼得知蕭克利考慮把新公司設在帕洛奧圖時，他寫了一封信大力鼓吹，說明鄰近史丹佛帶來的種種好處，結尾指出：「我相信

貴公司設在此地，雙方都可互蒙其利。」蕭克利也同意他的說法。
於是，在帕洛奧圖總部興建期間，隸屬貝克曼儀器公司的蕭克利半
導體實驗室，就暫時棲身於原本用來儲藏杏子的活動倉庫。矽終於
開始進入縱谷。

愛荷華金童諾宜斯

　　蕭克利試圖網羅過去在貝爾實驗室合作過的研究人員，但他們
都太了解他了。於是他乾脆列出當時美國頂尖的半導體工程師，一
一打電話邀約。其中最值得注意的是諾宜斯（Robert Noyce），他
注定成為蕭克利最重要的選擇。魅力十足的愛荷華金童諾宜斯擁有
MIT 博士學位，當時才二十八歲，在費城的飛歌（Philco）公司擔任
研究主管。1956 年 1 月，諾宜斯拿起電話，聽到裡面傳來「我是蕭
克利」幾個字。他立刻曉得此人是何方神聖。「簡直就好像拿起話
筒和上帝通話一樣，」他後來開玩笑說：「他來這裡籌組蕭克利實驗
室時一吹口哨，我就趕緊跑來了。」

　　諾宜斯的父親是基督教公理會牧師，他在四兄弟中排行老三，
小時候隨父親職務調動而不斷搬家，從一個鄉下小鎮搬到另一個鄉
下小鎮，待過伯靈頓、亞特蘭提克、戴克拉（Decorah）、韋伯斯特
城（Webster City）等地。諾宜斯的祖父和外祖父都是公理會牧師
（公理會是清教徒改革後產生的新教宗派）。雖然諾宜斯沒有承襲家
族宗教信仰，卻深受公理會理念的影響，厭惡階級組織、中央集權
和獨裁式領導。

　　諾宜斯十二歲的時候，全家總算在距狄蒙市（Des Moines）八
十公里、人口只有 5,200 人的格林內爾鎮（Grinnell）定居下來，他
的父親在當地教會找到行政管理工作。小鎮的重心是一群新英格蘭

公理會教徒在 1846 年創立的格林內爾學院。有著迷人笑容和健美體魄的諾宜斯成為當地中學的風雲人物,不管在課業上或運動場上都大出鋒頭,是少女的夢中情人。「略帶嘲諷的笑容、良好的家世和教養、前額飄動的捲髮、帶著些微淘氣的神情 —— 綜合起來形成一種特殊魅力,」為他作傳的柏林(Leslie Berlin)寫道。諾宜斯中學時代的女友也說:「在我認識的人當中,他可能是長得最好看的一個。」

多年後,沃爾夫(Tom Wolfe)為《君子》(*Esquire*)雜誌寫了一篇關於諾宜斯的出色報導,文章內容幾乎將他神化:

諾宜斯聆聽和注視別人的時候,有自己的樣子。他微微低頭,抬眼望人時,目光炯炯,電力彷彿有一百安培那麼強。他盯著你時,眼睛眨也不眨,也從不吞口水。他會吸收你說的每一句話,然後以輕柔的男中音不疾不徐的回答,通常都面帶笑容,正好秀出一口漂亮的牙齒。他的凝視、聲音和笑容都有點像格林內爾學院最出名的校友、電影明星賈利‧古柏。他那堅毅的面容、運動家的體魄,加上賈利‧古柏般的風采,處處散發出心理學家所謂的「月暈效應」。散發月暈效應的人似乎很清楚自己在做什麼,而且你因此十分佩服他們,於是看到籠罩在他們頭上的光環。

諾宜斯還記得小時候,「爸爸總愛在地下室弄個工作間」。當時很流行這樣做,諾宜斯也從中學到不少東西。他最喜歡自己組裝各種東西,包括真空管收音機、裝了推進器的雪橇、清晨送報時會用到的頭燈。他最出名的壯舉是親手打造了一具滑翔翼,繫在疾駛的汽車上,讓它飛起來,或乘著滑翔翼從穀倉屋頂跳下來。「我在

美國的小鎮長大,我們一切靠自己,什麼東西壞掉了,你都得自己想辦法修好。」

諾宜斯家四兄弟,成績都非常出色,總是在班上名列前茅。他在課餘之暇,替格林內爾學院備受愛戴的物理學教授蓋爾(Grant Gale)割草。由於諾宜斯的母親和蓋爾是同一個教會的教友,有媽媽幫忙說項,諾宜斯得以在高中最後一年,到格林內爾學院修習蓋爾開的大學課程。蓋爾從此成為諾宜斯在智識上的重要導師,第二年,諾宜斯順利進入格林內爾學院就讀。

諾宜斯在大學時期雙主修數學和物理,無論是課業成績或課外活動,他在各方面都輕輕鬆鬆就表現耀眼。他修物理課時,執意從頭到尾推出每一條公式;他參加游泳校隊,是美國中西部聯盟的跳水冠軍;他在樂團吹雙簧管,是合唱團的一員;他還為模型飛機社設計電路,在電台連續劇中擔任主角,並同時擔任微積分助教,協助數學教授進行複數的教學。最驚人的是,儘管如此,他還是處處受歡迎,人緣很好。

調皮親切的個性有時為他惹來不少麻煩。諾宜斯大三時,宿舍決定辦春季烤豬大餐,諾宜斯和朋友自告奮勇,願意負責去逮一頭豬來燒烤。幾杯酒下肚後,他們偷溜進附近農場,身手矯捷的綁架了一頭 11 公斤重的乳豬,並在宿舍樓上的淋浴間宰殺了這頭尖叫個不停的乳豬,拿來燒烤。眾人歡呼鼓掌,大吃大喝。第二天早上,諾宜斯和朋友受到良心驅使,向農場主人坦白招認,並提議付款賠償。如果照故事書的寫法,他們應該會得到華盛頓櫻桃樹誠實獎,然而在愛荷華的窮鄉僻壤,犯下竊盜罪可不是好玩的事,不會那麼容易得到寬恕。不巧農場主人正好是嚴厲的小鎮鎮長,威脅要控告他們。幸虧蓋爾教授從中斡旋,達成折衷方案:諾宜斯付錢賠償,

並停學一個學期，但不會被退學。儘管如此，諾宜斯對這一切都處之泰然。

等到諾宜斯在 1949 年 2 月重返校園後，蓋爾又幫了他一個大忙。蓋爾教授和巴丁是大學時代的舊識，他讀到巴丁和貝爾實驗室的同事發明電晶體的消息，立刻寫信給巴丁，請他寄樣品來。蓋爾也聯絡上貝爾實驗室的總裁（他也是格林內爾學院的校友，而且兩個兒子當時都就讀於格林內爾學院），因此他們在收到電晶體之後，又收到一批技術論文。「蓋爾拿到的這顆點接觸電晶體，是史上第一批製造出來的電晶體，」諾宜斯回憶：「我當時讀大三。我想我後來開始研究電晶體，也受到這件事的影響。」諾宜斯後來在一次專訪中，更生動描繪了當時的興奮情緒，「這個概念像原子彈般狠狠擊中我，實在太叫人震驚了。不必用真空管，就可以產生放大效果的整套概念，正是那種能讓你跳脫窠臼、轉換新思維的想法。」

風格獨具、魅力十足的諾宜斯在大學畢業時，得到了他這類人所能獲得的最高榮譽，同學投票選他為當年的布朗德比獎（Brown Derby Prize）得主，這個獎專門頒給「花最少力氣得到最佳成績的大四學生」。然而等到諾宜斯進入 MIT 攻讀博士學位時，就明白自己其實還需要加把勁。他理論物理的底子薄弱，必須補修一門基礎課程。不過到了研究所第二年，諾宜斯已經重拾信心，並申請到獎學金。他的博士論文研究光電效應如何顯現於絕緣體表面態。雖然不是什麼重大的實驗突破或分析成果，諾宜斯卻因此熟讀蕭克利的相關研究。

所以，當他接到蕭克利的召喚時，就迫不及待答應了。但諾宜斯還必須跨越一個奇怪的障礙。孩提時期沒能在智力測驗中表現出色的蕭克利，這時開始展現詭異的偏執心態，後來甚至傷害到他的

職涯發展，他堅持實驗室雇用的新人都必須先通過一系列心理測驗和智力測驗。於是，諾宜斯花了一整天的工夫，在曼哈頓的測驗公司裡回答墨漬測驗、評論怪異的圖像，並做性向測驗。測驗結果顯示他個性內向，不能成為優秀經理人，這樣的評斷正暴露出這類測驗的缺陷，而不是諾宜斯的弱點。

思路細密的化學家摩爾

蕭克利相中的另一個出色人選是聲音輕柔的化學家摩爾（心理測驗公司對他的評價同樣是沒有當主管的潛能），摩爾接到蕭克利的電話時也十分意外。蕭克利的研究小組刻意網羅不同領域的優秀科學家，希望大家相互融合後能激發出創新的火花。「過去在貝爾實驗室，化學家幫了他很大的忙，所以他覺得新實驗室也需要一位化學家，他拿到我的名字，就打電話給我，」摩爾說：「幸好我知道他是誰。我拿起電話，聽到他說『哈囉，我是蕭克利。』」

謙虛低調、和藹可親的摩爾思路精準細密，他後來在矽谷備受推崇愛戴。摩爾在帕洛奧圖附近的紅木市長大，父親是當地副警長。摩爾十一歲時，鄰居小孩得到一組化學實驗玩具。「那時候的化學實驗玩具裡面還真有一些好東西，」摩爾回憶，他感嘆後來由於政府管制，加上家長擔心，這類玩具威力大減，美國很可能因此少了一些優秀的科學家。摩爾曾設法自行調配出少量硝酸甘油，拿來製造炸藥。「只需幾盎斯炸藥，就能做出很棒的鞭炮，」他有一次接受訪問時開心回憶，舞動著十根手指，證明兒時做的蠢事沒有傷害他分毫。他說，小時候對化學實驗玩具組的興趣，幫助他立定志向，日後從柏克萊加大畢業後，又拿到加州理工學院的博士學位。

從出生到拿博士學位，摩爾的活動範圍最東只到加州帕薩迪納

市。他是貨真價實的加州人，隨和而友善。拿到博士學位後，摩爾有一段時間在馬里蘭州的海軍物理實驗室工作。但他和妻子貝蒂都很想家（貝蒂也是土生土長的北加州人），所以接到蕭克利的電話時，他有強烈意願接受這份工作。

摩爾和蕭克利面談的時候才二十七歲，比諾宜斯還小一歲，但已經明顯開始禿頭。蕭克利拋出一堆問題，手上還拿碼表計算他答題的速度。摩爾表現得很好，蕭克利因此帶他去瑞琪凱悅之家（Rickeys Hyatt House）飯店用餐，還在席間表演拿手魔術 —— 好似沒費什麼力氣，就把湯匙弄彎。

蕭克利延攬的十二位工程師幾乎都不到三十歲，在他們眼中，蕭克利有些古怪，但聰明絕頂。「有一天，他就這麼出現在我的實驗室中，我心想，天哪，我從來沒有碰過這麼聰明的人，」MIT 物理學家拉斯特（Jay Last）表示：「於是，我改變整個生涯規畫，我說，我要去加州和這個人一起工作。」瑞士裔物理學家赫爾尼（Jean Hoerni），以及後來成為傑出創投家的克萊納（Eugene Kleiner）也在這十二位工程師之列。

到了 1956 年春天，新進員工人數大增，足以開一場歡迎會。諾宜斯從費城出發，開車橫越大半個美國及時趕到。他在晚上十點鐘抵達時，蕭克利正嘴裡咬著一朵玫瑰，獨自大跳探戈。其中一位工程師向諾宜斯的傳記作者描述，當天諾宜斯抵達時「沒刮鬍子，身上那套衣服看起來好像已經穿了一個星期 —— 而且口很渴。檯子上剛好有一大碗該死的馬丁尼。諾宜斯拿起大碗開始牛飲，然後就昏了過去。我心想：『以後一定很好玩。』」

半導體業的凱恩艦事變

　　有些領導人雖然固執己見、要求嚴格，員工仍對他們忠心耿耿。無畏的膽識反而為他們添增不少領袖魅力。比方說，賈伯斯曾在電視廣告的掩護下，發表個人宣言，劈頭就說：「向瘋狂人士致敬。脫軌的、叛逆的、惹禍的，還有不合常規、眼光另類的傢伙。」亞馬遜網路書店創辦人貝佐斯也同樣擁有這種鼓舞人心的能力。竅門在於要設法激勵員工，讓他們感染你的使命感，因此願意死心踏地追隨你，甚至跟著你到他們以為到不了的地方。蕭克利卻沒有這樣的本事。他靠自己的光環，延攬到才華出眾的員工，但是許多人一旦開始和他共事，就會跟巴丁和布拉頓一樣，被他拙劣的管理方式激怒。

　　有個實用的領導技巧是面對質疑時，知道何時該大力反擊，何時該自我警惕。蕭克利卻不懂得在進退之間拿捏分寸。例如，他設計出四層的二極管，認為這種二極管會比三層二極管速度更快，用途更廣。從某個角度而言，這是邁向積體電路的第一步，因為新設計能執行原本電路板上四、五個電晶體才能執行的工作。但四層二極管很難製造（必須在如紙薄的矽片兩面摻雜質），好不容易生產出來的二極管，大部分都不管用。諾宜斯試圖說服蕭克利放棄這種二極管，但徒勞無功。

　　許多啟動變革的創新者在推動新觀念時都這麼固執，但蕭克利跨越了高瞻遠矚和耽溺幻覺之間的那條界線，成為領導的負面範例。他在推動四層二極管時，總是神祕兮兮的，而且要求嚴厲、行事專斷，又十分偏執。他組織自己的團隊，拒絕和諾宜斯、摩爾及其他人分享資訊。「他沒辦法面對自己做錯決定的事實，所以開始

怪罪周遭的人，」拉斯特回憶，他也是其中一個反抗蕭克利的工程師。「他很喜歡辱罵別人，我從他面前的大紅人變成所有問題的罪魁禍首。」

從後來陸續發生的風波可以看到，蕭克利偏執的個性已深深透進骨子裡。有一次，公司祕書在開門時割破手指，蕭克利認為有人在搞破壞。他命令公司裡每個人都接受測謊。大多數人都拒不從命，蕭克利只好打退堂鼓。後來才發現，其實是因為門上釘布告的圖釘損壞才造成割傷。「我不認為蕭克利開始變成『暴君』，」摩爾說：「他是複雜的人，非常好勝，甚至會和屬下競爭。根據我外行的診斷，他也是個偏執狂。」

更糟糕的是，蕭克利對四層二極管的迷戀後來遭到錯用。有時候天才與怪胎的差別只在於他們的想法究竟對不對。假如蕭克利的四層二極管證明實用可行，或最後發展為積體電路，或許大家又會認為他很有遠見。但結果並非如此。

等到蕭克利和過去的合作伙伴巴丁及布拉頓一起獲得諾貝爾獎時，情況變得更糟了。1956 年 11 月 1 日一大早，蕭克利就接到電話，他起先還以為是萬聖節的惡作劇。後來他曾暗自懷疑有人試圖阻止他得諾貝爾獎，還寫信給諾貝爾委員會，要求提供反對者的相關資訊，但遭拒絕。不過，至少在獲知得獎當天，緊張的情緒暫時緩解，得以藉機慶祝一下，香檳慶功午宴在瑞琪凱悅之家舉行。

蕭克利仍然和巴丁及布拉頓形同陌路，但是當三人各自帶著家人到斯德哥爾摩參加頒獎典禮時，氣氛歡欣鼓舞。諾貝爾委員會主席在演講中強調，在發明電晶體的過程中，個人才華與團隊努力同等重要：「無論個人或團隊，都展現出卓越的遠見、過人的創造力和堅忍不拔的毅力。」那天晚上，巴丁和布拉頓在格蘭特飯店酒吧喝

酒聊天，午夜過後不久，蕭克利走進來。兩人已有六年不曾和蕭克利交談，但此時他們暫時擱下歧見，邀請蕭克利坐下來喝一杯。

蕭克利從斯德哥爾摩回到美國後，雖然趾高氣昂，不安全感卻未曾消散。有一次，他跟同事談話時指出，「也差不多是時候了，」他的貢獻早該受到肯定。根據拉斯特的觀察，公司氣氛「急速惡化」，變得好像「一所巨大的精神病院」。諾宜斯告訴蕭克利，員工「不滿的情緒」日益高漲，但蕭克利把他的警告當耳邊風。

由於蕭克利不願和別人分享功勞，很難在公司內部激發合作精神。有一次，員工寫了一篇論文，預定在 1956 年 12 月美國物理學會的會議中發表，一個月前剛獲得諾貝爾獎的蕭克利要求把他的名字列為共同作者。公司申請的大多數專利，蕭克利幾乎也都要求列名。不過他堅持（有點自我矛盾），任何發明都只有一位真正的發明者，因為「只有一個燈泡會在某人的腦子裡亮起」，其他參與者都「只是從旁協助」。然而他與電晶體小組的合作經驗就足以推翻他的想法。

由於蕭克利太過自大，他不但和部屬時起衝突，也得罪上司兼老闆貝克曼。有一次，貝克曼大老遠飛來，和大家開會討論如何控制成本，沒想到蕭克利卻當著所有高階主管的面宣稱：「貝克曼，假如你不喜歡我們做的事，我可以帶著我的團隊，到支持我們的地方去。」並在當眾羞辱老闆後衝出房間。

因此，當摩爾在 1957 年 5 月打電話給貝克曼，代表其他同事訴說委屈時，貝克曼側耳傾聽並問：「情況不太妙，是不是？」

「是啊，」摩爾回答，他向貝克曼保證，假如蕭克利辭職，高階人員都會留下來。但反之亦然，摩爾警告，假如公司沒辦法找個能

幹的主管來取代蕭克利，那麼大家很可能會紛紛求去。

摩爾和同事才剛看完電影「凱恩艦事變」（*The Caine Mutiny*），他們開始密謀如何對付公司裡的「奎格上尉」（Captain Queeg）。接下來幾個星期，貝克曼和摩爾為首的七位不滿的高階人員祕密開了幾次會議，吃了幾次飯之後，終於達成協議，貝克曼將解除蕭克利的主管職務，讓他改當顧問。於是貝克曼請蕭克利吃飯，告訴他這項職務變動。

蕭克利起先勉強同意，願意讓諾宜斯管理實驗室，自己只扮演提供建言和策略的角色。但他後來又改變主意，讓出控制權原本就不符蕭克利的本性，更何況他一向質疑諾宜斯的管理能力。他告訴貝克曼，諾宜斯不會是「積極進取的領導人」，也缺乏決斷力，他的批評不全然沒有道理。蕭克利或許太過積極而專斷，但天性隨和的諾宜斯如果能再強悍一點，也會好些。經理人的主要挑戰是如何在決斷力和親和力之間求取平衡，而蕭克利和諾宜斯都沒辦法把分寸拿捏得恰到好處。

被迫在蕭克利和其他人之間做出抉擇時，貝克曼退縮了。「我被自己的忠誠感誤導了，覺得對蕭克利有所虧欠，應該給他機會證明自己，」貝克曼後來解釋：「如果當時有現在的後見之明，真應該那時候就跟蕭克利說再見。」貝克曼的決定讓摩爾等人大吃一驚。「貝克曼基本上在告訴我們：『蕭克利是老闆，不能接受就離開。』」摩爾回憶：「我們發現，一群年輕博士不是那麼容易就可以趕走新科諾貝爾獎得主。」一場叛變已箭在弦上。拉斯特說：「我們只有挨打的份，大家都明白該是離開的時候了。」

在當時，離開已站穩腳步的大公司，另外創辦一家新公司互別苗頭，是很不尋常的事，要有莫大的膽識。「當時美國企業界的文

化是，你到一家公司上班之後，就乖乖待在那裡，一直做到退休為止，」科技界行銷專家麥金納（Regis McKenna）觀察，「這是美國東岸、甚至中西部的傳統價值觀。」當然，今天的文化早已改變，而這場針對蕭克利的叛變可說有推波助瀾之效。「今天要這樣做好像很容易，因為我們已經有這樣的傳統，這主要是由這幾個傢伙以實際行動樹立的傳統，於是大家都可以接受這樣的做法，」研究矽谷發展史的馬龍（Michael Malone）指出：「今天，我們寧可自立門戶，開創自己的公司，即使失敗了，總比在一家公司一待就是三十年好得多。但在 1950 年代可不是如此。當時他們一定嚇壞了。」

摩爾召集叛軍。起先只有七個人，諾宜斯尚未加入，他們決定成立自己的公司，但必須先找到金援。於是克萊納寫信給父親的股票經紀人，那人任職於華爾街著名的海登史東證券公司（Hayden, Stone & Co.）。克萊納描述了他們這班人的資歷後宣稱：「我們相信可以在三個月內讓公司成功跨入半導體業。」這封信後來抵達三十歲的分析師洛克（Arthur Rock）桌上，出身哈佛商學院的洛克在風險性投資領域屢有斬獲，他認為這個案子值得飛去加州實地調查一番，並成功說服了上司寇爾（Bud Coyle）。

洛克及寇爾和這七人在舊金山克利福飯店見面，兩人發現這群人缺乏好的領導，於是力促他們延攬諾宜斯加入。諾宜斯起初婉拒，因為他覺得對蕭克利有責任。摩爾最後說服諾宜斯來參加下次會議。洛克印象深刻：「我一見到諾宜斯，就深深為他的魅力所折服，我知道，他是天生的領導人，他們全都聽他的話。」包括諾宜斯在內，大家在那次會議中共同承諾集體離職，創辦新公司。寇爾抽出幾張新鈔票，每個人都在上面簽名，象徵對彼此的約定。

成立快捷半導體

要籌錢創辦一家完全獨立的新公司並不容易，要大公司掏錢出來更是難上加難。當時還沒有新創公司種子基金的概念；各位隨後將看到，這個重要的創新要等到諾宜斯和摩爾下一次開創新事業時才出現。所以他們起初希望找到一家贊助企業，在大企業旗下成立半自治的新事業部，就像貝克曼當初對蕭克利的安排一樣。接下來幾天，他們好好把《華爾街日報》研究一番，列出三十五家可能有興趣收留他們的公司。洛克回紐約後開始一一打電話，但完全沒用。「沒有一家公司願意成立獨立的事業部，」他還記得，「他們覺得會引起公司員工的反彈。我們花了幾個月的時間和這些公司談，正打算放棄的時候，有人建議我去見見費爾柴爾德（Sherman Fairchild）。」

這是不錯的組合。費爾柴爾德是費爾柴爾德攝影器材與儀器（Fairchild Camera and Instrument）公司的老闆，也是發明家、花花公子、創業家和持有最多 IBM 股份的個人股東（他的父親是 IBM 的共同創辦人）。他是高明的工匠，還在哈佛大學讀大一時，就發明了第一部同步照相機和閃光燈，後來又陸續開發航空攝影技術、雷達攝影機、特殊功能飛機、網球場照明設備、高速錄音機、印報紙的平板印刷機、色彩雕刻機，以及防風火柴。因此，除了原本繼承的遺產，他靠新發明又增添了大筆財富。他喜歡賺錢，也很享受花錢的樂趣。他經常帶著「不同的年輕正妹」（套用《財星》雜誌的形容），出現在紐約著名的 21 Club 餐廳和 El Morocco 夜總會，而且「每隔幾天就換新，彷彿她們是插在他鈕扣孔上的裝飾花朵」。他在曼哈頓上東城為自己設計了一棟未來感十足的房子，可以透過玻璃

諾宜斯（1927-90），攝於快捷公司，時間為1960年。 摩爾（1929-），1970年攝於英特爾。

摩爾（最左），諾宜斯（前排中央）以及當初一起離開蕭克利半導體，成立快捷公司的所有八叛徒成員，攝於1957年。

牆俯瞰覆蓋綠色陶土的美麗中庭花園。

費爾柴爾德提供一百五十萬美元的資金，讓他們開辦新公司，這比八位創辦人心目中的數字多了一倍，而交換條件是費爾柴爾德擁有選擇權，如果日後公司很成功，費爾柴爾德可以直接用三百萬美元的價格把公司買下來。

於是被稱為「八叛徒」的諾宜斯和伙伴在帕洛奧圖郊區，與蕭克利實驗室同一條街上，創立了新公司。蕭克利半導體此後一蹶不振。六年後，蕭克利終於放棄半導體事業，到史丹佛大學教書。他變得更偏執了，而且一直執迷不悟，認為黑人天生智商較低，不應該生小孩。這位孕育了電晶體概念、並協助催生矽谷這塊應許之地的天才，逐漸變成社會唾棄的對象，每次上台演講必面對激烈質疑。

反之，創辦快捷半導體（Fairchild Semiconductor）公司的八叛徒卻逢天時地利人和。由於海格提在德州儀器公司推出的口袋型收音機大受歡迎，電晶體需求暢旺，即將攀登更高峰。1957 年 10 月 4 日，就在快捷半導體成立二天後，蘇聯的「旅伴號」（Sputnik）人造衛星發射升空，美蘇展開太空競賽。在太空計畫和建造彈道飛彈的軍事計畫推波助瀾下，電腦與電晶體的需求快速成長，兩項技術的發展也因此結合得更加緊密。由於電腦的體積必須夠小，才能塞進火箭鼻錐，因此必須設法把數百顆、甚至數千顆電晶體擠進小小的機器中。

基爾比製作的微晶片。

基爾比（1923-2005）於1965年攝於德州儀器。

創投家洛克（1926-），攝於1997年。

英特爾三巨頭，左起為葛洛夫（1936-），中間是諾宜斯，右邊為摩爾。此張照片攝於1978年。

05

微晶片

1957 年，在快捷半導體公司剛成立，以及蘇聯旅伴號發射升空後，一位貝爾實驗室主管在慶祝電晶體發明十週年的論文中，點出「數量暴政」（tyranny of numbers）的問題：隨電路中的元件數量不斷增加，需要的連結也會快速暴增。比方說，假如系統有一萬個元件，電路板上可能需要增加十萬個以上相互連結的線路，而且大半時候都要靠手工焊接電路，因此實在不是提高產品可靠性的好方法。

但這個問題卻有助於激發創新。這個問題迸發時，半導體製造技術正好出現許多小小的突破，於是分別在德州儀器和快捷半導體這兩家不同公司中催生新發明，積體電路（或稱「微晶片」）於焉誕生。

基爾比的「單石概念」

基爾比（Jack Kilby）也出身美國中西部，他從小就和爸爸在家中工作室敲敲打打，親手打造業餘無線電設備。「我在美國大平原區長大，周遭都是勤勞刻苦的西部拓荒者後裔，」他獲得諾貝爾獎

時曾經如此表示。基爾比在堪薩斯州中部的大本德（Great Bend）度過童年，父親在當地經營電力公司。放暑假時，全家會一起擠進家裡的別克車，開拔到遠方的發電廠。每逢發電廠設備出現故障，大夥兒就一起爬上爬下找出問題。有一次暴風雪來襲，許多地區電話不通，他們靠無線電設備和顧客連繫，年輕的基爾比從此迷上這類科技。他後來告訴《華盛頓郵報》記者瑞德（T. R. Reid）：「我十幾歲時，在一次冰風暴中第一次看到無線電，或廣義的說電子產品，對人們生活造成的實際影響，由於無線電能提供訊息，讓人們與外界保持聯繫，因此也帶來希望。」於是他認真讀書，考到「火腿族」執照，並且不斷蒐集各種零件，提升無線電設備。

基爾比高中畢業後，申請 MIT 未獲錄取，於是決定到伊利諾大學就讀。後來爆發珍珠港事件，基爾比中斷學業加入海軍，被派到印度的無線電修理廠服役。他經常跑去加爾各答的黑市採購零件，在小帳篷內的簡陋實驗室中打造出更好的接收機和發送機。基爾比是溫和的人，話不多，個性隨和，臉上經常掛著大大的笑容。他最大的特質是對於新發明有一種永不止息的好奇心。他開始閱讀每一項新專利的相關訊息。「為了工作需要，你什麼都讀，」他說：「你蒐集所有的瑣碎資訊，希望有朝一日，其中的百萬分之一說不定會派上用場。」

基爾比出社會後的第一份差事，是在密爾瓦基一家叫做中央實驗室（Centralab）的電子零件公司上班。公司當時正試圖把助聽器的所有零件連接在單一陶瓷基底上，可以說已為微晶片的概念播下種子。Centralab 也是在 1952 年付出二萬五千美元授權費生產電晶體的公司之一，是貝爾實驗室慷慨分享知識的受益者。基爾比參加了為期兩週的貝爾實驗室研習營，和其他幾十個人寄宿在曼哈頓的旅

館，大家每天早上搭巴士到默里丘上課，課程內容除了深入說明電晶體設計，還包括在實驗室的實做以及到工廠參觀。貝爾實驗室發給所有與會者三大冊技術文件。由於貝爾實驗室樂意收取低廉的專利授權費，又慷慨分享知識，已為數位革命打下良好基礎，只是貝爾實驗室本身並未在財務上獲得充分回報。

基爾比明白，必須到規模較大的公司工作，才有機會參與尖端電晶體技術的發展。1958 年夏天，他權衡了幾個不同的工作機會後，決定加入德州儀器公司，和海格提以及由艾考克（Willis Adcock）領導的電晶體研究小組一起工作。

德州儀器公司的政策是所有員工都在 7 月某兩個星期集體休假。基爾比抵達公司報到時，由於還無假可休，成為留在半導體實驗室的少數員工之一，因此有時間好好思考：矽除了用來製造電晶體之外，還可能有什麼用途？

他知道，如果沒有在矽片中摻入任何雜質，矽就是簡單的電阻器。還有一個方法是讓矽片中的 p-n 接面充當電容器，可以儲存少量電荷。事實上，你可以透過不同方式，用矽來製造各種電子元件。他因此想出所謂的「單石概念」（monolithic idea）：可以用一塊矽做出電路的所有元件，如此一來，就毋須把不同元件焊接在電路板上。1958 年 7 月，在諾宜斯寫下相同概念之前六個月，基爾比早已在實驗日誌中用一個句子描述單石概念，後來他在諾貝爾獎頒獎典禮上也引用了這段話：「以下的電路元件都可以做在一片材料上：包括電阻器、電容器、分散式電容器、電晶體。」然後他在實驗日誌上畫了非常粗略的草圖，說明如何正確配置摻了雜質的矽，讓單一矽片擁有許多不同特性。

上司艾考克渡假回來後，基爾比向他報告自己的想法，卻無法

說服艾考克這個方法切實可行。當時實驗室還有其他更迫切的任務，但艾考克答應基爾比：假如基爾比可以用矽片做出實際可用的電容器和電阻器，那麼就授權他在單一矽片上打造出完整的電路。

一切如計畫進行，到了 1958 年 9 月，基爾比已準備展示他的發明，就像十一年前巴丁和布拉頓在貝爾實驗室主管面前舉行的演示會一樣。基爾比在牙籤大小的矽晶片上，組裝出振盪器理論上需要的所有元件。然後緊張的基爾比在一群主管（包括公司董事長）注視下，接通從小小晶片到振盪器的線路。他看了艾考克一眼，艾考克聳聳肩，彷彿表示啥都沒看到。基爾比按下按鈕，一如預期，振盪器螢幕上，線條開始上下波動。「每個人臉上都立刻湧現開懷的笑容，」《華盛頓郵報》記者瑞德寫道：「電子學的新紀元誕生了。」

這不是最優雅的設計。1958 年秋天基爾比打造的模型中，有許多用來連結晶片元件的小小金線，看起來就好像矽枝向外突出一片昂貴的蜘蛛網，不只樣子醜，也不切實際，像這樣的東西絕對不可能大量生產。儘管如此，這仍是史上第一個微晶片。

1959 年 3 月，德州儀器公司在提出專利申請幾個星期後，公開發表這項新發明，並稱之為「固態電路」，同時也在紐約市無線電工程師研究院的年會中，大張旗鼓展示幾個產品原型。公司總裁聲稱，這項發明是自電晶體誕生以來最重要的發明。聽起來似乎誇大其詞，但其實這麼說還太保守了。

德州儀器公司的聲明有如閃電般狠狠重擊快捷半導體公司。諾宜斯兩個月前才剛寫下的概念，居然有人捷足先登，令他大失所望，深恐德州儀器就此占盡競爭優勢。

諾宜斯版微晶片

不同的人以不同的方式達成相同的創新，這樣的情形在科技史上屢見不鮮。諾宜斯和快捷的同事一直設法從另一個方向探索微晶片的可能性。當時他們碰到的棘手問題是：電晶體效能不彰，許多都不管用。只要沾染一點點灰塵或接觸到某些氣體，甚至是些許碰撞，電晶體就可能失效。

快捷的物理學家赫爾尼也是八叛徒之一，他想出一個聰明的解方。在矽電晶體的表面加上一層薄薄的氧化矽，用來保護底下的矽，作用就好像蛋糕上面塗的糖霜一樣。他在實驗日誌中寫道：「在電晶體表面……加上氧化層，能保護接面不受汙染。」

這種方法叫做「平面製程」，因為矽上面會有一層氧化的平面。1959 年 1 月（當時基爾比已經有了微晶片的構想，但還未申請專利和公開新發明），赫爾尼清晨淋浴時突然靈光一閃：可以在具保護作用的氧化層上面開一些小窗口，讓雜質準確的在某些部位擴散，創造出規劃中的半導體特性。諾宜斯愛極了這個「在繭中打造電晶體」的概念，將之比擬為「在叢林中設置手術室——把病人放在塑膠袋中動手術，如此一來，就不會有一堆叢林裡的蒼蠅停在傷口上了。」

專利律師的功能是保護好的構想，但有時也能激發好點子，平面製程就是好例子。有一天，諾宜斯打電話給快捷的專利律師勞爾斯（John Ralls），請他準備專利申請事宜。於是，勞爾斯開始盤問赫爾尼、諾宜斯和其他同事：平面製程有哪些實際的功能？勞爾斯詳細調查的目的，是希望申請專利時能把所有想像得到的最廣泛用途都納入。諾宜斯還記得：「勞爾斯挑戰我們：『從專利權保護的角

度來看，我們還能用這些概念來做什麼？」」

赫爾尼設計平面製程，只是為了製造出更穩定可靠的電晶體。當時他們還沒有想到，平面製程一旦開了小窗口，就能在矽片上蝕刻各種類型的電晶體和其他電子元件。但勞爾斯鍥而不捨的追問，刺激諾宜斯深入思考，他在 1 月不斷的和摩爾腦力激盪，在黑板上塗塗寫寫，並且把各種想法記在筆記本上。

諾宜斯的第一個領悟是，有了平面製程之後，層層電晶體之間就不再有突出的小線路，取而代之的是印刷在氧化層上的微小銅線，如此一來，電晶體的製程變得更穩定，時間也會縮短。諾宜斯由此產生第二個洞見：既然可以用這些印上去的銅線連接電晶體的各個區域，那麼豈不是也可用它來連接同一矽片上的不同電晶體。有了這種開窗的平面製程技術，你可以在矽片上摻入雜質，在同一個矽片上鋪設多個電晶體，而印刷上去的銅線可以把所有電晶體連結為電路。他走進摩爾的辦公室，在黑板上把概念畫給摩爾看。

諾宜斯活力充沛、滔滔不絕，摩爾則沉默寡言、深具洞見，兩人可說是最佳拍檔。下一步很容易就跨過去了：同一個半導體晶片可以容納不同的元件，例如電阻器和電容器。諾宜斯在摩爾的黑板上塗塗畫畫，展示如何在純矽的小區塊中打造電阻器，幾天後他又在黑板上畫出矽電容器的製造方式。而印在氧化層的微小金屬線可以把這些元件整合為電路。「我不記得有任何時候我突然靈光一閃，一切就豁然開朗，」諾宜斯承認：「反而比較像是你每天都說：『嗯，假如我能這樣做，那麼也許就有辦法做到那件事，如此一來，就能做到這件事。』最後，概念就逐漸成形。」在這一連串動作後，1959 年 1 月，諾宜斯在筆記本中寫道：「應該在單一矽片上做出多個不同裝置。」

諾宜斯和基爾比可說殊途同歸，他們各自採取不同方式，分別想出了微晶片的概念（雖然諾宜斯晚了幾個月）。基爾比試圖克服「數量暴政」，希望不必透過手工焊接線路來連接不同元件。諾宜斯則是受到赫爾尼平面製程的啟發，希望想出各種聰明的應用方式。兩人的概念還有一個實際差別：諾宜斯的構想不會出現如蛛網般亂糟糟的突出線路。

誰才是微晶片的發明人？

縱觀發明史，專利不可避免的會製造張力，在數位時代尤其如此。人們透過合作而創新，重要的發明往往奠基於其他人的努力成果，因此很難準確評估哪些概念是誰想出來的，或智慧財產權應該歸屬於誰。偶爾有一群創新者同意開放原始程序，讓創造的果實為大眾所享有，那麼就沒有專利歸屬的問題。但大多數時候，創新者都希望居功。有時候是為了自我滿足，例如蕭克利想方設法，希望自己名列電晶體專利的所有人。有時候則是為了金錢報酬，尤其當涉及快捷和德州儀器等公司時，因為企業需要對投資人有所回報，才能獲得充足的營運資金，持續推動新發明。

1959 年 1 月，德州儀器的律師和主管開始為基爾比的積體電路概念申請專利 —— 倒不是因為得知諾宜斯在筆記本上記載的想法，而是因為業界謠傳 RCA 員工也提出相同的構想。於是，德州儀器公司決定提出全面而廣泛的專利申請。採取這樣的策略有個風險，申請的專利範圍比較容易引發爭議，例如當年莫渠利和艾科特申請廣泛的電腦專利時就是如此。但假如審核通過，那麼其他公司想要製造類似產品時，這項專利將成為對抗競爭對手的利器。德州儀器提出專利申請時聲稱，基爾比的發明是「新穎且截然不同的小型化概

念」。雖然申請書只說明基爾比設計的兩種電路,但他們強調:「用這種方式製造的電路,其複雜度和配置方式將毫無限制。」

不過,要如何以不同方式把微晶片上的元件相互連線,他們在匆忙間沒有時間一一拍照,能提供的唯一範例是基爾比曾展示過、由細小金線交織而成的蛛網線路模型。德州儀器的團隊決定用這幅「飛線圖」來說明概念。此時基爾比已經想出利用印刷金屬線路的更簡單方式,所以他在最後一刻請律師在申請書中加上一段文字,主張擁有這個概念的專利權:「或許可以用其他方式連接電路,而不必使用金線。比方說⋯⋯可以讓氧化矽蒸發到半導體電路晶圓上⋯⋯也可以把像金這樣的材料放置於絕緣材料上,產生必需的電路連結。」然後,他們在 1959 年 2 月提出專利申請。

德州儀器公司在 3 月公布新發明時,快捷的諾宜斯團隊也趕緊提出專利申請,與德州儀器抗衡。由於快捷是把專利申請當法律上的「盾」,希望防止德州儀器申請的廣泛專利橫掃一切,因此快捷的律師特別把焦點放在諾宜斯構想的特殊性上面,強調在快捷已申請專利的平面製程中,可以採用印刷電路的方式,「為不同的半導體區域提供電路連接」,並「形成更緊密、更容易製造的單一電路結構」。不像過去「必須靠拴緊電線來連接電路」,他們聲稱透過諾宜斯的方法,「可以在相同時間以相同方式處理引線和接頭」,因此就算把多個元件置於單一晶片的專利應該由德州儀器享有,快捷仍希望取得利用印刷金屬線連接電路的專利。由於這項技術是大量生產微晶片必需的技術,快捷可藉此享有某些專利保護,並迫使德州儀器進行協商交互授權。快捷公司在 1959 年 7 月提出專利申請。

正如同前面提過的電腦專利權糾紛,美國法院也耗費多年時間來釐清誰應該擁有積體電路的專利權,而且始終沒有完全解決問

題。他們把德州儀器和快捷半導體相互競爭的兩宗專利申請案,交由不同的人來審核,而且兩人似乎渾然不知還有另外一椿專利申請案件相抗衡。雖然諾宜斯的案子較晚提出申請,卻較早裁定;1961年4月,諾宜斯的申請案通過,宣告他是微晶片的發明人。

於是,德州儀器的律師要求進行「優先權」審議,主張最早提出這個概念的人是基爾比。美國專利訴願及衝突委員會為此成立「基爾比對諾宜斯案」(Kilby v. Noyce),透過兩人的實驗日誌和其他證詞,判斷究竟是誰先想出這個廣泛的概念。包括諾宜斯在內,大多數人都認為,基爾比確實早了幾個月提出這樣的想法。但基爾比的應用方式,是否真的涵蓋了在氧化層上印刷金屬線路的關鍵製程,而不僅僅是利用許多微小線路來打造微晶片,則尚有爭議,因此基爾比最後加進的那句話:「也可以把像金這樣的材料放置於」氧化層上,引起許多相互衝突的不同解讀。當時基爾比真的已經發現這個特殊製程嗎?抑或只不過拋出他的推測?

雙方持續角力,而美國專利局在1964年6月裁決通過基爾比的原始專利申請,更攪亂一池春水。如此一來,優先權審議就變得更重要了。對基爾比有力的最後裁決直到1967年2月才出現,宣告基爾比和德州儀器公司是微晶片發明者,距離基爾比最初的專利申請,已有八年之久。只不過事情還沒了結呢。快捷半導體決定提起上訴,美國關稅與專利上訴法院在審議了所有論點與證詞後,在1969年11月做出相反的判決。上訴法院指出:「基爾比並未證明『放置』一詞……已具有電子或半導體技術上的意義,在此意義上,它一定是指附著。」基爾比的律師試圖向美國最高法院提出上訴,卻遭駁回。

在歷經十年法律攻防,耗費了一百多萬美元訴訟費後,諾宜

斯雖然贏了，他的勝利卻已經沒有太大的意義。當時《電子新聞》（*Electronic News*）刊登了一小篇報導，副標為：「專利翻案改變不了什麼」。這時候，法律訴訟已經變得無關緊要。微晶片市場早已出現爆炸性成長，快捷半導體和德州儀器的務實派早就明白，把問題交由司法系統來解決，賭注實在太大。1966 年夏天，在最後裁決公布前三年，諾宜斯偕同快捷律師，和德州儀器的總裁及律師碰面，敲定和平協議。雙方都承認對方擁有微晶片的某些智慧財產權，也同意交互授權。其他公司則必須向兩家公司取得授權，通常都需付出權利金（金額大約為產品獲利的 4%）。

那麼，究竟誰才是微晶片的發明人呢？就像究竟是誰發明了電腦一樣，這個問題不能單從法院的判決中找答案。基爾比和諾宜斯幾乎同時在技術上有所突破，顯示當時的環境早已蓄勢待發，準備迎接新發明的誕生。的確，無論在美國或其他國家，包括德國西門子的工程師雅可比（Werner Jocobi）和英國皇家雷達研究院（Royal Radar Establishment）的達默（Jeoffrey Dummer）在內，許多人早已提出積體電路的可能性。諾宜斯、基爾比分別在兩家不同公司的團隊鼎力相助下，為這類裝置找到具體可行的生產方式。雖然基爾比早幾個月想出在晶片上整合電子元件的方法，諾宜斯卻往前跨一大步：設計出連接元件的正確方式。經由他的設計，才能有效率的把積體電路大量生產出來，因此他的設計也成為未來微晶片的通用模式。

關於誰才是微晶片的發明人，我們可以從基爾比和諾宜斯的應對方式中學到極具啟發性的一課。兩人都品格高尚，來自美國中西部凝聚力強的小社區，作風踏實。他們和自命不凡又缺乏安全感的蕭克利很不一樣，每當有人提及新發明的功勞應該誰屬時，兩人都

會慷慨推崇對方的貢獻。因此，大家很快公認兩人都居功厥偉，稱他們為微晶片的共同發明人。根據早期口述歷史的記載，基爾比曾微微抱怨：「這並不符合我所理解的共同發明的情況，但卻逐漸為大家所接受。」不過基爾比後來也欣然接受這樣的說法。多年後，《電子工程時報》（*Electronic Engineering Times*）的松本（Craig Matsumoto）問他對於專利糾紛的感想時，「基爾比大力讚揚諾宜斯的成就，說半導體革命是數千人努力的成果，不是單靠一項專利來驅動的。」

2000 年，在諾宜斯過世十年後，基爾比得知自己獲得諾貝爾獎，他的第一反應也是讚揚諾宜斯。「很遺憾他已經不在世了，」他告訴記者：「如果他還在世，我猜我們會一起得獎。」*瑞典物理學家在頒獎典禮上介紹他時，提到他的發明啟動全球數位革命，基爾比再度展現謙虛的風範。他回答：「每次聽到這樣的說法，就讓我想到站在胡佛水壩基底的水獺對兔子說的話：『不，我不是單憑一己之力把它建造完成的，不過我出的點子有一點點功勞。』」

引爆微晶片市場

微晶片最初的主要顧客是軍方。1962 年，美國戰略空軍司令部設計出新的義勇兵二型洲際飛彈，每枚飛彈的導引系統都需要兩千個微晶片。德州儀器公司爭取到合約，成為主要供應商。到了 1965 年，美國每星期都打造出七枚義勇兵飛彈，海軍也開始採購微晶片，用於從潛艇發射的北極星飛彈。經過協調後，軍方甚至把微晶片的設計標準化，這在軍方採購部門的官僚系統中並不常見。西屋公司和 RCA 也開始供應軍方微晶片。所以微晶片價格直線下滑，到

---

* 諾貝爾獎只頒給還在世的人。

後來微晶片不只能供飛彈使用，即使把它用在消費性產品上，也符合成本效益。

快捷半導體也賣晶片給軍火製造商，不過對於和軍方合作一事，快捷公司比競爭對手審慎許多。傳統上，和軍方打交道時，包商必須和軍官密切合作，負責的軍官不但處理採購事宜，還會插手設計。諾宜斯認為這樣的伙伴關係只會扼殺創新：「研究的方向會由沒有足夠能力的人，來判斷應該朝哪個方向走。」他堅持快捷公司必須自行籌資來開發晶片，才能控制整個流程。他相信，只要產品夠好，軍方包商自然會來採購。也的確如此。

美國太空計畫是刺激微晶片產量激增的另一股驅動力。1961年5月，美國總統甘迺迪宣布：「我相信美國在未來十年應該致力追求的目標是，把人類送上月球，並讓他平安返回地球。」阿波羅計畫需要把導引電腦置於火箭鼻錐中，所以從一開始，電腦的設計藍圖就包含威力最強大的微晶片。後來建造的七十五部阿波羅導引電腦，每部都含有五千個一模一樣的微晶片，而這張訂單落在快捷半導體手中。阿波羅計畫在甘迺迪設定的期限前幾個月就已達標，1969年7月，美國太空人阿姆斯壯踏上月球。當時阿波羅計畫採購的微晶片數量已超過一百萬枚。

政府大量而穩定的需求，導致微晶片價格快速下跌。阿波羅導引電腦的第一個原型晶片成本高達 1,000 美元。但等到快捷開始穩定生產這類微晶片時，每個微晶片的成本已下跌到 20 美元。1962 年，義勇兵飛彈裡的微晶片平均價格為 50 美元；到了 1968 年，價格已跌至 2 美元。因此把微晶片用在一般消費性商品的市場已經成熟。

第一個運用微晶片的消費性裝置是助聽器，因為助聽器必須做得非常小，而且即使價格昂貴，仍然賣得出去，但需求十分有限。

所以德州儀器總裁海格提又玩了一次過去玩過的花招。創新的面向之一是發明新裝置；另外一個面向則是發明使用這些裝置的新方式，以創造流行。海格提和他的公司對這兩樣都很在行。十一年前，他藉由推出口袋型收音機，為成本低廉的電晶體創造了廣大的市場，如今他打算再為微晶片帶動風潮，想到的點子是推出口袋型計算機。

海格提在一次和基爾比一起搭機時，向基爾比描繪這個構想，並且下達動員令：打造出新型手持計算機，性能必須和價值上千美元的笨重桌上型計算機相同。這種袖珍計算機必須十分節能，靠電池電力即可運作，同時又很便宜，消費者會憑一時衝動就掏錢購買。1967 年，基爾比團隊打造的新產品幾乎完全符合海格提的想像。雖然新型計算機只有加減乘除四種計算功能，也稍稍重了些（重量約九百公克），而且不算太便宜（150 美元），仍然一炮而紅。他們創造出嶄新的市場，吸引人們購買原本不知道自己需要的產品。不可避免的，手持計算機的體積變得愈來愈小，計算功能日益強大，價錢卻愈來愈便宜。1972 年，袖珍型計算機的價格已經跌到 100 美元，賣出了五百萬台。1975 年，價格進一步滑落到 25 美元，銷售數字則年年加倍成長。到了 2014 年，只要花 3.62 美元，就可以在美國沃爾瑪商場買到一個德州儀器製造的袖珍型計算機。

摩爾定律

這樣的發展軌跡逐漸成為電子產品的固定模式。每年電子裝置都變得體積更小、價錢更便宜，但速度更快、威力也更強。主要原因在於，電腦與微晶片兩大產業同步成長，而且交互影響。諾宜斯後來指出：「新元件和新應用方式之間的綜效，讓兩者都出現爆炸性

成長。」半世紀之前，當石油業和汽車業攜手成長時，也曾出現相同的情形。因此為創新帶來重要的一課：你必須了解哪些產業相互依存，才能在這些產業相互拉抬、攜手成長時，從中得利。

假如有人能提出正確有力的準則，幫助我們預測趨勢走向，就能協助創業家和創投家更加善用上述心得。幸運的是，摩爾在這時候挺身而出。正當微晶片的銷售一飛沖天時，摩爾應邀預測未來市場走向，1965 年 4 月號的《電子學》（*Electronics*）雜誌刊登了摩爾的論文〈把更多元件塞進積體電路〉（Cramming More Components onto Integrated Circuits）。

摩爾在論文的開頭先簡單勾勒數位化的未來：「積體電路將會帶來像家用電腦（或至少是連接到中央電腦的終端機）、汽車自動控制系統和可攜式個人通訊設備之類的神奇產品。」接著他提出一個更具先見之明的預測，注定讓他日後名聞遐邇。「以最低零件成本達到的複雜度，每年約略會加倍成長，」他指出：「至少在十年內，沒有理由認為成長速度不會保持穩定。」

大體而言，摩爾的意思是，以具成本效益的方式塞進微晶片的電晶體數目，每年一直加倍成長，而他預期至少未來十年，仍會持續這樣的成長速度。摩爾有個在加州理工學院教書的朋友在公開場合中，將其稱之為「摩爾定律」。十年後的 1975 年，摩爾的預測已證實是正確的。這時候他修改摩爾定律，把原本預測的成長速度減半，預言未來塞進微晶片的電晶體數目會「每兩年倍增，而不是每年都加倍成長。」他的同事豪斯（David House）提出進一步的修正，指出由於威力增強，加上塞進微晶片的電晶體數目愈來愈多，晶片「效能」每隔十八個月就會加倍成長，如今大家有時會採用他的說法。至少在接下來半個世紀，摩爾定律和其修正版都十分有

用，有助於為人類史上最波瀾壯闊的創新浪潮和財富創造，勾勒出發展道路。

摩爾定律不只是預言，也成為產業發展目標，某個程度而言，也是自我實現的誓言。第一個例子出現在 1964 年，摩爾定律醞釀成形之時。諾宜斯決定以低於成本的價格，出售快捷半導體生產的最簡單型微晶片。摩爾稱這個策略為「諾宜斯對半導體業的意外貢獻」。諾宜斯知道低價會吸引電子廠商在新產品中採用微晶片。他也知道低價會刺激市場需求，推升產量和經濟規模，最終實現摩爾定律。

不出所料，費爾柴爾德攝影器材及儀器公司在 1959 年決定行使權利，收購快捷半導體公司。八位創辦人因此一夕致富，但也埋下不和的種子。諾宜斯希望讓重要的新進工程師擁有股票選擇權，東岸的公司主管卻悍然拒絕，還把半導體事業部的利潤拿去資助一些比較不成功的平凡產品，例如家用攝影機和自動郵票販賣機等。

位於帕洛奧圖的快捷公司內部也有很多問題。工程師紛紛求去，開始在矽谷四處播種、開枝散葉，於是出現所謂的「快捷之子」（Fairchildren）：從快捷散發的孢子所迸出的新公司。最引人矚目的是，當初八叛徒中的赫爾尼和其他三人離開快捷，加入洛克（見第 192 頁）投資、後來叫鐵勒達因（Teledyne）的新公司。其他人也群起效尤。到了 1968 年，連諾宜斯都準備離開。他因為一直無法在快捷晉升為最高主管，覺得忿忿不平，但他也明白自己並不是真的想要這個位子。快捷公司（甚至連在帕洛奧圖的半導體事業部）已經變成太過龐大的官僚系統，諾宜斯渴望卸下管理重擔，回歸實驗室。

有一天，他問摩爾：「要不然我們自己創辦一家新公司如何？」

「我喜歡這裡，」摩爾回答。當初他們推波助瀾，為加州科技界塑造了新文化，人們開始勇於離開大公司，創辦新公司。但現在兩人都年屆四十，摩爾已不復當年揹著滑翔翼、從屋頂一躍而下的衝勁了。但是諾宜斯不斷慫恿他。1968 年夏天即將來臨時，諾宜斯簡單告訴摩爾，他即將離去。「他就是有辦法讓你想跟著往下跳。」摩爾多年後笑著說：「所以我終於點頭：『好吧，咱們走吧！』」

「公司變得愈來愈大以後，我愈來愈沒辦法享受日常工作的樂趣。」諾宜斯在辭職信中表示：「或許部分原因是我在小鎮長大，我喜歡小鎮的人情味，現在我們雇用的員工人數已經是我家鄉人口的兩倍了，」他說，他只想：「重新接近先進科技。」

諾宜斯打電話給洛克時（當初是洛克協助快捷半導體搞定資金問題），洛克脫口而出：「你為什麼拖了這麼久？」

洛克開啟創投業的矽紀元

十一年前協助八叛徒成立快捷半導體之後，洛克又投入另一個在數位時代幾乎和微晶片同等重要的領域：創投。

二十世紀大半時候，投資新公司的創投資金和私募股權基金主要都來自少數富裕家族，例如范德堡家族（Vanderbilts）、洛克斐勒家族、惠特尼家族、菲普斯家族（Phippses）和華伯格家族（Warburgs）。二次大戰後，有錢家族紛紛成立公司，把自家生意體制化。繼承了龐大家產的惠特尼（John Hay "Jock" Whitney）聘請施密特（Benno Schmidt Sr.）創辦惠特尼公司（J. H. Whitney & Co.），專門運用當時所謂「風險性資金」，為擁有好創意卻申請不到銀行貸款的創業家提供金援。約翰·洛克斐勒的六子一女，在勞倫斯·洛克斐勒（Laurence Rockefeller）領導下，也創辦了類似的公司，後

來成為范洛克聯合公司（Venrock Associate）。同一年（1946年），最具影響力的創投公司──美國研究發展公司（ARDC）誕生了，ARDC是由前哈佛商學院院長多里奧（Georges Doriot）和前MIT校長康普頓（Carl Compton）共同創辦。ARDC在1957年投資新創公司迪吉多（Digital Equipment Corporation），是非常成功的投資，因為十一年後迪吉多公司上市時，價值已是當年的五百倍。

洛克把創投的概念帶到西部，開啟了創投業的矽紀元。洛克撮合諾宜斯等八叛徒和費爾柴爾德攝影器材及儀器公司時，他的公司其實也投下賭注。有了這次經驗，洛克明白他可以在籌募一筆資金之後談成類似交易，而毋需仰賴某個企業金主。他受過商業研究的訓練，熱愛科技，對企業領導人有敏銳的直覺，同時又深受東岸許多投資人的信賴。「東岸有錢，加州則有一堆有趣的公司，所以我決定搬到西部，我明白我可以把兩邊串連起來。」

洛克在紐約州羅徹斯特市長大，父母是俄羅斯裔猶太移民。他從小就在父親開的糖果店幫忙賣飲料，很懂得察言觀色。洛克的重要投資信念是，要在對的人身上押寶，而不是只看創業構想。投資前，他除了審查經營計畫，還會和正在籌資的創業者面談，進行犀利的對話。「我深信人最重要，所以我認為和對方談話，遠比設法弄清楚他們想做什麼更重要，」他解釋。表面上，洛克似乎性情乖戾，對人疾言厲色，但如果你仔細盯著他的臉瞧，就會看到他眼中不時閃爍的光芒和嘴角隱含的笑意，他其實還是喜歡和人相處，並擁有一種溫暖的幽默感。

洛克抵達舊金山之後，經人介紹認識戴維斯（Tommy Davis）。戴維斯是能言善道的投資案推手，正在為滿手現金的畜牧和石油王國──科恩郡土地公司（Kern County Land Co.）策劃投資事宜。

於是兩人合夥成立戴維斯洛克（Davis & Rock）創投公司，向洛克熟識的東岸投資人籌募了五百萬美元（其中部分資金來自快捷創辦人），開始投資新創公司，並取得股權。史丹佛大學教務長特曼努力讓史丹佛搭上這股科技熱潮，鼓勵工程學教授擔任洛克的顧問，當時洛克利用夜間到史丹佛修習電子學課程。他首先押注於鐵勒達因公司和科學資料系統（Scientific Data Systems）公司，都獲得豐碩報酬。等到諾宜斯在 1968 年打電話給他，討論出走快捷的策略時，洛克已經和戴維斯和平拆夥，開始經營自己的公司。

　　「假如我想自己創業，」諾宜斯問：「你可以幫我找到錢嗎？」洛克向他保證這是很簡單的事。還有什麼比這個情況更符合他的投資信念 —— 投資根據的是對公司經營者的評價，而不是諾宜斯和摩爾未來將領導的企業。他幾乎問都沒問他們打算做什麼產品，最初甚至認為，他們連描繪新創事業的經營企畫書都不必寫。洛克後來聲稱：「在我參與的所有投資案中，唯有這個案子，我是百分之百確定日後一定會成功。」

　　洛克在 1957 年設法為八叛徒尋找落腳處時，從筆記本撕下一張紙，列出一堆名字，然後一一打電話探詢投資意向，並在紙上依序把名字劃掉。十一年後，他又拿出一張紙，列出可能邀請投資的所有金主名單，並寫下在總計 50 萬股（每股 5 美元）的股權*中，他要提供每人多少股份。但這一回，他打完電話後，只劃掉一個名字（「富達的強森」†沒有加入），而且洛克需要另找一張紙來修改股權分配，因為大多數金主想投資的金額都超出他提議的數目。洛克花了不到兩天時間就籌到錢。這批幸運的投資者包括洛克本人、諾宜斯、摩爾、格林內爾學院（諾宜斯想協助學校致富，而他也確實辦到了）、勞倫斯・洛克斐勒、洛克的哈佛同窗沙若芬（Fayez

Sarofim）、科學資料系統公司的帕勒夫斯基（Max Palevsky），以及
洛克的老東家海登史東公司。最值得注意的是，他們也讓八叛徒的
其他六人有機會投資這家公司（儘管他們如今任職的公司未來勢必
成為新公司的競爭對手），而六人都願意入股。

　　洛克親手打了一份三頁半的文件，簡要描述他們提議創辦的公
司，以防有人索取募股說明書。文件一開頭先介紹諾宜斯和摩爾，
然後用三句話約略說明這家公司打算開發的「電晶體技術」。「後
來加進律師，反而壞事，逼我們撰寫冗長、複雜、字斟句酌的募股
說明書，真是太好笑了。」洛克後來邊抱怨、邊從檔案櫃裡抽出那
份文件。「我只需要告訴他們，帶頭的是諾宜斯和摩爾，至於其他
事情，他們根本不需要知道太多。」

　　諾宜斯和摩爾最初想把公司取名為 NM 電子公司，N 和 M 分
別是兩人姓氏的縮寫，但這個名字不怎麼吸引人。考慮了其他各種
建議後（例如有人提議取名為「電子固態電腦科技公司」），他
們終於決定把公司取名為「積體電子公司」（Integrated Electronics
Corp.）。這個名字雖然也不是那麼耀眼，不過好處是可以縮寫
為：「英特爾」（Intel），聽起來還不錯，給人聰明博學的感覺。

管理風格的創新

　　創新往往會以不同面貌呈現。本書討論到的大多數創新都關乎
實體裝置，例如電腦和電晶體以及其相關流程，例如程式設計、軟
體和網路連結。此外，開創新的服務（例如創投），還有為研究發

---

* 他發行的是可兌換債券，如果創業成功可以兌換成股票，但如果失敗，就毫無價值了。

† 強森（Edward "Ned" Johnson III）當時負責管理富達麥哲倫基金（Fidelity Magellan Fund）。2013年，洛克手
上仍然保留著這兩張紙，以及更早之前快捷成立時尋求金援的那張紙，這三張紙都好端端存放在洛克
俯瞰舊金山灣的辦公室檔案櫃裡。

展創造新的組織結構（例如貝爾實驗室），也都很重要。但以下要談的是不同型態的創新。在英特爾公司出現的這類創新，對數位時代產生的衝擊，幾乎和上述各種創新同等重要。英特爾開創了一種新的公司文化和管理風格，和美國東岸各大企業的層級組織恰成鮮明對比。

和矽谷發生的許多事情一樣，追本溯源，像這樣的管理風格其實源自惠普公司。二次大戰期間，惠利特還在軍中服役時，普克德經常通宵達旦待在公司，睡在辦公室的小床上，管理三班輪值的工人，其中有許多是女工。部分出於當時的需要，普克德領悟到，最好讓工人採取彈性工時，並容許他們自行決定如何達成工作目標。於是，惠普公司的管理層級漸漸扁平化。到了 1950 年代，這樣的管理風格加上加州輕鬆隨興的生活方式，創造出融合了週五啤酒狂歡、彈性工時和股票選擇權的企業文化。

諾宜斯把這樣的文化帶到新的層次。要了解諾宜斯是什麼樣的主管，別忘了諾宜斯生長於公理會信徒家庭。他的父親、祖父及外祖父都在基督教的異議教派中擔任牧師，而公理會的核心信條是反對階級組織及所有的相關象徵和儀式。清教徒已把教會淨化，去除繁文縟節和權力階級，他們的教會甚至連講道壇都不能架高。把新教徒教義傳播到美國大平原的清教徒，對階級差異十分反感，公理會信徒當然也包括在內。

此外也別忘了，諾宜斯從學生時代就熱愛重唱。他每星期三晚上都參加十二人團體練唱。重唱不能單單仰賴主唱或獨唱，必須把多重聲部和旋律完美交織，沒有任何人的聲音主導整首曲子。諾宜斯曾經解釋：「你的聲部的表現要仰賴（其他聲部，而且）總是支持其他聲部。」

摩爾也同樣虛懷若谷，毫無架子、厭惡衝突，對各種權力象徵毫無興趣。兩人恰好互補。諾宜斯是涉外高手，自幼擁有的迷人魅力總是讓客戶招架不住。摩爾則維持一貫的溫和自持、深思熟慮，在實驗室中深受歡迎，很懂得利用細膩的問題或刻意的沉默（這是他最犀利的招數）來領導工程師。諾宜斯非常宏觀，善於策略規劃；摩爾則了解細節，尤其熟悉技術與工程的細節。

從各方面來看，他們都是最佳拍檔，只除了一點：他們都厭惡階層組織，不喜歡獨斷獨行，而且兩人都不是行事果決的企業主管。他們希望受人愛戴，因此都不願展現強悍作風。他們喜歡引導部屬，而不是驅策員工。出現問題或歧見時，兩人都不喜歡正面衝突，所以不會直接反駁。

這種時候，葛洛夫（Andy Grove）就大有用武之地了。

葛洛夫出生於匈牙利布達佩斯市，沒有公理會教徒背景，也不熱中重唱。葛洛夫是猶太人，孩提時期適逢納粹主義在中歐興起，讓他自幼就學到關於權威和權力的殘酷教訓。葛洛夫八歲時，納粹占領匈牙利；父親被徵入勞動營，葛洛夫和母親則被迫遷入狹小的猶太人公寓，出外時都必須戴上黃色大衛之星臂章。葛洛夫有一天病了，媽媽說服一位非猶太裔朋友帶一些食材來煮湯，結果葛洛夫的母親和那位朋友都因此遭到逮捕。母親獲釋後，葛洛夫與母親使用假身分接受友人庇護。戰後全家團聚，但此時共產黨又接管匈牙利。葛洛夫二十歲時，決定越過邊界逃到奧地利。他在回憶錄《葛洛夫自傳》（*Swimming Across*）中寫道：「我二十歲的時候，已經歷過匈牙利的法西斯專政、德國軍事占領、納粹最終方案、蘇維埃紅軍圍城、戰爭剛結束時的混亂民主政治、壓迫人民的共產政權，以及遭武力鎮壓的人民起義。」這和在院子裡剪修草坪、在小鎮合唱

團練唱的生活截然不同，很難醞釀出親切溫暖、怡然自得的作風。

一年後，葛洛夫抵達美國，他自修英文，以第一名的成績畢業於紐約市立學院，接著又拿到加州大學柏克萊分校的化工博士學位。1963 年，葛洛夫一踏出柏克萊校門就加入快捷半導體，並利用公餘之暇撰寫大學教科書《半導體元件的物理與技術》（*Physics and Technology of Semiconductor Devices*）。

摩爾告訴葛洛夫他打算離開快捷時，葛洛夫自願和摩爾一起出走。事實上，葛洛夫幾乎是強迫摩爾帶他一起走。「我真的很尊敬他，無論他去哪裡，我都希望追隨，」葛洛夫表示。於是，葛洛夫成為英特爾公司的第三位成員，擔當起工程主管的重任。

葛洛夫十分推崇摩爾的技術能力，但對他的管理方式卻是不敢恭維。這也難怪，由於摩爾厭惡衝突，除了提供屬下溫和的建議之外，他迴避其他任何層面的管理。發生衝突的時候，他會躲得遠遠的，靜靜從旁觀察。「他要不是天生缺乏管理能力，就純粹是不願意做管理者該做的事，」葛洛夫提到摩爾時表示。相反的，精力充沛、積極任事的葛洛夫認為，坦誠面對衝突不但是管理者的職責，也是激發活力的生活調味料。曾歷經千錘百鍊的堅強匈牙利人葛洛夫，自然樂於品嘗箇中滋味。

諾宜斯的管理風格更是讓葛洛夫嚇壞了。還在快捷半導體上班時，葛洛夫就曾因諾宜斯不理會一位部門主管的失職行為（他總是遲到，還醉醺醺的出席會議），而感到忿忿不平。因此當摩爾提到他將和諾宜斯一起開創新事業時，葛洛夫不禁嘆息。「我告訴他，諾宜斯是比他想像中還要優秀的領導人，」摩爾說：「他們只是作風不同罷了。」

諾宜斯和葛洛夫私下的交情還不錯，比工作關係好多了。兩家

人會一起去亞斯本滑雪，諾宜斯不但教葛洛夫滑雪，還會替他扣好雪靴。儘管如此，葛洛夫仍然不安的察覺到諾宜斯的疏離。「就我所知，他是唯一一個令人覺得既疏遠、又迷人的人。」除此之外，撇開週末的私人情誼不談，辦公室裡的諾宜斯常常讓葛洛夫生氣，有時甚至膽戰心驚。「看到諾宜斯如何管理出問題的公司，在這種情況下和他共事，只讓我感到沮喪、不開心，」他回憶：「如果有兩個人發生爭執，大家都指望他裁決時，他臉上會浮現痛苦的表情，然後說些像『也許你應該想想辦法』之類的話，更多時候他什麼也不說，只是顧左右而言他。」

當時葛洛夫還不明白（後來才逐漸醒悟），高效能的管理不一定非得靠強人領導，有時候各具才華的高階主管組成正確的領導團隊也一樣。就好像金屬合金一樣，只要組合正確的元素，產生的合金就會無比堅韌。多年以後，葛洛夫才領悟到這層道理，他閱讀了《彼得‧杜拉克的管理聖經》這本書，裡面形容理想的執行長為：聯繫外部的人、管理內部的人，以及行動者。葛洛夫才明白，一個人不一定能兼具各種特質，但領導團隊卻可能集體擁有這些特質。葛洛夫說，英特爾公司正是如此，他把這個章節影印幾份，分送給諾宜斯和摩爾閱讀。諾宜斯主外，摩爾主內，葛洛夫則扮演行動者的角色。

為三人籌募資金並擔任第一屆董事長的洛克就深深理解能彼此互補的經營團隊有多重要。他還指出：三人依照現行順序擔任執行長，也非常重要。他形容諾宜斯「很有遠見，善於鼓舞人心，也知道如何在公司開始起飛後，把公司推銷出去。」一旦順利起步，英特爾的領導人就必須帶領公司走在一波波科技新浪潮的前端，「摩爾正是這樣的傑出科學家，知道該如何推動技術發展。」接下來，

英特爾面臨數十家同業的競爭,「我們需要一位充滿企圖心、認真務實的管理者,專注於推動企業發展。」這個角色則非葛洛夫莫屬。

後來深深影響矽谷文化的英特爾之所以呈現這樣的文化風貌,三人各有功勞。在諾宜斯擔任牧師的教會中,絕對看不到任何階層組織的繁文縟節和權力象徵。因此在英特爾公司,任何人都不能擁有專屬停車位;包括諾宜斯和摩爾在內,所有員工都在相似的隔間中辦公。新聞記者馬龍曾描述他去英特爾採訪時:「我找不到諾宜斯。只好麻煩祕書帶我去他的座位。因為在星羅棋布的隔間大海中,根本分不出哪裡是諾宜斯辦公的地方。」

有一位英特爾早期員工想看看公司組織圖,於是諾宜斯先在一張白紙中央畫了個 X,然後環繞著 X 又畫了好幾個 X,接著再用幾條線把這些 X 連結起來。中央的 X 代表這位員工,周圍是他工作上需要打交道的對象。諾宜斯注意到東岸的公司喜歡讓職員和祕書在小小的金屬桌上辦公,公司高級主管則享有氣派的桃花心木辦公桌。所以諾宜斯決定在灰色鋁桌上辦公,即使剛上任的幕僚分配到更大的木桌也無妨。諾宜斯那張處處可見凹損刮痕的辦公桌放在辦公室近中央的位置,每個人都看得到他,其他英特爾人因此也不敢要求任何權位象徵。「這裡沒有人可以享有特權,」後來嫁給諾宜斯的人事主任鮑爾斯[*]表示:「我們開始塑造和過去截然不同的公司文化,是一種強調績效的文化。」

英特爾文化也是創新的文化。諾宜斯在飛歌公司嚴格的層級制度下壓抑的工作幾年後,發展出一套理論。他認為,工作環境愈開放,組織結構愈鬆散,新的創意愈能快速迸發、散播、精煉,並實際應用。英特爾工程師霍夫(Ted Hoff)表示:「員工不需要透過層層指揮系統上報。如果你需要和某位主管溝通,直接去找他談就好

了。」根據作家沃爾夫的描述:「諾宜斯心知肚明,他對於東岸公司的階級制度和無窮的身分等級,還有每天擺出一副企業法庭和貴族階級樣子的企業執行長和副總裁,簡直深惡痛絕。」

諾宜斯不管在快捷或英特爾都避免建立層層指揮鏈,他充分授權員工,逼他們展現創業精神。明知會議中的爭執遲遲未能解決,會令葛洛夫感到厭煩,諾宜斯仍然願意放手讓資淺員工解決問題,而不會要他們聽令行事。他願意讓年輕工程師承擔責任,年輕工程師也必須設法創新。有時候,部屬碰上棘手問題而焦躁不安。「他會緊張兮兮的跑去找諾宜斯,問說該怎麼辦,」沃爾夫寫道:「諾宜斯會目光炯炯的低頭聆聽,然後說:『嘿,以下是我的建議:你一定要考慮 A,一定要考慮 B,也一定要考慮 C。』然後露出他那賈利・古柏式的笑容:『但假如你以為我會替你做決定,可就錯了。嘿…… 這是你的責任。』」

英特爾的事業部都獲得充分授權,可以像靈活的小公司般自主行動,而不必事先向高層提計畫。當制定的決策需要其他單位買帳時,例如擬定新的行銷計畫或改變產品策略,他們不會把問題丟給上級處理,而會召開臨時會議,設法自行解決。諾宜斯喜歡開會,英特爾有很多會議室,任何人只要覺得有需要,都可以召開會議。開會時人人平等,每個人都可以挑戰現行做法。諾宜斯在會議中不是扮演老闆的角色,而是如牧師般循循善誘,引導屬下自行做出決定。沃爾夫的結論是:「他們不像一家公司,反倒像一間教會。」

諾宜斯很聰明,又懂得鼓舞人心,是偉大的領導人,卻不是卓越的經理人。「諾宜斯經營公司的原則是,假如你建議別人該怎麼做才對,他們應該夠聰明,聽得懂你的建議,而且會照做,」摩爾

---

* 鮑爾斯(Ann Bowers)和諾宜斯結婚後,不得不離開英特爾公司,轉換跑道到羽翼未豐的蘋果電腦,成為賈伯斯首任人力資源主管,也是安撫賈伯斯的重要力量。

說：「因此毋須再操心後續問題。」摩爾承認自己也沒有好多少。
「我從來都不渴望行使權力或發號施令，換句話說，我倆的作風可能
太像了。」

　　這樣的管理風格需要有人協助推動紀律。早在英特爾創立初
期，葛洛夫還沒當上執行長前，他就已經協助公司建立管理制度。
做事馬虎的員工必須為自己的過失負責，失敗者亦會嚐到苦果。一
位工程師說：「如果礙事的人是他的媽媽，葛洛夫也會叫她走路。」
另外一位同事則解釋，在諾宜斯領導的組織中必須如此。「諾宜斯
一定要當好人，對他來說，受人喜愛是很重要的事。所以總得有人
施展鐵腕扮黑臉。葛洛夫恰好善於此道。」

　　葛洛夫開始把管理的藝術當成電路學來鑽研。他後來寫的《10
倍速時代》和《葛洛夫給經理人的第一課》等書，都非常暢銷。他
並沒有試圖在諾宜斯打造的組織中，推行層級式的指揮系統，反而
努力推動自動自發、聚焦明確、重視細節的文化，在諾宜斯鬆散而
注重和諧的管理風格下，這些特質不會自動冒出來。葛洛夫開會時
果決明快，不像過去在諾宜斯召集的會議中，大家知道諾宜斯耳根
子軟，只要撐得夠久就很可能說服他。

　　葛洛夫之所以沒有變得有如暴君，是因為他熱情豪放，讓人很
難不喜歡他。他笑的時候眼睛發亮，還有一種古靈精怪的獨特魅
力。他的匈牙利口音和傻傻的笑容，讓他成為矽谷最有趣的工程
師。葛洛夫當時試圖裝扮時髦，以迎合 1970 年代初期奇怪的時尚風
格，他那種科技怪傑移民特有的時髦裝扮，簡直可以做為美國喜劇
綜藝節目《週六夜現場》的橋段。當時葛洛夫留著長長的鬢角，襯
衫敞開，可以看到胸毛和在胸前晃蕩的金項鍊。但這些都無法掩蓋
一個事實：葛洛夫是真正的工程師，他曾是開發金屬氧化物半導體

電晶體的先驅，是現代微晶片發展的核心人物。

葛洛夫推行諾宜斯平等主義的作風，終其一生，他一直在開放式隔間中工作，而且樂此不疲，但他也添增了自己的印記 —— 鼓勵「建設性衝突」的文化。他從來不裝腔作勢，但也絕不會放鬆警覺，掉以輕心。相對於諾宜斯溫文儒雅的親切作風，葛洛夫坦率直言，不說廢話。後來賈伯斯也採取相同的策略：絕對誠實、焦點明確、追求卓越。「葛洛夫是確保每班列車都會準時抵達的人，」鮑爾斯回憶說：「他是嚴格的監工。他對於你該做什麼、不該做什麼，有一套強烈看法，而且會直接告訴你。」

雖然三人的作風不同，但諾宜斯、摩爾和葛洛夫有一個共通點：他們都有一個不容動搖的目標 —— 必須讓創新、實驗和創業精神在英特爾蓬勃發展。葛洛夫的名言是：「成功帶來自滿，自滿孕育失敗，唯有偏執者存活。」諾宜斯和摩爾也許不夠偏執，但他們絕對不曾自滿。

微處理器——晶片上的通用電腦

有時候，新發明的誕生是因為人們急著解決當前的問題，有時候則是因為胸懷遠大的目標。工程師霍夫率領英特爾團隊發明微處理器的經過，則屬於以上皆是。

霍夫曾是史丹佛大學的年輕教師，後來成為英特爾公司第十二位員工，分派到晶片設計小組工作。當時英特爾設計了許多不同類型、各具功能的微晶片，霍夫認為這種做法既浪費也不夠簡潔。許多公司會跑來找英特爾，要求他們做出專為某種特定功能設計的晶片。霍夫和諾宜斯及其他人一樣，都認為可以採取另一種做法：打造出通用晶片，這樣的晶片可以透過指令和編程執行各種不同的應

用。換句話說，這是晶片上的通用電腦。

這樣的願景恰好呼應了 1969 年夏天霍夫碰到的問題。有一家叫 Busicom 的日本公司計劃開發性能高強的新桌上型計算機，並為十二個特殊用途微晶片訂出規格（不同的晶片各負責顯示、計算、記憶等不同功能），希望由英特爾負責製造。英特爾同意接單，也談好了價錢。諾宜斯要求霍夫督導這個案子，霍夫很快就碰到挑戰。「我愈了解他們的設計，就愈擔心英特爾或許太不自量力了，」霍夫回想：「晶片的數量和複雜度都遠超出我的預期。」英特爾不可能按照原本協議的價錢生產晶片。更糟的是，基爾比的口袋型計算機銷路愈來愈好，迫使 Busicom 進一步削價競爭。

諾宜斯提議：「假如你可以想出什麼法子來簡化晶片設計，你何不試試看呢？」

霍夫提議英特爾設計單一邏輯晶片來執行 Busicom 要求的所有功能。他談到設計通用晶片時表示：「我知道一定辦得到。我們可以打造這樣的晶片來模擬電腦的功能。」於是，諾宜斯讓他試試看。

諾宜斯知道向 Busicom 推銷這個點子之前，得先設法說服可能更抗拒這個想法的人：葛洛夫。葛洛夫認為，讓英特爾保持專注是他的天職。諾宜斯幾乎什麼都點頭，而葛洛夫則是負責搖頭的那個人。每當諾宜斯閒晃到葛洛夫那兒，一屁股坐在辦公桌一角，葛洛夫會立刻提高警覺。他知道每次諾宜斯故意裝出一副若無其事的樣子時，就必定有事。「我們開始進行另外一個計畫，」諾宜斯說道，還乾笑幾聲。葛洛夫的第一個反應是諾宜斯瘋了。英特爾才剛起步，還在努力製造記憶晶片，何必在這時候分散焦點。但等到諾宜斯說明霍夫的構想後，葛洛夫明白他可能不該反對，而且就算反對也沒用。

1969 年 9 月，霍夫和同事梅澤（Stan Mazor）為可執行程式指令的通用邏輯晶片勾勒出基本架構，在 Busicom 要求的十二項功能中，這個晶片可以執行其中九項。諾宜斯和霍夫向 Busicom 的高階主管說明替代方案，他們都同意這樣做比較好。

到了需要談判價錢時，霍夫向諾宜斯提出的關鍵建議，後來為通用晶片帶來廣大市場，也穩固了英特爾做為數位時代推動者的地位。微軟的比爾・蓋茲十年後面對 IBM 時，也仿效他們的做法。諾宜斯給 Busicom 一個好價錢後，堅持英特爾保有新晶片的權利，能授權其他公司把晶片用在計算機以外的用途。他明白，能夠經由編程執行任何邏輯功能的晶片，將成為電子裝置的標準元件，就好像二乘四的板材是建造房子的標準元件一樣。這種晶片將取代客製化的晶片，也就是說，這種晶片可以大量生產，如此一來價格將持續下滑。而新晶片也會推動電子業更微妙的轉變：設計電路板上各種元件配置的硬體工程師，重要性將日益下降，取而代之的新血輪是把一系列指令編寫為系統程式的軟體工程師。

由於這種晶片基本上就是把電腦處理器設計在單一晶片上，因此新裝置叫作「微處理器」。1971 年 11 月，英特爾公開發表新產品 Intel 4004。他們在專業雜誌上刊登廣告，宣布「積體電子學的新紀元誕生了！——放在晶片上的可編程微電腦！」每個晶片訂價 200 美元，訂單開始如雪片般飛來，還有數千封來函索取產品說明書。英特爾發表產品的那天，諾宜斯在拉斯維加斯參加電腦展，看到潛在顧客蜂擁到英特爾的攤位，簡直樂壞了。

諾宜斯成為微處理器的使徒。1972 年，諾宜斯在舊金山主持家族團聚時，在巴士裡站起來，手中揮舞著晶圓告訴家人：「這個東西會改變世界。你們家中將發生翻天覆地的變化，每個人都可以在自

己家裡安裝電腦,可以接觸到各式各樣的資訊。」他的親戚把那片晶圓傳來傳去,大家都想見識一下。諾宜斯預言:「你們不再需要錢了。所有的一切都會電子化。」

他的話不算太誇張。微處理器漸漸出現在智慧型交通號誌、汽車剎車、煮咖啡機、電冰箱、電梯、醫療裝置、和其他成千上萬種新發明中。但微處理器最重要的功績是讓電腦得以變得愈來愈小,其中最亮眼的是可以放在桌上和家裡的個人電腦。如果摩爾定律繼續發威(的確如此),個人電腦業將與微處理器業持續攜手成長,共存共榮。

這就是 1970 年代的情況。微處理器誕生後,幾百家製造個人電腦軟硬體的新公司如雨後春筍般冒出來。英特爾不只開發出技術尖端的晶片,也塑造出一種特殊文化,激勵創投基金支持的新公司翻轉經濟,從舊金山經帕洛奧圖延伸到聖荷西、綿延六十幾公里的聖塔克拉拉河谷從此面貌丕變,不再遍布杏樹。

這條狹長縱谷的主要動脈是交通繁忙的 El Camino Real 公路,它曾是連結加州二十一個教會的幹道。多虧了惠普公司、特曼的史丹佛工業園區、蕭克利、快捷半導體及眾多快捷之子,到了 1970 年代初,這條公路成為串連諸多科技公司的繁忙走廊。1971 年,這個區域有了新名字。《電子新聞》週報的專欄作家霍夫勒(Don Hoefler)開始寫一系列名為〈美國矽谷〉(Silicon Valley USA)的專欄文章,「矽谷」之名從此流傳了下來。

愛德華茲與山姆森在MIT玩「太空大戰」，時間是1962年。

布許聶爾（1943-）跟他的「乒」電玩。

06

電玩

　　正如摩爾定律的預測，微晶片的發展促使科技產品日益輕薄短小，且效能愈來愈強。但還有另外一股動力不但推動電腦革命，後來還推升個人電腦的需求：這批人堅信電腦的用途不只是計算數字，使用電腦可以（且應該）是很好玩的事情。

　　電腦應該是互動和娛樂的工具 —— 這個觀念的形成要拜兩種文化之賜。第一種是死忠駭客文化，他們堅信親自動手的必要性，而且熱愛惡作劇，喜歡鑽研各種巧妙的戲法、玩具和遊戲程式。另外則是有反叛精神、渴望打入遊戲市場的創業家，過去這個市場都由彈珠台經銷商把持，但發動數位革命的時機逐漸成熟。電玩（或電動遊戲）於焉誕生，而且後來不再只充當旁支末節的餘興節目，而成為促成今日個人電腦面貌的主軸之一。電玩的發展也有助於傳播諸多觀念，包括電腦應該跟人類即時互動，應具備直覺性的介面和討喜的圖形顯示。

駭客大本營——MIT鐵路模型技術俱樂部

MIT 科技迷組成的學生社團「鐵路模型技術俱樂部」（Tech Model Railroad Club, TMRC）是駭客次文化的發源地，也是影響深遠的電玩「太空大戰」（Spacewar）誕生的地方。

鐵路模型技術俱樂部在 1946 年創立，社辦藏身於戰時為發展雷達而搭建的建築中。這座科技迷的碉堡幾乎布滿鐵路模型平台，上面鋪設了數十條鐵軌，還有許許多多的交換器、電車、號誌燈和市鎮，全都經過精確歷史考證，精心打造而成。俱樂部大多數成員都醉心於塑造完美的模型，然後展示在高與胸齊、四處蔓延的平台上，少數成員則對藏在平台底下的設備更感興趣。平台下有學生拼拼湊湊、組裝而成的繼電器、電線、電路、縱橫式交換機等，為平台上眾多列車提供複雜的控制系統。「訊號及電力小組」的成員就負責照管這些設備，他們從這團糾結雜亂的線路網中看到蘊藏其中的美。科技記者李維（Steven Levy）的著作《駭客列傳》（*Hackers*），一開頭就以生動有趣的筆觸描繪這個社團，他寫道：「這裡有排列得整整齊齊的交換機和暗銅色繼電器，以及長串亂成一團、糾纏不清的紅色、藍色、黃色電線，盤根錯節有如愛因斯坦式亂髮所爆出的繽紛彩虹。」

訊號及電力小組深以「駭客」（hacker）一詞為傲。他們認為「駭客」意指高超的技術和頑皮的心態，而不是（最近的用法中所指的）非法侵入網路。MIT 學生精心設計的各種惡作劇，例如把活生生的牛放到宿舍屋頂、把塑膠牛放在 MIT 主建築的圓頂上，或在哈佛對抗耶魯的球賽中，讓巨大氣球突然從球場中央升起，都是他們所謂的「駭客」行為。「我們的社員只採用『駭客』一詞的原始意

義：運用創意巧思，創造出更聰明的成果，稱之為『駭』，」鐵路模型技術俱樂部聲稱：「『駭』的精髓在於，動作迅速，而且通常舉止不太文雅。」

有些早期駭客十分渴望創造出能思考的機器。他們之中，有許多人是 MIT 人工智慧實驗室的學生。人工智慧實驗室是在 1959年由 MIT 兩位教授所創立，這兩位教授後來都成了傳奇，一位是長得像聖誕老公公的麥卡西（John McCarthy），他也是「人工智慧」（artificial intelligence）一詞的創始者；以及聰明絕頂的閔斯基（Marvin Minsky），閔斯基深信電腦有朝一日將超越人類智能，但他本身過人的聰明才智似乎正是反駁這個論點的最佳例證。人工智慧實驗室的主要信條是：只要具備充足的資訊處理能力，機器也能複製人類大腦神經網路的功能，跟使用者聰明互動。閔斯基個性頑皮，雙目炯炯有神，他設計了一部能模擬大腦的機器，取名為「隨機神經類比加強計算機」（SNARC），暗示他雖然很認真，偶爾也會開點小玩笑。他有個理論：智能可能是由不具智能的元件（例如透過巨大網路連結的許多小電腦）相互作用後的產物。

鐵路模型技術俱樂部諸多駭客的關鍵時刻在 1961 年 9 月來臨，當時迪吉多電腦公司捐了一部 PDP-1 原型電腦給 MIT。大約三個冰箱大的 PDP-1 是第一部能與使用者直接互動的電腦，連接上鍵盤和可顯示圖形的監視器後，任何人都可以輕鬆操作電腦。幾個狂熱駭客立刻像飛蛾撲火般，整天圍繞著這部新電腦打轉，還祕密組成小團體，設計一些好玩的事情讓電腦做。很多時候，他們都在劍橋市海厄姆街一棟荒廢的公寓中聚會討論，所以自稱為「海厄姆研究院」。這個崇高的名稱本身就是一種諷刺，因為他們的目標不是為PDP-1 電腦找到更高層次的用途，而是想要耍小聰明。

以往的駭客已經為早期電腦設計了幾個基本遊戲。例如，MIT
有個遊戲是：用螢幕上的一點代表有隻老鼠在迷宮中找乳酪（或在
後來的版本中變成馬丁尼酒）。長島的布魯克哈芬國家實驗室設計的
遊戲，則是在類比式電腦上用示波器模擬網球比賽。但海厄姆研究
院的成員知道，有了 PDP-1 電腦，他們有機會設計出第一個真正的
電腦遊戲。

羅素與太空大戰遊戲

這群人裡面，最厲害的程式設計高手是羅素（Steve Russell），
他當時正在協助麥卡西教授設計 LISP 程式語言，以加快人工智慧的
研究步調。羅素是不折不扣的電腦怪傑，是本領高超的科技狂，醉
心於從蒸汽火車到會思考的機器等各種科技。他身材短小，容易激
動，有一頭捲髮，鼻樑上掛著厚厚的鏡片。他講話速度很快，彷彿
有人一拳擊中了快轉按鈕般。雖然他充滿熱情，精力旺盛，做事卻
拖拖拉拉，因此綽號叫「懶鬼」。

羅素和他的駭客朋友一樣，喜歡看爛電影和通俗科幻小說。他
最欣賞的作者是史密斯「博士」（E. E. "Doc" Smith）。史密斯是失
意的食品工程師（他是漂白麵粉的專家，懂得調配甜甜圈粉），專
寫一些沒什麼價值的次類型科幻小說，也就是所謂的「太空歌劇」
（space opera）。史密斯博士的小說總是有戲劇性的冒險情節，裡面充
滿善惡對立、星際旅行和老掉牙的羅曼史。鐵路模型技術俱樂部及
海厄姆研究院成員葛瑞茲（Martin Graetz）在回顧太空大戰遊戲創作
過程的文章中，形容史密斯博士「下筆時有如氣鑽般優雅細緻」。
葛瑞茲記得史密斯博士的典型故事是：

經歷了最初的一陣騷動，把大家的名字都弄清楚之後，幾個發展過度的哈迪男孩穿越宇宙，摧毀銀河黑幫、炸掉幾顆星球、殺死各種低等生命形式，真是痛快極了！每逢緊要關頭，我們的英雄總是能提出完善的科學理論，發明執行理論的技術，並製造武器來轟掉幾個壞蛋，在此同時還有追兵在後，但他們駕著太空船，穿越了無跡可尋的銀河荒原。

羅素、葛瑞茲等人對這類太空歌劇十分著迷，難怪後來決定為PDP-1 設計太空大戰遊戲。羅素還記得：「當時我剛看完史密斯博士的《透鏡人》（*Lensman*）系列，他筆下的英雄人物往往在星系間遭壞蛋追捕，必須運用創造力設法脫困。『太空大戰』的點子即由此而來。」他們以身為「科技宅男」自豪，組成海厄姆研究院太空戰事讀書會，由羅素來編寫程式。

只不過羅素正如同他的綽號所示，遲遲未能完成程式。他知道這個遊戲程式應該從何著手。閔斯基教授曾經意外發現一種演算法，能在PDP-1 上面畫圓圈，經過修改後可以在電腦螢幕上顯示三個點，而且可透過點與點的互動，織出一些美麗的模式。閔斯基稱之為「三點顯示」（Tri-Pos），學生則把它取名為「閔斯基創」（Minskytron）。想要以太空船和飛彈之間的互動為特色來設計遊戲，這是很好的起點。羅素花了幾個星期沉迷於「閔斯基創」，想了解它能產生哪些模式。但是等到羅素開始編寫決定太空船動作模式的正弦－餘弦常式（sine-cosine routine）時，卻陷入困境。

羅素說明他碰到的困難後，社員寇托克（Alan Kotok）清楚知道該如何解決。他開車造訪波士頓市郊的迪吉多總部（也就是PDP-1 電腦的製造商），找到一位善心的工程師，願意提供計算時需要的常

式。「好了，正弦－餘弦常式在這兒，你還有什麼藉口嗎？」寇托克對羅素說。羅素後來承認：「我環顧四周，找不到任何藉口，只好定下心來，好好做一些計算。」

1961 年整個聖誕假期，羅素都埋頭苦幹，幾個星期後他終於設法利用控制板上的雙態觸變開關（toggle switch）來操控電腦螢幕上的點，讓這些點的移動速度加快、放慢和轉向。然後他又把兩個點變成兩艘卡通造型的太空船，一艘船比較圓胖，狀似雪茄；另一艘則為瘦長的直線型，像枝鉛筆。他又寫了一個次常式，讓太空船可以從鼻端射出一個點，以模仿飛彈。當射出的飛彈點落在另一艘太空船的位置時，太空船會「爆炸」，散開成許多任意移動的點。到了 1962 年 2 月，基本程式已設計完成。

這時候，太空大戰遊戲已經變成開放原始碼計畫。羅素把程式帶放在專門收藏 PDP-1 程式的箱子裡，他的朋友開始針對程式做各種修改。其中一個朋友愛德華茲（Dan Edwards）認為，如果在遊戲中加入重力因素應該會很酷，所以他編寫的程式把會對太空船產生重力的大太陽放進遊戲中。太空船一不注意，就會被太陽吸過去而遭摧毀。但高明的玩家就懂得急速移動，在接近太陽時，利用太陽的重力牽引以獲取動能，然後突然高速迴轉。

羅素還記得，另一個朋友山姆森（Peter Samson）則「認為我的星星太過隨意而不夠真實」。山姆森覺得遊戲需要一些「貨真價實的東西」，也就是符合天文學的正確星座，而不是一大堆各種各樣的點。於是他增加了一個名為「昂貴星象儀」的程式，根據《美國星歷表與航海天文曆》的資訊來設計程式，在遊戲中顯示夜空中所有 5 星等以下的星星。他甚至經由設定顯示點在螢幕上發亮的頻率，複製每顆星星的相對亮度。太空船行進時，各星座會慢慢捲動通過。

這種開放原始碼的合作方式產生了更多聰明的設計。葛瑞茲想出「終極緊急按鈕」的脫困點子，只要按下開關，就能暫時遁入多維空間中的另一個空間。「我的想法是，無計可施時，你可以跳進第四維空間，然後消失不見，」他解釋。他曾經在史密斯博士的小說中讀到類似裝置，稱為「超空間管」。不過，這個法子仍有限制：每一局遊戲只有三次遁入超空間的機會，敵人會因你的失蹤而得到喘息機會，而且你無從得知太空船會在什麼地方重新現身。「這是你可以利用、但不會想用的脫困方式，」羅素解釋。為了向閔斯基教授致敬，葛瑞茲增加了一項設計：遁入超空間的太空船會留下「閔斯基創」的印記。

最後還有一項重要貢獻，來自於鐵路模型技術俱樂部兩位活躍社員寇托克與桑德斯（Bob Sanders）。他們知道，大家都擠在 PDP-1 控制台前面相互推擠，爭著操縱電腦開關，既不便又十分危險。所以他們在社辦的火車平台下面四處搜尋，找到一些雙態觸變開關和繼電器。他們把零件在塑膠盒中組裝起來，做了兩個遙控器，還加上所有必要的功能開關和超空間緊急按鈕。

這個遊戲很快在其他電腦中心流行起來，變成駭客文化的重要產物。迪吉多公司的電腦在出貨前會預先載入太空大戰遊戲，還有程式設計師為其他電腦系統設計的遊戲新版本。世界各地的駭客更在遊戲中加入更多性能，例如隱形能力、爆破太空地雷，還有從太空船駕駛員的觀點轉移到第一人稱觀點。個人電腦先驅凱伊（Alan Kay）曾說：「只要有電腦和圖形顯示器的地方，太空大戰遊戲就大行其道。」

太空大戰遊戲凸顯了駭客文化的三個層面，也成為數位時代的重要主題：第一、這個遊戲是集體創作的。「我們能夠以團隊合

作的方式一起打造遊戲，這是我們喜歡的做事方式，」羅素說。第二、這個遊戲是免費的開放原始碼軟體。「很多人想要複製一份程式原始碼，我們當然奉送。」當然，因為當時的時空環境仍渴望免費的自由軟體。第三，遊戲的設計基於一個信念：電腦應該是可互動的個人裝置。羅素說：「我們因此可以親手操作電腦，讓電腦即時回應。」

完美的創業家布許聶爾

布許聶爾（Nolan Bushnell）和 1960 年代許多主修電腦科學的學生一樣，瘋狂迷上太空大戰遊戲。「每個電腦迷都深受這個遊戲影響，它改變了我的人生，」他還記得：「對我而言，羅素有如上帝。」和其他喜歡從操縱螢幕光點得到快感的電腦迷不同的是，布許聶爾也對主題樂園十分著迷。他大學時代就在主題樂園打工。此外，他也有創業家的強烈個性，喜歡冒險和追求刺激。因此布許聶爾就成為把發明變成產業的創新者之一。

布許聶爾十五歲時，父親就過世了。他的父親原本在鹽湖城郊的新興社區擔任建築包商，死後留下好幾件未完成、也尚未收款的工程。布許聶爾當時雖然年紀輕輕，已經是個性活潑、天不怕地不怕的大塊頭，於是他替亡父把工程一一完成。「如果你十五歲時，就做出這樣的事情，你會開始認為自己沒有什麼事情辦不到。」所以，他成為撲克牌玩家也就不足為奇了。幸好他輸了，只好乖乖半工半讀，一邊在猶他大學念書，一邊在潟湖遊樂園（Lagoon Amusement Park）打工。「我學會各式各樣的伎倆，知道怎麼樣讓人們掏出硬幣，後來對我很有用。」他很快調到彈珠台和遊戲機部門，當時，芝加哥投幣機製造公司（Chicago Coin Machine

Manufacturing Company）的賽車遊戲 Speedway 正掀起熱潮。

布許聶爾在猶他大學落腳也是件幸運的事。當時在蘇澤蘭（Ivan Sutherland）教授和伊文斯（David Evans）教授帶領下，猶他大學有全美最好的計算機圖學課程，而且也是網際網路（Internet）的前身 ARPANET 的四個節點之一。猶他大學有許多出類拔萃的學生，包括克拉克（J. Clark），他後來創辦了網景公司（Netscape）；沃諾克（J. Warnock），他是 Adobe 的共同創辦人；凱特穆（E. Catmull），他是皮克斯公司（Pixar）的共同創辦人之一；以及凱伊，我們在後面會談到更多關於他的事。

猶他大學有一部 PDP-1，裡面有太空大戰遊戲，於是布許聶爾把對電玩的熱愛和對遊樂場經濟學的了解結合起來。「我知道，如果你可以在遊樂場裝一部玩遊戲的電腦，一定可以賺到一大堆銅板，」他說：「然後我算了一下，就明白即使每天都賺到一大堆銅板，加起來也不敷電腦百萬美元的成本。你把兩毛五的硬幣拿來和一百萬美元一比，就會放棄了。」他確實罷手，但只是暫時如此。

1968 年布許聶爾在大學畢業後（他老是誇耀他是「全班最後一名」），到製造錄音設備的安培（Ampex）公司上班。他和同事戴布尼（Ted Dabney）繼續設法把電腦變成大型遊戲機。適逢通用資料（Data General）公司在 1969 年推出售價四千美元、電冰箱大小的迷你電腦諾瓦（Nova），於是他們設想各種方法來改造 Nova。然而無論他們怎麼在數字上玩花樣，Nova 仍然不夠便宜，性能也不夠強。

布許聶爾在試圖讓 Nova 支援太空大戰遊戲時，分析了遊戲的各個組成要素（例如背景的星星），希望能藉由硬體電路產生某些元素，而不必全部仰賴電腦的處理能力。「這時候我靈機一動，」布許聶爾回憶：「何不全用硬體來做？」換句話說，他要設計電路來執

行原本靠程式設定的各項工作，如此一來成本就會降低許多，但同時遊戲也必須變得很簡單。於是他把太空大戰的主軸，變成由使用者控制一艘太空船來對抗兩個由硬體設定的簡單飛碟。他還取消了遊戲中的太陽重力和可以遁入超空間的緊急按鈕。但遊戲仍然很好玩，而且可以用合理的成本製造出來。

布許聶爾把這個點子賣給納廷（Bill Nutting），當時納廷剛成立公司，預備生產名叫「電腦測驗」（Computer Quiz）的大型電玩。他們把布許聶爾的遊戲取名為「電腦空間」（Computer Space）。由於布許聶爾和納廷很合得來，他在 1971 年辭掉安培的工作，加入納廷創辦的納廷聯合公司（Nutting Associates）。

兩人努力開發第一部電腦空間遊戲機的控制台時，布許聶爾聽說競爭者出現了。有個叫皮茲（Bill Pitts）的史丹佛畢業生及他的死黨、出身加州理工大學的塔克（Hugh Tuck）都沉迷於太空大戰遊戲，他們決定用 PDP-11 迷你電腦把太空大戰變成大型電玩。布許聶爾聽到風聲後，邀請皮茲和塔克來訪。他們倆看到布許聶爾正在拆解太空大戰，準備除掉一些功能，以降低生產成本，對這大逆不道的事情都大感震驚。「布許聶爾做的完全是劣質版本。」皮茲很生氣。而他們自己打算花兩萬美元購買設備，把 PDP-11 放在另一個房間，用電纜連接控制台，然後每玩一次遊戲收費一毛錢。布許聶爾十分瞧不起他們的計畫。「我很訝異也鬆了一口氣。知道他們想做什麼後，我很清楚，他們絕對不是我的對手。」

1971 年秋天，皮茲和塔克的「銀河遊戲」（Galaxy Game）在史丹佛大學學生中心的咖啡廳首度亮相。學生每晚都蜂擁而至，彷彿到神殿膜拜的狂熱信徒。但是無論有多少學生手持硬幣排隊等著玩遊戲，機器仍然入不敷出，所以這場華麗冒險唯有以失敗收場。

「我們都是工程師，完全沒注意到經營問題，」皮茲承認。單靠工程才華或許能點燃創新火花，但必須結合商業能力，才能做出驚天動地的大事。

布許聶爾生產一套電腦空間遊戲機的成本只需一千美元。銀河遊戲推出後幾個星期，布許聶爾也在荷蘭鵝（Dutch Goose）酒吧推出電腦空間遊戲機，並持續賣出 1,500 部，荷蘭鵝位在帕洛奧圖附近的門洛帕克。布許聶爾是完美的創業家，他創意十足，善於解決工程問題，又有靈活的商業頭腦，了解消費者需求。他也是絕佳的推銷員。有一位記者還記得有一次在芝加哥商展碰到他：「我第一次見到六歲以上的人在說明新電玩時，會這麼興高采烈。」

結果，電腦空間遊戲在學生圈反應較佳，在啤酒屋反倒不是那麼受歡迎，所以銷量不如大多數的彈珠台，但仍然吸引了一批電玩迷，更重要的是還催生出新的產業。矽谷工程師很快就會徹底改變過去一直由芝加哥彈珠台廠商壟斷的大型電玩業。

布許聶爾覺得在納廷聯合公司的工作經歷平淡無奇，決定自行創業，推出下一個電玩。他回想：「為納廷工作是很好的學習經驗，因為我發現我不可能把事情弄得比他們糟。」他決定把新公司取名為朔望（Syzygy），它的英文幾乎沒什麼人會唸，意思是三個天體在同一直線上。幸好由於某個製作蠟燭的嬉皮公社已經先一步註冊這個名字，布許聶爾決定把新公司取名為雅達利（Atari），這個詞源自日本圍棋術語。

一炮而紅的遊戲──乒

1972 年 6 月 27 日，布許聶爾在雅達利公司成立當天，雇用了第一位工程師。艾爾康（Al Alcorn）曾是舊金山治安不佳地區一所高

中的足球員。他靠自修 RCA 函授課程學會修理電視。進入柏克萊讀大學後，他透過建教合作計畫進入安培公司實習，在布許聶爾底下工作。布許聶爾創辦雅達利時，艾爾康正好大學畢業。

數位時代許多重要拍檔的才能和個性都大不相同，例如莫渠利和艾科特、巴丁和布拉頓、賈伯斯和沃茲尼克都是如此。但有些拍檔之所以合作愉快，是因為他們個性接近，志趣相投，布許聶爾和艾爾康就是如此。兩人都長得粗粗壯壯的，也都愛玩，有點玩世不恭。「艾爾康是當今世上我最喜歡的人之一，」四十多年後，布許聶爾再次強調：「他是完美的工程師，人又風趣，很適合開發電玩。」

當時布許聶爾已簽約為芝加哥的貝利密維（Bally Midway）公司設計新電玩。他們計劃開發賽車遊戲，覺得賽車遊戲應該比太空遊戲更能吸引在酒吧喝啤酒的工人。不過在正式指派艾爾康這個任務之前，布許聶爾決定先給他一點暖身練習。

布許聶爾曾經在商展中參觀美格福斯（Magnavox）公司的奧德賽（Odyssey）遊戲機。奧德賽乃是透過簡單的控制台，在家中電視機上玩遊戲。乒乓遊戲是他們提供的其中一個遊戲。布許聶爾多年後遭控竊取乒乓遊戲構想時表示：「我覺得這遊戲挺爛的。沒有聲音、沒有分數，而且球還是方的。但我注意到有些人覺得它滿好玩的。」他回到雅達利在聖塔克拉拉租的小辦公室，向艾爾康描繪這個遊戲，他畫了一些電路，要求艾爾康設計出適合大型遊戲機的新版本。他告訴艾爾康，他已經和奇異公司簽約，答應為他們製作這個遊戲，但其實根本沒這回事。布許聶爾和許多創業家一樣，會為了激勵員工不惜扭曲事實，而且絲毫沒有愧色。「我認為這對艾爾康是很好的訓練，」他說。

　　艾爾康幾個星期內就設計好電路原型，並在 1972 年 9 月初大功告成。他童心未泯的想到一個增強遊戲功能的方式，原本在兩個球拍間單調彈跳的乒乓球因此變得有趣多了。艾爾康設計的線條分八個區，當乒乓球正中球拍中央時，球會直線彈回，但當球擊中球拍邊緣時，球飛回來時會有不同的角度。如此一來，遊戲變得更具挑戰性，也更需要技巧。他靈機一動，再利用同步產生器加上「乒、乓」的音效，更增添幾分趣味。艾爾康利用 75 美元的日立黑白電視機，在這個 120 公分高的木櫃中把零件用線路連接好。這個遊戲和電腦空間遊戲一樣，既未使用微處理器，也不必跑任何一行程式，完全只靠硬體的數位邏輯設計（一般電視工程師採用的設計型態）。然後艾爾康再裝上他從舊彈珠台拆下來的投幣箱。於是，一顆新星就此誕生。布許聶爾把遊戲取名為「乓」（Pong）。

　　「乓」最巧妙之處就在於它的簡潔。電腦空間遊戲需要有複雜的指令，遊戲開啟後螢幕上就會出現一連串說明（例如，「太空中沒有重力，只能透過引擎推力改變火箭速度」），連電腦工程師都看得眼花撩亂。相反的，乓非常簡潔，在午夜過後，喝得醉醺醺的酒吧常客或醉酒的大二學生都懂得玩。遊戲只有一條指令：「不要漏接球，就可拿高分。」無論有心或無意，雅達利掌握了電腦時代最重要的工程學挑戰：創造簡單的直覺式使用者介面。

　　艾爾康的傑作讓布許聶爾龍心大悅，認為不應該只把它當訓練新人的習作：「我發現每天晚上工作完成後，我們都會沈迷一、兩個小時在玩遊戲，這遊戲這麼好玩，我馬上改變主意。」他飛到芝加哥，說服貝利密維公司同意雅達利拿乓來履約，不要再繼續開發賽車遊戲，但遭到拒絕。公司擔心這個遊戲需要由兩個人一起玩。

　　結果證明這是幸運之神意外降臨。布許聶爾和艾爾康把乓遊戲

的原型機架設在 Andy Capp's 啤酒屋進行測試。啤酒屋位於工人階級聚居的森尼韋爾市，地板上通常滿是花生殼，店後方則有一些酒客在打彈珠。一、兩天後，艾爾康接到啤酒屋經理的電話，抱怨機器故障，而因為遊戲太受歡迎了，經理要他馬上去修理。艾爾康連忙趕過去。他一啟動機器，就知道問題出在哪裡了：投幣箱之所以卡住，是因為裡面塞滿了二毛五的硬幣。硬幣多得湧到地板上。

布許聶爾和艾爾康知道新產品炙手可熱。一般遊戲機每天平均會有 10 美元的收入，而乒每天進帳 40 美元。突然之間，遭貝利密維拒絕反倒是他們的福氣。布許聶爾真正的創業家性格此時展露無遺：他決定，雅達利要自行生產這個產品，儘管當時既沒有資金，也缺乏設備。

布許聶爾決定賭一賭，設法自力更生，盡量利用銷售所得的現金來支撐公司營運。他檢查銀行戶頭還剩多少錢，把存款除以每部機器的生產成本 280 美元，算出第一批應該生產十三部遊戲機。「但 13 是不吉利的數字，」他回憶：「所以我們決定生產十二部。」

布許聶爾用黏土做出他想要的控制台外殼模型，拿給一家造船廠看，廠商再用玻璃纖維層板幫他生產。他們花了一星期的時間把一部大型遊戲機打造完成，再花幾天時間把售價 900 美元的機器賣出去，獲利 620 美元，因此雅達利的現金流量為正數，公司得以繼續營運下去。早期的收入有部分拿來製作推銷產品的小冊子，上面有個年輕美女穿著貼身薄紗睡衣，手臂靠在遊戲機上。「我們從街上的上空酒吧把她找來。」四十年後，布許聶爾對一群認真聽講的高中生這麼說，他們聽了似乎有些困惑，不太曉得上空酒吧是什麼。

創投業開始在矽谷興起，是洛克為英特爾順利籌資之後的事，但當時電玩還不是大家熟悉的產品，而且會讓人聯想到受黑幫控制

的彈珠台業，所以想做電玩的新公司不易受創投業青睞[*]。布許聶爾向銀行申請貸款時也屢屢碰壁，只有富國銀行（Wells Fargo）願意提供五萬美元的信用額度，而這遠低於他原本要求的數字。

雅達利在聖塔克拉拉的辦公室附近有個廢棄的溜冰場，有了錢以後，布許聶爾開始在那裡設置生產設施。但他們不是在裝配線上組裝兵遊戲機，而是由年輕工人在地板中央慢慢把不同零組件插入機器中。他們的工人都是從附近失業中心找來的，剔除掉吸毒者或曾偷過電視機的人。生產規模很快擴大，起初他們一天只產出十部遊戲機，不到兩個月，工廠一天幾乎可以生產一百部機器。營運數字也大幅改善；每個遊戲機的成本維持在 300 美元出頭，但售價已經上升到 1,200 美元。

活潑愛玩的布許聶爾和艾爾康當時都才二十來歲，公司氣氛可想而知，於是他們把矽谷新創公司輕鬆隨興的作風帶入新層次。他們每個星期五都舉行狂歡派對，大家喝啤酒、抽大麻，有時最後還跳入水中裸泳。尤其當該週銷售數字達標時，大家更是玩瘋了。「我們發現，達到目標時，員工對舉行派對的反應和領到獎金時一樣，」布許聶爾表示。

布許聶爾在附近的洛斯加圖斯山坡上買了一棟很好的房子，他有時會在家裡的熱水池開董事會或舉行員工聚會。每次他打造新的工程設施時，都要求裝個熱水池。「這是我們招募人才的工具，」他很堅持：「我們發現，我們的生活方式和好玩的派對是吸引員工的妙招。假如我們想延攬某人，我們會邀請他來參加我們的聚會。」

雅達利的文化除了是招募人才的工具，也是從布許聶爾的個性

＊ 三年後的1975年，雅達利決定為「兵」遊戲設計家用版，這回創投業立刻沸騰起來，布許聶爾從剛創立紅杉資本（Sequoia Capital）的瓦倫坦（Don Valentine）手中拿到二千萬美元的資金。雅達利和紅杉資本這兩家公司幫助彼此站穩了腳步。

243

自然衍生的產物。但這樣的文化不純然是自我放縱的表現，基本理念是根植於嬉皮運動，有助於定義矽谷的特質。它的核心原則是：應該質疑權威、繞過階級組織、推崇不墨守成規的行為、培養創造力。矽谷的公司和東岸公司不同的是，沒有固定的工作時間，而且不管在辦公室或熱水池，都不訂定服裝規範。工程師布里斯多（Steve Bristow）說：「當時在 IBM 上班都得穿白襯衫、黑領帶和深色長褲，把識別證別在肩部等等。在雅達利，你的工作表現比外表重要多了。」

由於乒遊戲一砲而紅，銷售奧德賽電視遊戲（也就是布許聶爾在商展中玩過的遊戲）的美格福斯公司決定控告雅達利。美格福斯的遊戲是委託外包工程師拜耳（Ralph Baer）設計的，但拜耳無法聲稱自己發明了這個遊戲的概念，因為追本溯源，至少在 1958 年，布魯克哈芬國家實驗室的希金伯申（William Higinbotham）就在類比電腦上組裝了一個示波器，能夠把一個點打來打去，稱之為「雙人網球遊戲」（Tennis for Two）。不過拜耳和愛迪生一樣，深信申請專利是發明過程的關鍵要素。他擁有七十多項專利，包括遊戲的各部分技術。布許聶爾認為與其打官司，不如創造雙贏，所以他想出聰明的交易條件：雅達利付一筆頗低的固定費用（70 萬美元），來購買奧德賽的永久權利，前提是當其他公司（包括前合作伙伴貝利密維和納廷聯合公司）打算製作類似電玩時，美格福斯公司必須行使專利權，要求某個百分比的授權費。這個協議幫助雅達利取得競爭優勢。

創新至少需具備三個條件：偉大的創意、實現創意的工程技術、以及靈敏的商業頭腦（加上談判的膽識），才能催生成功的產

品。布許聶爾三者兼具，這是為什麼他能帶動電玩業興起，成為歷史上的傑出創新者，而不是皮茲、塔克、納廷或拜耳。「我們很驕傲我們成功打造出乓，但我更驕傲的是，我想出讓公司營運下去的財務機制，」他說：「設計遊戲很簡單，但要在沒有錢的情況下，設法讓公司成長茁壯，卻很困難。」

李克萊德（1915-90）。

泰勒（1932-）。

羅勃茲（1937-）。

07

網際網路

布許的鐵三角

我們通常都可在創新上面找到組織的印記。就網際網路的發展而言，這種現象特別有趣，因為網際網路的誕生是軍方、大學和私人企業三方通力合作的結果，而且更有趣的是，他們並非各行其是的鬆散組合。美國的產、軍、學界在二次大戰期間和戰後緊密融合，形成鐵三角。

促成鐵三角的重責大任就落在 MIT 教授布許頭上（布許曾在 1931 年成功打造微分分析儀，也就是我們在第 2 章談過的類比電腦）。布許可說勝任愉快，因為他在三個陣營都是閃亮的明星：他既是 MIT 工程學院院長，也是雷神（Raytheon）電子公司創辦人，還在戰時創立了美國頂尖的國防科學機構。「對美國科學與技術發展影響最大的人莫過於布許。」MIT 校長威斯納（Jerome Wiesner）後來說：「他最偉大的創新是推出與大學和企業合作的計畫，而沒有大舉興建大型政府實驗室。」

　　布許於 1890 年在波士頓一帶出生，父親最初在捕鯡船上當廚子，後來成為一神普救派（Universalist）牧師。布許的祖父和外祖父都是捕鯨船船長，布許也沿襲了他們坦率犀利的作風，這在日後幫助他成為有決斷力的經理人和具領導魅力的主管。布許和許多成功的科技領導人一樣，精於工程技術，行事明快果斷。「我的祖輩都是船長，他們做事明快，毫不猶豫，」他曾說：「影響所及，我一旦參與任何事情，就傾向於主導一切。」

　　布許和其他優秀的科技領導人還有一個共通點：從小就對人文藝術與科學同樣興趣濃厚。他能夠大量引用吉卜齡和奧瑪・珈音（Omar Khayyam）的詩句，懂得吹橫笛，熱愛交響樂，並以閱讀哲學為樂。布許也喜歡在家中地下室打造小船和機械玩具。《時代》雜誌後來曾以其獨特的老派報導風格寫道：「瘦削精明的北方佬布許和許多美國男孩一樣，由於從小喜歡敲敲打打做些小玩意，培養出對科學的興趣。」

　　布許就讀塔夫茨大學時，利用課餘時間親手打造了一部測量器，他用兩個自行車輪子和一個鐘擺來測量周長，計算面積，是可做積分計算的類比裝置。他還為這部機器申請專利，成為他一生累積的 49 項專利中的第一個專利。大學期間，布許和室友曾經四處探訪小公司，並在畢業後共同創立雷神公司。雷神公司日後茁壯為一家龐大的國防包商和電子公司。

　　布許後來拿到 MIT 與哈佛大學的電機工程雙聯博士學位，成為 MIT 工程系教授和工程學院院長，並打造出微分分析儀。1930 年代的科學界和工程界可說乏善可陳，沒什麼有趣的新發展。當時電視機尚未成為消費性產品，紐約市舉行的 1939 年世界博覽會中，把米老鼠手錶和吉列安全刮鬍刀列為最值得注意的新發明，封入時間膠

囊。但第二次世界大戰爆發後，一切都改變了，各種新技術蜂擁而出，而布許正是在前方領路的人。

由於擔心美軍在科技應用上落後敵軍，布許動員哈佛校長科南特和其他科學界領袖向羅斯福總統建言，說服羅斯福成立國防研究委員會及後來軍方的科學研究發展局，兩個機構都由他主持。經常嘴叼菸斗、手持鉛筆的布許負責督導製造原子彈的曼哈頓計畫，以及雷達和空中防禦系統發展計畫。《時代》雜誌在 1944 年某一期封面上，稱他為「物理將軍」，並且描述他以拳頭重捶桌面恨恨的表示：「假如不是我們十年前對戰爭科技掉以輕心，或許這場該死的戰爭根本不會發生。」

實事求是的作風加上個人親和力，布許成為雖強悍卻深得人心的領導人。有一次，一群軍事科學家被官僚問題弄得很氣餒，走進他的辦公室遞辭呈。布許搞不清這場騷動究竟是怎麼回事。「所以我只告訴他們，」他還記得：「沒有人在戰時請辭。你們這群小夥子馬上給我滾出去，回去工作，我會盯著你們。」他們乖乖聽命。MIT 校長威斯納後來觀察到：「他對事情有強烈的看法，也會熱切表達自己的觀點。不過他敬畏大自然的神祕，溫暖的容忍人性脆弱，而且能以開放的心胸接受改變。」

二次大戰結束後，布許奉羅斯福總統之命擬訂一份報告，主張政府與產業界及大學合作資助基礎研究（但報告在 1945 年 7 月完成後，上呈給繼任的杜魯門總統）。布許為報告下了典型的美國式動人標題：〈科學，無止境的邊疆〉（Science, the endless Frontier）。每當政客威脅要中止攸關未來創新的研究時，布許的導言都值得一讀再讀。他寫道：「基礎研究會帶來新知識，提供科學資本，創造出實際應用新知識所需的資金。」

　　布許描述的基礎研究為實用發明提供種苗的情形，後來稱為「線性創新模式」。雖然後來的科學史家試圖揭發線性創新模式的缺點，認為這個模式忽略了理論研究及實際應用之間的複雜交互作用，然而這個模式仍有它的吸引力。布許寫道，這場戰爭「毋庸置疑，」顯現出基礎科學（發現核物理、雷射、電腦科學、雷達基本原理的科學）「在維護國家安全上絕不可或缺」，基礎科學也對美國經濟安全至關重要，他補充：「新產品與新製程，絕非一蹴而成。要在純科學的領域做研究，辛苦發展出新原理和新概念，才能為新產品和新製程奠定基礎。一個國家如果一味仰賴他國獲取基礎科學新知，工業發展必然緩慢，在世界貿易的競爭地位也必然疲弱。」布許在報告結尾大力頌揚基礎科學研究帶來的實際報酬：「把先進科學導向實際應用，能創造更多的工作、更高的薪資、更短的工時，讓農作物更加豐收，也有更多餘裕休閒和研究，學習擺脫過去數百年來，讓凡夫俗子飽受負擔的種種苦差事。」

　　美國國會根據這份報告設立了國家科學基金會。杜魯門起初否決法案，因為法案規定基金會主任由獨立委員會派任，而不是總統任命，但後來被布許說服。布許告訴杜魯門，如此一來有人想關說人事時，他反而可以有一些緩衝空間。杜魯門對布許說：「你應該從政，你還滿有點政治本能的。」布許回答：「總統先生，要不然您以為我過去五、六年來，都在這裡做什麼？」

　　在產官學間建立鐵三角關係本身，就是驅動二十世紀下半葉科技革命的重大創新之一。美國國防部和國家科學基金會很快就成為資助美國基礎研究的重要金主，從 1950 年代到 1980 年代，他們在基礎研究上的支出和民間產業不相上下。[*]這方面的投資報酬率非常高，於是推動網際網路和其他許多新發明，成為戰後美國科技創新

與經濟繁榮的重要支柱。

少數企業研究中心在二次大戰之前已經存在（例如貝爾實驗室），但在布許大聲疾呼下，美國政府開始鼓勵基礎研究，並進行簽約合作，各類混種研究中心如雨後春筍般冒出，其中最著名的包括：蘭德公司（RAND Corporation），它最初成立的目的是為美國空軍提供研究發展資源；史丹佛研究院（SRI）及其分支擴增研究中心（Augmentation Research Center）；還有全錄的帕洛奧圖研究中心。上述機構都在網際網路的發展上扮演要角。

其中兩個最重要的研究機構都是戰後不久才在麻州劍橋市成立的：軍方資助的研究中心林肯實驗室，以及 MIT 和哈佛出身的工程師創辦的「波特、貝洛奈克與紐曼」（Bolt, Beranek and Newman, BBN）研發公司。有一位 MIT 教授和上述兩家公司都關係密切，他說話時帶著慢吞吞的密蘇里腔，而且個性隨和，善於團隊運作，後來成為催生網際網路的最重要推手。

心理學家李克萊德

在尋找網際網路之父時，最好的起點就是從他開始：說話言簡意賅、卻擁有某種奇怪魅力的心理學家和技術專家，臉上總是掛著開懷的笑容，經常擺出一副「眼見為憑」的態度。他就是李克萊德（Joseph Carl Robnett Licklider）。李克萊德出生於 1915 年，大家都叫他「李克」（Lick）。他率先提出網際網路背後的兩個重要概念：分散式網路（資訊可以從任一處傳送到任一處），以及促進人機即時互動的介面。此外，他創立並主持的軍方研究機構曾撥款資助 ARPANET，十年後，等到需要制定通訊協定以連結成網際網路時，

---

* 到了2010年，美國聯邦政府的研究支出只有民間產業的一半。

他又回鍋擔任主管。他的重要伙伴兼得意門生泰勒（Bob Taylor）說：「他確實是這一切的始祖。」

李克萊德的父親出身密蘇里州的貧窮農家，長大後在聖路易斯市當保險推銷員，而且非常成功。但經濟大蕭條時期，他的事業一敗塗地，轉而擔任鄉間小鎮的浸信會牧師。身為獨子，李克萊德在家裡備受寵愛，他把自己的臥室變成打造模型飛機的工廠，還會重新組裝老爺車，而媽媽就在身邊幫忙遞工具。儘管如此，在隨處可見鐵絲網的偏鄉長大，李克萊德仍覺得自己龍困淺灘。

逃離家鄉的第一步是進入聖路易斯市的華盛頓大學就讀，拿到心理聲學（關於我們如何感知聲音的學問）博士學位後，李克萊德旋即加入哈佛大學的心理聲學實驗室。他對於心理學和科技的關係，以及人類大腦與機器的互動，愈來愈感興趣，於是轉換跑道到MIT，在電機系成立心理學部門。

當時 MIT 教授韋納（Norbert Wiener）正在研究人與機器如何合作，並創造出「模控學」（cybernetics）這個名詞，描述從大腦到火砲彈瞄準機制如何透過溝通、控制和回饋環路而學習。韋納身邊環繞著一群工程師、心理學家及人文學者，李克萊德搬到 MIT 之後，立刻加入這個圈子。李克萊德表示：「二次大戰後，劍橋市瀰漫著強烈的知識狂熱，韋納每個星期都舉辦四、五十人的聚會，大家聚在一起討論幾個小時。我也是其中的忠貞份子。」

韋納的想法和某些 MIT 同事不同，韋納認為，電腦科學最有潛能的發展方向，應該是設計出能和人類心智緊密配合的機器，而不是試圖取代人類智能。「許多人以為運算機器會取代人類智能，降低我們對原創想法的需求，」韋納寫道：「其實並非如此。」電腦威力愈強，與創意十足的高層次人類思考相連結時，產生的效益就

愈大。李克萊德大力提倡這個發展方向，他後來稱之為「人機共生」（man-computer symbiosis）。

李克萊德很幽默，他的幽默感帶著點善意惡作劇的味道。他愛看「三個臭皮匠」（*Three Stooges*）系列喜劇，還喜歡孩子氣的搞些視覺笑點。有時候，正當同事即將開始做幻燈片簡報時，李克萊德會偷偷把美女照片插入投影機轉盤中。他工作時，喜歡不時去自動販賣機買些可樂和糖果來補充能量；孩子或學生讓他開心時，他還會發賀喜巧克力棒犒賞他們。他很關心研究生，會邀請學生到家裡吃飯。兒子崔西表示：「他很重視合作。他會把散在各處的人們組織起來，鼓勵他們好奇提問、解決問題。」這也是他會對網路發生興趣的原因之一。「他知道遠距合作有助於找到好答案。他喜歡挖掘優秀人才，讓他們組成團隊。」

不過，李克萊德對自命不凡、言過其實的人，可就敬而遠之了（唯獨對韋納例外）。講者如果廢話連篇，李克萊德會站起來，問一些貌似天真、實則惡毒的問題，一直到重挫講者銳氣才坐下來。「他不喜歡裝腔作勢的人及冒牌貨，」崔西還記得：「他絕不刻薄，但他會狡猾的戳破別人的偽裝。」

李克萊德熱愛藝術。旅行時，他會花很多時間逛美術館，有時還拉著兩個心不甘情不願的孩子同行。崔西說：「他十分入迷，看再多都還不夠。」他有時候會在美術館待五個多小時，讚歎藝術家的神奇筆觸，分析每幅作品的構圖，探究可從中獲得哪些啟示。他有一種天生的本能，很懂得挖掘各界優秀人才（無論藝術或科學領域），但他認為，往往從最單純的形式中（例如畫家的筆觸或作曲家的副歌旋律），最能看出個人的才華。他說，他也在電腦設計或網路工程師身上，尋找相同的創造性筆觸。「他真的很善於挖掘有

創意的人才。他常常討論創造力從何而來。他覺得在藝術家身上比較容易找到創造力，所以他更努力挖掘工程師的創造力，工程師的創意比較不像繪畫筆觸那麼明顯。」

最重要的是，李克萊德有一副好心腸。他後來到五角大廈上班，根據傳記作者沃德羅普（Mitchell Waldrop）所言，有一天晚上，李克萊德注意到清潔婦在欣賞他牆上的畫作。清潔婦告訴他：「李克萊德先生，您知道嗎，我每次都把您的辦公室留到最後才打掃，因為我喜歡事情做完後，可以有一段自己的時間，欣賞這些畫。」李克萊德問她最喜歡哪一幅畫作，她指著塞尚的畫。李克萊德非常激動，因為那也是他最欣賞的畫作，他立刻把那幅畫送給清潔婦。

李克萊德認為，熱愛藝術使他的直覺更加敏銳。他可以在處理大量資訊後，嗅出其中蘊含的型態。李克萊德之所以能組成堅強團隊，為網際網路奠定基礎，還有一個重要因素：他喜歡和別人交流想法而不居功。他個性溫和，似乎樂於分享，不會聲稱談話中激盪出來的點子是自己的功勞。泰勒指出：「雖然他深深影響了電腦技術的發展，但他始終很謙虛。他最喜歡開的玩笑都是在自我解嘲。」

分時系統和人機共生

李克萊德在 MIT 和人工智慧先驅麥卡西密切合作，當初鐵路模型技術俱樂部的駭客，就是在麥卡西實驗室中發明太空大戰遊戲的。在麥卡西領導下，他們在 1950 年代協助開發電腦分時系統。

在過去，如果想讓電腦執行工作，都必須把一疊疊打孔卡或一捲捲紙帶交給電腦操作員，簡直就像把祭品交給保護神諭的祭司一樣。這種麻煩的方法叫「批次處理」（batch processing），可能需要耗費幾小時甚至幾天的時間，才能跑出結果；只要裡面有一點點小

錯誤,就得重新遞交打孔卡,讓電腦再跑一次;過程中,你很可能根本摸不著、也看不到電腦。

分時系統就不同了。分時系統能讓多部終端機連接到相同的電腦主機,如此一來,多位使用者可以直接打字輸入指令,電腦幾乎也會立刻有所回應。電腦主機的核心記憶體會追蹤所有使用者,作業系統也能同時處理多項任務和跑多個不同程式,就好像西洋棋大師同時下數十盤棋一樣。使用者經驗因此變得十分有趣:你可以親身和電腦即時互動,有如進行一場對話。李克萊德說:「在我們這兒漸漸生出一點信念認為,這種做法和批次處理將會截然不同。」

這是邁向人類與電腦直接合作或人機共生的關鍵步驟。「透過分時系統進行互動式電腦運算,這項技術的發明甚至比運算本身的發明還要重要,」泰勒指出:「批次處理有如和別人信件往來,而互動式電腦運算就好像彼此正在對話。」

林肯實驗室很清楚互動式電腦運算的重要性(林肯實驗室是1951 年李克萊德在 MIT 協助成立、由軍方資助的研究中心)。當時李克萊德成立一個研究小組,設法開發更直覺式的人機互動方式,並用更友善的介面來呈現資訊,小組成員有一半是心理學家,另一半是工程師。

林肯實驗室的使命之一,是為空中防禦系統開發電腦,以便在敵軍來襲時及早提供預警,並協調反應動作,也就是所謂的「半自動地面(防空)環境」(Semi-Automatic Ground Environment),簡稱SAGE。這項計畫比打造原子彈的曼哈頓計畫耗資更多,也雇用了更多人員。要讓 SAGE 發揮效用,使用者必須能夠與電腦即時互動,因為當敵軍的飛彈或轟炸機已在半路上,根本沒有時間等待電腦慢慢用批次處理方式計算。

　　當時全美各地有二十三個 SAGE 系統追蹤中心，彼此之間靠長途電話線連繫，要同時發布資訊給四百架快速飛行的飛機，需要威力強大的互動式電腦、能傳輸大量資訊的網路，以及能以簡單明瞭圖形呈現資訊的顯示器。

　　於是，他們徵召具心理學背景的李克萊德來協助設計人機介面（使用者在螢幕上看到的畫面）。李克萊德制定一套理論來說明如何培養人機共生關係，讓人與機器通力合作，解決問題。尤其重要的是，設法找出以視覺方式傳達情勢變化的方式。「我們要設法在幾秒鐘之內找出挽救空中情勢的辦法，並繪製航跡圖而不只是秀出光點，以及為航跡圖上色，以掌握最新資訊，判斷情勢走向，」他解釋。美國的命運可能繫於控制台操作員之手，端視他有沒有能力正確評估資料，並立即反應。

　　互動式電腦、直覺式介面、加上高速網路，在在顯示人與機器可以透過何種方式通力合作。李克萊德還想到，除了空中防禦系統之外，還可以把這些技術應用在其他方面。他開始談論所謂「真正的 SAGE 系統」，不但用網路來連結空防中心，還用網路來連結涵蓋龐大知識的「思考中心」，人們可以在容易操作的顯示器控制台上與電腦互動 —— 換句話說，他想像的正是我們今天所擁有的數位世界。

　　於是，李克萊德以這些概念為基礎，在 1960 年發表論文〈人機共生〉，成為戰後科技發展史上影響最深遠的論文之一。他寫道：「希望毋須太多年，人類大腦和運算機器就能緊密結合，形成伙伴關係，思考人類大腦從來無法思考的東西，以今天資訊處理機器無法企及的方式，來處理資料。」這段話值得一讀再讀，因為他的描述後來成為數位時代最重要的觀念之一。

李克萊德贊同韋納的觀念，韋納的模控學理論也是以人機密切合作為基礎。MIT 同事閔斯基和麥卡西的人工智慧理論則與此大不相同，他們想創造出能自行學習並複製人類認知能力的機器。李克萊德解釋，合理的目標是營造人與機器能「合作做決定」的環境。換句話說，他們能擴增彼此的能力。「人類制定目標，形成假設，決定標準，進行評估。運算機器則執行必須完成的例行性工作，以促進技術與科學思考產生的洞見和決定。」

星際電腦網路

李克萊德充分結合自己對心理學和工程學的興趣後，更加專注於研究電腦。他在 1957 年加入羽翼未豐的半商業、半學術型研究公司 BBN，他的許多朋友都在這裡上班。就如同發明電晶體時期的貝爾實驗室，此時的 BBN 也人才濟濟，匯聚了理論家、工程師、技術專才、電腦科學家、心理學家，偶爾還會出現陸軍上校。

李克萊德在 BBN 的任務之一是帶領團隊研究如何利用電腦來改變圖書館。他後來在拉斯維加斯參加研討會時，坐在游泳池畔，用五小時的時間口述最終報告：〈未來的圖書館〉（Libraries of the Future）。他在報告中探討研發「在線上進行人機互動的裝置和技術」的可能性，預示網際網路的來臨。他也預見龐大資料庫中累積的無數資訊需要經過篩選，才不至於變得太過分散、龐雜或不可靠。

在論文中有個特別有趣的部分，李克萊德在他所描繪的虛構場景中對機器提出問題。他想像機器的活動為：「它在週末擷取 10,000 份文件，掃視後放在有眾多相關資料的區塊，分析所有資料，形成高階述詞演算敘述，再把敘述納入資料庫。」李克萊德明白，他描述的方式終將遭到取代。「當然，在 1994 年之前，就

會出現更複雜的技術,」他前瞻未來三十年時如此寫道。他果然很有先見之明。1994 年,為網際網路開發的第一批文字搜尋引擎 WebCrawler 和 Lycos 率先登場,後來 Excite、Infoseek、Alta Vista、Google 也快速跟進。

李克萊德還有一項預測雖然違反一般人的直覺,但幸好後來證實是正確的:數位資訊無法完全取代印刷媒介。「印刷頁面仍然是展示資訊的極佳媒介,」他寫道:「它的解析度能滿足我們眼睛的需求,提供的資訊可以讓讀者花恰到好處的時間閱讀。它的字體和格式有相當大的彈性,還可以讓讀者控制檢視的方式和速度。它既輕又小,可以移動、切割、裝訂、黏貼、複製、丟棄,而且不貴。」

1962 年 10 月,李克萊德還在進行「未來的圖書館」研究計畫時,華府決定徵召他到美國國防部先進研究計畫署(ARPA*)主掌負責資訊處理的新局處。ARPA 在五角大廈辦公,負責補助大學和企業研究機構的基礎研究,是美國政府實現布許願景的眾多途徑之一。ARPA 的成立還有一個更直接的因素。1957 年 10 月 4 日,蘇聯把人類史上第一枚人造衛星旅伴號發射升空。布許口中科學與國防間的緊密關聯,如今每晚都在夜空中閃耀。美國人瞇著眼睛仰望星空時,都明白布許說的對:能投入經費發展卓越科學的國家,也能產出最厲害的火箭和衛星。一股健康的恐慌情緒開始瀰漫美國社會。

艾森豪總統相當樂於和科學家為伍,也很欣賞他們的文化和思考方式,以及不囿於意識型態的理性思維。他在第一次就職演說中表示:「熱愛自由,意味著要設法捍衛讓自由成為可能的種種資源,包括神聖的家庭、豐饒的土地,及科學家的才華等。」他在白宮為科學家舉行晚宴(而繼任的甘迺迪總統則為藝術家舉辦白宮晚

宴），並網羅多位科學家擔任顧問。

旅伴號讓艾森豪有機會實現信念。旅伴號升空不到兩週，艾森豪就召集了十五位曾和防衛動員局（Office of Defense Mobilization）合作過的頂尖科學家，白宮幕僚長亞當斯（Sherman Adams）還記得，當時艾森豪請他們「告訴他在聯邦政府結構中，科學研究應該隸屬於哪個部門。」接著艾森豪和 MIT 校長基利安（James Killian）共進早餐，任命基利安為他的全職科學顧問。基利安和國防部長一起擬定計畫，於 1958 年 1 月宣布在五角大廈成立先進研究計畫署。歷史學家透納（Fred Turner）指出：「二次大戰期間啟動了許多國防導向的軍方與大學合作計畫，ARPA 是其延伸發展的結果。」

ARPA 內部還另外成立了指揮控制研究局（Command and Control Research），並徵召李克萊德擔任首長。指揮控制研究局的任務是研究如何運用互動式電腦來促進資訊流通。當時 ARPA 還有另外一個小組召集人的職缺，這個小組負責研究影響軍事決策的心理因素。李克萊德主張這兩個議題應該併在一起研究。「我開始滔滔不絕說明我的觀點，指揮控制的問題和人機互動的問題實為一體，」他後來說。他同意身兼二職，把兩個部門合併為 ARPA 的資訊處理技術局（IPTO）。

李克萊德腦子裡有一大堆有趣的點子，而且他熱情推動這些想法，尤其在如何支援分時系統、即時互動，以及能促進人機共生的介面上。這三者結合成一個簡單的概念：網路。李克萊德以他半嘲諷式的幽默感，開始用「刻意的誇張」用語描述「星際電腦網路」（Intergalactic Computer Network），並且以此提及他的願景。1963 年

＊注：先進研究計畫署（Advanced Research Projects Agency）的英文縮寫名稱前面究竟要不要加D，以代表國防部（Defense），美國政府一直三心二意。這個機構在1958年創立時簡稱ARPA，在1972年改名為DARPA，在1993年改回ARPA，然後1996年又再度改稱DARPA。

4月，李克萊德寫了備忘錄給這個夢幻網路的「成員及相關人士」，說明這個網路的目標為：「考量在許多不同的電腦中心已經相連結的情況下……大家難道不希望所有的中心有一些共同語言，或甚至在問『你們說的是哪一種語言？』之前，必須先建立某種協定？」

網路的重要推手：泰勒與羅勃茲

泰勒和羅勃茲（Larry Roberts）與其他許多推動數位時代的搭檔不同的是，他們在 IPTO 共事前後，都不是好友。的確，後來他們恨恨的貶低對方的貢獻。「羅勃茲聲稱他親自布建網路，這完全不正確。」泰勒在 2014 年抱怨：「不要相信他的話。我為他感到難過。」羅勃茲則聲稱泰勒之所以忿忿不平，是因為沒有得到足夠的功勞：「除了雇用我之外，我不知道還有什麼事情能歸功於他。這是泰勒唯一做過的重要事情。」

但 1960 年代，兩人在 ARPA 共事的四年間，泰勒和羅勃茲充分互補。泰勒並非才華洋溢的科學家，甚至沒有博士學位，但他待人親切又深具說服力，很能吸引人才。羅勃茲則恰好相反，是舉止莽撞、直率認真的工程師，有時近乎無禮。他常用碼表測量以不同路線從五角大廈的某個辦公室走到另一個辦公室，時間會相差多少。他不迷人而且令人敬畏。由於他直率無禮的態度，他也許不是備受愛戴的主管，卻是能幹的經理人。泰勒很懂得哄別人開心，羅勃茲則以才智服人。

泰勒在 1932 年出生於達拉斯市的未婚媽媽之家，出生後不久就被送到聖安東尼奧的孤兒院。他二十八天大時，基督教衛理公會的巡迴牧師和妻子決定收養他。牧師家庭幾乎每隔兩年就連根拔起，

遷移到優瓦德、歐宗納、維多莉亞、聖安東尼奧和默西迪斯之類的
小城鎮傳道。泰勒說，成長過程在他的性格上留下兩道明顯印記。
和同樣被收養的賈伯斯一樣，泰勒的養父母不斷強調他是「特別挑
選出來的」孩子。他以開玩笑的口吻說：「其他父母不管生出什麼
樣的孩子，都只能接受，但我是父母挑選的孩子。我可能因此特別
有一股莫名的自信。」透過一次次搬家，他不得不學習如何建立新
關係，學會新的用語，在小鎮的社會秩序中找到自己的位置。「每
搬一次家，你就必須建立新的交友圈子，設法應付新的偏見。」

　　泰勒長大後，先到南美以美大學主修實驗心理學，然後入伍服
役。退伍後，他拿到德州大學的學士和碩士學位。他在撰寫心理聲
學的論文時，必須把數據在打孔卡上打洞後，再交由大學電腦中心
進行批次處理。「我必須帶著花了幾天時間處理的成疊卡片到電腦
中心，然後他們會說，第 653 號卡片上面有個逗號標錯了或指出其
他錯誤，結果又得全部重來一遍，」他說：「我簡直氣壞了。」當
他讀到李克萊德在論文中提到的互動式機器和人機共生概念時，有
了頓悟，明白可能有更好的資訊處理方式。他還記得當時對自己
說：「是啊！這樣才對！」

　　他先到中學教書，接著為佛羅里達州的國防包商工作了一段時
間，然後應聘到華盛頓的航太總署（NASA）上班，負責督導飛行
模擬顯示器的相關研究。李克萊德當時在 ARPA 主持資訊處理技術
局，和其他從事相關研究的政府研究員定期開會。泰勒在 1962 年
底開始現身這類會議時，李克萊德居然知道他在德州大學就讀時寫
的心理聲學論文，令他大吃一驚（泰勒的指導教授是李克萊德的朋
友）。「我真是受寵若驚，」泰勒回憶：「從那時候起，我就非常欣
賞李克萊德，也和他結為好友。」

　　泰勒和李克萊德有時會一起出差參加研討會，讓他們的友誼益發密切。1963年到希臘出差時，李克萊德帶泰勒到雅典的美術館，表演他怎麼樣靠眯著眼看畫，來研究畫家的筆觸。當天深夜在小酒館中，泰勒應邀坐在樂團旁邊，教他們演奏傳奇鄉村歌手漢克・威廉斯（Hank Williams）的歌。

　　李克萊德和泰勒跟其他工程師不同，他們都了解人性因素；他們都曾經研讀心理學，樂於欣賞藝術和音樂。雖然泰勒比較喧鬧，李克萊德比較斯文，不過兩人都喜歡交朋友，樂於和別人合作以及培養人才。正因為他們對人際互動有濃厚的興趣，因此很適合設計人機介面。

　　李克萊德卸下IPTO局長重任後，由副局長蘇澤蘭暫代局長，李克萊德力促泰勒離開NASA，來這裡擔任蘇澤蘭的副手。當時只有少數人了解資訊科技其實比太空計畫更有趣，而泰勒正是其中之一。等到蘇澤蘭在1966年辭職，到哈佛大學擔任教授之後，泰勒並不是所有人心目中的第一接班人選，因為泰勒沒有博士學位，也不是電腦科學家，但他終究還是當上IPTO局長。

　　IPTO有三件事令泰勒印象深刻：首先，和IPTO簽約的每一所大學和研究中心，都想要威力最強大的最新電腦，造成資源重複與浪費。或許鹽湖城有一部電腦具備繪圖功能，史丹佛的電腦則能夠探勘資料，但研究人員如果需要執行這兩種功能，他們不是得搭飛機來回奔波，就是要求IPTO撥款讓他們多買一部電腦。那麼，他們何不透過網路連結，分享彼此的電腦資源呢？其次，泰勒和其他機構的年輕研究員談話時，發現每個地方的研究員都很想知道其他機構在做什麼研究。第三，泰勒大感訝異的是，他在五角大廈的辦公室裡有三部電腦終端機，每一部終端機都有自己的密碼和指令，連

接到 ARPA 資助的不同電腦中心。「這樣做真蠢，」他心想：「照理只要有一部終端機，我就可以接觸到所有的系統。」他說，目前需要三部終端機的情況「帶來頓悟」：其實只需要打造一個數據網路，連結各電腦中心即可。換句話說，只要他能實現李克萊德夢想的星際電腦網路，上述三個問題都可迎刃而解。

於是他穿越五角大廈到外圍 E 環的高階主管辦公室，去見上司 ——ARPA 署長赫茲菲德（Charles Herzfeld）。赫茲菲德是以難民身分移民美國的維也納知識份子。說話帶著德州腔的泰勒很懂得哄赫茲菲德開心。他沒有帶任何簡報資料或備忘錄，直接就滔滔不絕講起來。ARPA 如果能撥款打造網路，各研究中心就能共享電腦資源，合作進行研究，如此一來，泰勒的辦公室只需要一部電腦就夠了。

「很棒的想法。就這麼辦吧，你需要多少錢？」赫茲菲德說。

泰勒說，單單把專案組織起來就需要一百萬美元。「沒問題！」赫茲菲德說。

泰勒回辦公室的路上，看看自己的手錶，自言自語：「天哪，只花了二十分鐘。」

泰勒在接受採訪和口述歷史時，很愛提這個故事。赫茲菲德也喜歡這個故事，但他後來覺得必須坦白招認，泰勒的說法其實有點誤導大眾。「他沒說的是，我和他以及李克萊德，之前已經花了三年多的時間研究這個問題，」赫茲菲德表示：「他很容易就拿到一百萬美元的經費，因為我一直在等他開口要錢。」泰勒承認確實如此，還補充說明：「我最開心的是，赫茲菲德撥給我的這筆款項，原本應該用來發展飛彈防禦系統，我認為那真是再愚蠢、也再危險不過了。」

　　有了錢，泰勒還需要找到人來主持計畫，羅勃茲就在此時登場，他顯然是適當人選。羅勃茲似乎是為了協助打造網際網路而生。雙親都擁有化學博士學位的羅勃茲在耶魯大學附近長大，曾經自己動手從頭組裝電視機、特斯拉線圈*、業餘無線電和電話系統。他後來進入 MIT 主修工程學，並拿到 MIT 的學士、碩士和博士學位。他閱讀李克萊德關於人機共生的論文後十分佩服，到林肯實驗室追隨李克萊德，成為李克萊德在分時系統、網路和介面領域的得意門生。羅勃茲在林肯實驗室的研究包括由 ARPA 的泰勒撥款資助的實驗 —— 如何連結兩部遠距的電腦。羅勃茲回憶：「李克萊德用網路連結電腦的願景打動了我，我決定這是我想做的工作。」

　　但羅勃茲不斷拒絕泰勒的邀請，不願到華盛頓擔任泰勒的副手。他喜歡林肯實驗室的工作，而且對泰勒並不是那麼服氣。其實泰勒有所不知：一年前，羅勃茲也曾受邀坐上泰勒的位子。「蘇澤蘭快離開的時候，邀請我來擔任IPTO下一任主管。但這是管理職，而我比較喜歡做研究，」羅勃茲說。由於曾經婉拒過最高職位，所以他今天更不想出任副手。「別再提了！」他告訴泰勒：「我很忙。目前這個研究，我做得很開心。」

　　泰勒可以感覺到，另外還有一個理由讓羅勃茲決心婉拒。「他是 MIT 博士，而我只是德州大學的碩士，」泰勒後來說：「所以我懷疑他根本不想替我工作。」

　　不過泰勒是聰明又固執的德州佬。1966 年秋天，他問赫茲菲德：「林肯實驗室的經費是不是有 51% 來自 ARPA ？」赫茲菲德證實數字沒錯。「那麼，你知道我正在推動網路計畫，但一直沒辦法延攬到我相中的專案經理，而他恰好在林肯實驗室上班。」泰勒提議，也許赫茲菲德可以打電話給林肯實驗室主任，請他說服羅勃茲

接受這份工作，說這樣做符合林肯實驗室的利益。當時的美國總統詹森也是德州人，一定會欣賞這種德州人做生意方式。實驗室主任當然不是笨蛋，接到赫茲菲德的電話後，他跟羅勃茲說：「如果你願意考慮這份工作，或許對我們大家都有好處。」

於是，羅勃茲在 1966 年 12 月走馬上任，開始在 ARPA 工作。「我脅迫羅勃茲走上成名的道路，」泰勒後來說。

羅勃茲在聖誕節前後搬到華盛頓，沒找到房子前，他和妻子暫時棲身泰勒家。即使他們注定不會成為知心好友，至少兩人在 ARPA 共事期間，仍維持誠懇而專業的同事情誼。

羅勃茲不如李克萊德和藹可親，沒有泰勒外向，也不像諾宜斯那麼執著於教會理念。根據泰勒的說法：「他這個人冷冰冰的。」不過不管在激發合作式創意或管理團隊時，羅勃茲有個特質很管用：他行事果斷。更重要的是，他的果斷並非感情用事或基於個人偏好，而是理性的精確分析各種選擇方案之後的結果。他的同事即使與他意見相左，也都會尊重他的決定，因為他的決策明快而公平。由真正的產品工程師來負責管理工作，就有這樣的好處。由於羅勃茲對於出任泰勒副手，仍感到不太自在，他和 ARPA 最高主管赫茲菲德協議，赫茲菲德任命他為 ARPA 首席科學家。「我利用白天處理合約，晚上則進行有關網路的研究，」羅勃茲說。

另一方面，泰勒喜歡開玩笑和交朋友，有時甚至過了頭。「我是個外向的人，」他承認。泰勒每年都會為 ARPA 資助的研究人員召開研討會，同時又為他們最優秀的研究生召開另一個研討會，通常都選在好玩的地方舉行，例如猶他州帕克城或紐奧良等。每一位研究人員都需在研討會上報告，讓其他人問問題和提出建議。泰勒

---

* 特斯拉線圈（Tesla coil）是一種高頻變壓器，能把一般電壓（例如美國一般插座的 120 伏特電壓）提高為超高電壓，通常釋放能量時會產生酷炫的電弧。

藉由這樣的方式，認識美國各地正在崛起的新星，吸引諸多優秀人才為他所用。他後來到全錄公司的帕洛奧圖研究中心工作時，過去累積的人脈為他帶來很多好處，也幫助他完成網路建造過程中最重要的工作：說服每個人接受他的構想。

打造ARPANET

泰勒知道他必須把分時網路的概念推銷給能從中獲益的人，也就是接受 ARPA 經費補助的研究人員，所以他邀請大家參加 1967 年 4 月在密西根大學舉行的會議，他和羅勃茲在會中報告他們的計畫。羅勃茲解釋，他們將租用電話線，連結起各個電腦中心。他描述兩種可能的架構：在奧馬哈之類的地方設置一部中央電腦，在此以輻射狀路線發送資訊；或讓連結各地的線路相互交織，形成有如高速公路網的蛛網系統。羅勃茲和泰勒都偏好分散式的做法，認為這樣比較安全。資訊可以從一個節點傳送到另一個節點，直到抵達終點。

許多與會者都不願意加入網路。「大學基本上不想和任何人分享資源，」羅勃茲說：「他們希望買下自己的機器後，就靜靜躲在角落。」他們也不希望連上網路後，為了搞定資料傳輸路徑，而耗掉寶貴的電腦處理時間。率先提出異議的是 MIT 人工智慧實驗室的閔斯基，以及他的前同事、如今任教於史丹佛大學的麥卡西。兩人都表示，他們的電腦使用量已瀕臨極限，哪裡還會想讓其他人分享電腦資源呢？更何況從語言不通的陌生電腦湧至的網路流量，會形成沉重負擔。泰勒還記得：「兩人都抱怨這會削弱他們的電腦運算能力，表態不願加入。但我告訴他們，他們必須參加，因為這樣一來，我的電腦經費支出可以降為原本的三分之一。」

泰勒口才好，羅勃茲則十分堅持，他們向與會者指出，大家都

接受 ARPA 的經費補助。「我們會建立網路,而你們都要加入,」
羅勃茲明確宣布:「你們的機器都得連上網路。」除非他們把電腦
連上網路,否則 ARPA 不會撥款給他們購置新電腦。

　　會議中的交流往往能激發創意的火花,密西根會議結束前冒出
一個點子,後來有助於平息反對網路的聲浪。這個點子是克拉克
(Wes Clark)想出來的。克拉克在林肯實驗室工作時曾設計一部個人
電腦,取名為 LINC。和推動大型電腦分時系統相比之下,他較有興
趣開發個人電腦,所以起先他在開會時沒怎麼注意聽講。但會議快
結束時,他突然領悟到研究中心不願接受網路的原因。「我還記得
散會前,我突然明白問題根源何在,」他說:「我傳了一張紙條給羅
勃茲,告訴他,我想我知道該怎麼解決問題了。」回程往機場的途
中,泰勒開著租來的車子,克拉克在車上向羅勃茲和另外兩位同事
說明自己的想法。ARPA 不應該強迫研究機構把每部電腦都用來處
理資料選路(routing)問題,反而應該設計出標準化的迷你電腦,然
後發給每個研究機構一部,專門用來管理選路。如此一來,各研究
機構的大型研究電腦只需和 ARPA 提供的選路迷你電腦建立連結就
好。這樣做有三個好處:能夠大幅減輕大型電腦主機的負擔;ARPA
因此可以把網路標準化;資料傳輸路徑完全分散,不會由少數大型
集散中心控制。

　　泰勒立刻接受這個構想,羅勃茲問了幾個問題後也欣然同意。
網路將透過克拉克提議的標準化迷你電腦來管理,後來稱之為「介
面訊息處理器」(Interface Message Processor,簡稱 IMP),之後更簡
稱為路由器(router)。

　　一行人抵達機場後,泰勒問:應該讓誰來負責打造 IMP。克拉
克說,答案很明顯,應該指派李克萊德曾經任職的 BBN 公司來負

責。但當時在 ARPA 負責適法性問題的布魯（Al Blue）也在車上，他提醒，這項專案必須依照美國聯邦政府的發包標準招標。

羅勃茲在 1967 年 10 月於田納西州蓋林堡舉行的後續會議中，針對修訂後的網路計畫提出報告，並取名為「先進研究計畫署網路」（ARPA Net），後來變成 ARPANET。但還有一個問題沒有解決：兩個地方透過網路通訊時，需不需要像電話通訊那樣設一條專線？五角大廈有個委員會，早些時曾提出這種數據網路的可能規格。

這時候，年輕的英國工程師史坎托伯瑞（Roger Scantlebury）起身發表一篇報告，說明他的上司、英國國家物理實驗室的戴維斯（Donald Davis）所做的研究，正好為這個問題提供解答：把訊息分解成戴維斯稱為「封包」（packet）的小單位。史坎托伯瑞補充說明，蘭德公司有個叫巴蘭（Paul Baran）的研究員，早已發展出相同的概念。他說完後，羅勃茲和其他人都圍繞在他身旁，希望進一步了解，接著大家移駕酒吧，討論到深夜。

封包交換技術先驅：巴蘭和戴維斯

透過網路傳輸資料的方法很多。最簡單的方式是「電路交換」，也就是電話系統採用的方式：在通話期間，由某一組交換機構成的專用電路負責來回傳輸訊號，即使碰到對話長時間停頓，依然會持續開啟連線。另外一種方式是「訊息交換」，或電報操作員所謂的「存轉交換」。在這類系統中，所有的訊息都會有一個位址標頭，在網路中傳輸時會從一個節點跑到另一個節點，直到抵達目的地。

更有效的方式則是「封包交換」。封包交換是特殊的存轉交

換方式，傳輸的訊息會分解成大小完全相同的小單位，稱為「封包」，每個封包都有位址標頭，說明訊息應該傳送至何處。然後，這些封包會在網路中經過一個又一個節點（當下哪一條鏈結最方便可用，就選擇為傳輸路徑）。如果某些鏈結由於資料太多開始阻塞，有些封包就會被導向其他傳輸路徑。等到所有的封包都抵達目的地節點，電腦就會根據每個封包標頭中的指令重新組合封包。「就好像把一封很長的信件拆開成幾十張明信片，每張明信片都標上號碼，寫上相同地址，」網際網路先驅瑟夫（Vint Cerf）解釋：「各張明信片可能經由不同路線寄到目的地，然後再重新組合起來。」

史坎托伯瑞在蓋林堡曾提及，首位提出封包交換網路完整概念的是名叫巴蘭的工程師。巴蘭兩歲的時候，隨家人從波蘭移民到美國，後來在費城落腳，爸爸在此地開了一家雜貨店。巴蘭在 1949 年畢業於卓克索大學（Drexel University）後，加入莫渠利和艾科特剛成立的電腦公司，負責為 UNIVAC 測試零件。之後他搬到洛杉磯，在加州大學洛杉磯分校選修夜間課程，後來進入蘭德公司上班。

俄國人在 1955 年開始氫彈試爆後，巴蘭找到他的人生使命：協助防止核武器大屠殺。在蘭德公司上班時，有一天他檢視空軍寄來的最新清單，上面列出需要研究的問題，他相中的題目牽涉到如何打造出挺得過敵軍攻擊的軍方通訊系統。他知道，這樣的系統有助於防止核武器戰爭，因為假如其中一方擔心通訊系統會在遭敵軍攻擊後失靈，那麼在緊張情勢升高時，他們可能決定先下手為強，率先出擊。有了不易摧毀的通訊系統，各國對峙的情勢較不會升高到一觸即發的狀況。

巴蘭提出兩個重要觀念並在 1960 年發表。首先，他認為網路不應採取中央集權的控管方式；不應該由一個主要轉接點來控制所有

的訊息交換與選路；也不應該僅僅採取分權化措施，像 AT&T 電話系統或大型航空公司的飛航路線圖般，由許多地區性轉接點負責控管網路資訊流動。因為如此一來，敵軍只要拿下幾個轉接點，系統立刻失靈。所以，通訊系統應該採取完全分散的控管方式。換句話說，每個節點在處理資訊流量的轉接和選路時擁有相等的權力。這個觀念成為網際網路的決定性特色，網際網路因此把權力下放到個人手上，不受中央控制。

巴蘭畫了一個好似漁網的網路圖。所有的節點都能選擇路徑，而且每個節點都和另外幾個節點相連結。即使某些節點遭到摧毀，也能利用其他路徑傳輸資訊流量。巴蘭解釋：「沒有中央控管，每個節點只執行簡單的在地選路政策。」他發現，即使每個節點只有三、四個鏈結，系統仍然具備幾乎無窮的韌性和存活能力。「或許三或四的冗餘等級，就足以讓網路達到理論上的最高強韌度。」

「弄清楚如何提高網路強韌度之後，就得開始處理訊號通過漁網型網路的問題，」巴蘭表示。他的第二個構想是把資料拆解成標準大小的小區塊。訊息拆成許多像這樣的小區塊後，每個區塊都快速沿著不同路徑，通過各個網路節點，抵達目的地後再重新組合起來。「標準化的訊息區塊大約由 1024 個位元組成，」他寫道：「大多數的訊息區塊都用來傳輸各種型態的資料，其餘的訊息區塊則包含內務處理資訊，例如錯誤偵測和選路資訊。」

巴蘭接著碰到創新者在現實世界常遇到的難關：根深柢固的官僚體系完全拒絕改變。蘭德公司把封包交換網路的構想提交軍方，空軍經過詳細評估後，決定打造網路。但接下來，美國國防部下令這類計畫應該由國防部通信署負責執行，以便讓所有單位共同使用。巴蘭深知，通信署絕對毫無意願、也沒有能力完成這項任務。

　　所以，巴蘭試圖說服 AT&T 利用封包交換數據網路，補強原本的電路交換語音網路。他還記得：「他們拚命抗拒，千方百計阻止我們。」AT&T 甚至不讓蘭德公司使用他們的電路圖，逼得巴蘭不得不採用外流版本。他親赴 AT&T 在下曼哈頓的總部好幾次。有一次巴蘭造訪時向 AT&T 高階主管說明，他的系統能讓資料來回傳輸，不必隨時都開啟一條專線，老派類比工程師出身的主管聽了大吃一驚。「他看著會議室中其他同事，眼珠子骨碌碌的轉，顯示他根本不相信我說的話，」巴蘭表示。這位主管過了一會兒表示：「小夥子，電話系統其實是這樣運作的。」然後用極其簡單的說明呼嚨他。

　　巴蘭繼續推銷他看似荒謬的構想 —— 可以把訊息拆成一個個小封包，在網路中快速傳輸，於是 AT&T 邀請他和其他外界人士，參加一系列說明電話系統如何運作的研討會。巴蘭讚歎：「他們用了九十四位講師，才把整套系統講完。」研討會結束後，AT&T 的主管問巴蘭：「現在你明白封包交換系統為什麼行不通了吧？」令他們大失所望的是，巴蘭只簡單回覆：「沒有。」AT&T 再度陷入創新者的兩難。由於 AT&T 投入龐大資金於傳統電話線路，因此在面對嶄新的數據網路時，難免躊躇不前。

　　巴蘭後來在 1964 年完成厚達十一冊的詳細工程分析報告：《論分散式通訊》（*On Distributed Communications*）。他堅持這份報告不要列為機密文件，因為他深知唯有當蘇聯也擁有相同的系統，才能發揮最大用處。雖然泰勒讀了部分報告內容，但其他 ARPA 成員都沒讀，所以巴蘭的影響有限，直到 1967 年在蓋林堡會議中有人提及巴蘭的概念，才引起羅勃茲注意。羅勃茲回到華盛頓之後，把巴蘭的報告找出來，抖掉上面的灰塵，開始研讀。

　　羅勃茲也拿到英國戴維斯團隊撰寫的論文，史坎托伯瑞在蓋林

堡會議中曾簡略說明這篇論文的內容。戴維斯生於 1924 年，出生幾個月後，擔任礦場職員的父親就過世了，在郵局上班的母親在朴次茅斯把他撫養長大，當時英國郵局也負責經營電話系統。戴維斯從小就喜歡玩電話線路，長大後拿到倫敦帝國學院的數學與物理學位。二次大戰期間，他在伯明罕大學工作，擔任富克斯的助理，為核武器研製合金管子（後來證實富克斯其實是蘇聯間諜）。之後，戴維斯到英國國家物理實驗室和圖靈共事，打造能自動儲存程式的電腦 —— 自動計算機（ACE）。

戴維斯在過程中對兩件事產生興趣：1965 年造訪 MIT 時學到的電腦分時系統概念，還有利用電話線路來進行數據通訊。他在腦子裡結合兩個概念後，想到可以利用類似分時的概念來擴大通訊線路的使用。戴維斯發展出來的概念，和巴蘭利用小小的訊息單位來提高傳輸效率的想法類似。他還替這種訊息小單位取了名字：封包。戴維斯試圖說服英國郵政總局採用這套系統，但他碰到的問題和巴蘭想敲開 AT&T 大門時遭遇的困難一樣。不過，兩人都在華盛頓找到粉絲。羅勃茲不但欣然接受他們的想法，還採用「封包」這個名稱。

克萊洛克引起的反撲

接下來這位貢獻者克萊洛克（Leonard Kleinrock），引發的爭議較多。克萊洛克專精網路資料流通，是開朗和善、偶爾喜歡自我推銷的技術專家。他在 MIT 攻讀博士時，和羅勃茲共用辦公室，兩人結為好友。克萊洛克出身貧窮的移民家庭，在紐約市長大。六歲的時候，他讀了超人漫畫，看到裡面說明如何打造不用電池的晶體收音機。於是，他把衛生紙捲、爸爸的刮鬍刀片、一些電線、以及鉛

筆芯組裝起來，然後說服媽媽帶他去搭地鐵，到下曼哈頓的電子器材店購買可變電容器，結果居然成功打造出收音機，克萊洛克從此對電子學產生濃厚興趣。回想當時親手打造的收音機，克萊洛克表示：「我到現在還是覺得不可思議，實在太神奇了。」他開始到舊貨店蒐集真空管說明書，在垃圾箱中撿拾別人丟棄的收音機，像禿鷹般把收音機分屍，用拆下來的零件組裝自己的收音機。

由於家境不佳，克萊洛克負擔不起大學學費，甚至連免學費的紐約市立學院都讀不起，於是他白天在電子公司上班，晚上選修夜間部課程。夜間部講師比白天的講師更實務導向，克萊洛克還記得，老師沒有教他們電晶體理論，而是告訴他們，電晶體有極強的熱感性，所以設計電路的時候應該如何根據預期溫度來調整設計。「如果上白天的課程，絕對沒辦法學到這些實用的知識。那些講師不懂這些。」

大學畢業後，他獲得獎學金到 MIT 攻讀博士學位，研究排隊理論（queuing theory），例如排隊時有哪些變數可能影響平均等候時間的長短，就是排隊理論探討的問題之一。克萊洛克在博士論文中分析訊息如何在交換數據網路中流動及形成瓶頸，並提出一些可能的數學理論。克萊洛克除了與羅勃茲共用辦公室，也是蘇澤蘭的同學，並且聽過夏農和韋納的演講。他還記得當時的 MIT，「真是培養卓越才智的溫床。」

一天深夜，疲累的克萊洛克在 MIT 電腦實驗室裡操作一台名為 TX-2 的實驗電腦時，聽到了奇怪的「噗呲」聲。「我開始擔憂心起來，」克萊洛克說：「因為有個機件取出維修，留下一個空隙，我把眼睛往上瞄，盯著那個空隙，發現竟然有一雙眼睛回瞪我。」原來是羅勃茲躲在那裡跟他鬧著玩。

　　開朗的克萊洛克和冷靜的羅勃茲儘管個性不同，仍是好拍檔。他們喜歡一起去拉斯維加斯賭場碰運氣，看看能不能擊敗莊家。羅勃茲想出一套玩黑傑克（21 點）的算牌方式（透過追蹤高牌和低牌），並且把克萊洛克教會。羅勃茲回憶：「有一次在希爾頓飯店玩牌時，我和太太一起被趕出去，因為賭場經理從天花板上往下看，懷疑我為一手牌買了保險，但除非你曉得剩下的大牌不多，否則大家通常都不會這樣做。」還有一次玩輪盤賭時，他們用電晶體和振盪器做了一個計數器，試圖計算輪盤上球滾動的軌跡，他們計算球的滾動速度，預測它會跑到輪盤的哪一邊，以便提高自己的勝算。羅勃茲為了蒐集必要的資訊，把自己的手包紮起來，裡面藏了一個記錄器。莊家懷疑其中必定有什麼名堂，盯著他們說：「你們想被我打斷手臂嗎？」羅勃茲和克萊洛克決定不要，趕緊離開。

　　克萊洛克在 1961 年撰寫的 MIT 博士論文中探討的問題是，如何運用數學來預測網路交通阻塞。他在這篇論文和其他相關論文中，描述了一種存轉網路，這是一種「每個節點都具儲存功能的通訊網路」，但還不是純粹的封包交換網路（封包會把訊息拆成相同大小的極小單位）。他稱這個問題為「訊息穿越網路時遭遇的一般性延滯」，並分析透過建立優先順序結構，包括把訊息拆開成片段，或許有助於解決問題。不過他並沒有用「封包」這個詞來介紹這個十分類似的概念。

　　克萊洛克工作積極，喜歡交朋友，但談到功勞誰屬時，他從來不像李克萊德那麼低調沉默。後來許多網際網路的開發者都和他疏遠，因為克萊洛克聲稱，他在博士論文和其他論文中（他撰寫這兩篇論文時，巴蘭已開始在蘭德公司建構封包交換理論），已經「發展出封包交換的基本原則」，以及「封包網路的數學理論和網際網

路的技術基礎」。1990 年代中期開始，他積極展開宣傳，希望博得「現代數據網路之父」的美名，還在 1996 年接受訪問時聲稱：「我的博士論文奠定了封包交換的基本原理。」

他的說法引發其他網路先驅的強烈抗議，他們公開反擊克萊洛克，說他只是簡短提及把訊息分拆為片段，與正式提出封包交換概念根本還有一段距離。羅勃茲表示：「克萊洛克是在含糊其詞。他聲稱自己和封包交換技術的發明有關，是無可救藥的典型自我推銷伎倆，他從一開始就是這樣的人。」（克萊洛克則反駁：「羅勃茲感到忿忿不平，因為他覺得自己從未得到應有的肯定。」）

提出「封包」一詞的英國學者戴維斯是溫文低調的研究人員，從來不吹噓自己的成就，人們常說他過度謙虛。但是他在臨終前寫了一篇論文，希望死後才發表。他在論文中令人訝異的以強烈用詞攻擊克萊洛克：「克萊洛克在 1964 年之前的研究，完全不足以讓他聲稱自己是封包交換理論的創始者。」戴維斯在詳盡分析後指出：「他書中有關分時排隊理論的段落，如果持續研究得到結論的話，有可能推演出封包交換的概念，然而他並沒有繼續探討…… 我找不到任何證據顯示，他了解封包交換的原理。」管理 BBN 網路控制中心的工程師麥肯奇（Alex McKenzie）後來說得更白：「克萊洛克聲稱自己提出封包概念，完全是胡說八道，1964 年那本書完全沒有直接或間接提出或分析封包的概念。」他說克萊洛克的說法簡直「荒唐」。

克萊洛克引起的反撲如此強烈，2001 年還成為《紐約時報》的報導題材，記者海夫納（Katie Hafner）在文章中描述，克萊洛克聲稱自己最先提出封包概念之事，破壞了網際網路先驅一向秉持的同儕合作精神。真正有資格被稱許為封包交換之父的巴蘭挺身而出表

示：「網際網路其實是上千人努力的成果。」而且他特意指出，大多數參與者都不居功，「只有這個小小的案例，似乎有人越軌了。」暗損了克萊洛克幾句。

有趣的是，克萊洛克一直到 1990 年代中期，都還把提出封包交換概念的功勞歸諸他人。他在 1978 年 11 月發表的論文中，稱巴蘭和戴維斯是提出這個概念的先驅：「1960 年代初期，巴蘭已經在蘭德公司的系列論文中，描述數據網路的某些特性……1968 年，英國國家物理實驗室的戴維斯開始撰寫有關封包交換網路的概念。」同樣的，克萊洛克在 1979 年發表了一篇論文，說明分散式網路的發展，他在論文中既沒有提及、也未引用自己從 1960 年代初期以來的研究成果。甚至直到 1990 年，他都還宣稱巴蘭率先想到封包交換方式：「我會把概念創始的功勞歸於他（巴蘭）。」然而，等到克萊洛克 1979 年的論文在 2002 年再版時，他寫了一篇新的前言，聲稱：「我發展出封包交換的基本原理，在 1961 年發表了第一篇探討這個主題的論文。」

持平而論，無論克萊洛克是否聲稱他在 1960 年代初期發明了封包交換技術，他原本會（而且仍應）被視為網際網路的開路先鋒，並備受尊崇。毋庸置疑，克萊洛克是早期促進網路資料流通的重要理論家，也是參與打造 ARPANET 的重要領導人物。他很早就開始計算如果把訊息分拆後在節點之間傳遞，會產生何種效應。羅勃茲發現他的理論研究很重要，因此徵召他加入 ARPANET 的執行團隊。如果有好的理論，又有機會加入能實現理論的團隊，就有可能驅動創新。

克萊洛克引發的爭議十分有趣，因為由此可見，大多數網路創建者都偏好「完全分享功勞的系統」（借用網路本身為隱喻），他們

會本能的疏遠和避開任何聲稱自己比別人重要的節點。網際網路誕生於創造性合作和分散式決策的環境，而創建網路的先驅也希望保護這個寶貴遺產。這種精神不但深植於他們的性格中，也早已烙印在網際網路的 DNA 裡。

戰略目的或和平用途？

有個普遍接受的說法是，網際網路是為了能挺過核武器攻擊而建造的。這個說法激怒了許多網際網路的建構者，包括泰勒和羅勃茲，他們不斷駁斥這個關於網路起源的神話故事。不過，網際網路就和數位時代的許多創新一樣，有各式各樣的起源，不同的參與者往往有不同的觀點。有些人在指揮鏈的層級高於泰勒和羅勃茲，更清楚當初撥款補助的決策如何形成，他們開始駁斥這些反面說法。接下來，我們試著抽絲剝繭，看看到底是怎麼一回事。

毋庸置疑，巴蘭在蘭德公司的報告中建議打造封包交換網路時，禁得起核武器攻擊確實是其中一個考量。「我們必須建立能禁得起第一擊的戰略系統，才能夠以牙還牙，」他解釋：「問題是，我們的通訊系統都禁不起核武器攻擊，所以蘇聯飛彈一旦瞄準美國飛彈，就會摧毀整個電話通訊系統。」這將造成一觸即發的緊張局勢，如果一個國家深恐敵軍的攻擊會摧毀自身的通訊系統和反應能力，就比較可能採取先發制人的攻擊策略。巴蘭說：「封包交換的出發點帶有強烈的冷戰思維。我對於如何建立可靠的指揮控制系統，有濃厚的興趣。」所以巴蘭在 1960 年開始設計能「讓數百個主要通訊站在敵軍發動攻擊後，仍能相互交談的通訊網路。」

這或許是巴蘭的目標，但是別忘了，他從來不曾說服美國空軍實際打造出這個系統，反而是泰勒與羅勃茲採納了他的構想，他們

堅持當初只不過是想為 APRA 的研究人員開創資源分享網路，而不是為了挺過核武器攻擊。「人們一直把巴蘭寫的安全的核武器防禦網路，套在 ARPANET 上，」羅勃茲說：「當然，兩者毫無關聯。我告訴國會，我們做這件事是為了科學的未來──不管在民間或軍中，而且無論軍方或其他人都能共蒙其利。但顯然並不是為了軍事目的。我不曾提過核戰。」有一度，《時代》雜誌報導，建立網際網路的目的，是為了確保通訊系統禁得起核武器攻擊，泰勒寫了一封信給《時代》雜誌編輯，要求更正，但《時代》雜誌並未刊登他的來函。「他們寄了一封信給我，堅持他們的消息來源沒錯。」

《時代》雜誌的消息來源在指揮鏈的位階比泰勒高。網路計畫是由 ARPA 資訊處理技術局負責，那裡的員工可能真的以為他們的計畫和核戰存活能力無關，但有些 ARPA 高層卻認為，其實這是他們最重要的任務之一，也是他們能說服國會持續撥款補助這項計畫的原因。

路卡錫克（Stephen Lukasik）在 1967 年到 1970 年間擔任 ARPA 副署長，之後一直擔任 ARPA 署長直到 1975 年。1968 年 6 月他為羅勃茲爭取到正式授權和撥款，開始打造網路。時間就在越南的春節攻勢和美萊村屠殺過後的幾個月，此時美國國內的反戰示威正達到高潮，頂尖大學不時發生學生暴動。如果只是為了促進學術研究人員之間的合作，國防部不會輕易撥款給如此昂貴的計畫。當時曼斯菲爾德（Mike Mansfield）等參議員要求，唯有與軍方任務直接相關的計畫才能獲得經費補助。路卡錫克說：「所以，在這樣的環境下，如果單純為了提升研究人員的生產力，很難爭取到大筆經費來開發網路。這個理由實在不夠力。比較夠力的理由是，一旦網路遭受攻擊，採取封包交換技術的網路較為強固，較能繼續存活……能

確保在戰略情勢中（也就是遭遇核武器攻擊時），總統仍然能和飛彈基地聯繫。所以，我可以向你保證，我從 1967 年就開始在這些支票上簽名，我之所以簽名，是因為我相信有那樣的需求。」

ARPANET 不是為了戰略性軍事需求而建的說法，漸漸成為傳統信條，路卡錫克一方面覺得好笑，也有些惱怒，他在 2011 年寫了一篇題為〈為何打造 ARPANET〉的文章，在同事間流傳。「ARPA 存在的唯一目的，是因應新的國家安全顧慮，」他解釋：「就本案而言，則事關軍力的指揮控制，尤其是因核武器存在及為了制止核武器使用，而引發的國家安全問題。」

他的說法直接牴觸了前任 ARPA 主管赫茲菲德的陳述，赫茲菲德是來自維也納的難民，他在 1965 年擔任 ARPA 署長時，批准泰勒建造分時研究網路的提案。赫茲菲德多年後仍堅持：「正如同許多人所說，建立 ARPANET 的初衷並非打造禁得起核武器攻擊的指揮控制系統。建立這樣的系統顯然是重要的軍事需求，但這個軍事需求卻非 ARPA 的使命。」

由 ARPA 授權的兩個半官方歷史陳述，提出的說法卻背道而馳。「宣稱 ARPANET 似乎和抗核戰網路有關的謠言，其實是從蘭德公司的一份報告中流傳出來的，」網際網路協會撰寫的歷史指出：「就 ARPANET 而言，這種說法絕對不正確。」另一方面，美國國家科學基金會在 1995 年發表的《最終報告》則指出：「國防部先進研究計畫署發展出來的 ARPANET 封包交換計畫，用意是在面臨核武器攻擊時，提供可靠的通訊。」

那麼，究竟哪個觀點才正確呢？就本案而言，其實兩者都正確。對實際參與建立網路的學者和研究人員來說，ARPANET 只有和平用途。但對某些負責監督計畫和撥款的人來說（尤其是國防部官

戴維斯（1924-2000）。

巴蘭（1926-2011）。

克萊洛克（1934-）。

瑟夫（1943-）與康恩（1938-）。

員和國會議員），背後也有一些軍事考量。

1960 年代末期，柯羅克（Stephen Crocker）還是研究生，他當時曾參與協調 ARPANET 的設計方式。他從來不認為當時的任務包含核戰存活能力的考量。然而在路卡錫克到處發送那份 2011 年的報告後，柯羅克讀完報告笑了笑，修正了原本的看法。路卡錫克告訴他：「我在高層，你在基層，所以你根本不曉得當時發生了什麼事，以及我們為什麼要這樣做。」柯羅克的回應在幽默中蘊含了些微智慧：「我在基層，你在高層，所以你根本不曉得當時發生什麼事，以及我們到底在做什麼。」

正如同柯羅克終於明白：「你無法讓所有參與者都同意當初建造網路的原因。」他當時在 UCLA 的上司克萊洛克也得出相同結論：「我們永遠無從得知，是否核戰存活能力才是最初的動機，這個問題沒有答案。就我而言，我完全沒想到任何軍事考量。但是到了指揮鏈的高層，我很確定有些人會認為，禁得起核武器攻擊是其中一個理由。」

結果，ARPANET 有趣的融合了軍事利益與學術利益。出錢的國防部希望建立中央控制的階層式指揮系統。但五角大廈委託一群學者負責網路設計工作，其中有些人是為了避免受徵召入伍而參與計畫，而且他們大多數都不信任中央集權體制。由於他們選擇的方案是可以有無數節點的網路結構，每個節點有自己的路由器，而不是由中央控制少數資訊轉接站，因此網路會變得難以控制。「我一向偏好建立分權式的網路，」泰勒說：「如此一來，任何團體都很難取得網路控制權。我不信任大型中央組織，我天生就不信任他們。」由於五角大廈挑選了泰勒這樣的人物來建造網路，所以釀成他們無

法完全控制網路的結果。

諷刺的是，一旦採取分權式和分散式架構，網路反而變得更加穩定可靠，甚至能挺過核武器攻擊。雖然 ARPA 研究人員打造網路的動機並非建立具高度韌性、禁得起核武器攻擊的軍事指揮控制系統，他們甚至連想都沒有想過這件事，但後來五角大廈和國會之所以源源不絕撥款補助計畫，這絕對是其中一個原因。

即使 ARPANET 在 1980 年代初期演變為網際網路，仍然繼續兼顧軍事和民間用途。溫文儒雅、喜歡思考的瑟夫曾參與創造網際網路，他回憶：「我想要證明我們的技術禁得起核武器攻擊。」所以，他在 1982 年做了一系列仿核武器攻擊的測試。「我們做了一系列的這類模擬和演習，有些演習規模很大，連戰略空軍司令部都參加。我們有一次把空中封包無線電放到現場實驗，利用空中系統把因為模擬核武器攻擊而分離的網際網路片段重新組合。」最重要的女性網路工程師之一帕爾曼（Radia Perlman）在 MIT 開發出面臨惡意攻擊時能確保網路穩定運作的協定，她還協助瑟夫設計各種方法，在必要時區隔和重建 ARPANET，提升網路的存活能力。

軍事動機與學術需求交互作用，形成網際網路根深柢固的特色。「ARPANET 和網際網路的設計都偏重軍事價值，例如存活能力、彈性和高性能，而較不重視商業目標，例如低成本、簡潔、或對消費者的吸引力；」科技史家艾貝特（Janet Abbate）指出：「同時，設計和建造 ARPA 網路的這批人，大多是學術界的科學家，他們把自己的價值觀，例如權力分享、分權、開放式的資訊交流等融入系統中。」1960 年代末期的這些學者，有許多人認同當時的反戰次文化，因此他們打造的系統也抗拒中央控管。系統選路會避開核武器攻擊的危害，但也讓網路避免受到掌控。

1969年10月的大躍進

1968 年夏天，從布拉格到芝加哥，全世界大部分地區都動盪不安，羅勃茲此時對有意為 ARPANET 建造迷你電腦的廠商招標〔迷你電腦用來充當各研究中心的 ARPANET 路由器，或介面訊息處理器（IMP）〕。他的計畫融合了巴蘭和戴維斯的封包交換概念、克拉克提議的標準化 IMP，以及李克萊德、厄尼斯特（Les Earnest）和克萊洛克的理論洞見，以及其他許多發明家的貢獻。

在應邀投標的一百四十家公司中，只有十二家決定投標，例如 IBM 就興趣缺缺，因為擔心無法以合理價格製造 IMP。羅勃茲在加州蒙特利市召開委員會議，評估投標書。負責監察的布魯還為投標書拍照存證，每份投標書旁邊都立著量尺，顯示投標書的厚度。

布許共同創辦的波士頓大型國防包商雷神公司拔得頭籌，甚至進入與羅勃茲議價的階段。但泰勒在此時介入表達看法，他被克拉克說服，覺得應該與 BBN 公司簽約，因為 BBN 公司比較沒有包袱，不會受到公司內部層層官僚體系的束縛。泰勒還記得：「我說雷神公司和研究型大學的企業文化，就如同油與水般不相容。」克拉克指出：「泰勒推翻了委員會的決議。」羅勃茲也同意最後的決定：「雷神公司的提案很出色，和 BBN 不相上下，長期而言，唯一影響我最後決定的差異在於，BBN 團隊的組織方式較為緊密，我認為他們的效能會更高。」

BBN 和官僚氣息濃厚的雷神公司不同，在兩位難民出身的 MIT 學者哈特（Frank Heart）和康恩（Robert Kahn）領導下，BBN 組成一支靈活的傑出工程師團隊，幫忙改善羅勃茲的原始提案，明訂當封包從一個 IMP 傳送到另一個 IMP 時，傳送端的 IMP 會先儲存封

包,直到接收端的 IMP 通知收到封包為止。假如沒有即時接到通知,傳送端的 IMP 會重新傳送封包。這項規格成為維持網路可靠性的關鍵。網路發展過程中的每一步,都透過集體創意而不斷改善設計。

羅勃茲在聖誕節之前,宣布由 BBN 得標而不是雷神公司,令許多人大吃一驚。參議員泰德‧甘迺迪(Ted Kennedy)循例發出賀電給選區內標到大型聯邦專案的選民。他在電報中恭賀 BBN 獲選為「跨宗教訊息處理器」*製造商。從某個角度來看,「跨宗教」也算頗為適切形容了介面訊息處理器普遍扮演的角色。

羅勃茲挑選了四個研究中心做為 ARPANET 的首批節點,分別是:克萊洛克任職的 UCLA、高瞻遠矚的恩格巴特(Douglas Engelbart)任職的史丹佛研究院、蘇澤蘭任職的猶他大學,以及加州大學聖塔芭芭拉分校。四個機構都必須設法讓大型電腦主機與即將運到的標準化 IMP 連接運作。這些研究中心的研究員就像典型的資深教授一樣,徵召了一批研究生雜牌軍來完成任務。

工作團隊的年輕成員在聖塔芭芭拉開會討論該如何進行,他們發現的真理一直到數位社群網站的年代依然適用:大家聚在一起面對面討論的方式不但有用,而且很好玩。UCLA 團隊的研究生柯羅克和好友及同事瑟夫一起開車到聖塔芭芭拉,他回憶:「那裡有一種雞尾酒會的氣氛,大家都對彼此十分友善。」於是,這群年輕人決定輪流在各自的研究中心舉行定期聚會。

彬彬有禮的柯羅克,大臉上總是掛著開懷的笑容,正是居間協調的適當人選,他們的合作流程後來成為數位時代典型的合作方式。柯羅克不同於克萊洛克,他談話時很少用到「我」這個字,他不愛居功,比較喜歡和大家分享功勞。他很能體會別人的感受,因

此能直覺知道如何協調團隊，而不需要採取中央集權的管控方式，這恰好非常適合他們正在創造的網路模式。

幾個月過去了，這群研究生持續開會，交流彼此的想法，同時等待權威人士蒞臨指導，下達前進指令。他們以為到了某個時候，東岸的權威人士就會現身，帶來各種規範和協定，供他們這些電腦主機小管理員遵循。柯羅克回想當時的情況：「我們只不過是一群自作主張的研究生。我一直深信，隨時會有一群來自華盛頓或劍橋市的權威人士或大人蒞臨，告訴我們該怎麼做。」

但這是新的時代，網路應該是分散的，管理網路的權力亦是如此。網路的規則由使用者制定，流程則是開放的。雖然網路計畫獲得經費補助的部分原因，是為了促進軍隊的指揮控制系統，但網路卻藉由抗拒中央控管，來達到最初設定的目的。軍官讓出手中的權力給駭客和學者。

因此 1967 年 4 月初，在猶他大學一次格外有趣的聚會中，這群自稱是「網路工作小組」的研究生決定寫下他們想到的東西。柯羅克待人真誠有禮，總是有辦法吸引一群駭客達成共識，所以被挑選來擔當重任。柯羅克希望找出一種寫作方式，在語氣上不會顯得太過冒失，他為此焦慮萬分。「我知道單單把我們討論的東西寫下來，就會被視為冒犯權威，會有人跑來訓我們一頓 —— 可能是東部某個大人。」為了讓語氣謙恭有禮，他絞盡腦汁，常常徹夜未眠。「我和女友及她與前男友生下的小嬰兒，一起住在她父母的房子裡。在夜裡，我唯一能工作而不至於吵到別人的地方，就只有浴室了，我常光著身子站在浴室中振筆疾書。」

柯羅克深知，他需要為這一連串建議和做法取個不那麼篤定的

---

* 「跨宗教」（Interfaith）為甘迺迪參議員的筆誤，應該是「跨介面」（Interface）才對。

名稱。「為了強調這是非正式文件，我想到這個可笑的小點子，把每一份文件都稱為『意見請求』（Request for Comments, RFC）——無論它是否真的提出請求。」這個名稱真是鼓勵網路時代合作關係的完美辭彙——謙和友善、毫不專橫、包容廣泛、展現同儕共治精神。「當時我們得以避開專利和其他限制，可能也有一些幫助；由於沒有任何財務誘因吸引大家控制通訊協定，因此要達成協議就容易多了。」柯羅克四十年後寫道。

第一份 RFC 在 1969 年 4 月 7 日發布，他們把文件裝在舊式信封內，透過郵政系統寄出去。（由於他們當時還沒有發明網路，因此根本沒有電子郵件這回事。）柯羅克開始在文件中，以親切溫暖、不那麼正式的語氣，釐清各研究中心的電腦主機應該如何連接到新的網路。「1968 年夏天，最初四個中心的代表聚會了好幾次，討論電腦主機的軟體問題，」他寫道：「以下說明其中一些暫時達成的協議，以及碰到的一些開放性的問題。這些幾乎都還未定案，尚待各方反應。」接到 RFC 1 的人都覺得自己也被納入這個有趣的過程，而不是有一群人高高在上，獨斷獨行的制定通訊協定。他們一直在談「網路」這個東西，所以試圖把每個人都串連起來，倒也合情合理。

RFC 的做法開闢了軟體、通訊協定和內容的開放原始碼開發方式。「這種開放流程的文化是促進網際網路驚人成長與演化的基本要素，」柯羅克後來表示。擴大而言，這也成為數位時代的合作標準模式。在 RFC 1 發布三十年後，瑟夫撰寫了一份哲學性的 RFC：「很久、很久以前，在很遠、很遠的網路中……」開啟了「偉大的對話」。瑟夫在描繪了 RFC 開啟的非正式形式後，接著寫道：「RFC 的歷史隱含人類機構邁向合作的歷史。」他的宏觀陳述

看似誇大其詞,其實不然,因為他說的都是真的。

1969 年 8 月底前,當第一部 IMP 運抵克萊洛克的實驗室時,他們的 RFC 已包含一套連接主機與 IMP 的標準。IMP 運到 UCLA 時,有十來個人在場迎接:包括柯羅克、克萊洛克、幾個團隊成員,還有瑟夫和他的妻子西格莉德,她帶來香檳。他們很驚訝的發現 IMP 和電冰箱差不多大,而且根據一般軍用機器的規格,全身覆蓋軍艦灰的鋼鐵殼。機器被推進電腦室,插上插頭開始運作。BBN 表現卓越,不但準時出貨,而且沒有超出預算。

單單一部機器還無法構成網路。直到一個月後,第二部機器也運抵位在史丹佛校園外圍的 SRI,ARPANET 才真正開始運作。10 月 29 日,雙方都準備就緒,就要開始連線。完全不像幾個星期之前,全球五億人在電視上見證太空人登陸月球時聽到的「個人的一小步,人類的一大步」* 那麼戲劇化。反之,當時只不過有個叫克萊恩(Charley Kline)的大學生,在柯羅克和瑟夫督導下,戴上電話耳機,一面打字輸入登入程序,希望讓 UCLA 的終端機透過網路,與遠在 571 公里外的帕洛奧圖電腦連上線。他輸入「L」,SRI 那邊的人告訴他收到了。接著他又輸入「O」,他們也確認收到。當他打出第三個字母「G」時,因系統的自動補全功能而碰到記憶障礙,發生當機。儘管如此,最初的訊息已成功透過 ARPANET 傳送出去,雖然不像「老鷹號已經登陸」或「上帝創造了何等奇蹟」† 那麼動人,「Lo」這樣的輕描淡寫風格卻頗為適切,讓人想起表示驚歎時

---

* 譯注:「個人的一小步,人類的一大步」是美國首度登月成功,太空人阿姆斯壯(Neil Armstrong)走出艙門,踏上月球時說的第一句話。

† 譯注:「老鷹號已經登陸」(The eagle has landed)為1969年7月20日美國太空人駕登月小艇成功降落月球後,對指揮中心說的第一句話。
「上帝創造了何等奇蹟」(What has the God wrought),則為電報發明人摩斯(Samuel Morse)於1844年5月24日,在美國國會向巴爾的摩發出史上第一通電報的電文。

說：「Lo and behold」（看哪！）這句話中的「Lo」。克萊恩在他的工作日誌中極精簡的記錄：「22：30，與 SRI 對話，主機對主機，CSK。」

因此，1969 年下半年 —— 在胡士托音樂節、查帕奎迪克事件（Chappaquiddick Incident）、反越戰示威、查爾斯‧曼森（Charles Manson）連環殺人案、大鬧民主黨大會的「芝加哥八傑」審判，以及阿塔蒙特（Altamont）音樂節等紛紛擾擾、眾聲喧譁中 —— 三個歷史性組織在醞釀將近十年後，都攀上高峰。NASA 成功送人登上月球，矽谷工程師設法把可編程的電腦放在名為「微處理器」的晶片上，ARPA 則打造出能連結遠端電腦的網路。但三者之中，只有第一項成就（或許是其中最不具歷史意義的成就）登上報紙頭條。

網際網路誕生

ARPANET 還不是網際網路，只是一個網路。幾年內，還出現其他類似的封包交換網路，但尚未相互連結。比方說，1970 年代初期，全錄帕洛奧圖研究中心的工程師，希望用區域網路連結他們正在設計的辦公室工作站，剛拿到哈佛博士學位的梅特卡夫（Bob Metcalfe）想到可以利用同軸電纜（連接到有線電視盒子的那種電纜）來創造一種高頻寬系統，他稱之為「乙太網路」。乙太網路仿效 ALOHAnet（在夏威夷開發出來的無線網路），ALOHAnet 是透過 UHF 和衛星訊號來傳送封包資料。此外，舊金山也有一個封包無線電網路 PRNET，以及叫做 SATNET 的衛星網路。儘管這些封包交換網路十分相似，彼此卻不相容，也無法交互運作。

1973 年初，康恩開始彌補缺陷。他認為，應該設法讓所有的網路相互連結，而且他正好在可以促成這件事的位子上。此時康恩已

經離開 BBN，到 ARPA 擔任資訊處理技術局的專案經理，他在 BBN
時曾協助開發 IMP。先後參與 ARPANET 及 PRNET 的建構，他賦予
自己一個使命：要設法連結這兩個網路及其他封包網路，他和同事
稱這樣的系統為「internetwork」，過了一陣子，他們把這個英文字簡
化縮短，成為今天我們所知的「網際網路」（internet）。

康恩把瑟夫找來當他的工作搭檔。瑟夫是柯羅克的死黨，曾參
加撰寫 RFC 及制定 ARPANET 通訊協定的小組。瑟夫在洛杉磯長
大，父親任職的公司曾為阿波羅太空計畫製造引擎。瑟夫和摩爾一
樣，小時候很愛玩有趣但危險的化學實驗玩具。「我們有一些粉狀
的鎂和鋁，還有硫磺、甘油和高錳酸鉀之類的化學品，把這些東西
混在一起，就會爆發火焰。」瑟夫五年級的時候，覺得數學課學的
東西很無聊，所以老師給他一本七年級的代數課本。「整個暑假，
我每天都拿著課本，一題題破解，」他說：「我最喜歡解那些應用
題，那些題目就好像一個個神祕的小故事。你得先弄明白『 x 』是
誰，我總是很好奇最後『 x 』會變成怎麼樣。」他還沉迷於科幻小
說，尤其是海萊因（Robert Heinlein）的作品，而且從那時候起，他
每年都重讀一遍托爾金的《魔戒三部曲》。

瑟夫是早產兒，因此有聽覺障礙，他從十三歲起就開始戴助聽
器。他也差不多在那個時候，開始每天穿西裝打領帶、提公事包上
學。「我不想融入團體，和其他人一樣，」他說：「我想要與眾不
同，受到矚目。這是很有效的方法，而且比戴鼻環好多了，那時還
是 1950 年代，我想老爸一定不會容忍我戴鼻環的。」

中學時期，瑟夫和柯羅克結為好友，他們週末總是一起做科學
實驗、玩 3D 西洋棋。瑟夫從史丹佛大學畢業後，先到 IBM 工作兩
年，然後進入 UCLA 攻讀博士，加入克萊洛克的研究團隊。他在

UCLA 認識康恩，後來康恩到 BBN 及 ARPA 工作後，兩人仍然維持好交情。

康恩在 1973 年春天開始投入網際網路計畫時，跑去找瑟夫，描繪在 ARPANET 之外，那段時間另外冒出的諸多封包交換網路，然後問他：「怎麼樣才能讓這些各式各樣的封包網路相互連結？」瑟夫接受挑戰，兩人展開為期三個月的合作，最後促成網際網路的誕生。「他和我一拍即合，」康恩後來表示：「瑟夫是喜歡捲起袖子說開始幹活吧的那種人，讓人耳目一新。」

1973 年 6 月，他們先在史丹佛召開會議，蒐集大家的想法。瑟夫後來表示，透過這種合作方式得到的解決方案是「開放式的通訊協定，每個人隨時都可以提出意見」。但是大部分的工作仍由康恩和瑟夫完成，兩人窩在帕洛奧圖的瑞琪凱悅之家飯店或鄰近華盛頓杜勒斯機場的旅館中密集討論。「瑟夫喜歡站起身來，開始畫這些蛛網圖，」康恩說：「我們經常反覆討論，然後他就會說：『我們來畫個圖吧！』」

1973 年 10 月有一天，瑟夫在舊金山的旅館大廳畫了一個簡圖，說明他們的構想，上面顯示各式各樣像 ARPANET、PRNET 這樣的網路，每個網路都和電腦主機相連，還有一組「閘道」（gateway）電腦，會在網路間傳遞封包。後來，他們整個週末都一起在五角大廈附近的 ARPA 辦公室討論，連續兩個晚上通宵達旦努力後，他們終於可以到鄰近的萬豪酒店吃早餐慶祝。

他們拒絕讓每個網路都保有自己的通訊協定，雖然這種方式會比較容易推銷出去。他們希望建立共同的通訊協定，由於採用新協定的任何電腦或網路，毋須翻譯系統就可以連上網際網路，因此新的網際網路將呈現爆炸性成長，ARPANET 和其他任何網路之間的通

訊將無縫接軌。他們的構想是,每部電腦為封包標示位址時,都採用相同的模式,就好像全世界每張明信片要寄出去時,上面都必須有四行地址,用羅馬字母標明門牌號碼、街道名稱、城市和國家一樣。

結果就是「網際網路協定」(Internet Protocol, IP),規定如何把封包目的地標示於標頭,協助判定應該如何在網路間傳輸訊息,送達目的地。再上層則是「傳輸控制協定」(Transmission Control Protocol , TCP),指示如何把封包依序重新組合,檢查有沒有漏失任何封包,要求重新傳送漏失的資訊。這就是大家熟知的 TCP/IP。康恩和瑟夫後來在論文〈為封包網路相互連結而設的通訊協定〉(A Protocol for Packet Network Interconnection)中發布這兩種協定。網際網路於焉誕生。

1989 年,在 ARPANET 二十週年的慶祝會上,克萊洛克和瑟夫及其他許多網路先驅都來到 UCLA,這裡是網路設置的第一個節點。許多人為了慶祝網路誕生二十週年,紛紛作詩填詞譜曲。瑟夫當天朗誦了一首仿莎士比亞的打油詩,名為〈羅森奎茲與乙太網路〉(Rosencrantz and Ethernet)*,詩中在面對封包交換和專線的選擇時,提出哈姆雷特式的問題:

> 舉世皆在網路中!所有數據僅是封包
>
> 暫且排隊儲存轉進,而後
>
> 就音訊全無。這是等候交換轉接的網路!

---

* 譯注:羅森奎茲(Rosencrantz)與紀登斯騰(Guildenstern)原本是莎翁名劇《哈姆雷特》中的兩個角色,瑟夫在打油詩中將紀登斯騰改為乙太網路。

交換，還是不交換？這正是問題所在。

怎麼選擇才明智？

究竟要忍受隨機網路的存轉

抑或用電路對抗海量封包，

以專線滿足需求？

經過整整一個世代後，在 2014 年，瑟夫在華府為 Google 工作時仍然自得其樂，讚歎他們催生的網際網路創造出的神奇世界。他注意到每年都會出現一些新發明。「例如社群網站，我加入臉書，把它當實驗，以及商業應用程式、行動通訊，網際網路上不斷累積新事物，」他說：「網路已經擴充了百萬倍以上。禁得起這樣成長而不崩解的發明不多。而且我們設計的那些古早協定，依然運作得不錯。」

網路的集體創造力

那麼，究竟誰才是發明網際網路的最大功臣呢？（暫且先不提有關高爾的笑話，我們會在第 10 章談到他的角色 —— 他的確有個角色。）和究竟是誰發明了電腦的問題一樣，答案是，網際網路是合作創造的結果。巴蘭後來運用美麗的意象，對科技作者海夫納和萊恩（Matthew Lyon）說明科技發展的過程，他採用的意象也適用於所有創新過程：

科技發展的過程就好像建造大教堂。數百年來，不斷有新人來，每個人都在舊有的基礎上加一塊磚，每個人都說：「我蓋了一座大教堂。」到了下個月，前一塊磚上面又加了新的磚塊。然後來了

一位歷史學家,他問道:「這座大教堂是誰蓋的?」彼得在這裡放了幾塊石頭,保羅又加了幾塊石頭。你一不小心,可能會自欺欺人,以為最重要的部分是你完成的。但事實上,每個人的貢獻都是以前人的成果為基礎,一切都環環相扣。

網際網路部分由政府打造,部分是民間企業的功勞,但絕大部分是由一群鬆散組成的學者及駭客集體創造的成果,他們平等合作,自由交流創意。同儕分享的結果,創建出能促進同儕分享的網路。這一切並非偶然。網際網路的創建是基於一個理念:權力不應集中,應該分散為眾人共享;應該避免下達任何威權式命令。早期曾參與網際網路工程任務小組的克拉克(Dave Clark)指出:「我們拒絕國王、總統及投票。我們相信粗略的共識和可執行的程式碼。」結果形成一個開放資源、集體創新的網路公共園地。

創新不是單靠獨行俠的努力,網際網路就是最好的例子。新網路的官方通訊《ARPANET 新聞》在第一期中宣稱:「有了電腦網路,分享研究的豐富多彩取代了獨自研究的寂寞。」

網路先驅李克萊德和泰勒都深深理解,網際網路有一種根植於建構方式的潛在傾向:鼓勵同儕之間的連結和促進線上社群結集,因此開啟了許多美妙的可能發展。他們在 1968 年發表的一篇極具遠見的論文〈以電腦為通訊設備〉(The Computer as Communication Device)中寫道:「使用網路的人會變得更快樂,因為他在線上互動最頻繁的對象,多半是因為共同的興趣和目標而結識,而非出於偶然或只因住得近。」他們的樂觀看法已近乎烏托邦。「每個(買得起控制台的)人都擁有豐足的機會,可以找到自己的志業,因為可連結到各行各業、各種專業領域的整個資訊世界,都會對他開放。」

但這一切並沒有立即發生。網際網路在 1970 年代中誕生之後，還需要其他幾項重要創新，才能讓網路真正成為帶動改變的工具。當時的網際網路依然是有人把關的社區，只開放給軍方和學術單位的研究人員使用。直到 1980 年代初，民間版本的 ARPANET 才完全開放，再過十年後，大多數家庭用戶才真正進入網際網路的世界。

除此之外，還有一個主要限制因素：唯有能實際操作電腦的人，才有機會使用網際網路，而當時電腦還是龐大、嚇人、昂貴的機器，不是你隨時跑去電器商店就買得到的家電。在電腦尚未供個人使用之前，數位時代還無法帶動翻天覆地的改變。

凱西（1935-2001）手握長笛坐在巴士頂。

布蘭德（1938-）的肖像。

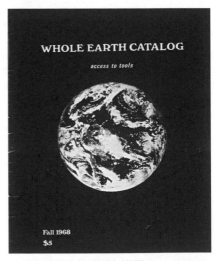

1968年秋天發行的《全球概覽》創刊號。

08
個人電腦

放膽去想

　　現在對於「個人」電腦這個概念，不外乎是可以簡易上手、居家使用的資訊產品，其源頭得回溯到美國知名工程師布許在 1945 年率先提出的構想。布許在麻省理工學院成功打造一台體積龐大的類比式電腦，並建立起橫跨軍事單位、國防工業與學術界之間的三角合作關係。他在 1945 年 7 月號的《大西洋》月刊中發表一篇名為〈放膽去想〉（As We May Think）的文章 *，提出未來有可能出現的個人電腦概念，稱之為「memex」† 架構，可以用來儲存並重現個人的文字、圖像等各種資訊。他在文章中寫道：「想像未來有一種供個人使用的設備，看起來像是機械化的私人檔案與資料庫……『memex』架構可以儲存個人所有藏書、各種紀錄和通訊資料，機械化的操作則有助於大幅提升使用效率與彈性，可以說是擴充私人記

---

* 恰巧在同一個月，布許向杜魯門總統上呈另一篇劃時代作品——〈科學，無止境的邊疆〉，在文章中倡議創建一個能讓產官學共同合作的研究平台。詳請參見第7章。

† 譯注：結合memory（記憶）與index（檢索）二字，意指記憶的檢索系統。

憶的輔助設備。」其中,「私人」這個字眼相當關鍵,因為布許與其研究團隊尤其重視人與機器之間,緊密又人性化的溝通方式。

在布許想像中,這個設備有類似鍵盤可「直接輸入」的機制,可以把資訊和使用者紀錄存入記憶系統,他甚至預言了超文件連結、檔案分享等協同計畫的執行方式,另外還描述:「未來會有一種全新型態的百科全書,可以隨時在內文擴充連結的資料串連,也可以隨時透過『memex』加強內容。」── 他早在半世紀以前就預見了維基百科的問世。

電腦最後並沒有長成布許想像的樣子,起碼一開始並沒有。早期電腦並不是供個人使用的工具和資料庫,而是供產業或軍事用的巨無霸,研究人員能以分時共享的方式使用大型主機系統,但是一般平民百姓可就無緣一睹廬山真面目了。雖然 1970 年代初期像是迪吉多之類的創新公司,開始生產體積如冰箱大小的「迷你電腦」,但是他們也不認為生產一般人負擔得起的桌上型電腦有利可圖。1974 年 5 月,迪吉多營運委員會為了是否要推出比 PDP-8 機種更小的個人電腦爭論不休時,公司總裁歐爾森(Ken Olson)表示:「我看不出任何人有任何理由,需要擁有一部自己的電腦。」因此 1970 年代中期開始爆發的個人電腦革命,是由一票委身在商店街或車庫裡,名不見經傳的寒酸公司引領風騷的,其中兩個值得注意的名號是奧泰爾(Altair)和蘋果(Apple)。

文化底蘊

個人電腦的輪廓逐漸成形,得歸功於許多先進科技使然,其中最重要的一項莫過於是微處理器 ── 把電腦中央處理器的所有功能,整合蝕刻成積體電路的一顆小晶片。不過,各種社會力量也是

推動創新發展的助力之一，並在這些成果中，烙印上當時孕育創新的文化氛圍。1960 年代起發軔於舊金山灣區的社會力量，替百花齊放的個人電腦奠定下成熟的發展基礎，很少有其他文化交融的力量能夠與之相提並論。

當時文化融合的過程包含了哪些勢力？首先是受國防工業發展影響，隨身攜帶口袋筆套的工程師從其他地區移民到此，比方任職於西屋和洛克希德的工程師。再來是具有勇於創業、鼓勵創意、鄙視官僚機構冥頑不靈的企業家精神的企業，像是英特爾和雅達利，還有從麻省理工學院西遷來的理工怪傑，也一併把自組電腦並樂在其中的癮頭帶到灣區，另外，喜歡駭進貝爾電話系統或是大型企業分時電腦的電頭（wirehead）、飛客（phreaker）以及各路硬底子玩家，也形成一股頗受歡迎的次文化，至於舊金山和柏克萊兩地也從來不乏活躍的理想主義者和社群經營者想方設法，「冀望藉由漸次突破的科技慢慢取得進展，把被官僚主義拘禁的心靈釋放出來。」── 套用其中一位名人露波（Liza Loop）的話來說。

同時還有另外三股非主流文化趨勢，與上述創新文化相互激盪，像是由灣區「失落世代」衍生而出，沉溺於迷幻藥與搖滾樂，狂放不羈的嬉皮，還有在柏克萊大力推動言論自由的新左派活躍份子，以及在世界各地校園訴求反戰的示威運動。這三股勢力當中還交織著《全球概覽》（*Whole Earth Catalog*）的讀者群。為了落實公民不服從，為了對抗權貴菁英所打造的中央集權，他們深信必須要能自行掌控各種工具，才有可能與聞政事。

儘管這些勢力彼此的特質有天壤之別，但是他們卻有交錯縱橫的生活圈，分享許多共同價值。受到孩提時代組裝 Heathkit 無線電對講機、大學時閱讀《全球概覽》的影響，他們著迷於自己動手

創作，並夢想有一天能在某個社群中找到自我認同。他們內心深處抱持非常美式的信念，一方面強調無從妥協的個人主義，一方面又渴望能完全融入公共社群裡 —— 這可就跟法國哲學家托克維爾（Alexis de Tocqueville）對美國的理解大不相同了；如果是要進行集體創作，他們希望自己的加入，能使所屬團體變得更完美。

美式動手做的文化，可以追溯到拓荒時期興建公有穀倉或一起縫製被毯，看重的是「大家一起來」（do-it-ourselves）而不只是「自己動手做」（do-it-yourself）。除此之外，1960 年代末期聚居在灣區、一起聯手對抗權貴菁英的許多勢力，都希望能擁有自由取得資訊的權力，認為新科技應該更開放、更友善、更融入人群，而不是如歐威爾主義（Orwellian）所描述般的難以理解、望之儼然，只能做為上層階級掌控一切的工具。以其中一位電腦工程界代表人物費爾森斯坦（Lee Felsenstein）的話來說：「我們希望能有個人電腦，讓個人電腦幫助我們從社會機制的框架中釋放出來，不論那是政府還是大企業所設定的框架。」

在令人眼花撩亂的文化交融中，凱西（Ken Kesey）稱得上是嬉皮界靈感泉源的代表性人物。凱西自奧勒岡大學畢業後，在 1958 年因參與史丹佛大學創意寫作計畫而以研究生的身分搬到灣區。凱西在灣區一家精神療養院值大夜班，並簽約成為中情局（CIA）思想控制實驗 MKUltra 大腦研究計畫的受測人員，用以檢驗迷幻藥 LSD 對人體的實際影響。後來凱西迷上了嗑藥，無可自拔。在學校進行創意寫作、為了生活費成為人體實驗對象，再加上固定在精神療養院值班，這一切加起來催生了凱西的第一部小說：《飛越杜鵑窩》。

當其他人在史丹佛周遭創辦電子公司時，凱西卻拿著小說版

稅和參加中情局實驗所取得的藥物，組成一個叫做「歡樂搗蛋鬼」
（Merry Pranksters）的早期嬉皮社團。1964 年，凱西跟他的伙伴一
起搭上一輛老舊的「國際哈維斯特」牌校車巴士，展開一趟足跡遍
及全美的迷幻奇航，車身還用幻彩（Day-Glo）牌螢光漆塗上大大的
「Furthur」字眼。是的，他們一開始竟然把「推進」（Further）拼錯
了。

旅程結束後，凱西開始在自家辦起一系列藥物測試，到了 1965
年底，身兼創意發想者與嬉皮的凱西，索性把嗑藥行為檯面化，當
年的 12 月，聖荷西的大黃（Big Ng's）音樂吧成為打前鋒的實驗據
點。凱西在那兒受邀加入一個自己很喜歡，由賈西亞（Jerry Garcia）
領銜，才剛把樂團名稱從「大法師」（Warlocks）改成「死之華」
（Grateful Dead）的酒吧樂團，此後的發展便一發不可收拾了。

追求和平是同一時期的另一種文化現象，一樣帶有反叛精神。
嬉皮和反戰的感性訴求，交織成一段令人難以忘懷的時光，雖然現
在回顧起來不免感到荒誕不經，但是在當年可都深具撼動人心的效
果，像是迷幻色彩濃厚的「寧做愛，不作戰」海報，或是在 T 恤上
紮染出象徵和平意涵的圖示。

嬉皮和反戰運動都跟電腦格格不入，起碼一開始是這樣。笨重
的主機、嘎嘎作響的磁帶，再加上忽明忽滅的顯示燈號，早年的電
腦完全符合歐威爾主義中專為美國大企業、五角大廈或是權貴階級
打造的無人性工具。美國社會學家芒福德（Lewis Mumford）在《機
器的迷思》（*The Myth of the Machine*）一書中示警，認為電腦的興起
「可能讓人類變成被動、毫無目標，任憑機器擺布的生物」，打孔卡
上那句「不可折疊、裝訂、損毀」的警語，對所有從柏克萊校園史
普勞爾廣場，一直到舊金山海特艾許伯瑞特區內的反戰份子與嬉皮

社群而言，不啻是諷刺意味十足的口號。

不過在 1970 年代初個人電腦的輪廓逐漸成形後，看待電腦的態度開始轉變。記者馬可夫（John Markoff）在記錄所屬年代變遷過程的書籍《PC 迷幻紀事》（*What the Dormouse Said*）中寫到：「原本被視為官僚管控工具而遭排斥的電腦，搖身一變成為個人自我展現與追求自由的象徵，受到熱烈歡迎。」耶魯大學萊許（Charles Reich）教授所著《綠化美國》（*The Greening of America*）一書被視為新時代的代表作，他在書裡嚴詞批判老化的企業體與社會階級，提倡必須組建能讓個人充分發揮並鼓勵合作的新架構，可是他非但沒有指稱電腦是權貴階級的工具，甚至還認為愈來愈適合個人使用的電腦，將有助於促成社會意識的扭轉：「電腦原本是為特殊目的打造的機器，現在開始有可能為全人類所用，讓人們再一次重新掌握創造力，打造屬於每個人的新人生。」

接下來，各種科技社群如雨後春筍般冒了出來，科技先驅如韋納（見第 252 頁）、富勒（B. Fuller）、麥克魯漢（M. McLuhan）等人的作品成為各社群與大學生的必讀經典，進入 1980 年代後，四處宣揚 LSD 迷幻藥功效的心理學家李瑞（T. Leary）也把原本那句「激發熱情、內向探索、脫離體制」（Turn on, tune in, drop out）的著名口頭禪，改寫成「打開電源、啟動電腦、盡情探索」（Turn on, boot up, jack in）。布羅提根（R. Brautigan）在 1967 年受加州理工學院之邀成為客座詩人，並在同年把他見證到的社會思潮脈動寫成〈深情優雅的機器替我們看顧一切〉（All Watched Over by Machines of Loving Grace）這首詩，詩的開頭寫著：

我渴望將來

（而且，愈快愈好！）

在機器神經網路鋪成的平整無暇世界裡

哺乳類生物和電腦

彼此一同互助生活

共譜和諧樂章

就好像清澈的湖水中

總能看見晴空萬里的倒影

布蘭德運用科技宣揚理念

最身體力行並大力鼓吹把科技與嬉皮結合的人物，是身型瘦高、笑起來會露出滿嘴牙的布蘭德（Stewrad Brand），在各種有趣文化運動浪潮前仆後繼的數十年間，布蘭德猶如站在浪潮交會處的高瘦精靈。「藐視中央集權體制、與主流文化對作的勢力，為所有個人電腦革命奠定下厚實的哲學基礎」的布蘭德，在 1995 年於《時代》雜誌發表一篇名為〈一切都應歸功於嬉皮〉（We Owe It All to the Hippies）的文章中寫著：

嬉皮社群和自由派政治團體，共同奠定現代網路資訊革命的根本……我們這個世代大多數的人，都把電腦視為中央集權的控制工具而嗤之以鼻，但是其中一小群人，也就是日後稱為「駭客」的這群人卻逆勢操作，設法把電腦轉化成追求自由的工具，結果證明他們的做法才是引領未來潮流的康莊大道……年輕一代的程式設計師，更是刻意帶領全體人類走出以中央主機為系統架構的電腦世界。

布蘭德在 1938 年出生於伊利諾州羅克福德，父親除了是當地

一家廣告公司的合夥人，也跟許多其他數位創業家的父親一樣，是經營業餘電台的火腿族。布蘭德從史丹佛大學生物系畢業後，以美國陸軍預官的身分入伍服役兩年，期間受過傘訓，並擔任軍用攝影師。布蘭德退伍後在各個社群展開多采多姿的人生，其中最精采的莫過於表演藝術與資訊科技交融的篇章。

站在科技與創意的前緣，這樣的人生讓布蘭德成為 LSD 迷幻藥早期的受測者，也就沒什麼好意外的了。1962 年在史丹佛附近參與一場半臨床性質的藥物實驗後，布蘭德就成為凱西「歡樂搗蛋鬼」的常客。布蘭德當時在名為 USCO 的多媒體藝術社團身兼攝影師、技術人員與製作人等多重身分，該社團的業務範圍包括迷幻搖滾音樂會、科幻舞台效果、閃光裝置、大型投影等可以與現場來賓互動的表現手法。偶爾，他們會鼓吹麥克魯漢、艾爾帕（Dick Alpert）等幾位新時代先知的言論。他們在宣傳帶裡介紹自己「結合科技與神祕主義，做為反思與溝通的基礎」，十分貼切的描述出這群科技界普羅米修斯所抱持的信念：科技是表達的工具，可以延伸創意的空間；而且，就跟藥物與搖滾樂一樣，充滿反叛精神。

新左派活躍社運人士在 1960 年代高呼示威口號「賦予人民力量」（Power to the people）時，布蘭德總覺得聽起來有點不切實際，反倒認為電腦才真正提供讓每個人充實自我的機會，他在日後提出說明指出：「賦予人民力量只是浪漫的謊言，對於改變社會這一點，電腦做的比政治人物多太多了。」1972 年，布蘭德把造訪史丹佛人工智慧實驗室的過程，寫成文章刊登在《滾石》雜誌，稱該實驗室「是自歡樂搗蛋鬼的藥物實驗以來，我所見過最、最、最、最能讓人暈頭轉向的地方。」布蘭德發現非主流文化與網路資訊文化的相互結合，無疑是引爆數位革命的藥引，他在文章中描述：「打造電腦科

學的這群怪傑，將會從有錢有勢的機構手中，」奪回權力，「不論準備好了沒，電腦已經朝著我們迎面而來。這是好消息，甚至是自有迷幻藥以來，最好的消息。」布蘭德不吝大讚這個想像中的理想國是「沿襲自電腦科學開基祖輩如韋納、李克萊德、馮諾伊曼和布許等人的美好夢想」。

上述種種人生體驗，讓布蘭德在 1960 年代一項非主流創意文化活動中，擔任技術要角並獨領風騷，那就是 1966 年 1 月在舊金山碼頭工人大會堂舉行的「旅程祭典」（Trips Festival）。凱西在前一年的 12 月裡，每星期都會固定舉辦藥物實驗聚會，置身其中的布蘭德在狂歡過後向凱西提議辦一場為期三天的大活動，並由布蘭德主導的劇團「美國需要印地安人」（America Needs Indians）擔任這攤大匯流的開幕式表演。構成開幕式的主要「感官體驗」包括高科技的燈光秀、幻燈片投影、美國原住民舞蹈和音樂，接下來根據表演單的描述是：「帶有豐富的啟示性，由震撼的環場音效帶來無止盡的狂轟猛炸，搭配變幻流動的光影以及爵士樂的低呢，驚奇處處。」這還只是開幕那晚的表演而已，第二晚由凱西親自登上主舞台擔任場控 —— 凱西前幾天在布蘭德北灘住處的屋頂遭查獲攜毒被捕，靠交保才趕上這場大會。主秀由包括歡樂搗蛋鬼及迷幻交響樂團老大哥與控股公司、死之華、地獄天使的重機幫派成員等共同擔綱演出。作家沃爾夫（見第 183 頁）在創作選集《新新聞學》（New Journalism）中試圖以〈電子器材助興的搖頭音樂會〉這篇文章，重現當時科技魔幻的表演基調：

　　燈光、影片在會場裡四處流竄。總共有五台投影機同時運作，至於牆面總共打上幾盞燈、用了多少干涉器才構成如科幻小說描述

的一個接一個無垠的銀河星團，可就只有天曉得了。大廳裡到處懸掛著擴音器，猶如高懸在皇宮中的燭光吊燈。光影不時爆裂變化，深色光照在塗上幻彩螢光漆的物品上，熠熠生輝；入口處的路燈發出紅、黃相間的光彩，身穿緊身衣、模樣怪異的女孩則吹著哨子在會場周邊蹦蹦跳跳。

最後一晚派上用場的科技產品可就更讓人熱血沸騰了；「由於所有演出的共通元素是電，最後一晚表定的現場演出將從利用彈珠台發放興奮劑開始」，這個安排讓大家嗨翻了；「請與會嘉賓極盡所能奇裝異服，把自己化妝成彈珠台的一部分，並且在身上裝置各種別出心裁的電子道具（現場會提供電力插座）。」

沒錯，「旅程祭典」綜合了藥物、搖滾和科技。藥物和插座確實很不協調，但是最後卻以非常鮮明的方式，具體刻畫出這些元素的融合，如何奠定個人電腦年代的基礎：科技、非主流、創業精神、工具箱、音樂、藝術和工程。從布蘭德到賈伯斯，這些元素以舊金山灣區的創新者為起點，捲起一波又一波的浪潮，讓他們可以在矽谷和海特艾許伯瑞特區找到充分發揮的環境，借用文化歷史學家透納（見第 259 頁）所寫的評論：「『旅程祭典』凸顯布蘭德躍升為非主流文化創業家的過程 —— 而且是以功力深厚技術專家的面貌呈現。」

1966 年 2 月，辦完「旅程祭典」的下一個月，布蘭德坐在舊金山北灘住家的碎石屋頂上，悠哉享用 100 毫克 LSD 迷幻藥帶來的飄飄欲仙感。他一邊盯著遠處的天際線，一邊思索富勒之前說的話：「我們會以為地球是無止境延伸的平面，而不是一顆又圓又小的

行星，是因為我們不曾從外太空看過地球。」在迷幻藥催化下，神遊太虛的布蘭德開始幻想地球到底多渺小、讓其他人也知道這一點有多麼重要等等；「這件事一定要廣為宣傳，這是解決世上諸多問題的最基本支點，」布蘭德靈光一閃，「只要一張照片就搞定啦——一張從外太空拍攝地球的彩色照片。這樣一張照片應該要讓所有人都看一看，看看整個地球飄浮在太空中有如滄海一粟的全貌，如此一來，所有人都會用不同的角度看待事情了。」布蘭德相信，這將有助於我們採用更宏觀的視野，以同理心對待世上所有人，從中建立起彼此休戚與共的感受。

布蘭德打算說服 NASA 拍攝這張照片，不過受藥物影響而異想天開的他，首先決定的卻是製造一批為數可觀的勳章四處兜售，好在推特（Twitter）尚未問世的年代，供所有人分享這個夢想，勳章上面寫著：「為什麼我們到現在都不曾看過一張完整的地球照片呢？」布蘭德的執行計畫天真得可愛：「我用幻彩螢光漆做了一塊人體夾板，夾板前方有一個小型的結帳台，自己則穿上白色緊身衣頂著夾板。從頭上的高禮帽，身上的緊身衣再到腳上的大頭靴，我都鑲上愛心和花卉形狀的水晶裝飾。我挑上加州大學柏克萊分校的沙瑟門（Sather Gate）開始試賣，一枚勳章售價 25 美分。」校方的反應助了布蘭德一臂之力——布蘭德遭校方驅逐的消息經《舊金山紀事報》披露後，反倒讓更多人知道他這場一人運動的前因後果。接下來，布蘭德開始在全美國巡迴各大專院校，終點站分別是哈佛大學和麻省理工學院——麻省理工學院院長瞥見布蘭德邊兜售勳章邊發表即興演說，不禁好奇問了一句：「這個傢伙是打哪裡來的？」「是我弟弟！」應聲回答的是彼得（Peter Brand）——布蘭德任教於麻省理工學院的親哥哥。

　　NASA 總算在 1967 年 11 月拍了一張地球全貌的照片 ——ATS-3 衛星從距離地表三萬四千公里的外太空,拍了一張地球的照片,而這張照片就是《全球概覽》的封面照片,也是雜誌名稱的靈感來源,這雜誌也是布蘭德下一階段的計畫。雜誌英文名稱中的 catalog 字眼,帶有商品型錄的意味(或者說,它想偽裝成商品型錄),巧妙模糊掉消費主義與社群主義之間的界線,次標題寫著「工具百寶箱」,試圖把非主流文化中回歸鄉土的感性訴求,與利用科技讓讀者更多才多藝的目標相互結合。布蘭德在創刊號的第一頁寫著:「我們熱切希望,每個人的才能都能充分發揮 —— 每個人都有能力自主進行教育,找到自己的靈感,打造自己喜歡的環境,並把個人經歷分享給任何感興趣的人。任何有助於完成這個過程的工具,都會是《全球概覽》尋求並加以推廣的商品。」富勒也為創刊號提了一首詩,開頭是:「我看見,在可靠的操作設備與運作機制中,所隱藏的神蹟。」創刊號特別收錄韋納所著的《模控學》、一台惠普的工程型電子計算機,還有鹿皮夾克、五顏六色的珠子等,這本雜誌的理念是:愛護地球與科技創新可以兼容並蓄、嬉皮族應該和工程師攜手並進、未來任何能接上電的地方都會是熱鬧非凡的節慶。

　　布蘭德並沒有採取新左派主張的政治路線,更沒有撻伐物質主義者的意思,反而相當讚許讀者購買各種新奇有趣的事物,儘管如此,不論是對於用藥成癮的嬉皮或行為保守的工程師,或致力於擴張社團影響力以對抗中央集中掌握一切科技的理想主義者,布蘭德比當時任何人都更有辦法讓當時的文化勢力相互激盪,產生火花。套用布蘭德好友費爾森斯坦所給的評價:「布蘭德的《全球概覽》扎扎實實替個人電腦的概念,奠定商業發展的基礎。」

致力擴增人類智能的恩格巴特

《全球概覽》創刊號發行後不久，布蘭德便一頭栽入催生創新的領域：以 1966 年 1 月旅程祭典科幻舞台秀為靈感源頭的表演。1968 年這場以「原型機之母」（Mother of All Demos）為名的特殊表演，成為日後推動個人電腦文化的起點，效果就跟旅程祭典對嬉皮文化的影響一樣。布蘭德就像磁鐵，可以自然吸引其他有趣的人，並與之產化學效應。主導「原型機之母」演出的恩格巴特（見第 284 頁）就是一例，他是投注一輩子熱情，只為了讓電腦可以擴增人類智能的工程師。

恩格巴特的父親是電子工程師，在奧勒岡波特蘭經營一家店鋪，以銷售、維修收音機為生，恩格巴特的祖父則是太平洋西北地區水力發電廠的技術人員，很喜歡帶一家大小進到巨大的電廠觀察渦輪和發電機如何運作；家學淵源使得恩格巴特很自然對電子產品產生喜好。恩格巴特在高中時得知美國海軍有一項祕密計畫，用來訓練操作雷達的技術人員；當時雷達還是充滿神祕色彩的新科技，於是恩格巴特更加奮發向上，以確保自己能夠成為其中的一員，之後也真的順利獲得錄取。

在海軍的經歷讓恩格巴特眼界大開。之後他分派到一艘停靠於舊金山海灣大橋南邊的軍艦準備出海服役，就在這個時候，公共廣播系統傳來日本宣布投降、二次世界大戰結束了的消息，恩格巴特回憶當時的情景道：「船上每個人莫不雀躍歡呼：『掉頭、掉頭，我們把船開回去好好慶祝！』」軍艦當然還是如期出海，「筆直穿進濃霧，暈船的感受可真夠受了。」軍艦一直前進到菲律賓的雷伊泰灣。在雷伊泰島上的恩格巴特，一逮到機會就會往紅十字會的圖

書館跑，那是一棟蓋在木樁上的茅草屋。他在圖文並茂的《生活》雜誌裡讀到轉載自《大西洋》月刊的〈放膽去想〉，也就是布許預言 memex 將做為個人資訊系統的那篇文章，他對此相當著迷；恩格巴特回憶當時的心得說：「整篇文章提到幫助人類工作與思考的概念，讓我很興奮。」

從海軍退役以後，恩格巴特先取得奧勒岡州立大學的工學院學位，之後再到矽谷艾米斯研究中心，為當時引領科技發展方向的 NASA 工作。生性害羞的恩格巴特為了有機會與女性交往及成婚，特別加入帕洛奧圖社區中心開設的希臘土風舞中級班，後來也達成心願了。只不過，訂婚隔天在開車上班的途中，他突然對人生的重大轉變感到恐懼莫名，「就在我要去上班的路上，我突然發現人生已經沒有其他要追求的目標了。」

恩格巴特在接下來兩個月忘情投入工作，希望藉以找到值得奮鬥的目標。「我查看了所有可以參加的社團活動，想設法找出讓自己重新充滿動力的方法。」結果恩格巴特發現，任何想讓世界變得更美好的事務都非常複雜，不論是消滅瘧疾或是在貧困地區增加糧食供給，都需要多層次考量其他問題，比方說人口過剩或是土地耗竭等等。想完成任何目標宏遠的計畫，除了要完整評估每一個行動可能導致的後續影響，還需權衡各種可能的機率、建立組織、分享資訊等等；恩格巴特回憶道：「突然有一天，我腦海『碰』的一下閃過一個念頭：複雜本身就是最基礎的課題。我茅塞頓開，心想如果能找到某種方法，讓人類有效提升處理複雜與緊急事務的能力，一定會對所有工作都帶來幫助。」這項努力的成果，不只能處理一件人世間的問題，也將給予人類處理任何問題的工具。

恩格巴特認為，協助人類處理複雜問題的最佳方案，是一脈相

承自布許的構想。他在設想該如何在第一時間,把資訊彙整在螢幕圖像上時,之前操作雷達的訓練派上了用場,他說:「我大概花了一個小時,想像自己坐在一個大螢幕前,螢幕上堆滿各種不同圖示,而且每一個圖示都可以用來操作電腦。」從那一天起,恩格巴特下定決心,要讓人類可以用直觀的方式呈現思考邏輯,還要設法串連,進行合作。換句話說,他想發明具有圖形顯示與網路互動功能的電腦。

這時候是 1950 年,比爾‧蓋茲和賈伯斯要再等五年才會來到人世,而且當時第一批如 UNIVAC 之類的商用電腦還沒有公開發售,但是恩格巴特已經完全認同布許的想法,認為人類總有一天會擁有自己的終端機,可以用來操作、儲存與分享資訊。恩格巴特認為這個目標遠大的想法需要配上響亮的名號:「擴增智能」(augmented intelligence)。為了扮演好這項任務的開路先鋒,恩格巴特回到柏克萊攻讀電腦科學,之後在 1955 年取得博士學位。

恩格巴特是那種用單調乏味聲調進行冗長簡報的人。恩格巴特的密友這樣描述:「他笑起來的時候,孩子氣的臉龐卻帶有一抹沉思,當他往前衝的動能枯竭並暫停思考的時候,淡藍色的眼眸似乎訴說著悲傷與孤寂,他打招呼的時候,聲音既低沉又輕柔,好像是從遙遠地方傳來的輕聲呢喃。他待人的方式不太尋常卻又不失溫暖,外圓內方,溫和中帶有些許固執。」

講得更直白一點,恩格巴特有時候會給人彷彿外星人般格格不入的印象,這使他在為構思中的電腦募款時四處碰壁。最後他在 1957 年受聘於史丹佛大學,在 1946 年成立的非營利組織史丹佛研究院,從事磁儲存系統的研究。當時史丹佛研究院的熱門研究之一是

人工智慧，主要任務是打造能模擬人腦神經網路運作的系統。

不過恩格巴特對於探索人工智慧一點興趣也沒有，他從來沒有忘了自己的使命是發明比照布許 memex 架構的電腦，可以和人類緊密合作，幫助人類有系統組織資訊、擴增智能。恩格巴特日後曾表示，自己設定的目標是出於對「最天才的發明」—— 人腦，致敬所致，所以他並不想在機器上複製人腦，而是專注於「如何讓電腦和我們已經具有的各種不同能力，進行整合」。

恩格巴特花了好幾年的時間，重複在草稿上描述自己的願景，最後寫成一本多達四萬五千字的小冊子，隨後在 1962 年 10 月以《擴增人類智能》為名發行。他在一開始先解釋，自己並不主張用人工智慧取代人類的思考，而是主張人類心靈的直覺天賦，應該要和機器處理資訊的能力整合，才能「把人類的預感、見招拆招的反應、同理心等，與高效能電子產品裡運作異常複雜的嚴謹邏輯，以及精簡的術語、符碼等，共同組合成完整實用的知識領域」。恩格巴特不厭其煩舉出許多例子，說明人腦與電腦的合作模式，像是建築師如何使用電腦設計大樓，或是專業人士如何整合圖表豐富的報告。

恩格巴特在撰寫宣傳手冊的時候，寫了一封信向布許致敬，手冊裡也用相當完整的篇幅描述 memex 架構，證明在布許發表〈放膽去想〉十七年後，他的想法仍舊相當重要，包括認為人類應該透過簡單的介面，如螢幕圖像、指標與輸入裝置，與電腦進行即時互動。恩格巴特強調，自己提出的電腦系統並不能只局限於數學領域：「任何用符碼概念（不論是英文字母、象形文字或是正規的邏輯判斷與數學運算）進行思考的人，都應該能獲益匪淺。」愛達若地下有知，一定會十分感動。

在恩格巴特發行宣傳手冊的兩年前，李克萊德也曾經在〈人機

共生〉論文裡提出類似概念，宣傳手冊問世的同一個月，李克萊德正好接任 ARPA 資訊處理技術局的最高主管，這項新職務的部分工作，就是對前景可期的研究計畫提供聯邦政府獎助金，恩格巴特就是其中一位申請人。恩格巴特回憶當時的情景說：「我拿著那份 162 頁的手冊和提案計畫站在辦公室門口，心裡想著：『喔，親愛的李克萊德先生，你說過想要做的工作，我都已經寫在計畫書裡了，你怎能回絕我？』」李克萊德果然無法回絕，恩格巴特順利取得 ARPA 的獎助金。另外，當時還在 NASA 的泰勒也提供恩格巴特些許的贊助金，好讓恩格巴特在史丹佛研究院自主創立「擴增研究中心」。這也是另一個政府挹注前瞻性研究，最終在實際應用上取得數百倍回報的良好案例。

滑鼠與NLS連線系統

泰勒提供的 NASA 獎助金只能用在單一的個別研究上，恩格巴特決定用來找出人類與機器之間最簡單的互動方式。恩格巴特對同事英格利希（Bill English）說：「我們來發掘可以在螢幕上點選的裝置吧。」目標是找到讓使用者在螢幕上點選的最簡單方式。研究人員測試了好幾十種移動螢幕游標的裝置，包括投影筆、搖桿、軌跡球、觸控板、平板搭配觸控筆等等，甚至還有一款裝置需要透過膝蓋進行操作。恩格巴特和英格利希親自測試每一種裝置的實用性，「我們測量每一位使用者要花多少時間，才能移動游標到定位，」恩格巴特說。其中，投影筆看起來是最簡單的裝置，但是使用者每次操作都要舉起、放下投影筆，實際上還挺麻煩的。

他們兩人把各種裝置的優缺點列表，這張表讓恩格巴特開始構思市面上可能還找不到的裝置。「就好像週期表的排列原理可以幫

助人類找到之前還沒發現的元素，這張優缺點彙整表也幫助我們釐清，還不存在的理想裝置該具備哪些特徵，」他說。1961 年的某一天，恩格巴特在一場研討會中昏昏欲睡時，突然想起自己中學時對面積儀這種機械裝置著迷不已。只要用它在某個區塊的邊界繞上一圈，就能自動算出該區塊的面積。它有兩個夾角為直角的滾輪，一個水平、一個垂直，測量時會各自往不同的方向滾動。「只要想到兩個滾輪，剩下的問題就迎刃而解了，所以我很快完成了草圖，」恩格巴特回憶。他在筆記本上描繪出這個裝置如何在桌面上移動，兩個滾輪在滾動時會記錄電壓差異，數據透過線路傳回電腦螢幕，就可以讓螢幕上的游標上下左右移動。

結果就誕生了一個既簡單又實用的裝置，這個經典裝置展示了手動操作與增強理念。只要運用了人類的手、腦、眼協調性（機器人在這一方面並不拿手），就能透過很自然的介面操作電腦；人類和機器之間其實可以和諧互動，不見得非得各自獨立作業不可。

恩格巴特把草圖拿給英格利希看，請他用桃花心木刻出產品原型，再交由焦點團體進行測試，得到的結果是：這個裝置優於任何其他裝置。原本連接電腦的線路是接在原型機的前方，但是研究團隊很快發現，線路像尾巴一樣接在後面會更容易操作，因此他們就把這個裝置命名為「滑鼠」。

大多不世出的天才（例如克卜勒、牛頓、愛因斯坦，甚至賈伯斯等）都有化繁為簡的天性，但恩格巴特是反例。他想在自己發明的每個裝置上，都塞滿各式各樣的功能，所以希望滑鼠上可以安裝許多按鍵，大概裝上十個吧。只可惜天不從人願，測試結果發現，帶有三顆按鍵的滑鼠可以發揮出最佳功能，如今看起來，似乎第三顆按鍵也顯得有些多餘，要是換成簡化狂人賈伯斯來評斷，恐怕就

連兩顆按鍵都嫌太多。

接下來六年間，恩格巴特繼續開發功能更全面的擴增裝置 ——「NLS 連線系統」（oNLine System，簡稱為 NLS），1968 年透過大匯流科技魔幻秀的演出達到最高潮。除了配備滑鼠以外，NLS 連線系統還包含許多日後促成個人電腦革命的先進裝置：螢幕上的圖形介面、多重視窗、電子刊物、部落格形式的新聞報導、維基百科式的共同創作、文件分享、電子郵件、即時通、超文件、類似 Skype 的視訊會議裝置，以及格式化的檔案文件。其中一位深受恩格巴特先進科技影響的後輩凱伊（見第 235 頁）之後在全錄的帕羅奧圖研究中心將上述原創概念一一實現後，向恩格巴特獻上一段感謝詞：「如果有一天我們把恩格巴特的想法都做完了，我真不知道矽谷接下來還有什麼事情好做。」

原型機之母

恩格巴特對於旅程祭典的投入，程度遠不如希臘土風舞，不過因為同在實驗室試驗迷幻藥的經歷，讓他結識布蘭德，布蘭德一系列開創性事業，包括《全球概覽》的辦公室，也離恩格巴特的擴增研究中心不遠。因此他們兩人很自然的在 1968 年 12 月合作，公開展示恩格巴特的 NLS 連線系統。由於布蘭德引領風潮的嗅覺相當敏銳，這場日後稱為「原型機之母」的科技魔幻秀，成為極為成功的多媒體成果展，猶如資訊產品的狂歡搖頭音樂會。這場成果發表會以史無前例的方式，成功揉合嬉皮與駭客文化，可以說是數位時代最炫目、最具有影響力的科技展示會，成就至今仍無人能企及 ——即便是蘋果電腦的產品發表會也還比不上。

1968 年是多事之秋的一年。就在這一年，北越發起大規模

的「春節攻勢」，動搖美國繼續打越戰的意志，小甘迺迪（Robert Kennedy）、金恩博士兩人都在這一年遇刺身亡，詹森總統宣布放棄競選連任，反戰份子強制關閉多所主要大學，並嚴重干擾民主黨在芝加哥舉行的全國黨代表大會；同一年，蘇聯入侵捷克鎮壓「布拉格之春」，尼克森在年底順利當選美國總統，阿波羅八號也在年底順利進入月球軌道。除此之外，也就在 1968 年這一年，英特爾創立，而布蘭德開始發行《全球概覽》。

恩格巴特長達九十分鐘的成果發表會，在這一年 12 月 9 日登場，地點在舊金山一個沒有空間容納座位、擠進快一千人站著聽講的電腦展示會場上。身穿短袖白襯衫，打著黑色細領帶的恩格巴特就在舞台右側，坐在一張赫曼米勒（Herman Miller）生產、可以任意滑動、名為「行動辦公室」的辦公椅上。即將展示的電腦終端機投影在他背後六公尺寬的大螢幕上，恩格巴特的開場白是：「希望你們會習慣接下來前所未見的景象。」他頭上戴著戰鬥機飛行員使用的麥克風耳機，使用單調如電腦語音的口吻簡報，試著模仿古早新聞影片中旁白說話的方式。電腦文化達人暨評論員萊恩高爾德（Howard Rheingold）日後回憶起這一幕說：「他一身裝扮看起來就像是電腦界的耶格爾＊，用自成一格的沉穩節奏，讓新產品跨進新的里程碑，然後用低沉、冷靜的口氣，回頭向地表上目瞪口呆的觀眾說明一切。」

恩格巴特開口道：「你這位聰穎的上班族，如果辦公室有一台顯示電腦資訊的螢幕，能整天隨時待命，還可以對你的每個動作做出迅速回應，你將從中取得多少價值？」他向觀眾保證，即將展示的高科技結晶會讓人「怎麼看，怎麼有趣」，然後輕輕吐了一口氣，低聲說：「希望是這樣啦。」

　　恩格巴特身旁的終端機上架了一個攝影機，可以補抓他的臉部表情，戴在頭上的攝影機則是拍攝操作滑鼠和鍵盤的過程，做出第一個滑鼠的英格利希坐在會場後方，像電視新聞製作人一樣，負責挑選要合成、配對哪些影像並投影到大螢幕上。

　　布蘭德此時正在會場南邊四十八公里外、恩格巴特靠近史丹佛大學的實驗室裡，忙著繪製電腦圖像跟拍攝影片。他們承租兩條微波線路，透過電話線把恩格巴特操作滑鼠和鍵盤的一舉一動都傳送到實驗室，然後再把恩格巴特需要的影像和資訊傳回會場。會場觀眾滿臉狐疑看著恩格巴特居然能和遠處的工作同仁一起共筆書寫文件，看到雙方都可以自行編輯、補上插圖、修改版面、繪製地圖、把即時影音資料放進文件，甚至還可以一起建立超文件連結。總而言之，恩格巴特早在 1968 年，就幾乎已經展示了今日連上網的個人電腦所能完成的各項工作。當天的成果發表會有如神助，就連恩格巴特都對示範過程沒發生任何故障嘖嘖稱奇。觀眾全體起立鼓掌致敬，有些人甚至把他當成了搖滾巨星，想衝上舞台近距離接觸 ── 就某種意義上來看，恩格巴特確實也稱得上是搖滾巨星。

　　接在恩格巴特之後登場與之爭鋒的，是來自史丹佛大學的厄尼斯特（見第 283 頁），他與從麻省理工學院投奔而來的麥卡西，一起創辦了史丹佛人工智慧實驗室。依照馬可夫在《PC 迷幻紀事》裡的描述，他們展示了一段影片，影片中機器人的動作看起來好像有聽覺和視力一樣。這兩場成果發表會清楚顯示，人工智慧與擴增人類智能這兩大領域的強烈對比；在恩格巴特剛開始從事擴增人類智能的研發工作時，這個領域相較之下有些古怪，但是經由他在 1968 年這場發表會上巨細靡遺的現場展示，個人電腦和人類可以輕易完

---

* 譯注：耶格爾（Chuck Yeager）是第一位突破音速障礙的飛行員。

發明滑鼠的恩格巴特（1925-2013）。

恩格巴特發明的滑鼠原型。

1968年，布蘭德（中央站立者）在恩格巴特的實驗室協助「原型機之母」進行展示。

成即時互動，還可以透過網路串連實現集體創作後，擴增人類智能的鋒頭，已經完全壓過機器人了。隔天《舊金山紀事報》以「明日電腦的奇幻世界」為標題，報導前一天的成果發表會，裡頭談的都是恩格巴特的 NLS 連線系統；至於機器人呢？隻字未提。

為了讓非主流文化與網路文化正式「完婚」，布蘭德帶著凱西一同前往恩格巴特的實驗室，親自體驗 NLS 連線系統。當時凱西早已因為沃爾夫那篇〈電子器材助興的搖頭音樂會〉報導名聲大噪，在完整見識這套系統如何用裁剪、複製、選取，及集眾人之力彙編書籍和其他文件後，他印象深刻，不禁讚歎：「好玩的程度僅次於興奮劑而已。」

凱伊擘畫個人電腦之夢

凱伊費盡千辛萬苦才趕上恩格巴特「原型機之母」的精采演出。那陣子凱伊喉嚨發炎還發燒到 38.9 度，硬拖著病軀好不容易才從猶他州搭飛機抵達會場。當時凱伊只是研究生。「我病到猛發抖，幾乎不能走路，但是我無論如何都一定要趕到會場，」他回憶。凱伊之前已經看過，也非常支持恩格巴特的想法，但是那場成果發表會的戲劇性效果，仍舊讓他感動莫名。「對我來講，那就好像看見摩西隔開紅海一樣，」凱伊說：「恩格巴特為我們指引出應許之地的方向，即使還要再費點功夫克服一些阻礙才能抵達。」

跟摩西的故事一樣，恩格巴特並沒有真正踏上應許之地，而是由凱伊和他樂在工作的伙伴，把李克萊德與恩格巴特的想法真正打造成個人電腦的樂園，地點呢，就在當時一家走在時代前緣的影印機公司研究中心裡。

1940 年出生在麻州中部的凱伊，從小就同時愛上科學與人文；

凱伊的父親是從事義肢設計的生理學家,他經常在父親身旁跟前跟後,很自然愛上了科學。凱伊也非常喜歡音樂,他的母親就跟他的外祖父強生(Clifton Johnson)一樣,身兼音樂家與藝術家的特質;強生早年是知名的作家暨插畫家,同時也在地區教會裡彈奏管風琴。「既然我的爸爸是科學家,媽媽是藝術家,因此我的成長環境可以接觸到許多不同想法與不同的表現方式,所以我不太會區分何謂『藝術』,何謂『科學』,到現在也還是不會,」凱伊說。

凱伊十七歲的時候已經在音樂營隊裡擔任吉他手,也是爵士樂團的成員,而且就跟外祖父一樣,凱伊也深愛管風琴,甚至日後還請建築大師替充滿西班牙巴洛克風格的路德宗神學院,安置一組管風琴。凱伊是聰明過人又見多識廣的學生,卻是校內的麻煩人物,通常是因為不服管教的緣故,這是很多科技創新者的特徵。凱伊一方面搞到快被校方退學,另一方面卻也在全美廣播節目「天才兒童」(Quiz Kids)中成為風雲人物。

凱伊後來進入西維吉尼亞州的貝森尼學院(Bethany College)攻讀數學跟生物學,不過第一學年的春季就因為嚴重無故缺課遭退學。之後他在丹佛遊手好閒好一陣子,無意間發現朋友替聯合航空處理電腦訂位系統的工作情況,凱伊實在無法相信,電腦看起來居然只會替人類增加、而不是減少瑣碎無聊的工作項目。

凱伊之後收到入伍令加入美國空軍,性向測驗的優異成績讓他有機會受訓成為電腦程式設計師,當時他使用第一批廣受小公司歡迎的商業化電腦 IBM 1401 寫程式。「這個年代的程式設計師可不是什麼高尚的職業,大多數從業人員是女性;」凱伊說:「她們都是非常好的人,我的上司就是女性。」役期結束後,凱伊進入科羅拉多大學重拾書本,這次他全心投入自己感興趣的領域:凱伊修課的範

圍包括生物學、數學、音樂和戲劇，此外還替美國國家大氣研究中心的超級電腦撰寫程式。

大學畢業後，凱伊因緣際會來到猶他大學讀研究所，日後回顧自己人生經歷時，凱伊認為這個緣分是他「有生以來最幸運的一件事」。當時電腦科學先驅伊文斯（見第 237 頁）正在這邊打造全美國最優秀的圖像程式。凱伊在 1966 年秋天註冊入學的那一天，伊文斯就從辦公桌上整堆文件中抽出一份要凱伊看一看。這份文件是麻省理工學院蘇澤蘭的博士論文，論文題目是〈繪圖板：人與機器溝通的圖像系統〉，指導教授是資訊理論大師夏農，蘇澤蘭取得博士學位後在哈佛任教，不久就會搬來猶他大學。

繪圖板系統是使用者圖形介面的電腦程式先驅，可以把圖示、圖像顯示在螢幕上，就跟現在常見的電腦一樣，使用者可以透過感光筆繪製、操作各種圖像，是人類與機器互動的有趣新方法。蘇澤蘭在論文中提到：「繪圖板系統讓人類有機會透過繪畫，和電腦進行快速對話。」這套系統實現科技與藝術的結合，開發出有趣的電腦介面，也觸動凱伊赤子般的熱情，深信這套系統一定會變得愈來愈好玩；凱伊表示，蘇澤蘭的想法讓他「開了天眼」，並在內心深處「烙印下」一股熱情，誓言要開發出對使用者友善的個人電腦。

凱伊和恩格巴特在 1967 年初第一次碰面，大約在他看過蘇澤蘭繪圖板概念後的幾個月。當時恩格巴特正巡迴美國各大學校園，闡述將要推出「原型機之母」成果發表會的想法，一台貝靈巧（Bell & Howell）放映機從不離身，好讓觀眾可以看見介紹 NLS 連線系統的影片。凱伊還記得當時的情景：「恩格巴特會讓影片定格，然後用不同的速度快轉或倒帶，並提醒觀眾：『游標在這邊。仔細看接下來的畫面有什麼不同！』」

　　由於電腦圖學及簡易的使用者介面是一門顯學，凱伊得以浸淫在各種不同的觀點，像是聆聽麻省理工學院閔斯基對於人工智慧的演講、抨擊校方居然沒教學生如何處理想像中的複雜問題是嚴重扼殺年輕學生創意等，凱伊還記得：「閔斯基嚴詞批判傳統的教育方法。」凱伊之後結識閔斯基的同事派普特（Seymour Papert），派普特開發出稱為 LOGO 的程式語言，簡單到連學生都會用，學生可以用很多簡單技巧下指令，指揮機器烏龜在教室裡四處漫遊。看過派普特的研究成果後，凱伊也開始用草圖描繪什麼樣的個人電腦，才能讓小孩子都覺得容易使用。

　　凱伊在伊利諾大學的一場研討會看見最初級、使用薄玻璃和氖氣製作的平面顯示器，他在腦海中把這個平面顯示器和恩格巴特示範的 NLS 連線系統串在一起，然後大略算了一下摩爾定律的效應，推估出十年內就能把圖形顯示的視窗與圖示、超文件、滑鼠控制的游標等都整合進一台小型電腦裡的結論。「這個結論差點讓我嚇傻了，」凱伊用帶有戲劇效果的誇飾法說：「就跟古人知道哥白尼的觀點後，重新抬頭從不一樣的地球望向不一樣的天堂一樣，兩者吃驚的程度差可比擬。」

　　凱伊已經清楚看見未來趨勢，迫不及待想動手把它發明出來；他很清楚：「未來會有數以百萬計的個人電腦與使用者，而其中大多數不受既有體制直接掌控。」要達到目標，就要先製造出用圖形顯示的小型個人電腦，不但要簡單到小孩子都會用，還要便宜到讓每個人都買得起；「這一切都指向一個清楚的形象，告訴我們個人電腦究竟該長成什麼樣子。」

　　凱伊在他的博士論文裡描述出其中的部分特徵，而最引人矚目的，不外乎簡單（「讓使用者能無師自通」）、友善（「好上手的特

點絕不能缺」）這兩點。凱伊同時以人道主義者和工程師這兩種特質來設計電腦，他借用十六世紀初義大利畫家馬努提烏斯（Aldus Manutius）的靈感，畫家認為個人隨身攜帶的書籍必須塞得進馬鞍袋裡，這也是如今常見書本大小的由來；同理，凱伊認為理想的個人電腦尺寸也不應該大過筆記本。「所以接下來就簡單了，」凱伊回想：「我直接用紙板做了一個模型，看看理想的個人電腦的外觀和觸感。」

雖然凱伊對於恩格巴特「擴增研究中心」想要達成的目標心神嚮往，但是他卻沒有直接加入恩格巴特的研究團隊，反而前往麥卡西主持的史丹佛人工智慧實驗室（SAIL）任職。但由於麥卡西專注於開發人工智慧而不是設法擴增人類智能，對個人電腦的發展一點興趣也沒有，結果當然無法讓凱伊適才適所的發展。

1970 年凱伊到 SAIL 就任後沒多久，麥卡西發表了一篇學術論文，描述他心目中的分時共享電腦主機系統，搭配的終端機只需要少許運算能力和記憶空間就行了，論文中寫著：「這些終端機只需要透過電話系統和大型主機進行連線，就能取得包含書籍、雜誌、報紙、商品型錄、航班時刻表這些內容豐富的檔案資料。使用者可以透過終端機取得任何想知道的資訊，也可以進行交易或者和其他人、其他機構傳遞訊息，或是用其他實用的方法運用資訊。」

麥卡西預期這套系統產出的新資訊，將豐富到足以和傳統媒體一較高下，不過他沒料到這套系統如果不收取廣告費，光依靠使用者付費是不足以支應的。他在論文中如此寫道：「既然在大型主機維護檔案資料與把資訊公開的成本相當低，即便是高中學生，只要文筆夠好，言之有物，透過其他同好口耳相傳後，他也能和《紐約時報》一樣具有輿論影響力，成為公眾矚目的焦點。」麥卡西也預

告了來自普羅大眾的資訊內容:「使用者可以詢問:『去年治療禿頭最有效的方法是什麼?』然後從其他願意寫使用心得的使用者那邊匯集資訊。」換句話說,麥卡西當時已經約略預見百花齊放的部落格生態:「也可以用比目前更快的方式,了解公共議題的爭議所在。如果看到某個似乎有爭議的話題,我可以詢問系統是否有人回饋觀點,這些觀點的作者也可以藉此加快調整原本提出的主張,讓互相理解的速度變得更快。」

麥卡西確實也有先見之明,不過他和凱伊的想法有一個重大落差,也和我們現在慣用的網路世界不太一樣:麥卡西不認為內建運算能力與記憶體的個人電腦是重點,覺得一般人只需要廉價、簡易的終端機,用來連線遠端功能強大的大型主機就行了,即使等到許多業餘電腦玩家開始卯起來擁抱個人電腦,麥卡西仍舊力推「會員制家用終端機」(Home Terminal Club)計畫,預計以每個月 75 美元的費用,租賃像電傳打字機之類的簡易終端機給民眾,讓他們可以透過分時共享,與遠端高效能的主機架構連線。

相反的,凱伊看好功能優異、內建記憶體與運算能力的小型電腦,認為它能成為個人發展創意的工具;凱伊夢想孩子們有一天閒來無事時,帶著個人電腦走進樹林,即使坐在大樹底下也能使用,如同拿起蠟筆畫畫一樣輕鬆自在。因此凱伊在 SAIL 與分時共享大型電腦主機的信徒共處兩年以後,於 1971 年跳槽到三公里外,另一家企業所屬的研究中心上班,這裡吸引了另一群年輕創新者,致力讓電腦變得更個人化、更友善,讓一般人更好上手。雖然麥卡西把這些工作目標斥為「全錄的旁門左道」,但最終卻成功帶動了個人電腦風起雲湧的年代。

全錄PARC群英薈萃

全錄公司在 1970 年追隨貝爾集團的腳步，設立一個純粹從事研究的實驗室，為了不染上企業內官僚主義的陋習，也不要忙著應付日常營運的瑣碎事務，全錄公司刻意把這個實驗室設在史丹佛產業園區裡，距離紐約羅徹斯特的企業總部將近五千公里遠。

實驗室全名是「全錄帕洛奧圖研究中心」，簡稱 PARC，主持人之一是順利完成 ARPANET，才剛從 ARPA 資訊處理技術局離職的泰勒。泰勒早前走訪過 ARPA 設立的研究中心，也邀集許多前程似錦的研究生舉辦過幾場研討會，因此很會找人才。「泰勒在 ARPA 時，曾經資助許多電腦科學技術領先的研究團隊並和他們共事，」泰勒延攬的薩克爾（Chuck Thacker）回憶：「因此他最能吸引到最高素質的人才。」

泰勒從和 ARPA 研究人員、研究生開會的經歷中領悟出自成一格的領導方式：他會故意摩擦出「帶有創造力的火花」，讓團隊中所有人彼此互相提問，甚至對他人的想法吹毛求疵，藉以催化出立場不同的爭論觀點。泰勒通常會在名為「挑戰莊家」的會議（讓與會者仿效想擊敗莊家的撲克牌玩家）中採行上述方案：由一個人率先提出某個觀點，其他人則試圖給予（通常是）建設性的批評。泰勒本人並不是科技怪傑，但是他知道怎樣讓一群怪傑互相砥礪。掌控大局的才能，讓泰勒可以在面對一群頭角崢嶸的天才時，採用戲謔、引誘、歡聚等不同方式促成團隊合作。泰勒雖然善於讓部屬盡情展現自我，但並不善於迎合上司的要求，但這也是他個人部分魅力所在 —— 特別是當你不是他頂頭上司的時候。

凱伊是泰勒在全錄 PARC 招募第一批新血中的一員，他們是在

ARPA 的研討會中結識的。泰勒說:「認識凱伊的時候,他還是猶他大學的博士生,我很欣賞他。」但是泰勒卻沒有直接把凱伊納入研究團隊中,而是把他推薦到另一個團隊。這是泰勒有意讓 PARC 內隨處可見天賦異稟之人的做法。

凱伊前往 PARC 進行謀職面談時,對方問,希望自己能達成的最了不起成就是什麼,凱伊不假思索回答:「做出個人電腦。」對方追問那是什麼,凱伊隨手拿起一個筆記本大小的資料夾,打開來說:「上面這邊會是一個平面顯示器,下面則是鍵盤。這台電腦有辦法儲存個人的郵件、檔案、音樂、藝術作品和書籍。這些功能都會安裝在如同這般大小的尺寸裡,重量不超過幾公斤,這就是我想要做的個人電腦。」只見對方搔了搔頭,低聲咕噥:「喔,是這樣啊。」總之,凱伊最後還是錄取了。

眼神明亮又留著俏皮鬍子的凱伊,一到任就被視為難搞的麻煩人物。他也的確是。凱伊總是不停敦促高層主管替小孩開發又小又好用的電腦,樂此不疲。全錄公司企畫主任龐德立(Don Pendery)是不苟言笑的新英格蘭人,他當時的處境完全符合哈佛大學克里斯汀生(Clay Christensen)教授所指出的創新者兩難:龐德立非常清楚全錄的影印機事業將面對來自四面八方的威脅,侵蝕獲利。他要求凱伊和其他同仁評估未來趨勢,預測公司未來需要依靠什麼生存。在某次冗長鬱悶的討論會上,經常一針見血表達至理名言的凱伊又提出一個重要觀念,並成為全錄 PARC 奉行的信念:「預測未來最好的辦法,就是設法創造未來」。

布蘭德為了撰寫 1972 年刊登在《滾石》雜誌、介紹矽谷新興科技文化的文章,走訪了 PARC,文章一登出撼動了遠在東岸的全錄總部。透過布蘭德生花妙筆的描述,PARC 的研究工作「從碩大、集

中化的這一頭，走向小型與個人化的那一端，盡可能讓所有想要擁有電腦的人，取得功能最強大的電腦。」布蘭德在 PARC 的訪談對象包括凱伊，凱伊告訴他：「這裡的人都習慣用自己的雙手挑戰極限。」由於有許多類似凱伊這樣的員工，因此 PARC 充滿麻省理工學院學生社團「鐵路模型技術俱樂部」那種玩樂氣氛；「這是一個你可以保有藝術家氣息的工作環境。」

夢想中的筆記型電腦

凱伊了解自己需要為心中的小型個人電腦取一個好記的名字，因此開始稱之為「動態筆記本」（Dynabook）。他也同時替 Dynabook 的作業系統取了「聊聊天」（Smalltalk）這個有趣的名字，一方面希望不會讓使用者心生恐懼，另一方面也不希望讓技術本位的電腦工程師有過高的期待。「我想，Smalltalk 這個名號這麼平凡無奇，如果它真的好用，反而可以帶來意想不到的驚喜，」他說。

凱伊決定，Dynabook 的成本一定要低於 500 美元，「所以就算直接送給學校也沒關係。」外觀上一定要小到可以隨身攜帶，「好讓帶著它的孩子可以隨意窩在自己的角落。」內建的程式語言也要對使用者很友善，「既要能乾淨俐落處理簡單的工作，也要有辦法處理複雜的工作。」

凱伊還替 Dynabook 寫文宣，標題是〈適合各年齡層孩子使用的個人電腦〉，這原本是企畫書中的一部分，但是幾乎可說是產品的宣言。他套用愛達深具啟發的見解，指出電腦如何用在具有創意的工作上：「用分析機求取代數解的模式，就好像用紡織機車出布匹上的花紋一樣。」在描述（各年齡層）孩子會如何使用 Dynabook 時，凱伊主張的是，個人電腦是發揮創造力的工具，而不單只是用來連

線，進行合作的終端機；文宣中寫著：「雖然 Dynabook 未來可以像學校的『圖書館』一樣，逐步建立能與他人分享的『知識體系』，但是我們認為 Dynabook 的主要用途，還是讓使用者透過屬於自己的平台，反思自己的想法，就好像現在紙與筆記本的用途一樣。」

凱伊還提到，Dynabook 的尺寸不應該比常見的筆記本大，重量也要維持在 1.8 公斤以下，讓「使用者可以隨時、隨地，依照個人需要編寫檔案文件或是電腦程式。還需要特別強調在森林裡也可以用嗎？」換句話說，雖然凱伊確實看出個人電腦跟數位網路總有一天會結合，但是 Dynabook 並不只是功能有限、專門用來和分時共享大型電腦主機連線的終端機而已。「這種『隨身攜帶』的裝置，搭配無遠弗屆的知識體系，如：ARPA 的網路，或是雙向的有線電視系統等，終將把教室、圖書館（商店、廣告看板什麼的就不提了）帶進每戶人家裡。」這是很吸引人的夢想，不過還要再等二十多年才真正實現。

為了讓 Dynabook 能成真，凱伊組成一個小型團隊全心投入這既理想又浪漫，可是卻前景不明的挑戰。凱伊當時的招募標準是：「我只邀請那些聽到筆記型電腦這個想法，會眼睛為之一亮的伙伴。我們團隊成員白天幾乎都在 PARC 外面活動，打網球、騎單車、吃吃喝喝，不停談論 Dynabook 將如何延伸人類觸角、如何帶動新思考方式，因為暮氣沉沉的社會非常需要這樣的產品。」

凱伊提議先生產過渡機種做為發明 Dynabook 的第一步。過渡機種的大小比照手提行李箱，一樣搭載小型圖形顯示螢幕。凱伊在 1972 年 5 月對 PARC 負責硬體研發的主管提議，先造三十台機器，好拿去教室實際測試學生有沒有辦法利用這些電腦寫程式；「顯然個人電腦會用來進行編輯、閱讀，或是提供課外補充教材和其他相關

知識等，」他告訴坐在懶骨頭上的工程師與產品經理：「現在不妨先生產三十台這種機器，看看後續還會有哪些發展。」

充滿自信的凱伊一如往常提出這個浪漫的建議案，但是全錄PARC電腦實驗室的主管艾爾坎德（Jerry Elkind）並未隨之起舞。根據把PARC歷史寫成專書的作家西爾吉克（Michael Hiltzik）的描述：「艾爾坎德和凱伊就像是來自兩個不同星球的生物。前者是扎扎實實，一切由數字說話的工程師，後者是急性子，創意無限的冒險家。」聽到孩子可以用全錄的機器寫程式操縱玩具烏龜時，艾爾坎德的眼睛並沒有發亮，而是淡淡的說：「讓我來當潑冷水的壞人吧。」其他工程師聽到這句話不禁為之一顫，心想毫不留情的批判大概免不了了。艾爾坎德認為全錄的使命是創造未來先進的辦公室，有什麼理由要投入孩子的玩具市場？再說，大型電腦主機系統才符合企業的工作環境，有什麼理由不繼續開拓這個領域的商機？艾爾坎德迅雷不及掩耳拋出一連串問題，讓凱伊覺得自己被徹底擊潰，會後甚至哭了出來。他想替Dynabook生產過渡機種的提議，遭無情的否決了。

和恩格巴特一起做出第一具滑鼠的英格利希這時也在PARC上班，他在會後把凱伊拉到一旁安慰，並給了一些過來人的經驗談。英格利希建議凱伊別再當愛做夢的獨行俠，而是認真提出具體可行的企畫案，把相關預算整理出來。「預算是什麼？」凱伊問。

這次經歷把凱伊從夢想稍拉回現實，認真提出一份過渡時期的暫訂計畫。他預計投入23萬美元的預算，把通用資料公司所生產、手提箱大小的新型迷你電腦Nova改裝成Dynabook的原型機。不過，這次的產品並不怎麼讓凱伊心動。

就在這時，泰勒在PARC團隊裡的兩位天才出現在凱伊辦公室

門口。蘭普森（Butler Lampson）和薩克爾兩人對凱伊提出另闢蹊徑的做法。

「你有多少錢可花？」蘭普森和薩克爾劈頭就問。

「呃，改裝 Nova 的部分，大概有 23 萬美元，」凱伊反問：「怎麼了？」

「想要我們幫你做出那台小電腦嗎？」蘭普森和薩克爾指的是遭艾爾坎德否決的那台過渡機種。

「很想！」凱伊接受了提議。

話說從頭，薩克爾其實也對個人電腦有一定的想法，因此當他知道凱伊、蘭普森和自己所見略同，就暗自決定要整合三人所能掌握的資源從事開發，來個先斬後奏。

「你們打算怎樣應付艾爾坎德？」凱伊對艾爾坎德餘悸猶存。

「他因為總公司指派的任務，會離開辦公室好幾個月，」蘭普森解釋：「在他回來之前，我們低調一點就是了。」

泰勒也推了這項祕密計畫一把，因為他想讓自己團隊的目光從分時共享大型電腦主機系統移開，改研發「可以彼此互相連線，以小螢幕為基礎的機器」。泰勒非常高興他最賞識的工程師中，有三位（蘭普森、薩克爾和凱伊）可以合作進行這項任務，並組成能維持平衡的團隊：蘭普森和薩克爾知道什麼是可行的，凱伊則會專注於夢想中的終極機器，激勵另兩位同事挑戰不可能的任務。

他們設計的這台新機器，名稱是「全錄奧圖」（Xerox Alto，雖然凱伊堅持稱它為「Dynabook 的過渡機種」）。它採用點陣圖螢幕，意思是螢幕上每個點都可以單獨開或關，形成圖案、文字、塗刷等各種效果。「我們選擇一整面的點陣圖螢幕，螢幕上每個畫素背後都包含大量的資料，」薩克爾解釋。雖然這會耗掉相當大的記

憶體空間，但是他們原則上認為摩爾定律仍舊有效，可以讓記憶體價格以指數下滑。使用者可以透過鍵盤和滑鼠操控螢幕，一如恩格巴特的設計概念。當他們的機器終於在 1973 年完成時，凱伊在螢幕上畫了芝麻街玩偶餅乾怪獸，怪獸手上拿著大大的英文字母「C」。

由於凱伊始終沒忘了適合（各年齡層）孩子使用的目標，所以他和其他同事設法把恩格巴特的想法再往前推一步：這台機器的操作方式簡單、直觀又好上手。不過，恩格巴特本人的想法其實並不一樣，他一直想在 NLS 連線系統上盡可能安裝上各種功能，所以恩格巴特從沒想過要開發小型個人電腦，他還曾經說：「我想走的路跟個人電腦完全不一樣。如果要在小小的個人電腦上開發 NLS 連線系統，到頭來我們勢必得放棄許多功能。」這就是為什麼即便恩格巴特是很有遠見的理論大師，卻從來不算是成功的創新者：恩格巴特持續增加各種功能、指令與按鈕，把系統弄得更複雜。相反的，凱伊喜歡把問題簡單化，並在過程中顯示簡化的真諦 —— 讓人類發現電腦用起來方便又有趣。這才是讓個人電腦不斷創新的核心思想。

個人電腦與影印機之爭

「全錄奧圖」之後被送往全美各地的研究中心展示，讓大家分享全錄 PARC 工程師夢想出的創新結果。他們甚至率先做出網際網路協定 ——PARC 通用封包，讓不同網域的封包交換機可以互相串連。難怪泰勒可以宣稱：「網際網路能成真，多數的技術都是全錄 PARC 在 1970 年代就發明的。」

雖然全錄奧圖已經指出個人電腦應許之地的方向：可以由個人控制、隨個人需要而使用的機器。可是巡迴展示的結果並沒有讓全錄引領創新。全錄總共生產了兩千台全錄奧圖，但是絕大多數都只供全錄

本身及附屬機構使用，並沒有把它視為消費性產品大力推廣＊。「全錄面對創新的準備不足，」凱伊回想時說：「創新背後代表全新的銷售方案、全新的使用手冊、不斷更新的服務內容再加上人員培訓工作，還要針對不同國家進行在地化。」

全錄研發總部設在紐約韋伯斯特，泰勒也還記得當時每次回東岸尋求支援時，總會踢到鐵板，對方總是用這一句話打發他：「電腦對這個社會的重要性永遠也比不上影印機。」

有一次全錄奧圖在位於佛羅里達州博卡拉頓奢華的全錄集團會議中心進行展示（當天還重金禮聘季辛吉擔任主講人），上午在主舞台進行實機示範，猶如當年恩格巴特「原型機之母」的演出一樣，下午則有三十台機器放在展示廳供與會嘉賓試用。當時全錄與會主管清一色是男性，對展示中的機器顯得興趣缺缺，反倒是他們的配偶馬上就對滑鼠、鍵盤的操作方式躍躍欲試。泰勒當天原本沒受邀卻也意外出席。「這些男性主管認為，職位較低的人才需要使用鍵盤打字，」泰勒表示：「而且打字應該是祕書的工作才對，所以他們從來不曾認真看待『全錄奧圖』，心裡老想著只有女性才會對這種機器感興趣。這讓我完全確定，全錄絕對不會踏進個人電腦的領域。」

泰勒的判斷正確，只有更具創業精神、行動更敏捷的創新者才是第一批闖進個人電腦市場的玩家，其中有些人或多或少還是要從全錄 PARC 取得專利授權，當然也不乏直接剽竊的案例。無論如何，最早期個人電腦就好像各種獨門祕方，只有專精的電腦玩家才看得出門道。

社群經營者

個人電腦誕生前幾年，在灣區的各種勢力中，有一支社群經營者和反戰份子組成的隊伍，他們學會把電腦當成賦予人民力量的工具。這些人熱烈歡迎各種小眾科技，熟讀富勒所著《地球號飛船操作手冊》（*Operating Manual for Spaceship Earth*），是《全球概覽》的忠實讀者，追求能提升世人生活意義的各種工具，重點是，這群人既沒有嗑藥過頭，也不是死之華的忠實樂迷。

以佛瑞德・摩爾（Fred Moore）為例，他身為五角大廈常駐高階將領之子，1959 年前往西岸加州大學柏克萊分校工學院就讀，而且早在駐越美軍動員戰備之前，就已投入反戰示威的陣營。為了宣揚理念，佛瑞德・摩爾直接在校園內史普勞爾廣場旁的階梯埋鍋造飯，公開批判預官制度，此地很快就成為學生運動的中心。不過這次示威只為期兩天（最後他父親出面把他帶回家）。佛瑞德・摩爾在 1962 年再次到加州大學柏克萊分校註冊並延續先前的反叛路線，之後也因為拒絕入伍服役而遭判刑兩年。在 1968 年這一年，佛瑞德・摩爾開著福斯廂型車搬到帕洛奧圖，車上載著剛出生沒多久的女兒，而孩子的媽早已不知去向。

佛瑞德・摩爾原本打算在帕洛奧圖成立反戰社團，但是某次機緣在史丹佛醫學中心看見電腦後，他從此就深深迷上電腦了。既然從來沒有任何人要求他離開，他索性常常一整天都耗在電腦世界裡，讓女兒在醫學中心大廳遊蕩或在廂型車上玩。這次經驗讓他相信，電腦有能力幫助人類掌握人生、組織社團，只要人類懂得透過

---

*全錄直到1981年，也就是全錄奧圖問世八年後才推出工作站「全錄之星」（Star），而且一開始也沒當成單機電腦銷售，而是當成辦公室整合系統的一部份，連同檔案管理伺服器、印表機等一起銷售，通常也會搭配其他的工作站互相連線。

電腦學習、增強實力，平民百姓也有辦法打破軍工業機構專斷的局面。當時在帕洛奧圖參與社團運動，並從事電腦研發的費爾森斯坦回憶道：「臉上蓄鬍，身型瘦長，眼睛不時閃爍光芒的佛瑞德‧摩爾是最堅定的和平主義者，只要一眨眼的功夫就可以神出鬼沒，在潛水艇艦身上潑漆抗議，沒人有辦法真正治得了他。」

堅定反戰又崇拜高科技，這股熱情果然讓佛瑞德‧摩爾與布蘭德，以及《全球概覽》的讀者群愈走愈近。佛瑞德‧摩爾之後在那個年代一場最詭異的活動中，一躍成為明星級人物：《全球概覽》在 1971 年舉行的停刊大會。這份刊物吹起熄燈號時，居然奇蹟似累積出兩萬美元盈餘，因此布蘭德決定租用舊金山海港區的仿古典希臘式建築「藝術宮」，並邀請上千位志同道合的朋友一起決定如何處理這筆款項。當天布蘭德手裡拿著滿滿一疊美元現鈔，期待這一大群搖滾樂迷跟嗑藥族可以做出明智的共識決；他向台下的觀眾吆喝：「如果就連我們自己都無法取得共識，怎麼可能要求世上其他人取得共識？」

接下來的辯論超過十小時。身著黑色連帽教士袍的布蘭德擔任主持人，讓其他人輪流上台拿著厚厚一疊鈔票對台下的觀眾發表演說，而他把演說者的建議寫在黑板上。凱西「歡樂搗蛋鬼」團員之一的克拉斯納（Paul Krassner）在台上激動指出，美國印地安人的處境困難：「從我們一抵達美洲大陸起就不斷壓迫印地安人！」所以這筆錢應該無條件送給印地安人；布蘭德的太太路易絲恰巧就是印地安人，她直接走上台宣布，她和其他印地安人沒打算接受這筆錢。另一位麥可‧凱伊（Michael Kay）認為，這筆錢應該當場讓與會來賓分一分，說完馬上把鈔票往下分，布蘭德趕快出面制止，表示這筆錢應該以整筆的方式支付，同時要求觀眾把鈔票傳回去 —— 有

些人還真的就這樣交回，贏得現場一片掌聲。總之，他們提出好幾十種方案，從狂野到荒誕的都有，像是：「丟到馬桶裡沖掉！」「買些笑氣來助興！」「買根巨無霸按摩棒捅進地球裡！」突然間，一位「金蟾蜍」（Golden Toad）樂團的成員扯開喉嚨吼叫：「操你們他媽的廢話這麼多！你們已經搞了九百多萬個提議了！趕快隨便挑一個！隨便挑一個都夠你們再忙上他媽的一年！我是來表演的，別把我晾在這裡！」這個訴求並沒有因此促成共識決，但是起碼騰出一段空檔讓樂團能夠上台表演，最後在肚皮舞孃邊扭身體邊摔下舞台的插曲中，結束演出。

滿臉鬍子、一頭亂髮的佛瑞德・摩爾在這時候上台，他先向台下觀眾介紹自己的職業是「人」，然後指責觀眾怎麼可以一股腦只在意錢、錢、錢的，為了證明自己不是在開玩笑，他還真的從口袋裡抽出兩張鈔票直接點火燒掉。有些觀眾高呼乾脆投票解決算了，佛瑞德・摩爾卻不認為那是好方法，因為投票是讓群眾分裂而不是促成團結的工具。這時已經凌晨三點了，群眾看起來愈來愈呆滯，愈來愈搞不清楚狀況，佛瑞德・摩爾趕緊要求剩下的人互留姓名，日後還可以聯絡。「記住此時此刻還團結在我們身邊的朋友，遠比這一筆撕裂我們的小錢重要太多了！」他宣告。最後只有二十來位死硬派撐完全場，大家決定就讓佛瑞德・摩爾先暫時保管這筆錢，直到有更好的想法後再說。

賦予人民電腦的力量

由於不曾在銀行開戶，佛瑞德・摩爾只好挖個洞把兩萬美元剩下的 14,905 美元埋在自家後院。不久之後，不堪不速之客不時登門打探錢花到哪邊去，他終於決定把錢做為貸款或是獎勵金，提供給

當地一些推動電腦普及或教育工作的相關機構。受款人都來自科技嬉皮圈，這個在帕洛奧圖、門洛帕克一帶剛冒出的體系，深受布蘭德及《全球概覽》的影響。

《全球概覽》的發行單位波托拉協會（Portola Institute）就是一個致力於各級學校電腦教育的非營利組織，由脫離美國企業界的工程師奧伯瑞特（Bob Albrecht）規劃鬆散的學習課程，提供年輕學生或成年人社團（比方說恩格巴特參加過的希臘土風舞社）成員學電腦的機會。「我住在舊金山最崎嶇的道路九曲花街的頂端，日常生活包括寫電腦程式、品酒和參加希臘舞會，」奧伯瑞特回憶當年愜意的生活時這麼說。他和其他朋友共同成立一個開放式電腦中心，裡面的機器以 PDP-8 機種為主，他帶領一些優秀的學生四處參觀，最難忘的經歷就是前往擴增研究中心拜訪恩格巴特。有一份早期《全球概覽》的封底人物就是奧伯瑞特，照片中的他頂著豪豬似的龐克頭，正在教小朋友使用計算機。

奧伯瑞特出版過許多電腦自修手冊，其中最受歡迎的就是《電腦喜歡我使用 BASIC 語言》（*My Computer Likes Me*〔*When I Speak BASIC*〕），他也發行過《人民電腦公司》通訊，刊物名稱並不是公司名，而是為了向賈普林（Janis Joplin）擔任主唱的「老大哥與控股公司」樂團致敬，這份內容包羅萬象的刊物也把樂團座右銘「賦予人民力量」改寫成「賦予人民電腦的力量」。《人民電腦公司》創刊號在 1972 年 10 月發行，封面上手繪一艘航向夕陽的遊艇，還用潦草字跡宣示：「電腦多半都用來當成對抗人類的工具，而不是為人民所用，用來控制民眾而不是帶來自由；該是時候做出改變了，所以我們推出了《人民電腦公司》。」《人民電腦公司》多半每一期都有手繪的噴火龍，奧伯瑞特表示：「我從十三歲起就很喜歡這種生

物。」其他內容還有電腦教學的故事、BASIC 程式語言、各種學程活動的報導與自己動手做的科技嘉年華,這份通訊成為了業餘電腦玩家、DIY 達人和學習型社群經營者的交流園地。

同樣採取這種推廣方式的還包括費爾森斯坦,他是擁有加州大學柏克萊分校電子工程學位的堅定反戰份子,也是李維《駭客列傳》一書中的主要人物。費爾森斯坦跟「歡樂搗蛋鬼」一點也沾不上邊,甚至在柏克萊校園內學生騷動愈演愈烈時,他也沒用藥成癮或是縱慾過度。費爾森斯坦結合政治人物的敏銳直覺和電子怪傑的難搞個性來發展社團,試圖用暢通的通訊工具擴大社團基礎。費爾森斯坦本身也是《全球概覽》的忠實讀者,非常欣賞美國社團的自助文化,同時認為對公眾開放的通訊工具是從政府、大企業手中搶回權力的關鍵。

費爾森斯坦盡心組建社群和對電子產品的熱愛,來自孩童時期的經驗。他在 1945 年出生於費城,父親原本是火車頭技師,後來成為工作狀況不穩定的商業美術設計,母親則是攝影師,而他們兩位都曾經是共產黨的祕密黨員。「他們很早就教導我,經由媒體餵養的資訊往往都是假的;『做假』是我爸很常用的字眼,」費爾森斯坦回想起父母時這樣說。費爾森斯坦的父母後來雖然離開了共產黨,不過仍舊是活躍的左派份子。費爾森斯坦小時候就跟著父母親見過一些民兵領袖,也曾經看過父母親在沃爾沃斯(Woolworth)超市大門前協助組織抗議活動,要求當時美國南方政府廢除種族隔離政策;費爾森斯坦說:「小時候我一隻手上總會有一張圖畫紙,因為父母親鼓勵我要有創造力跟想像力,另一隻手上則經常會有號召包圍其他機關的油印傳單。」

1974年，凱伊攝於全錄PARC。

凱伊在1972年繪製，描繪使用Dynabook的情境。

費爾森斯坦（1945- ）。

《人民電腦公司》在1972年10月的創刊號。

他對科技產品的興趣則部分來自於母親，費爾森斯坦的母親不斷重複述說，已經過世的外祖父如何發明可以供卡車、火車使用的小型柴油引擎。「我聽得出來媽媽的暗示，她希望我將來可以成為發明家，」費爾森斯坦說。有一次費爾森斯坦遭老師斥責在上課時間做白日夢時，他回答：「我才不是在做白日夢，我在想要怎樣發明新東西。」

費爾森斯坦家裡有一位什麼都愛計較的哥哥和一位領養來的姐姐，他經常自己一人躲到地下室去玩電子產品，這讓他產生通訊科技可以提升個人能力的想法。「高科技的電子產品很符合我當下的迫切需要，讓我可以忘記家裡的長幼有序，直接和外界溝通。」

費爾森斯坦報名通訊課程，帶回講義資料跟檢測設備，他另外買來一本無線電操作手冊，和好幾個單價 99 美分的電晶體，開始試著把設計草圖轉換成真正能用的電子電路。費爾森斯坦與許多駭客一樣，親手組裝過 Heathkit 無線電對講機、自行焊接過電子零件，所以後來開始擔心年輕一代看習慣完整封裝的產品後，可能會變得不知道該如何拆解電子零件，看不出其中奧妙；*「我從小經由玩老舊的收音機來了解電子儀器，收音機很容易拆解組合，因為它原本就設計成能夠修復的。」

費爾森斯坦對政治的直覺和對科技的熱愛，讓他非常喜歡科幻小說，尤其是海萊因的作品；一如個人電腦文化是電玩世代和電腦玩家推波助瀾的產物一樣，他也深受科幻類型小說中的共同信念啟發，而在這類小說中，駭客英雄常使用科技的魔力擊垮邪惡的權威機構。

---

* 在2014年，費爾森斯坦用來教導中學生的教材，就像是電子電路版的樂高積木，可以讓學生親眼看見電子零件如何受位元訊號影響，還有「非」（not）、「或」（or）、「與」（and）等邏輯閘的運作情況。

費爾森斯坦在 1963 年進入加州大學柏克萊分校專研電子工程，那時候校園內反對越戰的聲浪日益壯大，費爾森斯坦很自然加入示威抗議的行列，跟著詩人金斯堡（Allen Ginsberg）一起抵制南越政府權貴到美國的訪問行程。那次抗議活動進行到很晚，費爾森斯坦還得自費搭計程車回學校，才趕得上隔天的化學實驗課。

為了支應學費，費爾森斯坦加入學校的工讀計畫，取得 NASA 在愛德華空軍基地的工作機會，可是當高層主管得知他父母曾經是共產黨黨員的背景後，就強迫費爾森斯坦自請離職。他無奈之下只好打電話問爸爸究竟是怎麼回事，電話那一頭的父親告訴他：「我不想在電話裡跟你討論這件事。」

空軍基地的軍官告訴他：「嘿，你，只要潔身自愛、安分守己，就可以回來這邊工作。」只不過安分守己可不是費爾森斯坦的本性，這起事件反倒激起他對抗政府機關的怒氣。1964 年 10 月，費爾森斯坦回到校園，碰上另一波追求言論自由的運動，就跟科幻小說裡的英雄人物一樣，這次他打算運用自己的科技知識投身運動。「那時候我們都想找出一種非暴力抗爭的武器。我突然想到，無遠弗屆的資訊流就是威力最強大的非暴力武器。」

當時謠傳警方已經完成包圍整個校區的部署，一位學生對著費爾森斯坦呼救：「快點！快點想辦法接上警方的無線電頻道。」但費爾森斯坦尚無能耐完成這項任務，不過這倒是給了他一個啟示：「從此以後我下定決心，一定要在科技領域成為高手中的高手，才有可能使用科技為社會服務。」

建立某種新型態的通訊網路，是向大型機構發起奪權攻勢的最佳途徑，這是費爾森斯坦最了不起的見解。在費爾森斯坦眼中，這樣才能達到言論自由運動的基本訴求，他日後在一篇文章中提

到：「追求言論自由的目的，是推倒阻礙人與人之間相互溝通的高牆，根據這個原則成立的社群和溝通模式，才能排除遭當權者操弄的疑慮，才能真正奠定反叛的基礎，對抗掌控我們日常生活的大企業與政府機關。」

費爾森斯坦開始思考哪種資訊型態才能實現這種人與人之間的直接溝通。他一開始嘗試的是印刷品，一份針對他所屬學生合作社發行的通訊刊物，之後他加入地下週刊組織《柏克萊芒刺報》（*Berkeley Barb*），他在寫了一篇關於登陸船塢艦的報導，並故意安上一個諷刺意味十足的標題〈迷幻藥〉後，* 獲得半挖苦性質的「軍事編輯」頭銜。費爾森斯坦原本期待「印刷刊物會成為新的社群傳媒」，但是當他看見「出版內容淪為中央控管下的花邊新聞」後，就了然了。費爾森斯坦之後投入發展網路廣播系統，讓跟系統搭上線的使用者能夠彼此互相交談，他說：「這是一個沒有中央的架構，所以沒有中央集權的問題。就跟現在的網際網路是相同的設計，可以把傳播資訊的權力交到每個人手上。」

費爾森斯坦認為未來會區分出兩種型態的傳播方式，一種是類似電視的廣播系統，「從中心點對外發送統一的資訊，欠缺傳遞回饋資訊的管道」，而在另一種非廣播系統裡，「每位參與者同時身兼訊息發送者與接收者的角色」。對費爾森斯坦而言，電腦串連起的網路世界，會成為讓每個人掌握自己人生的工具。「這些電腦系統會把權力遞交到人民的手上，」他隨後解釋。

在沒有網路、沒有分類廣告網站克雷格列表（Craigslist），也沒有臉書的年代裡，所謂的「交換機」（Switchboard）社群組織可以串

---

* 編注：登陸船塢艦（Landing Ship Dock）的縮寫是LSD，與迷幻藥相同。

連所屬成員，協助他們找到需要的服務，不過這類組織多半採取土法煉鋼的營運模式，由一群人圍著桌上的電話，牆面上貼滿各式各樣的名片和傳單，就這樣建立起傳遞資訊的社群網路。「印象中，那時每個子社群都會有一、兩個這樣的組織，」費爾森斯坦說：「我參觀過其中幾個，想找出有什麼新科技可以幫助他們提升工作成效。」有一天，費爾森斯坦的一位朋友在大街上呼喚他的名字，告訴他一個令人興奮的消息：有一個社群組織向舊金山有錢的自由派人士勸募到一台大型電腦主機，因緣際會下，費爾森斯坦因此加入非營利組織「資源一號」（Resource One），協助整修這台電腦主機，好讓其他社群組織一起分時共享；「我們心想，這下終於有機會成為非主流文化界的電腦先驅了。」

費爾森斯坦也在《柏克萊芒刺報》上以個人名義刊登一則廣告，上面寫著：「優雅博學之人、工程師和革命家，請與我聯絡。」這則廣告讓費爾森斯坦接觸到早期很少見的女駭客與電腦怪傑 —— 代號「聖裘德」（St. Jude）的米爾洪（Jude Milhon）。米爾洪也把從事系統程式開發的伙伴利普金（Efrem Lipkin）介紹給費爾森斯坦。資源一號一開始還找不到分時共享主機的用戶，在利普金的建議下，他們推出新的使用方案「社群記憶體」，讓電腦主機扮演公共電子布告欄的角色，並且在 1973 年 8 月裝設第一部終端機，架設在里奧波德（Leopold）唱片行裡，透過電話線和主機連線。里奧波德是加州大學柏克萊分校學生自主經營的音樂專賣店。

費爾森斯坦秉持原先開創性的想法：讓公眾加入電腦網路世界，可以讓有趣的社群自然成形。「社群記憶體」的廣告傳單上大剌剌寫著：「非科層階級式的溝通管道，不論是透過電腦與數據機、鋼筆和墨水，還是透過電話跟直接面對面的交談，該是重新讓我們

的社群變得更有活力的時候了。」

費爾森斯坦他們做出聰明的決定：不要在社群記憶體裡用程式預先設定關鍵字，像是「徵人」、「汽車」、「保母」之類的，而是讓使用者自行決定布告要有哪些關鍵字，這讓人人都可以找到社群記憶體上獨特的使用方式，讓終端機成為包羅萬象的公布欄，可以在上面貼上詩集創作、邀集共乘車友、分享餐廳評價、尋覓適合的對手下西洋棋、做愛、討論功課、冥想等等，要幹什麼都行。大家跟隨聖裘德的做法，創造線上代號，也發展出異於實體公布欄的創作風格。社群記憶體逐漸成為 BBS 的前身，提供類似「全球電子連結」（The WELL）的線上服務功能。費爾森斯坦總結這個過程說：「我們打開通往網路世界的大門，發現一個熱情好客的國度。」

另一個明智決定的重要性不下於網路時代的來臨，這是費爾森斯坦與當時的伙伴利普金針鋒相對後的結果。利普金原本想用鐵殼把終端機包起來避免遭破壞，但是費爾森斯坦不同意這種做法，反而認為如果要賦予人們電腦的力量，就必須尊重大家動手參與的可能。「利普金認為對大眾開放的結果會造成破壞，」費爾森斯坦回憶說：「但是我比較認同後來維基百科式的哲學，認為對大眾開放的結果，會讓他們成為系統的集體防衛力量，遏止蓄意破壞。」費爾森斯坦認為電腦必須是好玩的；「只要鼓勵大家多接觸電腦，就有可能促成電腦與社群成員達成和諧共生。」

電腦與人自然共處

費爾森斯坦這種想法來自於父親寄給他的一本書《歡樂的工具》（*Tools for Conviviality*）。就在里奧波德唱片行安裝好終端機之後，費爾森斯坦的父親把伊利奇（Ivan Illich）寫的這本書寄給他。伊利奇

是在奧地利出生、美國長大的哲學家,同時也是天主教神父,他非常看不慣權貴階級擁科技自重的跋扈心態。伊利奇認為如果要改善這個問題,創造符合直覺、簡單易學、「能帶來歡樂」的科技會是其中一帖良方,而最後的目標,他這樣寫著,應該「成為讓人民能夠獨立維持高效率作業的保證工具」。伊利奇就跟恩格巴特、李克萊德一樣,強調使用者和機器之間應攜手達成「和諧共生」的境界。

費爾森斯坦非常認同伊利奇的想法:電腦應該做成能讓人多多動手參與的樣子。「伊利奇的作品鼓勵我勇於走在前頭,開發一般人能使用的機器。」幾十年後,當費爾森斯坦與伊利奇碰面時,伊利奇問:「如果你希望讓人們彼此互相溝通,那麼,你為什麼希望他們透過電腦來完成呢?」費爾森斯坦回答:「因為我不只希望電腦成為促成人際互動的工具,還希望人類與電腦能自然共處。」

費爾森斯坦用非常道地的美式作風,把自造者文化的理想(透過非正規、同儕切磋與自己動手做的學習經驗,體驗當中的樂趣與成就感)與對科技工具迷戀不已的駭客文化,以及新左派份子的政治直覺,結合成經營社群的動力。*看過 1960 年代光怪陸離卻又恰如其時的各種革命風潮後,費爾森斯坦受邀擔任 2013 年「自造者大會」(Maker Faire)的專題演講者,面對台下滿是來自灣區的熱忱業餘電腦玩家,費爾森斯坦自信滿滿的說:「個人電腦的根源可以追溯到 1964 年在柏克萊校園的言論自由運動,以及《全球概覽》雜誌帶來的影響。這些都為個人電腦浪潮背後的組裝概念市場,奠定良好的基礎。」

費爾森斯坦在 1974 年秋天把腦海中的概念寫成「湯姆·史威夫特號終端機」(Tom Swift Terminal)的產品規格,那是一部堅固耐用、專門用於和大型主機及網路進行連線的終端機,根據他自己的

描述：「這是可以帶來歡樂的網路連線設備。」這個名字則來自於「能夠熟練操作許多設備的美國民間英雄」。雖然費爾森斯坦始終沒有把機器實體化，但是他把規格表油印給許多朋友，希望他們也能對這項產品感興趣，讓社群記憶體和《全球概覽》的讀者群，都略微往他堅信的方向移動：電腦必須變得更個人化、更有趣，才會成為一般人都能使用的工具，不再只是權貴階級的玩物，也才符合布羅提根那首詩名稱中「深情優雅的機器」（見第 302 頁）。為了落實這個理念，費爾森斯坦乾脆把自己的顧問公司取名為「深情優雅電腦學」（Loving Grace Cybernetics）。

費爾森斯坦天生具有組織才能，所以他決定創辦一個足以推廣這些理念的社群。「我的觀念延續自伊利奇，認為電腦必須依靠圍繞在身旁的電腦玩家才能存活，」他解釋。在佛瑞德‧摩爾和奧伯瑞特兩人的引薦之下，費爾森斯坦也成為《人民電腦公司》編輯群在星期三晚上舉行餐會的常客，另一位常客是瘦瘦高高，喜歡自己組裝電腦的工程師法蘭奇（Gordon French），他們經常討論「將來如果真的有個人電腦的話，看起來會是什麼樣子？」之類的話題。後來餐會在 1975 年初無疾而終，於是佛瑞德‧摩爾、法蘭奇、費爾森斯坦三人打算另起爐灶，他們在第一波宣傳單上寫著：「想組裝自己的個人電腦、終端機、螢幕打字機或是其他輸出入裝置嗎？或者想製作神奇的數位黑盒子？如果你是這樣的人，歡迎加入我們這個志同道合、擁有相同理想的大家庭。」

他們把新成立的社團取名為「家釀電腦俱樂部」（Homebrew

---

* 《連線》（*Wired*）雜誌在2011年4月號專題報導自造者文化（maker culture），頭一次由女性工程師擔任封面人物：出身麻省理工學院的DIY創業家芙萊德（Limor Fried）。芙萊德綽號「愛達女士」（ladyada），創辦公司名為「愛達果實業」（Adafruit Industries），顯然都是為了向愛達表示敬意。

Computer Club），順利從灣區數位世界不同的文化領域裡，招募到一群興致勃勃的同好。「這裡有（但不是很多）愛嗑藥的迷幻遊俠，有業餘電台火腿族的忠實聽眾，有一身派頭、看似成功的業界人士，有技術能力需要加強的二、三線技工與工程師，還有一些另類的成員，像有一位舉止合宜但拘謹，每次都坐在第一排的女士；我後來才知道，在完成變性手術之前，他可是艾森豪總統的私人飛機駕駛。」費爾森斯坦回憶：「他們都想成為個人電腦的玩家，都想打破社會既有框架的限制，無論這是來自於政府、IBM，或是職場頂頭上司施加的框架。這些人就是想要親手觸碰數位科技，享受學習過程。」

家釀電腦俱樂部第一次聚會是在 1975 年 3 月 5 日一個下雨的星期三，地點在法蘭奇位於門洛帕克的自家車庫內。這個時間點剛好是第一台正規個人電腦問世的時候，只不過不是誕生在灣區附近的矽谷，而是誕生在山艾樹遍布、人稱「矽沙漠」（Silicon Desert）的一條商店街上。

個人電腦之父羅伯茲

在創造個人電腦的過程中，還有另一種人物貢獻良多：前仆後繼的創業家。雖然現在矽谷隨處都可以看見這群精力充沛的創業大亨與嬉皮，與《全球概覽》讀者群、社群經營者、駭客等攜手並進，但是這股促成個人電腦商業化的勢力，一開始的發源地其實離矽谷還很遠，也不是來自於東岸的電腦中心。

當英特爾準備在 1974 年 4 月推出 Intel 8080 微處理器時，羅伯茲（Ed Roberts）拿到一份描述該產品相關功能的手寫資料。身為精明的創業家，羅伯茲坐在新墨西哥阿布奎基辦公室裡，立刻想到能

充分利用這顆「整合計算功能晶片」的完美計畫：做出一部電腦。

羅伯茲既不是電腦科學家也不是駭客，沒提出過什麼擴增人類智能，或透過圖形介面促成人類與電腦和諧共生的了不起理論，他甚至從沒聽過布許或恩格巴特的名字。說穿了，羅伯茲就只是業餘電腦玩家而已，只不過他的好奇心和熱忱驅使他成為「世界上最了不起的業餘電腦玩家」（引用一位與他共事過的朋友的說法）。羅伯茲不是會拉著你迭迭不休什麼是自造者文化的那種人，而是會設法讓滿臉雀斑的小男孩能在後院盡情玩飛機模型、放沖天炮的那種人（把他看成是放大版的小男孩也無妨）。在個人電腦的發展還不是由史丹佛、麻省理工學院裡的天才小伙子推動，而是由陶醉在焊接材料散發出的氣味的 Heathkit 玩家摸索前進的階段，就是由羅伯茲扮演承先啟後的樞紐功能。

羅伯茲在 1941 年出生於邁阿密，是家電修理師傅的兒子，進入空軍服役後，軍方先安排他進入奧克拉荷馬州立大學就讀，取得工學院學位後再派他到阿布奎基的雷射武器研究實驗室。退伍後，羅伯茲直接在當地經商，百貨公司聖誕節會在櫥窗展示的電動玩偶，就是他的經營項目之一。1969 年，羅伯茲和軍中同僚米姆斯（Forrest Mims）合開公司，目標市場規模雖小卻不乏趨之若鶩的客戶 —— 火箭模型愛好者。他們生產 DIY 的模型組件，讓消費者把自家後院當成發射基地，透過縮小的閃光燈和玩具無線電追蹤火箭模型的去向。

羅伯茲總有源源不絕的創業點子，在米姆斯眼中，「羅伯茲對於自己的創業才能有無與倫比的自信，相信自己可以實現許多企圖心十足的夢想，像是賺進人生的第一個一百萬、學會飛行、擁有自己的飛機、住在農場裡，甚至是從醫學院畢業。」他們把這家公司

命名為「MITS」，意圖使人聯想到麻省理工學院，然後才回過頭選出「Micro Instrumentation and Telemetry Systems」（微儀系統家用電子公司）這幾個單字，以拼湊出「MITS」。他們以每個月 100 美元承租的辦公室原本是小吃店，兩旁分別是按摩院和自助洗衣店，辦公室坐落在老舊不起眼的商店街，就連原本看板上的「美味三明治」字眼，都還突兀的懸掛在微儀系統公司的大門上。

羅伯茲接下來跟隨積體電路發明人、德州儀器基爾比的腳步，踏進電子計算機領域。由於羅伯茲非常了解業餘電腦玩家的心裡在想什麼，所以他逕自把電子計算機改裝成 DIY 零組件的型態銷售，如此一來還可以省去大筆的組裝費用。那時候《大眾電子學》（*Popular Electronics*）的技術編輯索羅門（Les Solomon）正在阿布奎基進行第一手的採訪報導，羅伯茲很幸運的與他碰了頭，索羅門還向羅伯茲邀稿，請他以〈可以自行組裝的桌上型電子計算機〉為題寫一篇文章，成為 1971 年 11 月號的封面故事。1973 年微儀系統公司總共有 110 位員工，已經突破 100 萬美元的營業額門檻，可惜好景不常，電子計算機的價格沒多久就開始崩盤，這個市場變得無利可圖。羅伯茲回憶起當年的情景說：「當時的慘狀是這樣：我們賣一台電子計算機零件組的成本是 39 美元，但是只要隨便去藥房都能買到一台 29 美元的電子計算機。」等到 1974 年年底結算時，微儀系統公司累積負債超過了 35 萬美元。

急性子的羅伯茲眼見經營環境愈來愈困難，很快就往另一個全新的事業領域發展。一直以來，羅伯茲都是電腦愛好者，同時認為其他業餘電腦玩家應該都跟自己差不多，所以他對朋友誇下海口，不一口氣終結電腦神聖不可侵犯的形象、生產出社會大眾都能用的電腦就誓不罷休。在仔細研讀 Intel 8080 微處理器的技術規格後，羅

伯茲認為微儀系統公司可以替電腦初學者生產便宜的組裝套件,只要售價訂在 400 美元以下,所有躍躍欲試的使用者都一定會買單。「我們當時都認為羅伯茲的想法不可理喻,」羅伯茲的一位同事事後坦承。

Intel 8080 微處理器單顆零售報價是 360 美元,羅伯茲向英特爾吹噓會一次買一千顆,讓對方把報價調降為每顆 75 美元,隨後羅伯茲用銷售一千台電腦的業績做為擔保,向銀行取得貸款。雖然有這些初步安排,但是羅伯茲心裡卻七上八下,因為第一批訂單才快接近兩百台。總之,試試看再說吧,畢竟羅伯茲有的是創業家樂於承擔風險的氣魄:要嘛就是賭對這一把大發利市,從此改變歷史的軌跡,不然就用更快的速度再破產一次,反正破產也不是新鮮事了。

羅伯茲和員工組成的雜牌軍所生產的電腦,如果由恩格巴特、凱伊或是其他圍繞在史丹佛周邊的實驗室成員來看,大概都會嗤之以鼻。區區 256 位元組的記憶體空間,甚至沒有鍵盤或其他輸入裝置,輸入資料或指令的唯一方法是動手切換一整排開關。當 PARC 的科技先驅正設法運用圖形介面顯示資訊時,這家門上懸掛著「美味三明治」招牌的公司,生產的機器居然只能用二進位模式顯示運算結果,而且還得透過前面的幾個燈泡。雖然羅伯茲的電腦在技術水準上毫無可觀之處,但想不到的是,這台電腦不折不扣是業餘電腦玩家朝思暮想的夢幻產品!長久以來,他們想跟火腿族一樣,擁有自己組裝的電腦,但這個需求一直沒有得到真正的滿足。

Altair 電腦誕生

公眾認知也是促成創新的重要元素之一。假設,電腦在愛荷華州某處的地下室裡頭創造出來,那就如同在貝克萊主教(Bishop

Berkeley）那無人居住的森林裡倒下一棵樹一樣，無聲無息。「原型機之母」的演出讓大家對恩格巴特的創新成果感到驚豔，說明了產品發表這件事到底有多重要；要不是羅伯茲先前和索羅門結為好友，進而為《大眾電子學》寫稿，微儀系統公司的產品恐怕只會淪為囤積在阿布奎基的滯銷品。《大眾電子學》之於 Heathkit 愛好者，就如同《滾石》雜誌之於搖滾樂迷一樣。

索羅門是在紐約布魯克林長大的冒險家，年輕時曾經在巴勒斯坦和比金 * 率領的猶太復國運動者並肩作戰，當羅伯茲用組裝電腦孤注一擲時，索羅門也正在為《大眾電子學》找電腦相關封面傷透腦筋 —— 他的競爭對手已經對名為 Mark-8 的電腦做了封面故事專題報導，儘管 Mark-8 搭載英特爾功能貧乏的 Intel 8008 微處理器，只能算是一個有反應的盒子罷了。索羅門很清楚，自己得趕快做出超越競爭對手的報導才行，因此他拜託羅伯茲把微儀系統公司生產、唯一一台能運作的原型機，儘速透過鐵路快遞公司寄給他，結果竟然寄丟了（幾個月以後，貨運業務已經不符合時代需求的鐵路快遞就關門大吉了），因此 1975 年 1 月號的《大眾電子學》報導的不是真正的原型機。當他們急急忙忙準備把雜誌付梓時，羅伯茲其實還沒替自家的產品命名，倒是索羅門那位愛看《星艦迷航記》的女兒建議，直接用當晚企業號抵達的星球奧泰爾（Altair，原意為牛郎星）命名，結果史上第一台真正可以供一般家庭使用的個人電腦，就叫做 Altair 8800。

《大眾電子學》的專題報導開宗明義寫道：「科幻小說家最熱愛的話題：家家戶戶都有電腦的時代，已經來臨！」一台普羅大眾負擔得起，也真的有功用的電腦終於上市，比爾‧蓋茲日後宣稱：「Altair 是第一台夠資格稱為個人電腦的產品。」

自從那一期《大眾電子學》上架後，Altair 電腦的訂單開始變得源源不絕，羅伯茲甚至還得在阿布奎基增聘人手，才能應付來自各方的詢問電話。微儀系統公司在一天之內就賣出四百台 Altair 電腦，幾個月後累積銷售量達到五千多台（當然沒有全部交貨，因為暢銷的情況已經讓微儀系統公司根本來不及生產了）。許多人把支票寄到一家他們之前從來沒有聽過的公司，甚至不太確定公司所在城鎮的名字要怎樣寫，只希望能趕快取得一整箱零件，好讓他們開始自行組裝；如果一切順利，他們最後可以費盡功夫對著一整排控制鍵，開開關關的輸入訊號，讓這台機器的燈泡或明或滅。業餘電腦玩家多麼想要擁有屬於自己的電腦 —— 不用跟其他人分時共享，也不用跟其他人連線，而是可以讓他們在房間或車庫內，盡情把玩的機器。

就這樣，電子俱樂部的業餘玩家就跟閱讀《全球概覽》的嬉皮與檯面下的駭客，共同推動了一個可以帶動經濟成長並改變我們工作與生活型態的新產業：個人電腦。在「賦予人民力量」運動下，電腦無異是從大企業或國防部的單向掌控下，轉交到每個人手上，使之成為豐富生活、提升生產力並帶來創意的個人工具。

「雖然歐威爾預言，第二次世界大戰後，也就是電晶體面世的時間，會出現的反烏托邦社會，但是這個預言完全落空，」歷史學家賴爾登（M. Riordan）、侯得森（L. Hoddeson）兩人在文章中說：「很大一部分原因在於，電晶體的電子產品對有創意的個人與反應迅速的創業家的幫助，遠遠超過了『老大哥』所獲得的。」

---

* 編注：比金（Menachem Begin）後來成為以色列總理。

個人電腦之父羅伯茲（1941-2010）。

1975年1月號，以Altair 8800為封面的《大眾電子學》。

家釀電腦俱樂部上場

家釀電腦俱樂部在 1975 年 3 月舉行第一次聚會，Altair 電腦理所當然成為焦點。微儀系統公司把 Altair 電腦寄給《人民電腦公司》評測，所以在聚會之前，費爾森斯坦、利普金等人都已經先見識過 Altair 電腦了。當天，Altair 電腦在滿是業餘電腦玩家、嬉皮、駭客的車庫裡公開展示，雖然大多數人都覺得乏善可陳，套用費爾森斯坦的說法：「不過就是控制開關跟燈泡而已。」不過他們都隱隱覺得一個新時代就要來臨了。車庫裡三十幾個人七嘴八舌分享自己的看法，「似乎顯示個人電腦已經成為帶來歡樂的科技了，」費爾森斯坦回憶。

硬底子駭客東皮爾（Steve Dompier）曾經以個人名義前往阿布奎基，想一探讓微儀系統公司賣到來不及出貨的暢銷商品，到底有什麼特別之處。就在家釀電腦俱樂部 1975 年 4 月舉行的第三次聚會時，東皮爾露了一手頗具娛樂效果的新發現。他有一次用 Altair 電腦寫程式篩選數字，電腦在執行時，他在一旁用低頻電晶體收音機收聽氣象預報，結果收音機居然以快慢不一的節奏發出「嗶茲、嗶茲、嗶嗶嗶茲」的聲響，東皮爾自言自語說：「瞧瞧發生什麼事來著？我居然發現第一台周邊配備了！」他接著開始實驗，「我改執行其他不同的程式，想聽聽看會有什麼不一樣的聲音，然後經過了八小時的奮戰，我終於掌握住不同音調的程式，然後就可以譜寫一支播放音樂旋律的電腦程式了。」東皮爾把不同程式串接在一起重複執行，然後透過 Altair 電腦的控制開關執行成果，最後讓收音機唱出披頭四的名曲〈山上的傻瓜〉*。收音機播放的旋律稱不上優美，

---

* 如果讀者想聽聽看東皮爾用Altair電腦播放〈山上的傻瓜〉（The Fool on the Hill），請上網：http://startup.nmnaturalhistory.org/gallery/story.php?ii=46收聽。

但是家釀電腦俱樂部的成員全都聽到目瞪口呆，直到播放完畢才爆出熱烈喝采，鼓譟著再播一次。

東皮爾之後又譜寫出 Altair 電腦版的〈黛西貝爾（雙人協力車）〉（Daisy Bell〔Bicycle Built for Two〕）。貝爾實驗室在 1961 年曾經使用 IBM 704 播放過這首歌，這是有史以來由電腦播放的第一首歌，之後在 1968 年庫柏力克（Stanley Kubrick）執導的電影「2001太空漫遊」中，超級電腦 HAL 要被拆解之際也重新吟唱過，在東皮爾心裡，這首歌帶有「基因遺傳」的傳承意味。經由家釀電腦俱樂部成員的努力，我們終於發現電腦不僅可以帶回家用、做出各種美妙的事情，而且就跟愛達所預言的一樣，還能略通音律。

東皮爾把他譜成的電腦程式刊在下一期的《人民電腦公司》，讀者群的回應創下了歷史里程碑。一位就讀哈佛大學，利用假期前往阿布奎基替微儀系統公司編寫電腦程式的學生比爾・蓋茲，在《奧泰爾通訊》（Altair newsletter）上寫著：「東皮爾在《人民電腦公司》上發表他替 Altair 電腦譜寫的音樂程式，他把〈山上的傻瓜〉、〈黛西貝爾〉兩首曲子的樂譜和電腦程式擺在一起對照，但是他不明白為什麼可以這樣做，我也看不出所以然；有任何人可以幫忙解釋嗎？」簡單來講，那是因為電腦在執行程式時，會產生計時迴路控制的頻率干擾，這些訊號由調幅收音機接收後，就會轉換成不同的單音脈衝（tone pulse）。

提出這個問題後不久，蓋茲就和家釀電腦俱樂部的成員發生一場更深層的激辯，這是在商業倫理與駭客文化中的典型拉鋸戰。前者是蓋茲的主張，認為應該賦予資訊所有權的概念，後者是家釀電腦俱樂部的看法，認為應該讓資訊成為免費的共享資源。

艾倫（1953-）與蓋茲（1955-）攝於湖濱中學的電腦室。

1972年蓋茲因超速被捕，留下的檔案照。

1978年12月，微軟在搬離阿布奎基前的員工團體照，蓋茲在第一排最左，艾倫在第一排最右。

09

電腦軟體

　　艾倫（Paul Allen）閒晃走進哈佛廣場雜亂無章的書報攤時，一眼瞥見 1975 年 1 月號《大眾電子學》的封面是 Altair 電腦，覺得既興奮又悵然若失。儘管個人電腦時代來臨這件事情夠震撼，但艾倫還是得趕上待會的約會，因此他匆匆拋下 75 美分，隨手抓了一份《大眾電子學》就急急忙忙穿越泥濘的雪地，直接到哈佛學生宿舍去找比爾・蓋茲。他們兩人從高中起就是換帖密友，都是出身西雅圖的電腦迷，艾倫還因為蓋茲的勸說選擇休學，搬到波士頓劍橋工作。「嘿，你看，我們居然沒跟上這件事！」艾倫衝著蓋茲說。蓋茲的身體開始左搖右晃，這是他亢奮時常有的不經意舉動，等看完整篇報導，蓋茲已經完全認同艾倫的想法了，他們接下來八個星期卯起來撰寫電腦程式，從此改變了電腦產業的本質。

　　1955 年出生的蓋茲，和更早之前的電腦先驅不太一樣，他並不很在意硬體的問題，成長過程也沒有沉醉在組裝 Heathkit 無線電對講機或是焊接電路板，高中時在校內操作分時共享終端機時，流露出的自大態度還惹毛了物理老師，故意指派他完成組裝睿俠（Radio

Shack）電子產品的作業。當蓋茲好不容易組裝完成後，根據這位老師的說法：「焊料在電路板背後滴得到處都是。」而且組裝出來的東西根本不能用。

蓋茲認為電腦奇妙的地方並不在於硬體、電路板，而是在於軟體程式。每當艾倫提議來做機器時，蓋茲總會不厭其繁重申：「我們的專長並不在硬體，我們最能掌握的部分是軟體。」稍微年長的艾倫雖然曾經組裝過短波收音機，但也很清楚未來是屬於軟體工程師的，他坦承：「硬體的確不是我們的專長領域。」

在 1974 年 12 月看到那本《大眾電子學》的封面後，蓋茲和艾倫立定的志向是：開發個人電腦軟體。除此之外，他們還希望能改變這個新興產業的發展方向，想要把硬體變成可以通用的一般商品，讓開發作業系統與應用程式成為獲利最大的項目。「當艾倫拿那本雜誌給我看的時候，軟體產業根本不存在，」蓋茲回憶：「不過我們已經預見軟體產業從無到有的前景，而且我們也真的實現了這個願景。」蓋茲在多年以後回想起自己的這項見解時說：「這就是影響我這一生最重要的一個想法。」

天才小子比爾・蓋茲

蓋茲邊看《大眾電子學》邊左搖右晃，顯示出當時他的情緒有多激動，晃動身體的習慣從小就跟著蓋茲。「蓋茲還是嬰兒時就已經會在搖籃裡這樣左搖右晃了，」他的父親，一位事業有成、個性溫和的律師說。而蓋茲最喜歡的玩具呢，是裝上彈簧發條，可以前後搖動的木馬。

蓋茲的母親來自於西雅圖著名的銀行家族，是受人尊重、意志堅定而強悍的意見領袖，不過她很快就發現自己意志堅定的程度遠

遠不及兒子。每當她要叫兒子從地下室的臥房出來吃飯，蓋茲總是沒有搭理，有一次她終於忍不住高聲問蓋茲：「你到底在臥室裡面做什麼啊？」對了，附帶一提，她早早就放棄要蓋茲維持臥室整潔的希望。

「我在想事情！」蓋茲拉開嗓門。

「你在想事情？」

「對，沒錯。老媽，我在想事情，」蓋茲不疾不徐的回問：「難道妳都沒有好好沉思過嗎？」

擔心兒子有自閉症傾向，她帶著蓋茲去看心理醫師，心理醫師交給蓋茲一本有關佛洛伊德心理分析的作品，雖然蓋茲三兩下就把書看完了，但是卻沒有因此修正自己的行徑。經過一整年的療程，心理醫師告訴蓋茲的母親：「我想，妳就別再堅持了。妳最好開始適應，因為任何想要改變你兒子的企圖都會徒勞無功。」蓋茲的父親笑著說：「繞了一大圈，我太太終於接受，不要跟兒子賭氣才是上策。」

除了這種偶一為之的叛逆行為，蓋茲其實非常樂於擔任家中的開心果，享受和家人的親密關係。蓋茲喜歡和父母親與兩位姊妹在共進晚餐時談天說地，或是一起玩拼圖、撲克牌之類的遊戲。由於蓋茲的全名是威廉‧蓋茲三世（William Gate III），所以他那愛玩橋牌（同時也是籃球明星）的祖母喜歡用橋牌術語中的「Trey」（發音趨近崔伊，代表三點的牌）稱呼他，因此「崔伊」也就成為蓋茲小時候的綽號。每逢夏天或是某些特殊的週末假日，蓋茲一家會跟親戚朋友前往西雅圖附近胡德運河的小木屋渡假，小朋友們會有模有樣辦起另類奧運，除了會有火把繞場的開幕式外，還會有兩人三腳、雞蛋投擲等各種競賽項目。「競爭過程非常激烈，」蓋茲的父

親回憶道:「對這些小朋友來講,輸贏是很重要的。」蓋茲就是在這樣的場合協商出他人生第一份正式合約。他草擬合約並與姊姊達成協議,載明以 5 美元代價取得非獨家、但不受限制使用姊姊棒球手套的權利,其中一條條款上寫著:「只要崔伊想要使用棒球手套,他就有使用權。」這時蓋茲才十一歲。

害羞的蓋茲其實不太擅長團隊競賽,不過卻是認真的網球選手和滑水運動員,玩遊戲的時候也會絞盡腦汁達到完美的境界,像是如何在不接觸到垃圾桶的前提下,跳越過垃圾桶。蓋茲的父親年輕時曾取得童軍的鷹級資格(他也的確一生奉行童軍的十二項守則)。耳濡目染下,蓋茲從小就對童軍生涯十分嚮往,最後達到「生命級」,只差三個功績勳章就可以追上父親的成就。某次蓋茲在大露營時示範如何使用電腦,可是那個時候還沒有把電腦技能視為取得功績勳章的方式。

除了這些有益身心的活動之外,蓋茲的聰明絕頂、大眼鏡、削瘦的身材、尖銳的嗓音,以及襯衫扣子一路扣到脖子的宅男樣,看起來就是活脫脫的書呆子。「蓋茲可能是世上最符合書呆子這個詞的人,」他的一位老師這樣說過。蓋茲的聰明程度達到傳奇的境界,小學四年級的時候,有一次自然課要繳交一份五頁報告的作業,結果他寫了三十頁才罷休;那一年被問到將來希望從事什麼職業時,他的願望是當科學家。此外,蓋茲的家庭牧師舉辦過一場默寫〈山上聖訓〉(Sermon on the Mount)的比賽,蓋茲把這段聖經故事背得滾瓜爛熟,贏得到西雅圖地標太空針塔塔頂用餐的機會。

1967 年秋天,看起來才九歲多、實際上快十二歲的蓋茲即將進入中學,父母認為私立學校或許更適合他。「快進入中學的時候,我們對他的關切與日俱增,」他的父親回憶道:「他的外表弱

不禁風，生性又害羞，非常需要特別關照。此外，他的興趣也跟一般小學畢業生大不相同。」最後父母選擇了湖濱中學（Lakeside School），這所學校有古色古香的磚瓦校園，看起來就像是典型新英格蘭地區的預備學校，非常適合培育西雅圖上流社會的子弟（不久後也開始招收女學生）。

蓋茲進入湖濱中學就讀幾個月之後，校方在數理大樓樓下一間小房間裡安裝一台電腦終端機，從此徹底改變蓋茲的人生。認真來說，那台終端機與其說是電腦，倒不如說是電傳打字機，可以透過電話和奇異電子公司的馬克二號分時共享主機系統進行連線。湖濱中學母姊會舉辦清倉大拍賣後獲得三千美元收益，並用這筆錢購買與主機連線的時段，每分鐘費用 4.8 美元。事後證明，她們嚴重低估這台機器受歡迎的程度，也沒料到學生使用這台新機器的總經費居然會那麼高。剛入學的蓋茲在數學老師帶領下，看到這台電腦後立刻著迷，「帶蓋茲去看電腦的那一天，我懂的比他還多，」老師說：「不過，也就只有那一天懂的比他多而已。」

蓋茲此後只要有機會就會窩在電腦教室，不但天天報到，還帶一群有一定功力的朋友一起來，他描述當時的情景道：「我們全走進了另一個世界。」這台電腦終端機對蓋茲而言，就好像年輕的愛因斯坦拿到他的玩具羅盤一樣：以催眠似的方式，喚起內心最深處，也最熱忱的好奇心。蓋茲不知道該怎麼解釋自己為何對電腦那麼著迷，後來就說自己非常欣賞電腦「邏輯嚴謹」塑造出的單純美感，這種美感在他的腦海中不斷發酵，「使用電腦時，我們沒辦法講出模稜兩可的句子，只有能精確陳述的句子才派得上用場。」

這台電腦使用 BASIC 程式語言，亦即「初學者通用符號指令碼」（Beginner's All-purpose Symbolic Instruction Code），這是好幾年

前達特茅斯學院研發給非工程背景學生寫電腦程式用的。當時湖濱中學沒有任何老師懂得 BASIC，但是蓋茲和朋友看完 42 頁的使用手冊後，就自行融會貫通了。過沒多久，他們彼此傳授其他更專業的程式語言，比方說是 Fortran、COBOL。但再怎麼說，BASIC 終究還是蓋茲的初戀情人，中學還沒畢業的他就已經能用 BASIC 寫出玩井字棋的遊戲程式，也能讓電腦在不同進位系統進行換算。

艾倫比蓋茲大兩歲，發育自然也好上許多（甚至已經長出鬢角了），他們兩人在湖濱中學電腦教室相遇的時候，身形高大又有社交手腕的艾倫已經脫去典型的書呆子氣息。艾倫馬上就覺得蓋茲很有趣，也很迷人。「就看見一位瘦高、滿臉雀斑的八年級生，粗手粗腳、一路神經兮兮朝電傳打字機擠過來，」艾倫回憶：「他的一頭茂密的金髮非常引人矚目。」結為好友的兩人經常在電腦教室待到很晚；「他非常好勝，」艾倫這樣評價蓋茲：「喜歡刻意展示才華，而且是非常非常有毅力的人。」

艾倫的家庭背景相對小康（他的父親是華盛頓大學圖書館的行政人員），他頭一次到蓋茲家玩的時候，不禁對蓋茲家的裝設嘖嘖稱奇。「蓋茲的父母親為他訂閱了《財星》雜誌，他經常看到出神。」有一次，蓋茲問艾倫經營一家大公司是什麼感覺，艾倫根本毫無頭緒。「或許有一天，我們一起來經營一家自己的公司吧！」蓋茲宣告。

有一項人格特質可以區分這兩位好朋友：專注力。艾倫的念頭轉得非常快，對許多議題都很有興趣，蓋茲則凡事都得按部就班，一件一件來。「我對很多科目都很好奇，都很想學，但是蓋茲一次只會投注全部精力專注於一個項目上，」艾倫說：「他寫電腦程式時就是這個模樣 —— 嘴巴緊緊咬著一枝馬克筆，雙腳點地左搖右晃，

沒有絲毫分心。」

表面上看起來，蓋茲是桀傲不遜的書呆子，行為舉止帶有挑釁的意味，就算是面對老師也不例外，而且生起氣來無人可擋。蓋茲是不世出的天才，他自己對這一點心知肚明，而且也經常刻意加以標榜。「那樣子實在太笨了！」蓋茲經常對同學和老師這樣說，有時候還會加碼說出：「這是我聽過最愚蠢的事。」或「這根本徹底腦殘。」有一次他嘲笑班上一位同學想答案想太久了，惹得班上另一位人緣好、就坐在蓋茲正前方的同學，氣到直接轉過身提起蓋茲的衣領，揚言要好好揍他一頓。老師趕緊出面制止。

但是對真正認識蓋茲的人而言，他絕對不只是桀傲不遜的書呆子而已，蓋茲雖然聰明得有點尖酸刻薄，但也是有幽默感的人，而且喜歡冒險、挑戰體能和組織社團活動。他在十六歲的時候獲贈一輛紅色野馬（Mustang，這輛敞篷車跟著蓋茲超過四十年，一直收藏在他家別墅的車庫裡），旋即找來朋友共乘，享受高速馳騁的快感；他也會帶朋友到胡德運河的渡假小屋，用快艇拉著三百公尺長的飛行傘，玩得不亦樂乎。學生成果展的時候，蓋茲上台背誦幽默作家特本（James Thurber）所寫的短篇故事〈床塌下來那一晚〉（The Night the Bed Fell），並參與演出劇作家謝弗（Peter Shaffer）所寫的《黑暗中的喜劇》（Black Comedy）。大概就從這個時候，蓋茲也開始用非常務實的態度告訴大家，自己會在三十歲之前擁有一百萬美元的身價。但就連蓋茲也嚴重低估自己的能耐，三十歲的時候，他的身價已經高達三億五千萬美元了。

湖濱中學電腦程式團

1968 年秋天，蓋茲讀八年級時，和艾倫共同組成湖濱中學電腦

程式團，就某種程度上來講，這不過是聰明學生版的幫派團體，就連艾倫也都說：「本質上來看，湖濱中學電腦程式團不折不扣是小男生組成的小圈圈，只是我們不服輸的好勝心更加強烈一點。」但是這個團體沒多久就變成會賺錢的事業體，而且是所屬行業中相當具有競爭力的一個。「這一切都是因我而起，」蓋茲表示：「因為是我問大夥：『要不要跨進真實世界，看看能不能真的賺錢？』」艾倫也曾經略顯尖酸的說：「當我們各自展現才華的時候，蓋茲無疑是其中最投入，也是最有競爭力的一個。」

湖濱中學電腦程式團包含另外兩位學校電腦教室的常客：韋蘭德（Ric Weiland）和伊凡斯（Kent Evans）。十年級的韋蘭德是艾倫的同班同學，是當地路德教會的虔誠信徒，父親是波音公司的工程師。兩年前，他曾在家裡地下室造出他的第一部電腦。他看起來和其他喜歡耗在電腦教室的學生大不相同：方頭大耳的韋蘭德肌肉發達，長得又高又帥，1960 年代在這所作風保守的中學裡，他一直沒讓別人知道自己的同性戀傾向。

伊凡斯是蓋茲八年級的同班同學，父親是一神普救派的神職人員。伊凡斯為人友善又善於社交，開懷大笑的時候嘴角會歪向一邊，那是因為他天生兔唇，經過手術治療後留下的痕跡。伊凡斯天不怕地不怕，無論是要打電話向業界先進推銷產品，或是要挑戰攀岩都勇往直前，也就是他取了「湖濱中學電腦程式團」這個名字，打著這個名號向在電子器材雜誌刊登廣告的廠商索取免費試用品。伊凡斯很有生意頭腦，會和蓋茲一起閱讀每一期的《財星》雜誌，同時也是蓋茲最要好的朋友。「我們決定有一天要征服全世界，」蓋茲說：「我們總會在電話裡講個沒完，直到現在我都還記得他家的電話號碼。」

　　湖濱中學電腦程式團在 1968 年秋天承接了第一個案子。當時華盛頓大學畢業的一些工程師成立了一家小型的分時共享公司，辦公室坐落在歇業的別克轎車展示中心，公司名稱叫做「電腦中心公司」（Computer Center Corporation），暱稱為 C-Cubed。這群工程師買下一台迪吉多生產的 PDP-10 主機（這是蓋茲最欣賞的電腦主機，多功能又耐操，專門用來推廣當時電腦產業剛起步的分時共享營運模式），打算向波音公司之類的使用者出售使用時段，使用者只要透過電傳打字機或電話就能進行連線。

　　C-Cubed 的一位合夥人是湖濱中學的家長，她向蓋茲的團體提出委託案，這就好像是請小學三年級的學生去巧克力工廠擔任試吃員一樣，委託的任務是：用盡一切方法、沒有時間限制、不分晝夜、沒有假日，狂操這台 PDP-10 主機，看有沒有辦法操到當機。這是因為 C-Cubed 當時和迪吉多簽訂的租賃合約中提到，除非 PDP-10 主機可以穩定運轉不當機，否則 C-Cubed 可以不支付迪吉多任何費用。迪吉多大概沒有料到，竟然會由一群湖濱中學乳臭未乾的毛頭小子擔負實機測試的工作吧。

　　這個任務只有兩條規則：一、不論機器在什麼情況下當機，蓋茲他們都要詳細說明過程；二、除非另有要求，否則不可以使用相同伎倆讓機器當機。「他們大概是以讓猴群去除臭蟲的心態找上我們，」蓋茲回憶起當時的狀況說：「所以我們可以無所不用其極的摧殘電腦。」比方說，PDP-10 主機附掛三組輸入指令用的磁帶機，這群湖濱中學的學生竟同時啟動這三組磁帶機，一口氣要求電腦執行數十個程式，想用耗盡記憶體的方法讓電腦當機。「這的確不是什麼高竿的做法，」蓋茲笑著說。為了順利執行讓電腦當機的任務，這群中學生無時無刻不在寫電腦程式，他們寫了一套「大富翁」的

電腦遊戲，用一個亂數產生器控制骰子；崇拜拿破崙（他也是數學天才）的蓋茲也寫了一套複雜的戰爭遊戲，艾倫描述：「玩家一開始擁有幾支作戰部隊，隨著遊戲進行，整個電腦程式會變得非常巨大，最後把結果列印出來的話，大概可以用掉十五公尺長的電傳打字機用紙。」

這群中學生每天晚上以及週末假日都會搭公車到 C-Cubed 辦公室，窩在裝置終端機的房間裡埋頭苦幹，非得忙到飢腸轆轆才會到對街經常有嬉皮出沒的晨鎮披薩店用餐。沉迷於這份工作的蓋茲誇耀著說：「那段沒日沒夜寫程式的經歷讓我的功力愈來愈扎實。」他家裡的房間四處散落著衣服和電傳打字機用紙，父母親眼見苗頭不對，對蓋茲下達了宵禁令，結果當然被當成馬耳東風。「他那時一心一意只想著寫電腦程式，」父母親回憶說：「他會等我們倆回房間睡覺後，偷偷溜出地下室房間，跑到 C-Cubed 繼續忙個通宵。」

C-Cubed 最有資格擔任蓋茲他們導師的主管，當然是綽號懶鬼的羅素（見第 232 頁）。他是促狹又創意十足的程式設計師，還是麻省理工學院學生的時候，就寫了一套「太空大戰」電腦遊戲。羅素把創新的火苗交到這群新世代駭客手上。「蓋茲和艾倫這些人以為把電腦搞到當機很好玩，我還得不時提醒他們，除非我們提出要求，否則他們不可以用相同的方法讓電腦當機，」羅素說：「當我跟他們聚在一起的時候，他們會七嘴八舌問我問題，而我一向樂意花時間回答他們的問題。」羅素特別注意到蓋茲有能力抓出迪吉多總部特定程式設計師的漏洞，蓋茲通常會在除錯報告上寫著：「瞧，法比歐程式設計師在這一行又犯了相同錯誤，他改變資料狀態後沒有再行檢驗，只要在這邊多加一行指令，就可以解決問題了。」

經過這段夜以繼日的磨練，蓋茲和艾倫深刻體會，作業系統的

重要性猶如人體的神經系統，艾倫更進一步說明：「作業系統提供後勤資源讓中央處理器可以運算：執行一個又一個的電腦程式，分配電腦檔案的儲存位置，在數據機、磁碟機與印表機之間傳遞資料。」PDP-10 主機搭載的作業系統是 TOPS-10，羅素同意讓蓋茲與艾倫在辦公室閱讀技術手冊，但不能帶回家，因此他們有時甚至會在辦公室待到清晨。

蓋茲後來發現，如果要完全弄懂作業系統，就一定要能掌握原始碼，因為程式設計師是用原始碼來設定該怎樣執行每個步驟的。可是原始碼多半只掌握在高階工程師手上，不是湖濱中學這群小毛頭能夠接觸到的。原始碼不可侵犯的程度堪比聖杯，不過他們在某個週末發現，程式設計師把厚厚一整疊列印出原始碼的報表，丟在大樓後面的巨無霸垃圾桶裡，艾倫就用手勾著蓋茲，讓蓋茲探頭進垃圾桶裡翻找。「還好，蓋茲的體重不到五十公斤，」艾倫如是說。蓋茲試著在滿是咖啡渣的垃圾堆裡翻找，終於找出那一整疊沾有莫名汙漬又皺巴巴的報表。「我們立刻把這一疊珍貴的資料帶回終端機所在的房間裡仔細研讀，一讀就是好幾個小時，」艾倫說：「雖然我沒有『如師通』（Rosetta Stone）語言學習軟體幫忙，十行程式裡面大概只看得懂一、兩行，但是我已經對原始碼嚴謹又精簡的程度佩服得五體投地。」

這個經歷啟動蓋茲和艾倫往更高層級挑戰的念頭，為了掌握作業系統的架構，首先得先學會組合語言等更基本的指令：「載入B，加上 C，存到 A。」也就是學會直接跟電腦硬體對話的方式。「羅素知道我對這方面有興趣，他把我帶到一旁，交給我一本用光滑書套包覆的組合語言手冊，然後對我說：『好好把這本手冊看一看。』」艾倫說。他和蓋茲一起研究手冊內容，有時候難免有看不

懂的地方，此時羅素會再交給他們另外一本手冊，然後說：「嗯，是時候換這一本給你們了。」就這樣過了一段時間，兩人已經能掌握讓作業系統兼具功能與簡潔的兩項原則：複雜性和簡單。

迪吉多最後終於開發出穩定的系統軟體，湖濱中學這群測試人員也因此失去免費使用 PDP-10 主機的機會。「他們的態度有點像說：『好啦，你們這群兔崽子，現在可以回家去了！』」蓋茲說。所幸湖濱中學母姊會在這個時候伸出援手，雖然只能多少意思一下而已。母姊會資助這群孩子取得個人帳號，不過設有使用時間跟額度上限，蓋茲和艾倫深知這樣絕對無法滿足他們的需求，所以兩人試圖取得系統管理員的權限，侵入系統內的帳號管理檔加以破解，在被入侵的電腦系統內增設免費帳號，但是他們沒多少機會繼續胡搞，因為他們的駭客行為很快就被逮到：眼尖的數學老師發現，電傳打字機上印滿所有人的帳號跟密碼。這件事一路向上發展到 C-Cubed 與迪吉多兩家公司，臉色鐵青的公司代表直接登門拜訪，聚在湖濱中學校長辦公室討論後續處置。失風被逮的蓋茲和艾倫脹紅臉，滿是懺悔之意，可是終究得為駭客行為付出代價：他們兩人在該學期的那一天開始，一直到暑假結束之前，都不准再碰學校的電腦系統。

「我承諾在那段時間都不碰電腦，也試著過正常的生活；」蓋茲想起當時的過程時說：「不過我想要證明自己即使不帶課本回家，也能拿到最優秀的成績，所以我都在看拿破崙的傳記跟《麥田捕手》之類的小說。」

永遠的負責人

湖濱中學電腦程式團在接下來將近一年的時間裡，幾乎沒有任

何活動。校方在 1970 年秋天向奧勒岡波特蘭的資訊科學公司（ISI）購買 PDP-10 主機的使用時段，費用高達每小時 15 美元，蓋茲一夥人很快又駭進系統玩免錢的，而這一次也一樣很快就被發現。因此他們決定改弦更張，換另一種方法跟業界打交道：他們寫了一封信給 ISI，希望提供系統維護的服務，交換免費的使用時段。

ISI 的主管對這封信半信半疑，因此蓋茲一行四人直接帶著列印的報表跟程式碼到波特蘭證明自己的實力。「我們還提供對方個人經歷、履歷表什麼的，」艾倫說。當時才剛滿十六歲的蓋茲，就直接在尋常筆記本上用鉛筆寫履歷。之後他們得到一份委託案：寫一套薪資管理程式，而且要把相關稅則法令等因素都涵蓋在內。

這起委託案也導致蓋茲和艾倫兩人友誼的第一道裂痕。對方要求使用 COBOL 程式語言而不是 BASIC（這是蓋茲最愛用的程式語言）。COBOL 由霍普等人共同開發完成，比 BASIC 還複雜得多，是商業界常用的程式語言。熟悉 COBOL 程式語言的韋蘭德直接替 ISI 寫了一套編輯程式，艾倫不久後也學會了，因此這兩位年紀較大的伙伴打算和其餘兩人拆夥。「當時他們兩人認為這是輕而易舉的委託案，所以就跟我們說『不麻煩你們了』，」蓋茲表示：「他們認為可以包辦全部的工作，並包下所有使用時段。」

被拋棄的蓋茲自我封閉了六星期，期間只用心鑽研代數，對艾倫與韋蘭德刻意保持距離。「艾倫和韋蘭德知道不妙了，明白自己的決定實在很傷人，」蓋茲說。這套薪資管理程式需要的不只是寫程式的能力，程式設計師還得弄清楚社會安全保險的扣除額、聯邦政府的租稅規定，再加上州政府的失業保險等，「所以他們回過頭來問我們：『欸，我們遇上麻煩了。單靠我們兩個還搞不定這套程式，你們願意來幫忙嗎？』」蓋茲把握機會加碼演出，提前為以後

自己跟艾倫之間的關係定調：「我還記得自己回答說：『好啊，可以啊，但是以後要交給我全權處理，而且我會一直掌控一切下去；從現在開始，我不會再那麼好講話了，除非你們同意讓我統籌負責。如果你們同意讓我擔任負責人，我不但會是這個程式的負責人，也會是未來我們所有計畫的負責人。』」

他們同意了，而且從那個時候開始，蓋茲一直是負責人。湖濱中學電腦程式團重新合體後，蓋茲堅持用法律界定大家的關係，因此在父親的協助下制定協議草案。值得注意的是，在合夥關係裡通常不會有「總裁」這個職位，但是蓋茲從此就一直以總裁自稱 —— 那時候他才十六歲。接下來，他把大家賺來價值 18,000 美元的電腦使用時段加以區分，藉機狠狠修理艾倫一頓。「我自己分得 4/11，伊凡斯也是 4/11，韋蘭德是 2/11，剩下的 1/11 分給艾倫。」蓋茲回憶：「他們很奇怪為什麼要分成十一等分，但是艾倫這個懶散的傢伙真的沒出什麼力，所以我決定韋蘭德可以比艾倫多分到一倍，而我和伊凡斯又可以分到韋蘭德的兩倍，這就是十一等分的由來。」

蓋茲一開始還打算分得比伊凡斯多一點，「但是伊凡斯絕不會讓我予取予求。」畢竟伊凡斯在做生意上的精明程度可是和蓋茲不相上下的。在大家一起完成薪資管理程式的那一天，伊凡斯寫了一張紙條夾在自己精心保存的一份報紙裡：「星期二，我們把完工的程式帶去波特蘭給對方驗收，然後就如同大家說的那樣，『敲定未來承接案的商業合同。』目前為止，我們投注心血的目的除了是為了學習之外，就是為了折抵昂貴的時段費用。從現在開始，我們也該開始賺些錢了。」雙方在談判桌上寸土不讓，ISI 還曾一度放話要扣除部分時段優惠，因為蓋茲他們沒有提供完整的文件紀錄，最後又再次由蓋茲的父親出面寫信給 ISI 進行調停，才讓雙方達成共識。

　　時間來到 1971 年秋天、蓋茲的中學生涯進入第二年，湖濱中學和另一所女子學校合併，新學期的課程規劃遂變成一場惡夢，校方只好請蓋茲和伊凡斯寫一套選課程式來解決。蓋茲認為課程規劃包含太多變數了：要考慮的項目包括必修課程、老師的行程、教室使用狀況、資優班輔導課程、選修課程、交叉選課、長時間的實驗課等。他想到就頭皮發麻，因此推辭了這項任務，由另一位學校老師來挑戰極限，而他跟伊凡斯只要負責幫老師上電腦課就好。隔年 1 月，這位老師還在努力跟選課程式奮戰時，卻不幸傳來因為搭乘的小飛機墜毀罹難的消息，蓋茲和伊凡斯同意接手老師未完成的任務，不過兩人決定要從頭開始，他們每天都耗在電腦教室，有時甚至就睡在裡面。這項任務直到 5 月都還沒完成，他們必須更加努力才能在學年開始時，讓選課程式派上用場。

　　伊凡斯被這項任務搞得筋疲力盡，決定參加之前報名的戶外郊遊登山活動，藉機透透氣 —— 可是，伊凡斯並不是身手矯健的運動健將。「伊凡斯會報名這項活動本身就不太尋常了，」蓋茲回憶起這段傷心往事說：「我想，他是想測試自己的能耐吧。」伊凡斯的父親很清楚兒子在過去幾個月勞心勞力的狀況，想盡辦法勸他取消報名，他說：「我跟伊凡斯最後的對話內容就是勸他別去了，可是我兒子就是這麼一個信守承諾的人。」伊凡斯原本正在坡度平緩的山壁上學怎麼拴繩，不料一個失足從雪地跌落超過一百八十公尺，一路滾到山腳的冰河，更糟糕的是，伊凡斯在滾動過程緊縮雙手想保護自己，而不是伸手尋找緩衝物，致使頭部猛烈撞到好幾顆岩石，最後在直升機送醫途中不治身亡。

　　湖濱中學校長打電話到蓋茲家裡，蓋茲的父母親把他叫到主臥房，告知這個不幸的消息。伊凡斯的告別式由湖濱中學藝術老師傅

剛（Robert Fulghum）主持，傅剛跟伊凡斯的父親都是一神普救派
的神職人員，之後成為知名作家（代表作是《生命中不可錯過的智
慧》）。「那個時候我從來沒想過死亡這件事，」蓋茲說：「在告別
式上我應該要說點什麼，可是卻一個字也擠不出來。接下來兩個星
期我什麼事都做不了。」蓋茲在那段時間花很多時間陪伴伊凡斯的
父母，「伊凡斯是他們心中永遠的寶貝。」[*]

此時艾倫已經在華盛頓州立大學完成大一新鮮人的課程，蓋茲
打電話聯絡他，問他能否回到西雅圖幫忙完成選課程式。「我本來
是要跟伊凡斯一起做的，」蓋茲說：「我需要幫忙。」他整個人糟
透了，「他好幾個星期都沒有辦法走出傷痛的陰霾，」艾倫回想起
當時的情況。他們兩人把折疊床搬到學校裡，然後在 1972 年夏天一
如往常，好幾個夜晚都在電腦教室裡不斷跟 PDP-10 主機奮戰。終
於，思慮嚴謹的蓋茲又可以把如同魔術方塊般費解的選課程式，拆
解成一連串子問題再逐一克服，也有辦法刻意安排自己的歷史課班
上都是漂亮女同學，唯一的另一位男同學是不折不扣的窩囊廢。他
也故意讓自己跟要好的學長在星期二下午不用上課，然後洋洋得意
把啤酒桶的圖案和週二社團的字眼印在 T 恤上炫耀。

親見微處理器

也就是在這個夏天，蓋茲和艾倫迷上了英特爾新推出的 8008 微
處理器。新晶片的功能遠遠超出之前的 4004 微處理器，號稱是晶
片上的電腦。他們兩人看著《電子學》雜誌的專題報導興奮不已，
即便多年以後，蓋茲都還記得那篇報導在第幾頁。艾倫問蓋茲，如
果這顆晶片真的就像電腦一樣，可以把程式寫進去的話，幹麼不直
接寫一款程式語言呢？或者直接把 BASIC 寫在裡面？如果他們兩

人能完成這項壯舉，「任何人都可以買電腦，放在辦公室甚至是擺在家裡。」蓋茲倒是認為 8008 微處理器的效能還不足以應付這項壯舉，「硬要在這顆晶片上執行的結果，可能是根本跑不動，而且光是 BASIC 本身就幾乎會吃掉所有記憶體。總而言之，這顆晶片的效能還不符合要求。」艾倫知道蓋茲說的沒錯，他們決定再多等一陣子，因為依照摩爾定律推算，在一、兩年就會有效能達兩倍以上的新晶片問世。這次對話過程也替他們兩人的合夥關係下了注腳，「我是愛異想天開的人，喜歡從不同面向思考全盤問題，」艾倫表示：「蓋茲會聆聽我的想法，挑戰其中缺漏的部分，然後找出最好的點子加以落實。這樣的合作關係本質上有一點衝突，但是我們大部分時間都能有效的合作無間。」

後來蓋茲接到委託，為一家公司分析交通模式，算出總共有多少車輛會碾過鋪設在路面上的橡膠管。他和艾倫打算開發一台專用電腦來處理原始資料，一向直板板的蓋茲還把委託案直接命名為「交通數據」（Traf-O-Data）。他們兩人前往附近一家名為「漢彌爾頓亞弗涅特」（Hamilton Avnet）的電器材料行，很大氣的掏出 360 美元現金買下一顆 8008 微處理器。艾倫把當時情況描述得活靈活現：「店員交給我們一個小紙盒。我們當場拆封，生平第一次看見微處理器的外觀 —— 在鋁箔包裡塞著一塊不導電的橡膠板，薄薄的，大約二公分長的長方體。對於求學階段都接觸到大型主機的我們而言，這東西簡直是個奇蹟。」雖然蓋茲忍不住對店員抱怨：「想不到，這麼一個小東西居然要賣這麼貴。」但是他和艾倫都留下了深刻印象，終於見識到涵蓋整台電腦運算核心的這顆小晶片。蓋茲補充說：「竟有兩個小伙子跑去買 8008 微處理器，那些店

---

* 蓋茲和艾倫事業有成後，在母校湖濱中學捐贈了一棟理科大樓，並且用伊凡斯之名替大樓裡的禮堂命名，以紀念這位英年早逝的好友。

員可能覺得太怪了。我們兩人也都小心翼翼，深怕拆開鋁箔包後會把這個小東西給弄壞。」

為了寫一套可以在 8008 微處理器上執行的程式，艾倫設法在大型主機上模擬 8008 微處理器，根據他之後的說法：「完成模擬的結果，好像重複循環前人提過的技術定律，那是圖靈在 1930 年代提出的理論 —— 透過程式可以讓任何電腦執行和其他台電腦一模一樣的功能。」這個精巧的魔法還有另一個啟示，這是蓋茲和艾倫對電腦革命最重要的貢獻：「軟體的重要性高過硬體。」

不過也因為他們兩人重視軟體的程度遠高過硬體，即便他們毫不意外能寫出優秀的程式，把交通狀況列印成報表，但是卻始終無法讓硬體設備穩定運作，尤其是用來讀取交通流量資訊的磁帶機。好不容易有一天，他們以為機器總算恢復正常，因此邀請西雅圖工程部的官員到蓋茲家裡進行簡報排練。當大家都在客廳就坐後，不曉得是不是硬體之神天上有知，磁帶機在這個關頭又故障連連，蓋茲急著去拜託母親，「媽，妳來作證啦，告訴他這台機器昨晚真的跑得很順！」

永不認輸的蓋茲

1973 年的春天是蓋茲中學生涯的最後一學期，此時他和艾倫都收到邦威電力管理局（Bonneville Power Administration）的聘書。邦威電力管理局在全國遍尋熟悉 PDP-10 主機的高手，幫忙撰寫電網管理的系統程式，蓋茲在父母親的陪同下前往拜會湖濱中學校長，雙方都同意這份工作比蓋茲在最後一學期繼續留在學校上課，更具有教育意義，艾倫也認為這份工作會比華盛頓州立大學的課程學到更多東西；「這個工作機會不但可以讓我們再次攜手對戰 PDP-10 主

機，而且有薪水可以領！」他們迫不及待跳進蓋茲那輛紅色野馬敞篷車，一路從西雅圖往南開兩百六十公里，不到兩小時就到達邦威電力管理局的控制中心完成報到，然後在附近廉價公寓租屋棲身。

工作地點在哥倫比亞河流經波特蘭的地下掩體裡。「他們龐大的控制中心，比我在電視上看到的都還要先進，」蓋茲說。有時候他們必須窩在地底下連續寫程式超過十二小時，艾倫爆料：「蓋茲發覺精神不濟時，會抓起一罐橘子口味的糖晶粉倒在手上直接舔，用高濃度糖粉保持清醒。那年夏天，蓋茲的手掌慢慢變成了橘色。」有時候在經過兩天累死人的工作後，套用蓋茲的用詞，他們會進入「睡死」狀態，在接下來十八個小時完全不省人事。「後來我們開始比賽，看誰能在掩體裡面待得久，」蓋茲爆料：「比方說是連續三天這樣。其他工作時間比較規律的同僚會對我們說：『回去洗個澡吧！』但是我們硬是要撐在那邊寫程式。」

蓋茲偶爾會從河岸邊的小碼頭出發，玩玩極限滑水，享受從跳台一躍而下的快感，放鬆一下，然後再回到掩體卯起來寫程式。他和艾倫在這段期間相處得很融洽，但下棋的時候例外。艾倫中規中矩的棋路通常會贏過蓋茲賭博式的玩法。「有一天我打敗蓋茲，他竟氣到翻桌，把整盤棋子掃到地上，」艾倫說：「之後相同情況又發生了幾次，我們就不再對弈了。」

蓋茲在高中最後一年時只申請三所大學（哈佛、耶魯、普林斯頓），而且還針對每一所大學提出不同的申請訴求。「上天注定我是出生來讀大學的！」蓋茲誇耀著說，因為他非常清楚自己擁有高人一等的才華。對於耶魯，蓋茲描述自己可望成為政壇新秀，還特別強調他之前曾經在暑假花一個月的時間於國會實習；對於普林斯

頓，他只集中火力陳述自己多渴望成為電腦工程師。至於哈佛，蓋茲著重在表現自己對於數學有多著迷。他也曾經考慮過麻省理工學院，但是卻在最後一刻選擇去打彈珠台而不是去面試。這三所大學後來都錄取了蓋茲，蓋茲最後選擇去哈佛就讀。

「嘿，兄弟，」艾倫事先提醒蓋茲：「你去哈佛，一定會碰到數學比你還好的天才。」

「不可能，」蓋茲反駁：「不可能發生這種事！」

「走著瞧就知道了，」艾倫淡淡的說。

蓋茲在哈佛

蓋茲註冊後，校方詢問他想找哪一類型的室友，他說希望能和一位非裔美籍和一位國際學生當室友，校方安排他到大一新生專屬的維葛斯沃斯樓（Wigglesworth Hall），兩位室友分別是來自蒙特婁貧窮猶太難民營、熱愛科學的齊奈默（Sam Znaimer），和來自查塔努加的黑人學生簡金斯（Jim Jenkins）。齊奈默之前從未見過任何家境優渥的盎格魯薩克遜白人新教徒，他發現蓋茲非常友善，但是讀書習慣卻古怪得可以。「蓋茲習慣一口氣連續讀 36 小時或是再多一點時間，接著昏睡 10 小時左右，然後外出吃披薩，回來後再重複這個循環，即使回來的時間是半夜三點，他也不會調整這樣的作息。」他很佩服蓋茲可以花好幾個晚上，為委託案「交通數據」埋首於聯邦政府與州政府的報稅表單，他也注意到蓋茲全神貫注的時候會左搖右晃。蓋茲有時候會死纏爛打攀著齊奈默，一起去宿舍交誼廳玩雅達利公司經典的電動玩具「乓」，或是去校園內的電腦實驗室玩「太空大戰」。

哈佛校園內的電腦實驗室以艾肯（見第 70 頁）之名命名。得力

於霍普的協助，艾肯在第二次世界大戰期間發明了馬克一號電腦。艾肯電腦實驗室裡有一台蓋茲最慣用的電腦：迪吉多生產的 PDP-10 主機。這台主機原本是要運往越南的軍事設備，不過最後改運到哈佛大學，協助執行此地由國防部資助的研究計畫。為了避免引發校園內的反戰示威，這台主機在 1969 年某個星期天早晨，低調異常的運進艾肯電腦實驗室裡。雖然這台主機的運作經費來自國防部先進研究計畫署（DARPA），但是在刻意避免張揚的考量下，甚至沒有用白紙黑字寫下使用規定，也沒限制哪些人具有使用資格。艾肯電腦實驗室還有另一台 PDP-1 主機用來玩「太空大戰」，蓋茲大一做的電腦專題，就是用這兩台主機連線寫出的棒球遊戲，他描述專題內容說：「主程式都放在 PDP-10 主機上，再把所需資料傳到 PDP-1 主機。那時候我使用的是和『太空大戰』一樣的繪線顯示（line-drawing display）技術，現在已經看不到了。」

為了完成這個專題，蓋茲熬夜寫演算法，計算棒球反彈的力道以及野手處理來球的角度。「蓋茲大一做的電腦專題不是要拿去賣的，」齊奈默回憶：「他會這麼拚命，絕大部分原因還是來自於對電腦的熱情。」當時負責管理艾肯電腦實驗室的是齊特曼（Thomas Cheatman）教授，他對蓋茲完全愛恨交加：「蓋茲毫無疑問是異常優秀的電腦程式高手，」但也不折不扣是「難搞的麻煩人物」、「惹人厭的傢伙……他會有意無意貶低其他人，跟這種人相處通常不會有什麼愉快的回憶。」

艾倫曾經提醒過蓋茲人外有人的道理，這句話很快就應驗了。住在蓋茲宿舍樓上另一位大一新鮮人，數理邏輯比蓋茲還好，他是來自於巴爾的摩的布萊特曼（Andy Braiterman）。他們兩人有時會一起窩在布萊特曼的寢室一整晚，邊吃披薩邊拿數學難題較勁。

「他非常認真，」布萊特曼回憶起蓋茲還是一個「滔滔不絕的雄辯家」，尤其是當他極力主張不久的將來，每個人都會擁有一台家用電腦來儲存書籍或其他資料的時候。隔年，蓋茲和布萊特曼就成為室友了。

後來蓋茲主修應用數學而不是純數學，還在應用數學領域留下一筆貢獻。在電腦科學家路易士（Harry Lewis）主講的課堂上，教授問學生一個經典的問題：

餐廳大廚生性散漫，做出來的薄煎餅總是大小不一，所以在送餐給客人的過程中，我都要先把薄煎餅重新排列整齊（依照由小到大、一路往下的順序排好），由上往下選定幾片薄煎餅後，用麵包鏟把這一整疊薄煎餅一次翻過去，重複這個過程直到完工。假設這一盤裡面有 n 張薄煎餅，我最多需要翻動多少次，才能確保整盤薄煎餅排列整齊？（這是以 n 為自變數、f(n) 為應變數的函數問題。）

這個數學題目可以透過簡潔的演算法找出答案，這也是許多程式設計師的專長。路易士教授回憶當時的上課過程說：「我對班上學生提出這個問題後就繼續講解其他東西。一、兩天之後，一位聰明的大二生走進我的辦公室，說他找到一種最多只需要翻動 $\frac{5}{3}$ *n 次的演算法。」換句話說，根據蓋茲的方法，每片薄煎餅最多只需要翻動 5/3 次就行了；「這個演算法包含用複雜的情境分析，先判斷最頂端的幾張薄煎餅如何排列，真的是非常巧妙的解法。」這堂課的助教帕帕季米特里烏（Christos Papadimitriou）之後把詳細的演算法寫成學術論文，蓋茲則名列共同作者。

1974 年夏天，正準備升大二的蓋茲收到漢威聯合公司提供的一

個工作機會，他力勸艾倫搬來波士頓代替他出任這個職務，艾倫因此從華盛頓州立大學辦妥休學，千里迢迢一路開著克萊斯勒前往東岸的波士頓，然後換他力勸蓋茲也一起休學，「否則我們就會錯過這一波電腦革命的機會了。」他們一邊吃披薩，一邊幻想自行創辦公司的前景，「如果一切順利，你想我們公司的規模會有多大？」艾倫突然拋出這個問題。「我想應該會有三十五位電腦程式設計師吧，」蓋茲這樣回應。後來在父母親的堅持下，蓋茲繼續留在哈佛讀書。至少現階段如此。

就跟很多創新者一樣，蓋茲也非常叛逆。雖然繼續留在校園，但是他決定缺席所有修習的課程，只出席一些他沒有修的課。蓋茲非常謹慎遵守這條規則。「大二那年，我只挑會跟我修的科目衝堂的課來上，如此一來要執行『蹺課百分百』的計畫就萬無一失了，」蓋茲回想起這段過程時說：「我那時可是徹頭徹尾的拒絕派。」

蓋茲的報復行動還包括卯起來玩撲克牌 —— 高低七張梭哈（Seven Card Stud, high low）。這種撲克牌的輸贏很大，一個晚上就可能高達一千美元。蓋茲是 IQ 遠高於 EQ 的人，所以即使非常善於算牌，但是卻讀不出其他玩家的內心世界。「蓋茲有偏執狂的特質，」布萊特曼說：「他投入一件事情的時候，往往會搞到無法自拔。」有鑑於此，蓋茲預先把支票簿交給艾倫代為保管，以免自己在賭桌上揮霍無度，不過他很快就向艾倫要回支票簿了。「蓋茲在賭桌上學到昂貴的一課，」艾倫說：「他今天晚上贏了三百美元，可能明天會倒輸六百美元。那年秋天蓋茲累積輸了好幾千美元，結果他居然告訴我：『我愈來愈進入狀況了。』」

那一年蓋茲在研究所的經濟課，認識了住在宿舍樓下的學生巴爾默（Steve Ballmer），表面上看起來，他們兩人沒有什麼交集，大

塊頭的巴爾默外向熱情善交際，是校園社團活動的風雲人物，樂於參加社團，也擔任許多社團的幹部。他是編寫、製作音樂劇的快速布丁劇團成員，也用啦啦隊的熱情擔任足球隊的經理，另外還同時兼任校園文學刊物《鼓吹者》（*Advocate*）的發行人，與《哈佛緋紅》（*Harvard Crimson*）學生報的業務經理。這還不算，巴爾默居然加入過搞笑的脫線男俱樂部，而且還把新結識的好朋友蓋茲一起拉成會員。「滿詭異的經歷！」蓋茲評論。讓巴爾默和蓋茲搭上線的原因是：他們兩位都是個性鮮明的人。他們會高聲交談或是針對學業激烈爭辯，兩個人都會習慣性的左搖右晃，然後再一起去看電影。「我們會一起去看『萬花嬉春』、『發條橘子』，就只因為兩部片有共通的主題曲，」蓋茲說：「之後我們變成超級好朋友。」

蓋茲短暫的哈佛生涯在 1974 年 12 月某一天戛然而止，就連大二都沒讀完。那天艾倫帶著封面上印有 Altair 電腦的最新一期《大眾電子學》到宿舍找蓋茲，不停嚷嚷：「我們兩個居然沒跟上這件事。」催促蓋茲必須採取行動了。

Altair電腦上的BASIC程式語言

蓋茲和艾倫開始撰寫軟體，好讓所有業餘電腦玩家能在 Altair 電腦上開發自己的電腦程式。更精確的說，他們打算替使用英特爾 8080 微處理器的 Altair 電腦，寫一套 BASIC 程式語言的編譯器，這將會是第一套從無到有、適用於商用微處理器的高階程式語言，而這會帶動個人電腦軟體產業的發展。

他們兩人直接用標有「交通數據」專案名稱的信籤，寫了一封信給微儀系統，那家位於阿布奎基，名不見經傳卻生產出 Altair 電腦的公司。信中宣稱他們已經開發出，可以在英特爾 8080 微處理器上

使用的 BASIC 編譯器;「我們想透過貴公司,把這套軟體賣給所有業餘的電腦玩家。」這有點虛張聲勢,因為當時他們手邊根本沒有這樣的軟體,但只要微儀有興趣,他們確信一定可以火速完成軟體開發。

微儀沒有回信,他們決定直接打電話聯絡。蓋茲認為應該由艾倫出面講電話,因為他的年紀比較大,艾倫反駁說:「不對,應該是你來講,這一方面你比我專業多了。」最後他們達成協議:蓋茲透過電話和微儀交涉,盡量掩飾自己尖銳的聲音,並自稱是艾倫,因為如果談判順利,接下來還是要由艾倫飛往阿布奎基一趟。「我刻意讓鬍子留長一點,起碼讓自己看起來更像成年人;蓋茲就不用想了,他當時就算說自己是中學生,也不會有人懷疑,」艾倫回憶。

當羅伯茲不耐煩的聲音從電話那頭傳來,蓋茲刻意壓低聲調說:「我是來自波士頓的艾倫,我們剛剛完成一套適用於貴公司 Altair 電腦的 BASIC 程式語言,希望能有機會登門拜訪,讓您親眼瞧瞧這套軟體的威力。」羅伯茲淡淡的說,類似的電話他已經接到很多通了,總之,第一個能把成品帶去他辦公室展示的人,就可以贏得合約。蓋茲掛上電話、轉身對艾倫高興得大叫:「老天爺!我們得趕快把程式寫出來!」

受限於沒有現成的 Altair 電腦可用,艾倫只好在哈佛艾肯電腦實驗室的 PDP-10 主機上進行模擬,重複之前執行「交通數據」專案時的把戲。他們也買了一本英特爾 8080 微處理器的技術手冊,幾星期後,艾倫不但成功完成了模擬器,還把相關的開發工具都準備好了。

這時候蓋茲已經開始起跑,用紙、筆全心投入開發 BASIC 的編譯器,等到艾倫完成模擬器,蓋茲已經完成編譯器的架構和一定程度的程式碼了。「我還記得那時候他會有很長一段時間,時而來回

踱步，時而左搖右晃，然後直接用紙筆草草寫下腦海中的想法，雙手沾滿五顏六色的筆跡，」艾倫說：「等到我完成模擬器，可以讓他上線使用 PDP-10 主機時，蓋茲就坐在終端機前猛盯著筆記本，繼續左搖右晃，然後用他專有的手勢一口氣輸入一連串程式碼，然後再來一次。每一次動工都可以看見他坐在電腦前面好幾個小時。」

有天晚上他們在蓋茲的宿舍吃晚餐，同桌的還有其他數學怪傑，兩人開始抱怨浮點運算的次常式多麼乏味，但要有它，電腦才可以處理非常大或是非常小的數值，也可以處理小數點表示的科學記號。*此時一位來自密爾瓦基，名叫大衛杜夫（Monte Davidoff）的捲髮男孩大聲說：「我已經寫好一堆浮點運算的次常式了。」這應該是在哈佛這所臥虎藏龍的大學就讀的好處之一。蓋茲和艾倫連忙邀請大衛杜夫一同用餐，提出許多問題考驗他的能耐，了解他如何處理浮點運算的次常式。兩人對大衛杜夫的回答相當滿意，就把大衛杜夫帶回蓋茲的寢室，直接協商用 400 美元的代價買下他的成果。大衛杜夫也因此成為這個團隊的第三位成員，日後獲得的回報遠遠超過 400 美元。

蓋茲不僅廢寢忘食，原本應該多少準備一下、應付考試的，也直接放棄，就連撲克也不玩了。蓋茲、艾倫、大衛杜夫三人連續八個星期，不捨晝夜待在哈佛大學的艾肯電腦實驗室，利用美國國防部資助的 PDP-10 主機開創歷史，期間只會短暫外出到校園內的披薩店，或是波里尼西亞餐廳 Aku Aku 用餐。有時候蓋茲難免會在接近凌晨時昏昏欲睡。「有時他程式打到一半，會突然體力不支，身體前傾、鼻子貼在鍵盤上，」艾倫說：「但小睡一、兩個小時後，他一醒來會試著瞇著眼在螢幕上搜尋，眨一下眼睛後，竟能準確接上先前未完成的那一行，我從來沒看過有人可以專心一志到這個程度。」

有時候他們會以競賽為樂，把寫在筆記本上的資料塗掉，比比看誰能用最少行寫完一個次常式。「我只用了九行！」其中一人高聲叫出來。「拜託，我才用五行！」另一人就會這樣不屑的回應。「因為我們知道，在編譯程式裡省下的任何一個位元組，將來都可以留給其他的應用程式使用。」他們的目標是把程式限縮在 4K 的記憶體範圍內，這是 Altair 電腦升級機種的硬體規格，這樣的話，就能保留相當程度的記憶體給使用者（現在一支 16GB 規格的智慧型手機，等於擁有 400 萬倍於當時的記憶體容量）。一到晚上，他們就會把程式列印出來，檢視有無其他方式可以讓編譯器的程式變得更精簡、優雅，以提高執行效能。

經過八星期密集的程式撰寫後，他們終於在 1975 年 2 月漂亮的完成任務，總容量只有 3.2K。「對我而言，能不能完成編譯器根本不是問題，問題在於有沒有辦法把程式控制在 4K 之內，而且還要具有優越的執行效能，」蓋茲說：「這是我寫過最了不起的程式了。」蓋茲在最後一次檢查電腦程式沒有錯誤後，就讓艾肯電腦實驗室的 PDP-10 主機把內容統統打孔在一串長條紙帶上，讓艾倫帶著上飛機，一路飛往阿布奎基。

就在飛機開始降低高度時，艾倫才突然想到忘了寫載入器，就是用連串指令告訴 Altair 電腦，如何把記憶體配置給 BASIC 編譯器的程式。就在飛機快要降落的時候，艾倫隨手在筆記本上用英特爾微處理器使用的機械語言寫了二十一行指令，每一行都是三位數的八進位數字。艾倫走出航站時滿頭大汗，穿著仿麂皮的黃褐色西裝，四處張望尋找羅伯茲在哪邊，好不容易才在一輛皮卡車（pickup truck）內看見身穿牛仔褲、繫著窄領帶，體重接近一百四十公斤的

---

* 沃茲尼克（Steve Wozniak）就是因為懶得替 Apple II 寫這個複雜又棘手的次常式，使得蘋果電腦日後不得不找上蓋茲和艾倫購買 BASIC 授權。

羅伯茲。「我原本預期會見到一位派頭十足，掌握尖端技術創新公司的企業主管，一如聚集在波士頓高科技廊帶 128 號公路的創業家一樣，」艾倫說。

微儀全球總部的樣貌也完全出乎艾倫意料之外，它位在租金低廉的商店街中，而且唯一一台記憶體容量足夠執行 BASIC 編譯器的 Altair 電腦還在檢測中，所以他們只好多等一天再進行實機測試，接著一行人驅車前往「一家名叫『Pancho's』的墨西哥餐廳，算人頭的，只要付 3 美元就可以吃到飽；不過呢，一分錢，一分貨，」艾倫說。然後羅伯茲開車載艾倫到當地的喜來登飯店投宿，櫃台服務人員告訴艾倫，房價至少 50 美元，這比他身上所有現金還貴上 10 美元，艾倫對羅伯茲投以尷尬的眼神，爽快的羅伯茲就替他付了住宿費用。「我想，我也不是他預期會看到的吧！」艾倫不禁笑了起來。

隔天早上回到微儀的辦公室，好戲要登場了。結果一開始就先花了將近十分鐘，才讓 Altair 電腦載入他和蓋茲一起完成的 BASIC 編譯器程式碼，羅伯茲和微儀的同仁對望了一眼，眼神中流露出些許輕蔑，心想這場秀大概要悲劇收場了。不過電傳打字機接著像活過來似的發出聲響，提出一個問題：「記憶體容量？」「天啊！電腦自己也會打字！」一位微儀的員工忍不住驚呼。就連艾倫也有點興奮到不知所措，然後他打字回應電腦：「7168。」隨後 Altair 電腦回應：「OK ！」艾倫接著輸入：「印出 2+2。」別小看這個簡單至極的指令，這則指令不但能測試蓋茲的編譯器管不管用，也能同時測試大衛杜夫的浮點運算數學次常式靈不靈光。Altair 電腦回應：「4。」

直到 Altair 電腦正確回答問題之前，羅伯茲一直沉默不語。他

因為自己一句狂放不羈的預言，認為可以開發出讓業餘電腦玩家買得起也用得上的家用電腦，結果使得瀕臨破產的微儀又背上更多負債。現在，他看著歷史新頁即將翻開：有史以來第一次可以在家用電腦上執行軟體。原本不發一語的他終於也脫口而出：「我沒看錯吧？電腦的答案是 4 ！」

羅伯茲連忙把艾倫帶進自己的辦公室進行後續協商，同意授權讓所有 Altair 電腦都安裝 BASIC 編譯器。「我實在無法不露出志得意滿的笑容，」艾倫坦承。艾倫回到波士頓劍橋，帶著一台運作良好的 Altair 電腦去蓋茲的宿舍安裝，然後兩人一起外出慶祝，蓋茲照例點了他最愛的飲料：秀蘭鄧波兒雞尾酒，以薑汁汽水再搭配一點櫻桃汁調配而成。

一個月之後，羅伯茲提供艾倫一個前往微儀工作的機會，擔任軟體主任。漢威聯合公司的同事不敢相信艾倫居然會考慮換工作。「漢威聯合公司的工作很穩定，」他們說：「你可以在這邊放心待上好幾年。」但是想要帶動電腦革命的人，考慮的要件並不是工作穩定。因此在 1975 年春天，艾倫就搬到阿布奎基，一個他才剛弄清楚不是在亞利桑納州的城市。

蓋茲決定繼續留在哈佛，起碼現階段先按兵不動。這段期間演變到最後，就像是忍受成年禮的考驗一樣，許多哈佛最優秀的學生都曾經歷過，但只有在事後回顧時才會覺得有趣：被帶到校方神祕兮兮的行政委員會接受懲戒，十足殺雞儆猴的意味 —— 行政委員會（Administrative Board）因此遭戲謔縮寫成廣告看板（Ad Boarded）。蓋茲受關注的原因，是國防部派人到哈佛校園內的艾肯電腦實驗室，督察資助的 PDP-10 主機使用狀況，審計人員發現最常使用這台主機的是一位大二學生，也就是蓋茲。被查到心煩意願的蓋茲寫了

報告進行抗辯，強調自己是以 PDP-10 為模擬器，來開發一款 BASIC 程式語言。後來調查人員接受蓋茲提出的說明，不再追究，但是他仍舊被「告誡」不可以讓校外人士，也就是艾倫，使用他的帳號登錄。最後蓋茲受到情節較輕微的懲處，並且同意公開較早完成的 BASIC 編譯器版本（不是他和艾倫反覆修訂，之後在 Altair 實機測試的版本）。

那時候，蓋茲花在與艾倫合作的軟體事業上的時間，遠遠超出哈佛的課業。1975 年春天完成大二課程後，蓋茲飛到了阿布奎基渡過夏天，隨後決定在當地安營下寨，不再回到哈佛繼續大三課程。1976 年春、秋兩季，蓋茲又回到校園完成兩個學期的課程，然後就正式離開哈佛，只差最後兩學期就能拿到學士學位。2007 年 6 月，蓋茲回到母校接受榮譽學位並發表演講，一開場就先對坐在台下的父親喊話：「這句話我等了三十年才有機會說，『老爸，我不是早就跟你說過，總有一天我會回哈佛拿到學位。』」

「微」電腦使用的「軟」體

直到 1975 年夏天蓋茲飛去阿布奎基之前，他和艾倫提供 BASIC 軟體給羅伯茲 Altair 電腦的合作關係，只建立在互信基礎上。蓋茲堅持要用正式合約規範彼此的權利與義務，經過多次磋商，最終協議授權微儀使用 BASIC 十年，每一台搭載軟體的 Altiar 電腦收取 30 美元權利金。蓋茲在這份合約上爭取到兩項非常重要的規定，深深影響之後電腦發展的走向。一、他堅持軟體所有權歸自己和艾倫所有，微儀只是授權對象；二、他要求微儀必須「用盡一切努力」把相關軟體轉授權給其他電腦製造商，收益與蓋茲、艾倫兩人拆帳。這兩項規定成為六年後蓋茲和 IBM 協議所參考的前例。「因為我們

的軟體可以在很多不同的電腦機型上使用，」蓋茲說：「所以是我們掌握了定義市場的權力，而不是硬體業者。」

現在該是替公司命名的時候了。他們考慮過好幾個名稱，像是因為看起來太像法律事務所而剔除的「艾倫與蓋茲」，最後他們挑了一個看起來不是那麼新潮，但是卻足以說明他們替微電腦寫軟體的事業主軸，並把公司名稱「微電腦軟體」（Micro-Soft）用在跟微儀協商完成的最終版合約上。他們在正式合約中寫下：「艾倫與蓋茲以微電腦軟體公司之名做生意。」同時也把當時唯一的產品標示為：「微電腦軟體 BASIC：由蓋茲撰寫執行程式，艾倫負責其他附屬程式，數學套件則由大衛杜夫提供」。幾年之後，微電腦軟體這幾個字就直接簡化成「微軟」（Microsoft）了。

阿布奎基 66 號公路上的晚酌汽車旅館（Sundowner Motel）花名遠播，這樣的環境比較適合娼妓而不是電腦程式設計師，蓋茲和艾倫在此地短暫棲身後，搬進附有家具的廉價公寓，找來因浮點運算次常式而聲名大噪的大衛杜夫，再加上一位湖濱中學的年輕學生拉森（Chris Larson）住在一起，把這間公寓改得猶如兄弟會的聚會場所，然後就在這個地方以科技新貴的身分勇闖業界。艾倫傍晚時分會拿出電吉他演奏史密斯飛船和吉米·罕醉克斯的曲子，不甘示弱的蓋茲則會高聲唱出法蘭克·辛納屈的〈My Way〉反制。

他們當中以蓋茲最具備創新者的人格特質，他自己說過：「創新者可能會很瘋狂，沉醉在自己所做的事情中，不分日夜的工作，有可能因此多少忽略掉何謂常態，因此被認為是怪胎。無疑，大概從十幾歲到二十幾歲這個階段開始，我就很符合上述的描述。」蓋茲工作起來就像是在哈佛用功讀書時那樣，高速前進直達 36 小時之久，然後就在辦公室地板打地鋪小睡片刻，艾倫曾說：「蓋茲的人生

也一樣是二進位，要嘛靠著一打可樂精力充沛的勇往直前，要嘛就是直接關機與世隔絕。」

　　蓋茲當然也是不甩權威的反叛型人物，這是另一項創新者的人格特質。以羅伯茲為例，擔任過空軍軍官的他在家裡還會讓五個孩子叫他「長官」，在他眼中的蓋茲根本就是毛躁的小伙子。「說老實話，他根本就是被寵壞的小屁孩，這一點還滿令人傷腦筋的，」羅伯茲多年後曾經這樣評價蓋茲。不過，事情也沒有表面上那麼簡單，蓋茲不但用心工作，也靠著微薄的收入過著節儉的日子，只是他確實不吃長幼有序這一套。瘦骨如柴的他面對身高接近兩米的壯漢羅伯茲，一樣可以針鋒相對吵到面紅耳赤，艾倫還記得：「他們兩人彼此吼叫的聲音可以穿越地球，場面相當震撼。」

　　艾倫原本認定自己和蓋茲的合夥關係應該是對半分。他們長期以來都合作無間，爭執誰該多拿一點似乎很沒意義，不過自高中時期承接薪資管理程式鬧過不愉快開始，蓋茲就一直掌握主導權。「我認為把收入跟你對半分不太公平，」蓋茲說：「想想看，你在微儀領有薪水，我一個人在波士頓孤軍奮戰，再說，整套 BASIC 程式幾乎都是我寫的，所以我應該多分一些。依我看，就六四分帳吧。」不論蓋茲的論點對或不對，他的天性就是會這樣錙銖必較，而艾倫則恰恰相反，隨遇而安，所以儘管有點被嚇到，但是艾倫還是同意了。這還不算，蓋茲兩年後再次調整分帳比率。「BASIC 幾乎是我寫的也就罷了，放棄哈佛的學位代價可不小，」有一次兩人外出散步時，蓋茲開口：「我想我應該有資格拿得比六成還多。」這一次，蓋茲要求的分配比率是 64：36。艾倫這下火了。「這就是自由派家庭長大的孩子跟律師家庭長大的孩子之間的明顯差異，」他事後說：「從小父母親就教我，說好的事情就是說好了，不能食言，但

是蓋茲可就彈性多了。」所以再一次，艾倫又接受了蓋茲的提議。

在此幫蓋茲說些公道話。蓋茲當時真的是獨力維持新創公司營運的人，所謂維持營運不只是完成一大堆程式而已，還同時包括行銷推廣，四處打電話拉業務。雖然艾倫會和他一起商討產品策略等問題好幾個小時，但是最終拍板定案，決定要在 Fortran、BASIC、COBOL 之間開發哪個版本的人還是蓋茲。此外，也還是蓋茲出面去和硬體廠商談判，而且與硬體業者談判的蓋茲，比起和艾倫協商的蓋茲更是難搞。在這些日常營運項目之外，就連人事管理，從聘用、解雇到斥責員工表現不力等扮黑臉的工作，都由蓋茲一手包辦，艾倫根本做不來。蓋茲也是憑真本事才有資格訓斥員工：在辦公室比賽誰能用最精簡的方式寫完電腦程式時，贏家往往是蓋茲。

艾倫有時候上班會遲到，而且一直認為應該準時下班回家用餐，但是圍繞著蓋茲所建立的精銳部隊可不這麼做。「我們這一群是很硬斗的，」蓋茲說：「這一小群人跟我都會工作到很晚，直到半夜。我自己有時候甚至會整晚熬夜然後就睡在辦公室，早上如果有會議，祕書會叫我起來參加。」

做為天生的冒險家，蓋茲有時會在晚上擺開一切，開快車一路衝上山頂的廢棄水泥工廠。「有時候我不是很懂，蓋茲幹嘛老是愛開快車，」艾倫表示：「我想這是他獨特的抒壓方式吧。面對工作上的種種不順遂，他需要暫時擱下經營企業或撰寫程式的紛亂思緒。他那公路狂徒的開車方式，其實就跟早年跑去賭撲克牌或是搏命式的滑水一樣。」身價扶搖直上後，蓋茲曾經大手筆買下一輛綠色的保時捷 911 跑車，在三更半夜開著它上高速公路疾速狂飆。有一次蓋茲還向汽車經銷商抱怨，這輛車的極速明明寫著時速 200 公里，為什麼他最多就只能衝到時速 195 公里；還有一次他晚上飆車

超速被逮，還跟警察爭論為什麼要帶駕照，隨後就被押進看守所。警方讓他用電話聯絡艾倫時，他只說：「我被捕了。」雖然蓋茲幾小時後就獲得交保，但是那天晚上在警察局留下的大頭照，卻足以成為他怪胎生涯的一個難忘標誌。

蓋茲的努力獲得了回報，他讓微軟團隊可以在不可思議的交件日期前完工，每次上市的新產品都能贏過競爭對手，產品價格的競爭力更是讓電腦製造商完全提不起興趣寫自己的專用軟體。

軟體也要收費？

蓋茲在 1975 年 6 月抵達阿布奎基，羅伯茲也決定在此時用嘉年華巡迴演出的方式展售 Altair 電腦，希望能讓更多人知道 Altair 電腦的神奇功能，同時在全美各地組織電腦同好俱樂部。羅伯茲找來一輛道奇生產的野營車，命名為「微儀行動者」（MITS Mobile），隨後上路往全美共六十座城鎮展開旅程，宣傳路線從加州海岸一直延伸到美國東南角，行經的熱門地點包括小岩城、巴頓魯治、梅肯、亨茨維爾、諾克斯維爾等。

蓋茲參與了一部分旅程，他發現這真是精明的行銷策略。「羅伯茲他們買來這輛藍色大型野營車，然後全國跑透透，有計畫的在選定地區建立同好俱樂部，」蓋茲佩服的說。他在德州加入旅程，艾倫則是在阿拉巴馬州搭上巡迴列車。在亨茨維爾這一站，總共有六十位嬉皮業餘電腦玩家和理著平頭的工程師一起來到假日酒店參觀。這場電腦秀的入場費高達 10 美元，是當時電影票價的四倍。羅伯茲規劃的展示時間長達三小時，最後以登陸月球的電動玩具劃下尾聲，難以置信的觀眾紛紛探頭到展示桌下，檢查到底有沒有跟偷藏起來的大型迷你電腦連線。「等到他們確定眼前一切都是真的的

時候，」艾倫還記得：「工程師高興得快昏了過去。」

　　他們在 6 月 5 日這天來到帕洛奧圖的瑞琪凱悅之家飯店，微軟的 BASIC 就在這一站和一群業餘電腦玩家展開宿命的邂逅，其中包括不少剛成立的家釀電腦俱樂部成員。家釀電腦俱樂部之後在通訊報上記載：「展示廳裡擠滿愛試用新產品的業餘玩家，急著要看這台新的電子玩具會有什麼驚人之舉。」人群當中也有一部分急著想要實踐駭客教條的成員：軟體應該是免費的。帕洛奧圖的風土民情與阿布奎基重視創業的態度大不相同，家釀電腦俱樂部延續了當地 1970 年代早期各種非主流浪潮的特色，受到相關的社會、文化背景影響，也就不足為奇了。

　　許多去參觀微儀行動者展示會的家釀電腦俱樂部成員，都有自己組裝的 Altair 電腦，他們迫不及待想要全方面了解，蓋茲和艾倫開發的 BASIC 到底是什麼玩意兒。這些人當中，有的已經直接花錢找微儀購買，所以當他們看到展示中的 Altair 電腦執行各種電腦程式時，莫不興奮得手舞足蹈。其中一位名叫索克爾（Dan Sokol）的成員奉行駭客教條，逕自「借用」輸入 BASIC 程式的打孔紙帶，設法用迪吉多的 PDP-11 主機複製了幾份，因此家釀電腦俱樂部在下一次聚會時，就把數十份 BASIC 程式帶放在紙箱中，供成員隨意取用，[*] 唯一要遵守的規定是：記得再做幾份補回來。「除了要補回自己拿走的，帶回來的份數也要比拿走的多，」費爾森斯坦笑著說。「記得多帶幾份回來」也是費爾森斯坦留在共享軟體上的簽名檔。在這

---

[*] 沃茲尼克（Steve Wozniak）在看過本書的線上草稿後，表示拷貝既困難又耗時，因此索克爾只來得及拷貝 8 份。不過馬可夫在《PC迷幻紀事》中報導過這起事件，他告訴我（以及費爾森斯坦、沃茲尼克），索克爾在接受專訪時指出，當時他使用PDP-11和一台高速讀卡機，再加上他每天晚上都在拷貝，因此估計自己總共複製了約75份。

一連串事件的鋪陳之下，微軟的 BASIC 程式就被免費流傳了。

這當然令蓋茲火冒三丈，他情緒激動，隨即寫了一封公開信，完全展現當時才十九歲的他如何看待此事，同時也點燃了個人電腦年代智慧財產權保護相關爭議的第一槍：

致業餘電腦玩家的一封公開信……

大約一年以前，艾倫和我本人預測個人電腦市場將逐漸擴大，因此我們聘請大衛杜夫協助開發 Altair 電腦所搭載的 BASIC 軟體，雖然第一版的軟體只花了我們兩個月左右的時間，但是我們三人去年大多數時間，都投注在撰寫使用手冊和改良 BASIC 軟體功能的工作上。現在，我們已經陸續完成 4K 記憶體、8K 記憶體、延伸記憶體、唯讀記憶體等適用於不同規格的版本，甚至還有磁片版。我們使用的電腦時段，已經超過了四萬美元。

我們從成千上萬 BASIC 使用者那邊得到的都是正面回饋，不過我們也注意到兩件不尋常的事情：一、大多數所謂的「使用者」根本沒花錢買 BASIC（擁有 Altair 電腦的人當中，不到一成有花錢買 BASIC）；二、從業餘電腦玩家實際購買所收取到的權利金加以換算，當初我們開發 Altair BASIC 的價值低到每小時不及 2 美元。

為什麼會這樣呢？業餘電腦玩家應該要知道一件事，你們之中絕大多數人使用的軟體根本是剽竊來的。你們知道買硬體要花錢，但是卻認為軟體可以免費分享，誰會在乎努力開發軟體的人有沒有得到報酬？

這樣公平嗎？盜用軟體的壞處之一，就是使用過程中遭遇麻煩的時候，你們也不能回過頭要求微儀提供服務……此外，你們這種

行徑反而會讓將來投入開發優良軟體的人愈來愈少。在商言商，有誰願意永遠這樣勞而不獲呢？有哪些業餘電腦玩家願意投入三個人一整年的工作，去編輯程式、挑出錯誤、撰寫手冊，最後再把這些成果免費送給大家？具體事實是，除了我們三個以外根本不曾有任何人，為業餘電腦玩家能上手的電腦軟體投入那麼多金錢。我們已經完成了 6800 BASIC，正在著手進行的是 8080 APL 和 6800 APL，但是我們把這些軟體提供給業餘電腦玩家的誘因愈來愈小。因為，坦白講，你們的所作所為根本就是偷竊……

如果有任何人看完這封信後願意付費，或是願意提供我們產品改進的建議，我在此先致上十二萬分的感謝。來信請寄到新墨西哥州阿布奎基的微軟辦公室，1180 Alvarado Se, #114。若有能力聘請十位程式設計師，讓業餘電腦玩家的市場充滿好的軟體，就是我最高興的事了。

比爾・蓋茲
微軟共同創辦合夥人

這封公開信透過家釀電腦俱樂部的通訊報、Altair 電腦用戶群專屬的《電腦筆記》（*Computer Notes*）、《人民電腦公司》雜誌等多個管道發送，招致各界交相指責。「我那時候被罵翻了！」蓋茲坦承。在寄到微軟辦公室的三百多封信裡，只有五位寄件人補上購買軟體的支票，其他大多數業餘電腦玩家都在信裡極力挖苦、嘲諷蓋茲。

基本上，蓋茲說的沒錯，開發軟體的價值並不遜於開發硬體，軟體工程師也應得到報酬，如果沒有收益的話，不會有人投身撰寫

軟體。蓋茲挺身對抗「可以拷貝的都應該免費」這則駭客教條,其實為軟體開發這個新產業奠定了發展基礎。

雖然這封信彰顯了「雖千萬人吾往矣」的勇氣,但是話說回來,蓋茲自己也是竊用電腦主機使用時段的慣犯,從湖濱中學八年級開始一直到就讀哈佛大學二年級的期間,他不斷擅自更動密碼修改帳戶設定。雖然他在公開信宣稱自己和艾倫為了撰寫 BASIC 所使用的電腦時段,價值超過四萬美元,但是他卻沒提到自己幾乎沒真正付過這筆錢,而且其中大部分使用的是哈佛校園內那台國防部的主機,由全美國的納稅人支付所有費用。其中一份業餘電腦玩家通訊的編輯就指出:「在業餘電腦玩家界有耳語流傳,影射蓋茲公開信裡提到的 BASIC 軟體開發,其實是在哈佛大學電腦實驗室完成的;也就是說,其中包含了部分來自於政府的經費。現在蓋茲就這樣把成果拿出來販售,是否違法就暫且不表,但請問當中的所有權到底該如何界定?」

另外還有一件事,雖然蓋茲在當時完全無法接受,但是就長期來看,盜版的微軟 BASIC 廣泛流傳,其實是拉了這家剛成立的公司一把。由於微軟的 BASIC 流傳得實在太快了,反而因此成為業界標準,促使其他電腦製造商也不得不被迫跟進、取得授權。比方說,當美國國家半導體公司開發出新款的微處理器後,考量到市面上所有人都在用 BASIC,他們也只好把 BASIC 視為產品標準配備,並向微軟取得授權。「其實根本是我們把微軟推上業界標準的寶座,」費爾森斯坦表示:「想不到對方居然反咬一口,說我們這樣做是竊盜行為。」

蓋茲和艾倫在 1978 年底把公司從阿布奎基遷回西雅圖,搬家之前,公司十二位員工中有一位贏得在阿布奎基一家攝影工作室免費

拍照的優惠，這群人就留下了一張珍貴的歷史畫面，艾倫和其他多數人看起來就像是嬉皮社群來的難民，前面坐著的蓋茲看起來像是童子軍。開車沿著加州海岸回到西雅圖的路上，蓋茲又收到了三張超速罰單，其中兩張還出自同一位員警之手。

蘋果電腦

家釀電腦俱樂部第一次在法蘭奇家車庫聚會的時候，年輕而不善交際的硬體工程師沃茲尼克（Steve Wozniak）也參與其中，當時已經休學的他在惠普公司的計算機部門上班，工作地點在矽谷一處名為庫比蒂諾的城鎮。一個朋友給他一張宣傳單，上面寫著：「想要組裝你自己的個人電腦嗎？」強大的吸引力讓他鼓起勇氣報名參加。「參加聚會的夜晚，是我人生中最重要的一個夜晚，」沃茲尼克事後宣稱。

沃茲尼克的父親是洛克希德公司的工程師，非常喜歡向人說明電子零件的妙用「我最早的印象之一，是父親在週末帶著我到辦公室，拿出一堆電子零件給我看，還把我跟電子零件一起放在桌上，這樣子我就可以一個一個拿起來玩，」沃茲尼克回憶。沃茲尼克家裡到處散落著電晶體和電阻，只要他開口問：「這是什麼東西？」父親就會從電子、質子到底怎樣運作開始解釋。「父親三不五時會拉出一塊黑板講解，不但對我知無不言，還會用各種圖形輔助說明，」沃茲尼克說：「他會教我怎樣用手中的電子零件做出「或」、「與」之類的邏輯閘 —— 那些零件是二極體和電阻，然後會教我在把一個邏輯閘的輸出訊號連接到另一個邏輯閘做為輸入訊號之前，為何需要用電晶體強化訊號；這個時刻，也就是地球上所有單一數位電子零件之所以能夠開始運作的最基本階段。」沃茲尼克的家庭是非常

鮮明的例子，可以用來說明父母親在幼兒教育階段所能發揮的影響力，尤其是在父母親還知道收音機如何運作，知道怎樣檢測真空管的好壞給孩子看，知道怎樣把燒壞的真空管直接換掉的當時。

沃茲尼克小學二年級時用銅板做了礦石收音機，五年級時為左鄰右舍的玩伴做了一套多人對講機系統，六年級時則做了海利克雷夫特斯（Hallicrafters）短波收音機（他跟父親同時領到火腿族執照），同年稍晚就已經無師自通，學會在電路板上運用布耳代數，設計出一台玩井字棋永遠不會輸的機器。

高中的時候，沃茲尼克開始用電子電路的天分惡作劇。有一次他用一長串電池跟一個節拍器，做成一個像是定時炸彈的東西，校長聽見置物櫃裡傳來「滴答、滴答」的聲響信以為真，連忙把可疑的置物櫃移到操場，疏散全校師生並請來防爆小組拆彈。沃茲尼克惡搞的代價就是被送進看守所蹲一晚。他在看守所教導獄友把天花板吊扇的電線弄下來接在鐵板門上，這樣獄警要來開門時就會被電到。雖然沃茲尼克也寫得一手好程式，但是他打從心裡認定自己是硬體工程師，一點也不像蓋茲那幫文弱的軟體專家。他曾經做過一個類似轉輪盤的設備，要玩的人得把手指頭放在自己挑選的那一格，滾輪啟動後，最後停在哪一格，那一格手指頭的主人就會被電擊一下。「這是搞硬體的人才敢玩的遊戲，搞軟體的都太膽小了！」沃茲尼克表示。

沃茲尼克跟其他人一樣，也頂著嬉皮裝扮擁抱尖端科技，儘管他的生活型態並不完全符合非主流文化的格調。「我會戴上印地安風格的小頭帶，頭髮跟鬍子也都留得很長，」沃茲尼克回想：「如果只看脖子以上，模樣大概跟耶穌差不多，但是從脖子以下，我的衣著就跟一般孩子一樣，是學生模樣的硬體工程師，穿著長褲、有領

襯衫。我還真沒嘗試過嬉皮的奇裝異服。」

　　沃茲尼克有時候會翻閱辦公室那幾台惠普和迪吉多電腦的使用手冊，然後想辦法重新設計，用更少的晶片做出相同規格的產品，純粹為了好玩。「我也不曉得這怎麼會變成我的休閒活動，」他說：「我會把自己關進房間裡東改西改，就像是私下的嗜好一樣。」這種罕見的嗜好用不著呼朋引伴共襄盛舉，所以沃茲尼克也變得愈來愈孤僻，不過他節省晶片的才華讓他在組裝自己的個人電腦時相當得心應手。大多數常見的電腦需要使用上百顆晶片，沃茲尼克只要用二十顆即可。一位住在附近的朋友來幫忙焊接，因為那天他們喝掉太多罐克雷格蒙牌奶油蘇打，所以就把這台省材料的電腦命名為「奶油蘇打電腦」。這台電腦沒有螢幕和鍵盤，必須透過打孔機輸入指令，執行結果會透過電腦前面閃爍的燈泡顯示。

　　這位朋友把沃茲尼克介紹給幾個街區之外、一樣很喜歡玩電子零件的小男孩賈伯斯。賈伯斯比他們兩人小了快五歲，當時還是霍姆史戴德（Homestead）中學的學生，沃茲尼克恰巧是他的學長。賈伯斯會和沃茲尼克坐在人行道旁分享彼此惡作劇的故事、喜歡鮑伯·狄倫的哪首歌、之前做過哪些電子產品等。「每次，要對別人解釋我設計的東西，儘管費盡唇舌，別人還是一頭霧水，但是賈伯斯一聽就知道我在說什麼，」沃茲尼克說：「我很喜歡這個人，他很瘦，但很結實，幹勁十足的樣子。」賈伯斯也同樣對學長印象深刻。「沃茲尼克是我遇到，頭一個在電子方面比我懂得更多的人，」日後引領科技浪潮的賈伯斯說。

　　他們最精采的一次惡作劇跟一種名叫「藍盒子」（Blue Box）的設備有關，也替將來他們合組電腦公司的模式打下基礎。話說1971年秋天的時候，沃茲尼克在《君子》雜誌上看到一篇描述電話飛

客如何用一套設備，發出準確音調瞞過貝爾電話系統，撥打免費長途電話，文章還沒看完，沃茲尼克就急忙打電話聯絡當時剛升霍姆史戴德高年級的賈伯斯，要他也看一看這篇觸動自己某些念頭的文章。那一天是星期天，不過他們有溜進史丹佛大學圖書館的特殊管道，而且認為圖書館裡可能會有《貝爾電話系統技術期刊》—— 依照《君子》雜誌的報導來看，這本期刊羅列了所有訊號音調的頻率。在圖書館藏書架往來搜尋後，沃茲尼克終於找到那本期刊，他說：「我猛顫抖，全身起了雞皮疙瘩，就只差脫口而出『啊哈』兩字而已。」他們隨後開車去森尼韋爾電子材料行購買所需零件回家焊接，然後用賈伯斯為高中作業做的一個計頻器進行測試。可惜賈伯斯當時做的是類比式計頻器，沒辦法發出精確又穩定的訊號。

沃茲尼克知道接下來必須在電路板上用電晶體做一個數位計頻器才行，所以已休學的他在這個秋天意外的重回校園，進行短期進修，到加州大學柏克萊分校就讀。在宿舍裡一位音樂系同學的協助之下，沃茲尼克在感恩節前就完工了。「我之前從沒設計出讓我感到驕傲的電路板，」他說：「我到現在仍覺得那個計頻器很讚。」他們用這個數位計頻器，撥電話到梵諦岡進行測試，沃茲尼克假冒成季辛吉，說自己有要事向教宗報告，鬧了好一會兒，梵諦岡發覺這通來電根本是惡作劇，才沒去叫教宗起床接電話。

沃茲尼克製造了一個精巧的電子玩意，但在有了賈伯斯的協助後，才能更進一步：創業銷售產品。賈伯斯有一天提議說：「嘿，我們來賣這個產品吧。」這個合作模式成為數位年代最具傳奇性的合夥關係之一，足堪媲美微軟的蓋茲和艾倫，還有英特爾的諾宜斯和摩爾，擁有巧妙工藝技術的沃茲尼克負責產品開發，賈伯斯負責後續高質感的包裝與行銷，讓產品賣得高價。「然後我就開始著手

尋找其他適當的零組件，像是機殼、電源供應器、按鍵等，再決定這個產品該如何訂價，」賈伯斯娓娓道來把「藍盒子」商品化的工作；每個藍盒子的零件成本約 40 美元，他們一共生產了一百台，每台售價 150 美元。這個始於惡作劇的商務體驗在一家披薩店戛然而止，因為他們在披薩店裡試圖兜售一台機器時，卻遭人拿槍指著頭洗劫。不過這次的體驗已經為將來新創公司的想法埋下種子。「如果沒有先前開發、銷售藍盒子的經驗，可能現在也不會有蘋果電腦公司吧；」賈伯斯日後說：「這次經驗讓我和沃茲尼克學會該怎樣相輔相成。」沃茲尼克也同意這一點：「這次嘗試的過程，讓我們知道如何把我的工程專長和他的精準眼光結合。」

賈伯斯發揮長才

隔年賈伯斯在里德學院（Reed College）註冊後又休學，接著前往印度朝聖，尋求心靈上的啟發。1974 年秋天回到美國後，賈伯斯先到雅達利上班，頂頭上司是布許聶爾和艾爾康。當年以電動玩具「乓」一炮而紅的雅達利正在大舉徵才，他們在《聖荷西信使報》上刊登的徵人啟事明白寫著：「有得玩，能賺錢。」穿著嬉皮裝的賈伯斯就這樣去應徵面試，並且表明雅達利如果不聘用他，他就會賴著不走。在艾爾康的要求下，布許聶爾同意給賈伯斯一個機會，從此以後，這把聖火就從電動玩具界最有創造力的創業家手上，交棒給個人電腦界最具創造力的創業家了。

雖然賈伯斯才剛從印度禪修回來，但是每當職場同事提出爛點子，他仍會不留情面批評對方「蠢得一無是處」。儘管動輒得罪他人，但仍無法抹滅賈伯斯獨特的創意才華。有時候賈伯斯會穿上修行者的長袍、光著腳丫子上班，他也相信透過只吃蔬菜和水果的嚴

格飲食控制就可以不用洗澡，更不需要芳香劑。布許聶爾回想起這段往事說：「真不知道他是去哪邊學來這套鬼扯的。」因此布許聶爾把賈伯斯調到夜班，這樣他工作時身旁幾乎空無一人。「賈伯斯是吹毛求疵又難相處的怪人，但是我還滿喜歡他的。所以我安排他去上夜班，這也是一種救他的方法。」

多年以後，賈伯斯表示自己在雅達利學到許多寶貴經驗，其中最重要的一項是讓操作介面盡可能友善，直接呼應使用者直觀的想法，使用說明應該簡單到不能再簡單的程度，要像大型電動玩具機台那樣簡單易懂：「投一枚銅板，別被克林貢人逮到。」甚至不需要為電子設備提供操作手冊。「賈伯斯在腦海裡不斷重複淬煉簡化的想法，使他成為能全神貫注在改善產品的人，」曾經和賈伯斯一起在雅達利工作的韋恩（Ron Wayne）如此評價。不僅如此，布許聶爾更是砥礪賈伯斯成為創業家的主要推手。「有些創業家的特質只能意會而無法言傳，在賈伯斯的身上，我可以看到他具有這些特質，」布許聶爾說：「賈伯斯感興趣的，不只是克服工程問題，他對於商務營運也有自行一格的見解。我告訴他，如果你表現得看起來好像是你會做出一些成績，你就會找到方法把成績做出來；我也告訴他，如果你能裝出掌控大局的樣子，其他人就會跟著認為你真的有把握。」

通常，沃茲尼克喜歡在傍晚從惠普下班後到雅達利公司一趟，跟開始準備上班的賈伯斯廝混，一起玩雅達利剛完成開發的賽車遊戲 Gran Trak 10，沃茲尼克說那是他最喜歡的電玩。沃茲尼克利用在家的空閒時間，做了一台家用版的「乓」遊戲機，不但可以接上電視螢幕玩，還會在玩家來不及接球的時候，在螢幕上顯示「去死吧」、「天殺的」之類刺眼的字彙。有一次他把這台家用遊戲機秀

給艾爾康看，艾爾康隨即想到一個全新的計畫，指派賈伯斯負責開發一款只有一位玩家的新版本「乒」，也就是現在廣為人知的「打磚塊」。打磚塊的玩家可以對一面磚牆彈射小白球，敲掉愈多磚塊分數愈高。艾爾康心想賈伯斯一定會說服沃茲尼克幫忙設計遊戲機的主機板，他還真的猜對了；儘管賈伯斯不是了不起的工程師，但是他找人一起完成一些事情的統馭能力卻不是蓋的。「這就好像是買一送一，」布許聶爾說：「平白讓沃茲尼克這位更優秀的工程師助我們一臂之力。」不單如此，沃茲尼克猶如天真可愛的真人版泰迪熊，積極幫忙賈伯斯開發新遊戲的態度，就好像《湯姆歷險記》裡踴躍幫湯姆刷圍籬的那群好朋友一樣熱情。沃茲尼克自己也說：「這是我一輩子答應過最美妙的請託了，可以設計一款讓很多人都喜歡的電玩。」

當沃茲尼克整晚都在琢磨該如何設計電子電路時，賈伯斯坐在他的左邊，拿著電線纏繞晶片。原本沃茲尼克推估這項任務大概要幾星期才能完成，不過賈伯斯隨即發動同僚戲稱的「現實扭曲力場」，眼睛眨也不眨直視著沃茲尼克，最終說服他在四天之內就把這項任務完成了。

組成互補伙伴關係

就在沃茲尼克完成打磚塊的遊戲機後，家釀電腦俱樂部也在1975 年 3 月舉行第一次聚會。沃茲尼克在現場，發現會場的擺設跟自己的專長格格不入。電子計算機、家用電視遊戲機才是沃茲尼克擅長的產品，但是那天其他多數與會人士卻一股腦對會場中間那台新的 Altair 電腦品頭論足。一開始，沃茲尼克對 Altair 電腦完全不感興趣，再加上一貫害羞的個性，他只能默默瑟縮在一角；沃茲尼克

描述當時尷尬的場面說：「有些人手上拿著那本封面是 Altair 電腦的《大眾電子學》雜誌，我心裡頭嘀咕，這場聚會根本是專門為 Altair 電腦愛好者召開的，不適合我這種慣用電視當終端機的傢伙參與。」大家輪流自我介紹，輪到沃茲尼克的時候，他只說：「我叫做沃茲尼克，我在惠普計算機部門工作，專長是把電視當成終端機用。」主持人佛瑞德・摩爾認為他說的實在太簡短了，要他再多說一點，他才補充說自己也很喜歡玩電玩，或是窩在旅館房間看付費電影。

倒是會場裡的另一件事物吸引了沃茲尼克的注意，那時有人把英特爾最新的微處理器技術規格表傳到他手上。「我整晚一直翻閱那份技術規格，看到上面寫著使用者要如何用指令在 A 暫存器裡新增記憶體的位置，」我想到：「咦？等等，我還看到怎樣從 A 暫存器刪除記憶體的指令。哇喔，好樣的。或許這兩個指令對你而言沒什麼特殊意義，但是我很清楚這兩個指令到底有什麼妙用，這可以說是讓我最興奮莫名的發現了。」

沃茲尼克之前都是用電視螢幕搭配鍵盤做為終端機，這組合本身當然沒有運算能力，必須透過電話連線到某處的分時共享主機才有用，但是當他看到微處理器技術規格上教導的那兩項指令後，已經想到方法可以改良這款「耗呆」終端機了：他可以利用微處理器（附有中央處理器的晶片）替原本的終端機加掛一些運算能力。這個想法又比 Altair 電腦更往前跨越了一大步：一台可以整合鍵盤跟螢幕的電腦！「一台個人電腦的完整影像就這樣砰然出現在我腦海裡，」沃茲尼克補充說明：「當天晚上我就開始著手繪製後來大家都知道的蘋果一號（Apple I）電腦。」

每天在惠普忙完計算機設計的工作後，沃茲尼克會先回家匆匆吃完晚餐，然後回到辦公室的小隔間繼續設計電腦。1975 年 6 月 29

日星期天晚上十點整，歷史性的一刻誕生了：沃茲尼克在鍵盤上敲了幾個按鍵，這些訊號經由微處理器處理後，變成幾個出現在螢幕上的字母。「我嚇到了！」沃茲尼克說：「這是有史以來第一次有人可以在鍵盤上敲敲打打後，眼睜睜看著剛剛敲擊的那幾個字母出現在正前方的螢幕上。」這種說法不完全正確，但確實是史上第一次，把鍵盤和螢幕整合在專門供業餘電腦玩家使用的個人電腦上。

免費分享各種想法是家釀電腦俱樂部的使命。這個使命讓蓋茲抓狂，但是沃茲尼克卻相當支持這項社團公約：「我真心認為俱樂部的使命對將來電腦的發展有益，所以我把自己完整的設計圖印了一百份，發送給任何一位感興趣的朋友。」沃茲尼克剛開始站在俱樂部成員面前進行正式簡報時害羞得要命，但是他對於自己這張設計圖抱持無上的光榮感，因此願意站到台前公開力挺，展示給所有圍觀的朋友看，順便把設計圖稿送給對方。「我只想要免費大放送，」他說。

就跟先前藍盒子的經驗一樣，賈伯斯想的是另一回事，事後證明，賈伯斯加以包裝成方便好用的電腦再行出售的想法，再加上他深諳該如何執行的直覺，對於改變個人電腦發展史的影響力，不下於沃茲尼克精妙絕倫的電路設計。事實上，要不是賈伯斯堅持開新公司銷售這台個人電腦，沃茲尼克的心血結晶或許只能落得在家釀電腦俱樂部通訊裡不高的評價。

賈伯斯先用電話聯絡英特爾等一干晶片業者索取免費樣品。「我想說的是，他真的知道該怎樣跟其他公司的業務打交道，」沃茲尼克讚歎：「這種事我永遠做不來，我實在太害羞了。」然後賈伯斯開始陪同沃茲尼克出席家釀電腦俱樂部的聚會，直接帶電視機到現場進行示範，接著又想出適當的方法銷售沃茲尼克精心設計的

電路板。這就是他們兩人典型的合作模式。「每次只要我設計出某樣新奇的事物，賈伯斯就有辦法把它變成賺錢的工具，」沃茲尼克說：「我從來沒想過要怎樣銷售電腦，是賈伯斯說：『讓我們增加產品能見度來刺激銷量。』」而為了實現這個新的夢想，賈伯斯賣掉自己的福斯廂型車，沃茲尼克也賣掉自己的惠普計算機，才籌出第一筆創業基金。

　　他們兩人組成罕見卻非常強力的伙伴關係：沃茲尼克有著天使般純真的心靈，看起來就像是與世無爭的大熊貓，賈伯斯則像是魔鬼附身的催眠大法師，看起來像是兇狠的鬥犬。蓋茲會欺負艾倫，在合夥關係上享有更多收益；蘋果電腦的狀況略有不同，感到不平的是沃茲尼克的父親。工程背景出身的他重視工程師，貶抑市場行銷與經營管理的工作，所以堅持既然兒子才是真正讓產品誕生的設計師，多分得一些收益是理所當然的。有一次賈伯斯去沃茲尼克家裡，沃茲尼克的父親出面指責他：「你憑什麼分錢，你根本沒有做出任何產品。」賈伯斯難過的聲淚俱下告訴沃茲尼克，如果是這樣的話，那就終止兩人的合作關係好了。「如果你不想要對半拆帳，」賈伯斯說：「那就統統歸你罷。」然而沃茲尼克非常清楚賈伯斯在雙方合作關係裡，貢獻度絕對不少於百分之五十；如果什麼事都是由沃茲尼克自己發落，他的成就恐怕不會比免費發送設計圖稿多出多少。

　　賈伯斯和沃茲尼克在家釀電腦俱樂部展示自行開發的電腦後，泰瑞（Paul Terrell）找上賈伯斯，泰瑞經營的小規模連鎖電腦商店名叫拜特電腦商店（Byte Shop）。雙方洽談後，泰瑞說了一句：「保持聯絡。」然後給賈伯斯一張名片。隔天，賈伯斯赤腳走進泰瑞的連鎖店裡，俏皮的對他說：「我這就來跟你聯絡了。」賈伯斯用三寸

不不爛之舌打動泰瑞同意採購五十台 Apple I 電腦，不過泰瑞要求這五十台電腦交貨時就要完成組裝，不能只是電路板跟七零八落的零件組。這個要求又為個人電腦的演變跨出另一步，從此，個人電腦就不只是給有能力焊接組裝的業餘電腦玩家使用了。

賈伯斯掌握到這個發展趨勢，因此他在推出下一代產品 Apple II 的時候，沒有花太多時間研讀微處理器的技術規格，反而是去史丹佛購物中心裡的梅西百貨公司研究美膳雅（Cuisinart）廚具，因而做出把下一代電腦當成一般器具銷售的決定：產品必須完整、妥當的裝在質地光滑的紙箱內出貨，讓買家無須負擔任何組裝工作。從電源供應器到套裝軟體，從鍵盤到螢幕，一切都必須高度整合成一個完整的產品。「我的目標是推出第一台百分之百套裝好的電腦，」賈伯斯說：「我們的目標客群不再只是少數喜歡自行組裝電腦、知道去哪邊購買變壓器和鍵盤的業餘電腦玩家。一位業餘電腦玩家的背後，可能有上千位消費者是希望買一台回家插電就能用的個人電腦。」

1977 年初，包括家釀電腦俱樂部或其他類似團體的業餘電腦玩家，紛紛跳出來開設電腦公司。家釀電腦俱樂部的主要成員費爾森斯坦創辦處理器科技（Processor Technology）公司，推出一台名為 Sol 的個人電腦，其他類似的公司還包括 Cromemco、Vector Graphic、Southwest Technical Products、Commodore、IMSAI 等等。但唯有 Apple II 才是完整、易上手的第一款個人電腦，並且把使用者需要的軟體連同機器一起銷售。1977 年 6 月上市的 Apple II 售價 1,298 美元，不到三年的時間，總出貨量就已經到達十萬台。

蘋果電腦的崛起意味業餘電腦玩家的組裝文化開始衰退。過去幾十年來，許多年輕創新者如基爾比、諾宜斯等人的電子學啟蒙，

都是從區分不同的電晶體、電阻、電容、二極體開始，然後學會在電子零件上繞線跟焊接的技術，做出火腿族用的無線電、火箭控制器、揚聲器、示波器等各式各樣的電路板。1971 年誕生的微處理器讓複雜的電路板開始退流行，日本電子器材公司大規模量產的結果，也使得市面上的電子零件價格比業餘電腦玩家自行生產的更便宜，導致 DIY 市場受到更進一步衝擊，從此以後，像沃茲尼克這種專長硬體的駭客也只能走下神壇，把主導地位讓給蓋茲這些專業的軟體工程師；而 Apple II 問世以後，特別是 1984 年推出麥金塔（Macintosh）之後，蘋果電腦就開啟了使用者不再需要拆解個人電腦自行組裝零件之先河。

Apple II 的成功，奠定賈伯斯視之為教條般不可侵犯的理論：蘋果電腦自家的產品一定要緊密搭配自己的作業系統。賈伯斯是完美主義者，想完全掌控使用者的經驗，他不希望購買蘋果電腦的客戶使用其他大而無當的作業系統，也不願意看見蘋果電腦的作業系統安裝在其他其醜無比的硬體設備上。

這套整體概念並沒有成為日後的業界標準，Apple II 的成功也喚醒其他沉睡中的電腦巨人改採不同遊戲規則，急起直追，其中最特別的是 IBM—— 更精確的說，是受蓋茲成功說服的 IBM，採取讓個人電腦的硬體與作業系統各自分家的做法，造就了軟體成為王道，而硬體除了蘋果電腦外，統統淪為普通物資。

布李克林和VisiCalc試算表

個人電腦要好用到讓消費者願意掏腰包購買，必須要能升格成工具而不是單純的玩具。如果個人電腦在一般使用者處理日常生活事務時派不上用場，待業餘電腦玩家的熱潮消退，即便是 Apple II 也

只會是短期的過渡商品。因此個人電腦接下來掀起一波應用程式的市場需求，讓個人電腦可以透過應用程式，在繁雜的瑣碎工作中展現強大的效能。

布李克林（Dan Bricklin）開發出第一套用來處理財務報表的應用程式 VisiCalc，可以說是這個領域最具影響力的先驅。布李克林是麻省理工學院資訊科學研究所的學生，曾在迪吉多任職多年，從事文書處理軟體的開發，之後轉往哈佛商學院就讀。1978 年春天，布李克林坐在課堂裡看著教授在黑板上縱橫交錯繪製財務報表，寫到後來，教授發現某個地方有錯，想修正其中某一格的數字，結果不得了，需要一併調整其他好幾格的數字，才能算是功德圓滿。

布李克林看過恩格巴特在原型機之母的成果發表會上展示 NLS連線系統，對其中的圖形顯示及滑鼠點選功能印象深刻，看著教授在講台上東抹西塗忙得不可開交，布李克林開始幻想，有沒有可能開發出一套電子試算表，能用滑鼠直接點選、拖曳。那年夏天，布李克林在瑪莎葡萄園島騎腳踏車渡假時，突然決定要把課堂上的幻想化為實際的成果。布李克林也真的是走上這條路的合適人選，身為軟體工程師的他同時具備商品化的概念，很能揣摩消費者心裡的想法。他的父母親都是創業家，自己也對創業興致勃勃。布李克林富有團隊精神，知道如何找到正確的工作伙伴，他自我剖析說：「我有辦法結合開發軟體的經驗與知識，做出實用又受歡迎的產品。」

布李克林找上在麻省理工學院讀書時認識的朋友富蘭克斯頓（Bob Frankston）一起開發，富蘭克斯頓也是軟體工程師，他的父親也是創業家。「可以和布李克林一起合作，是成功開發產品的關鍵，」富蘭克斯頓說。布李克林雖然也有辦法自力完成這套軟體，但是他只大概完成草案後，就交給富蘭克斯頓進行後續工作，「這

樣布李克林就能更著重在產品該是什麼樣子的問題上，而不只是在該怎樣做出產品的課題上。」

他們第一個關鍵決策，是把這套軟體設定成一般個人電腦都能使用的應用程式，而不只是專門供給迪吉多商務機器使用的軟體，因此他們選擇 Apple II 做為使用平台，因為沃茲尼克讓蘋果電腦維持相對開放透明的架構，軟體業者配合起來較無後顧之憂。

布李克林和富蘭克斯頓從朋友那借來一台 Apple II 電腦，利用一個週末的時間完成產品原型，而這位朋友也成為第三位創業伙伴，他是剛從哈佛商學院畢業的費爾斯特拉（Dan Fylstra）。費爾斯特拉在畢業後開了一家軟體公司，主力商品是西洋棋之類的電玩，公司就設在他波士頓劍橋的自家公寓。如果軟體產業的發展要不受硬體產業的限制，像費爾斯特拉這種清楚該如何推銷各種軟體的業者，勢必得扮演相當吃重的角色。

布李克林和富蘭克斯頓都很有商業頭腦，也都很能抓住消費者心理，所以他們一開始就把 VisiCalc 視為一個產品，而不只是一套程式。他們邀請學校的朋友和老師擔任軟體試用的焦點團體，確保這個產品的操作介面符合直觀且容易上手。「我們的目標是盡可能貼近使用者的思考模式，不要有出乎意外的情況，」富蘭克斯頓解釋：「這就是所謂『減少不必要驚喜』的設計原理，我們期望自己是提供消費者美妙使用經驗的魔術師。」

另一位促成 VisiCalc 成為暢銷產品的推手，是當時在摩根史坦利擔任分析師的羅森（Ben Rosen）。羅森發表的觀點與演講內容非常具有影響力，他日後就以自己這項優勢進行創業，在紐約曼哈頓設立創投公司。費爾斯特拉 1979 年 5 月在羅森家鄉新奧爾良舉行的個人電腦論壇中，直接利用個人電腦展示早期的 VisiCalc 電子試算

表，身為與會來賓的羅森稍後在個人發行的通訊中寫著：「VisiCalc
這套軟體看起來活靈活現的……沒用過個人電腦的人也能操作。」
羅森在這份通訊結尾寫下一句之後應驗成真的預言：「VisiCalc 這套
軟體將可以成為狗尾巴，甩動個人電腦那條狗。」

VisiCalc 的確帶動了 Apple II 的熱賣風潮，因為整整一年，除了
Apple II 之外，其他電腦都沒有搭載 VisiCalc。賈伯斯回想起這段過
程說：「這套軟體真的是推動 Apple II 大受歡迎的功臣。」接下來跟
進的是各種文書處理軟體，像是 Apple Writer 和 Easy Writer；換句話
說，VisiCalc 不只刺激個人電腦市場成長，同時也讓銷售應用程式變
成真正可以獲利的全新產業。

IBM作業系統

IBM 在 1970 年代得力於 360 系列產品的熱銷，因此在大型主機
市場裡一枝獨秀，不過在迪吉多與王安電腦主打冰箱大小的迷你電
腦後，開始走下坡，眼看也即將在逐漸成形的個人電腦市場裡痛失
商機，當時一位專家就留下這麼一句經典的評語：「要讓 IBM 跨進
個人電腦的市場，就好像是要教大象學會跳舞一樣困難。」

IBM 的高階管理階層也抱持相同觀點，所以他們只授權在 Atari
800 家用型電腦印上 IBM 的商標出貨，但是 1980 年 7 月 IBM 舉行
一場決定公司未來走向的大辯論，執行長凱瑞（Frank Carey）推翻了
原本的想法。他認為全球表現最好的電腦公司，當然有辦法生產屬
於自己的個人電腦，不過他也同時批評，要在公司提出什麼新的計
畫，似乎總要先讓三百個人忙上三年才有結果，這一點讓他深感不
滿。

就在這個時候，IBM 設在佛羅里達博卡拉頓研發實驗室的主任

洛威（Bill Lowe）起身表示：「不，執行長，您說錯了。我們有辦法在一年之內搞定一項計畫。」自信滿滿的洛威因此受指派擔任代號艾康（Acorn）計畫的主持人，負責開發 IBM 第一台個人電腦。

洛威的新團隊由艾斯崔奇（Don Estridge）領軍，艾斯崔奇指派在 IBM 任職超過二十年的溫和南方佬山姆斯（Jack Sams）張羅個人電腦所需的所有軟體。由於只有一年的期限，山姆斯知道自己不能在 IBM 內部閉門造車，必須向外尋求其他軟體業者的授權才有可能完成任務，因此他在 1980 年 7 月 21 日撥了電話給蓋茲，希望能在最短時間內前往拜會，蓋茲邀請他下星期飛到西雅圖，結果電話那頭的山姆斯說，自己已經在前往機場的路上，希望明天就能跟蓋茲碰面。蓋茲感覺到 IBM 這尾大魚似乎即將上鉤，相當興奮。

幾個星期前，蓋茲才剛聘請之前哈佛同棟宿舍的樓友巴爾默擔任微軟的業務經理。他要求巴爾默一起參與跟 IBM 代表的會商。「你是我們這邊唯一穿上西裝夠派頭的人，」蓋茲指出。身穿 IBM 標準深藍西裝外套加白襯衫的山姆斯抵達時，蓋茲當然也穿著西裝表示禮貌，只不過衣服實在不太合身。「這個年輕人到機場接我回微軟辦公室，當時我還以為他只是在微軟打雜的工讀生，」山姆斯回憶時說。但是再過不了多久，山姆斯率領的談判團隊就會見識到蓋茲天資聰穎的那一面了。

IBM 談判團隊原本的目標是取得微軟授權使用 BASIC，不過蓋茲把對話導引到將來科技發展的趨勢，幾個小時後談判結束，雙方同意 IBM 將取得微軟目前所有，或有能力開發完成的各種程式語言授權，也就是一次完成 Fortran、COBOL 和 BASIC 的授權談判。蓋茲表示：「我們對 IBM 的代表說：『好啊，我們所有的產品都可以授權給你們，包括我們目前還沒有完成的產品。』」

　　幾個星期後，IBM 的代表又飛了一趟西雅圖，因為除了各種程式語言外，還有一個最基本的軟體漏掉了，那就是作業系統，IBM 需要個人電腦的作業系統做為其他程式語言的運作基礎。作業系統可以處理其他程式語言的基本指令，比方說把資料儲存在哪、取得多少記憶體空間和運算資源，還有應用程式該如何和硬體互動等基本工作。

　　當時微軟還沒有切入作業系統的領域，而是跟蓋茲的兒時玩伴齊爾岱爾（Gary Kildall）合作，搭載齊爾岱爾開發的微電腦作業系統 CP/M。齊爾岱爾前不久才剛搬去加州蒙特雷，因此蓋茲就在辦公室裡當著山姆斯面前，直接撥電話給齊爾岱爾說：「我請客戶南下加州去找你。」然後簡單描述 IBM 主管想要的產品，接著說：「對人家好一點，他可是我們非常重要的客戶。」

　　結果，齊爾岱爾讓蓋茲失望了。根據蓋茲的說法：「他那一天寧可去開飛機。」熱愛飛行的齊爾岱爾擁有自己的私人飛機，當天已經排定要飛去舊金山的行程，只交代他太太負責接待 IBM 的代表。齊爾岱爾太太跟四位身穿深色西裝外套的 IBM 代表在一棟古怪的維多利亞式建築裡會面，那是齊爾岱爾的公司總部。當 IBM 代表提出一份長長的保密協議給她看時，她拒絕簽署，然後在你來我往卻毫無進展的唇槍舌戰後，一肚子氣的 IBM 代表就打退堂鼓了。「我們拿出一封信函，要求她不要對任何人說我們來過這裡，我們也不想聽到對方的業務機密，她看了看後，說自己不能簽這個東西，」山姆斯說：「然後雙方就在律師助陣之下，一整天耗在太平洋叢林市，研究她到底能不能對我們說，她正在跟我們進行協商。最後我們只好離開了。」就這樣，齊爾岱爾的小公司搞砸了在電腦軟體產業呼風喚雨的難得機會。

　　山姆斯飛回西雅圖詢問蓋茲有沒有辦法變出一套作業系統，所幸艾倫知道西雅圖當地有人可以伸出援手：在一家名為「西雅圖電腦產品」的小公司裡任職的派特森（Tom Paterson）。幾個月前派特森才因為齊爾岱爾的 CP/M 作業系統跟英特爾最新的微處理器無法相容，而搞得灰頭土臉，只好自己改寫一套作業系統，取名為 QDOS（意為立即可用的土製作業系統）。

　　此時蓋茲開始注意到作業系統，尤其是極有可能受 IBM 採用的作業系統，或許會成為絕大多數個人電腦的標準作業系統，他也想到擁有作業系統的人，就有可能取得占盡上風的有利地位，所以他打消把派特森介紹給 IBM 代表認識的念頭，直接告訴對方，微軟團隊也有能力做出自己的作業系統。巴爾默事後回憶說：「我們直接告訴 IBM 的代表：『這樣吧，我們會從那家小公司弄來作業系統，然後親自檢視它的表現，把所有的問題解決。』」

　　派特森的公司那時飽受入不敷出之苦，所以艾倫就這樣從朋友那邊談得不錯的交易條件。一開始艾倫只向對方取得非獨家授權，等到微軟和 IBM 快達成協議後，艾倫就不動聲色的買斷派特森的作業系統。「最後我們用五萬美元的價格向派特森買下他的整套作業系統，然後就可以完全依照我們的需要加以使用，」艾倫說。想不到，微軟當年以如此低廉價格買斷的作業系統在稍加美化、改善之後，居然成為他們主導軟體產業的神兵利器，一路支撐微軟獨霸一方的地位長達三十年之久。

　　那時候蓋茲卻有點遲疑，一反常態的擔心起微軟將來的發展，他認為公司在承接的其他專案中做出太多誇下海口的承諾，到頭來恐怕沒有足夠能力把 QDOS 改良成值得 IBM 選用的作業系統。當時微軟只有四十位不修邊幅的員工，其中有些人以公司為家，早上隨

便擦個澡就繼續上班了，而帶領這支團隊的老闆是只有二十四歲的年輕人，常被誤以為是公司小弟。1980 年 9 月最後一個星期天，也就是 IBM 第一次登門拜訪後的兩個月，蓋茲召集核心幹部，確認公司下一步走向；會中，來自日本的年輕創業家，一樣擁有蓋茲般堅毅特質的西和彥大聲疾呼：「衝下去！衝下去！」他不斷尖叫，在屋子裡團團亂轉。最後，蓋茲同意西和彥的看法是正確的。

　　蓋茲和巴爾默動身搭上紅眼航班，直奔博卡拉頓與 IBM 進行最後階段的談判。那時候微軟年營收才七百五十萬美元，IBM 則是高達三百億美元的國際大廠，在蓋茲極力捍衛之下，微軟才能在搭上 IBM 順風車成為全球個人電腦標準的同時，繼續擁有作業系統的所有權。當初在與派特森的公司進行協商時，微軟把對方作業系統的所有權直接買斷，「可以任意使用」而不只是單純的授權，肯定是聰明的買賣。但是後來沒有任由 IBM 要求，交出所有權，無疑是更加明智的決策。

　　當班機在邁阿密機場降落後，蓋茲和巴爾默去洗手間換上西裝，蓋茲才發現忘記帶領帶了，很少要求外表的蓋茲，卻堅持在前往博卡拉頓的途中先去伯丁（Burdine）百貨公司買領帶，只不過他精心打扮的努力，在衣著考究、等著接待他們的 IBM 主管眼中根本起不了作用，其中一位 IBM 軟體工程師回想當時蓋茲的樣子說：「就像社區裡橫衝直撞的小鬼，不知道去哪邊弄來西裝硬穿在身上，那套西裝對他來說實在太大了。他的領子還卡在脖子上，一副玩世不恭的樣子。我忍不住低聲問：『這號人物是打從哪邊冒出來的？』」

　　不過等蓋茲開始進行簡報後，IBM 的代表很快就忘了他邋遢的模樣。不論是技術面或法律面的問題，蓋茲在簡報中巨細靡遺的功

力，讓 IBM 與會代表深感佩服，對某些特定用語的寸步不讓，更讓人感受到他散發出無所畏懼的氣質。這絕對是蓋茲一次精采絕倫的演出。等到蓋茲回到西雅圖進入辦公室癱倒在地，才把所有憂慮一股腦宣洩給巴爾默聽。

再經過一個月的文件往返，微軟與 IBM 總算在 1980 年 11 月初共同在一份三十二頁的合約上落款。「到最後，我跟巴爾默都可以把合約背得滾瓜爛熟了，」蓋茲表示：「我們賺的沒有很多，簽約帶來的收益不過是 186,000 美元而已。」一開始確實是如此。不過蓋茲深知合約中有兩條條款，足以改變將來電腦產業的勢力版圖，首先，授權給 IBM 的作業系統命名為 PC-DOS，而且 IBM 並未取得獨家授權，微軟可以把同一套作業系統改以 MS-DOS 的名稱，授權給其他電腦製造商；其次，作業系統的原始碼歸微軟所有，這表示 IBM 不得以修編、改寫的方式發展出屬於自己的作業系統。只有微軟可以修改原始碼、推出新版作業系統，再授權給任何其他公司。「我們知道不久後就會有人仿效 IBM 的規格，推出個人電腦，」蓋茲說：「因此我們也在原始合約中允許這樣的情況，這也是我們跟 IBM 之間的談判重點。」

這份合約類似蓋茲和微儀所簽訂的合約，當時他一樣保留把 BASIC 授權給其他電腦製造商的權利，這個做法讓微軟的 BASIC，以及日後更具價值的作業系統，成為業界的共通標準，更重要的是，沒有脫離微軟的掌控。「其實我們的廣告有一句話寫著：『我們就是標準』（We set the standard），」蓋茲堆滿笑臉說：「可是一旦我們真的成為標準，承接我們反壟斷法的律師就建議我們把這句話拿掉。這是廣告標語只在誇大不實時才能存在的真實案例。」*

與 IBM 完成議約後，蓋茲興高采烈告訴媽媽，這份合約有多重

要，希望這能證明自己當初從哈佛休學的決定是正確的。蓋茲的母親恰巧和 IBM 總裁歐培爾（John Opel）同時擔任聯合勸募的董事，歐培爾也即將從凱瑞手中接過 IBM 執行長一職。有一天，蓋茲的母親搭著歐培爾的私人飛機一起去參加會議，她在飛行途中向歐培爾提到這層關係：「你知道嗎？我們家的小男孩正在和貴公司進行合作。」結果歐培爾似乎沒有聽過微軟的名號。她回家之後，要蓋茲別興奮過頭，「聽著，我跟歐培爾提到你正在執行的專案，也提到你休學的前因後果，結果他根本不知道你是誰。或許你引以為傲的專案，並不如你想像中的那麼重要。」幾個星期後，位於博卡拉頓的 IBM 主管才向總部的歐培爾簡報個人電腦的開發進度，該團隊的負責人說：「在晶片部分，我們會倚重英特爾的產品，西爾斯百貨和電腦天地（ComputerLand）則是主要的行銷通路，」他頓了頓，然後說：「不過，或許我們依賴程度最深的，是一家位於西雅圖，規模非常小，由名叫蓋茲的年輕人經營的軟體公司。」歐培爾聽到這裡回應說：「喔，我知道你說的那個人，我認識他媽媽，她是很了不起的人。」

要替 IBM 生產所有軟體是一件苦差事，一如蓋茲當初所預期的一樣，但是微軟這群不修邊幅的成員，卻連續九個月不眠不休，硬是把任務完成了。蓋茲和艾倫再次並肩作戰，並排而坐、徹夜不眠，全神貫注在撰寫電腦程式上，一如當年他們在湖濱中學與哈佛大學時那樣投入，不過這也是最後一次了。「我和他在這段期間只因為一件事起過爭執 —— 他想去看太空梭發射，而我卻一點也不

---

* 律師的顧慮是對的。微軟後來和美國司法部展開冗長的反壟斷訴訟，被控濫用作業系統的市場獨占，為瀏覽器等一干產品營造不公平的競爭優勢。最後，這個訴訟案在微軟同意修改一部份經營模式後，達成和解。

想，因為我們的進度落後了，」蓋茲回憶道。艾倫最後還是去了，「畢竟這是第一次發射太空梭升空，而且我在午餐時間之前就趕回來了。老天爺，這趟來回總共只花了三十六小時。」

既然作業系統出自他們之手，當然也是由他們兩人決定個人電腦看起來、用起來是什麼樣子。「艾倫和我一起決定所有關於個人電腦大大小小、有的沒有的事情，像是鍵盤按鍵排列的方式、資料卡匣怎麼運作、音源訊號怎麼走、繪圖卡怎麼插……」最後結果，哎，一五一十呈現出蓋茲這種書呆子才會有的低級品味。一大堆使用者被迫學著到處找反斜線的位置就不提了，這個一點也不友善的人因操作介面，還非得用「c:\>」這串提示字元，就連檔案名稱都不脫「AUTOEXEC.BAT」、「CONFIG.SYS」這種累贅的形式。

多年以後，私募基金操盤經理魯賓斯坦（David Rubenstein）在一場哈佛大學舉辦的活動中問蓋茲，為什麼要讓全世界同時按下「Ctrl」、「Alt」、「Del」這三個鍵才能重新啟動程序：「為什麼要這樣設定？當我想要打開電腦和軟體時，一定要用到三根手指頭嗎？」蓋茲一開始說，那是因為當初 IBM 的鍵盤設計師沒辦法找出簡單的方式，把跳回作業系統的訊號傳給電腦，然後他停了下來露出尷尬的微笑。「騙你的啦，」他坦承：「太過專注的軟體工程師有時候會忘記，簡潔才是美感的靈魂。」

1981 年 8 月，IBM 個人電腦最後以牌價 1,565 美元在紐約華爾道夫飯店進行揭幕儀式，不過蓋茲和微軟團隊並未受邀觀禮。「其中最莫名其妙到極點的是，」蓋茲抱怨：「當我們提出要參加產品發表會這場盛事的要求時，IBM 不讓我們出席。」以 IBM 的角度來看，他們大概認為微軟只是供應商之一吧。

但是笑到最後的人終究是蓋茲。和 IBM 達成的協議讓微軟把

IBM 與其他規格相容的個人電腦，統統轉變成替代性非常高的一般商品，只能不斷削價流血競爭，也注定成為幾乎無利可圖的產業。幾個月後，蓋茲在《PC》雜誌創刊號的專訪中提到，所有個人電腦全部使用共通標準微處理器的時代，很快就會來臨。「老實說，硬體會變成不怎麼有趣的東西，」他說：「所有個人電腦的工作都要仰賴軟體。」

圖形使用者介面

賈伯斯和他的蘋果團隊在 IBM 一推出個人電腦後，立刻買了一台，他們想知道競爭態勢將如何發展，結果他們的共識是，套用賈伯斯的慣用口氣表達：「爛透了！」這個結論不單純是因為賈伯斯發自內心的狂妄，雖然這的確也是部分理由。真正原因是這台方方正正的電腦配上「C:\>」這種見鬼似的提示字元，實在無聊透了。賈伯斯根本沒想到，一般企業技術經理不會想在辦公室裡搞些有趣的花樣，也不知道他們會毫不考慮就選 IBM 這種無聊透頂的品牌，而不是蘋果電腦的大膽前衛。IBM 正式發表個人電腦的那天，蓋茲剛好在蘋果電腦總部開會，他的第一手觀察是：「對方似乎一點也沒放在心上。他們要等到一年以後才會明白到底發生了什麼事。」

賈伯斯不服輸的鬥志被激起，尤其在他認為對手的產品根本爛得可以的時候。賈伯斯把自己看成是帶來光明的禪學武士，注定要對抗所有醜陋與邪惡的勢力。他的蘋果電腦團隊刻意在《華爾街日報》上刊了一則廣告，由他親筆操刀撰寫文稿，標題是：「歡迎 IBM 加入競爭行列。我們是說真的。」

賈伯斯敢這樣誇下海口，因為他已經看見未來趨勢，而且正在著手實踐。走訪一趟全錄 PARC 後，賈伯斯見識到許多源自於凱

伊、恩格巴特和其他同僚共同開發的創意,其中最吸引他注意的是圖形使用者介面(GUI),這是利用桌面呈現工作視窗、圖像,然後用滑鼠移動指標的顯示方式。全錄 PARC 工作團隊的創意,結合賈伯斯設計與行銷的天才後,勢必會透過圖形使用者介面讓布許、李克萊德、恩格巴特等人一路以來所追求的人與機器的互動方式,往前跨出非常大的一步。

賈伯斯和他的蘋果團隊在 1979 年 12 月造訪全錄 PARC 兩次。當時蘋果電腦的工程師拉斯金(Jef Raskin)正在研發一款操作介面友善的電腦(也就是日後的麥金塔),由於他已經看過全錄 PARC 的既有成就,因此極力推薦賈伯斯也親自前往拜訪,問題出在賈伯斯認定拉斯金很討厭,他用來描述拉斯金的專業術語是「滿腦子糨糊,不知變通」,不過賈伯斯最後還是勉為其難走了一趟,並且跟全錄達成協議:蘋果電腦的員工有權接手全錄 PARC 先前所有的技術研究成果,代價是全錄可以用一百萬美元投資蘋果電腦。

賈伯斯絕對不是第一位參訪全錄 PARC 既有成果的外人:全錄 PARC 的研究人員早就對外進行過好幾百場的簡報,而且他們也好不容易賣出一千多台的全錄奧圖,這是由蘭普森、薩克爾和凱伊齊力完成,搭載圖形使用者介面與其他全錄 PARC 創新成果的高價電腦。不過賈伯斯確實是第一個人,想到要把全錄 PARC 這項操作介面運用在簡易又不貴的個人電腦上,這也再次驗證偉大的創新不只需要有人完成重大的科技突破,也需要有人能夠有效的把新科技加以應用。

賈伯斯第一次參觀全錄 PARC 的時候,負責接待的工程師是凱伊的工作伙伴顧德堡(Adele Goldberg)。顧德堡有所保留,沒讓賈伯斯看到什麼重要的成果,賈伯斯大發雷霆咆哮:「夠了!別耗

在這些狗屁倒灶的東西上了！」全錄最高管理階層這才同意開誠布公，向賈伯斯和蘋果團隊展示所有成果。蘋果的工程師在仔細端詳點陣圖螢幕上的每個畫素時，賈伯斯已經雀躍不已，開心的大聲說：「你們知道自己正坐在寶山上嗎？我真不敢相信，全錄居然不會發揮這項產品的優勢。」

這次展示中，全錄有三項重大創新值得一提，首先是由梅特卡夫（見第 288 頁）完成的乙太網路，可以用來建立區域網路系統。此時賈伯斯就跟蓋茲或是其他個人電腦的先驅一樣，對於網路技術不是很感興趣 —— 至少沒到應有的程度。那時的賈伯斯著重在如何讓電腦增進個人能力，而不是透過電腦促成團隊合作。第二項創新產物是物件導向的程式語言，這一項也沒讓賈伯斯留下太多印象，畢竟他不是程式設計師。

真正能讓賈伯斯看得目不轉睛的產品就是圖形使用者介面，特別是桌面概念的呈現方式，就好像是住家附近的兒童遊樂場一樣，使用起來既直觀又友善。螢幕上可以看到檔案、資料夾等，各式各樣想得到的物品都分別用可愛的圖像標示，甚至還有一個垃圾桶的圖示，而且利用滑鼠控制游標就可以輕易點選這些物品。賈伯斯不但對這種介面一見鍾情，也已經知道該如何加以改進，讓整個介面變得更簡單、更優雅。

圖形使用者介面以點陣圖呈現，而點陣圖也是全錄 PARC 的另一項創舉。之前，絕大多數電腦包括 Apple II 在內，都只能在全黑的乏味螢幕上顯示綠色的數字和字母，點陣圖可以經由電腦控制每個畫素，可以點亮、熄滅或是換成不同的顏色，所以能以奇妙手法呈現各種字型、設計與圖案。賈伯斯對設計有敏銳直覺，也熟悉各種不同的字型，本身還是書法愛好者，因此很自然對點陣圖的功能

寄予厚望。「這就好像撥雲見日一樣，」他說：「我已經可以看見未來的電腦是什麼樣子了。」

結束參訪行程後，賈伯斯一路開車飆回庫比蒂諾的蘋果電腦辦公室，車速之快恐怕連蓋茲也要瞠乎其後。他立即找來阿特金森（Bill Atkinson），告訴他，他們必須想辦法改良全錄的圖形使用者介面，並套用在以後所有的蘋果電腦上，比方說是即將推出的 Lisa 和麥金塔。賈伯斯興奮的嚷嚷：「就是這個了！我們一定要裝上這個玩意兒！」他認為這才是讓電腦走進人類世界的關鍵因素。

多年以後，每當被指責盜用全錄的想法時，賈伯斯總會引用畢卡索的名言辯解：「好的藝術家才抄襲，偉大的藝術家都直接用偷的，」他強調：「而且對於偷走偉大的創意，我們總是理直氣壯。」同時他也不留情面批評，是全錄自己把商機搞砸的，「他們滿腦子只想著影印機，對於電腦能有哪些功能一點概念也沒有。」至於全錄的高層，「明明手中握有在電腦產業攻無不勝的一手好牌，如果能運用得當，全錄早就是電腦產業中的霸主了。」

老實說，這兩種解釋對賈伯斯和蘋果電腦而言都還不算公允。還記得愛荷華州阿塔納索夫（見第 75 頁）遭遺忘的故事嗎？提出概念只是第一步而已，真正的關鍵還是在於執行。賈伯斯和他的團隊不是只引用全錄的概念，還更進一步加以改良、落實，然後行銷到市場上，設法贏得消費者青睞。全錄本來也有機會執行這些工作，事實上也曾經嘗試推出一款名叫「全錄之星」（Xerox Star）的產品，可是這台笨重的機器既貴又不好用，只落得鎩羽而歸。蘋果則是把滑鼠簡化到只剩一個按鍵，讓滑鼠可以在螢幕上任意移動文件或其他物品，只要把檔案拉到某個資料夾「丟」進去，就可以變更檔案位置，他們還增設了下拉式選單，能夠讓不同文件同時開啟，

重重疊疊堆在桌面上。

蘋果電腦在 1983 年 1 月推出 Lisa，一年之後推出更受歡迎的麥金塔。賈伯斯知道麥金塔上市後會再推動新一波個人電腦的革命性發展，讓電腦的使用環境更友善，更融入一般家庭。在麥金塔那場華麗的產品發表會上，賈伯斯先是橫過一片漆黑的舞台，然後從布袋中取出一台全新的電腦，此時響起電影「火戰車」的主題曲，而「MACINTOSH」幾個字母如同捲軸般，依序在電腦螢幕橫向滑動，下一個畫面出現「insanely great!」（棒呆了！）兩個草寫英文單字，字跡滑順得猶如用手慢慢寫成的一樣。大廳裡的觀眾因為看得出神而陷入沉默，然後才聽到一些人長吁一口氣的聲音。他們絕大多數都沒有見過，甚至不曾想過，電腦畫面居然能夠如此賞心悅目。接下來，電腦螢幕上陸續顯現不同的字型、各種檔案文件、工程設計圖稿和手繪圖案，西洋棋遊戲、試算表，還用漫畫手法從賈伯斯的頭像旁拉出愈來愈大的泡泡圈，其中最大的那個包著一台麥金塔，幽默表示賈伯斯一心一意都在追求這台電腦。看完這段精采演出的觀眾，群起鼓掌持續超過了五分鐘。*

麥金塔搭配一則令人難以忘懷的電視廣告上市 ——「1984」。廣告中，一位年輕的女英雄大步跑在一群獨裁政府警備隊之前，甩動手中的大榔頭砸向一面大螢幕，摧毀象徵獨裁政府的老大哥。這則廣告代表賈伯斯向 IBM 發起的復仇行動，而且這一次蘋果電腦手上握有一張王牌：相較於 IBM 及其個人電腦作業系統供應商微軟都還停留在「c:\>」這種簡陋的指令輸入方式，他們已經成功引進完美無比的圖形使用者介面，在人類與機器的互動方式上又往前大幅跨出新的一步，引領風騷。

---

* 賈伯斯在1984年1月的這場產品發表會的影片可上網https://www.youtube.com/watch?v=2B-XwPjn9YY瀏覽。

視窗作業系統

　　1980 年代初期麥金塔還沒上市之前，微軟和蘋果電腦之間相處融洽，就連 IBM 在 1981 年 8 月推出個人電腦的那一天，蓋茲都還在蘋果電腦公司拜會賈伯斯。這很正常，因為當時微軟大部分營收來自於替 Apple II 開發軟體。蓋茲那時候還得盡力伺候蘋果電腦這位客戶才行：蘋果電腦在 1981 年的營收是三億三千四百萬美元，微軟的營收才不過一千五百萬美元而已。賈伯斯希望微軟能替即將上市的麥金塔開發新版本軟體，所以即便麥金塔當時仍處於祕密研發階段，賈伯斯還是在信任對方的基礎上，在這場會晤中把他的計畫告訴了蓋茲。

　　蓋茲得知麥金塔計畫後（一台符合一般大眾使用，搭載圖形使用者介面又不太貴的電腦），套用他自己的用詞，覺得聽起來「超級誘人」。他非常願意，甚至是渴望率領微軟團隊替麥金塔撰寫應用軟體，因此他邀請賈伯斯前往西雅圖。賈伯斯在這次簡報中再次展現他無窮的個人魅力，在雙方簽訂象徵性的草約後，賈伯斯透露加州有間工廠會用沙子，更精確一點的用詞是矽晶的原物料，幫忙生產出方便好用的「資訊用具」，操作簡單到根本不需要使用手冊，於是微軟的工程師就把這項專案命名為「沙子」（Sand），甚至還饒富趣味的把專案名稱衍生為「賈伯斯的神奇新機器」（Steve's Amazing New Device）這幾個英文單字的縮寫。

　　但是賈伯斯對微軟一直有個陰影揮之不去：他不希望微軟把圖形使用者介面整套學去。賈伯斯認為圖形使用者介面會讓一般消費者為之瘋狂，他也知道如果運用得當，桌面概念的顯示系統搭上滑鼠的點選操作，會是讓電腦真正變得屬於個人。1981 年在亞斯本舉

行的設計者論壇上，賈伯斯滔滔不絕描述桌面顯示系統用了「一般人早已理解，把文件攤在辦公桌上的感受」，將會使電腦螢幕變得更友善。賈伯斯擔心受蓋茲剽竊，這個想法本身也很諷刺，因為賈伯斯自己也是盜用全錄的創意，但是依照賈伯斯的思考邏輯來看，他已先跟全錄達成有權利使用對方任何一項創意的協議，更何況這套系統的優化是蘋果電腦自力完成的。

因此賈伯斯在和微軟簽訂合約時附加了一條規定，認為可以因此讓蘋果電腦在圖形使用者介面取得至少一年的領先優勢：微軟在特定時間內，除了蘋果電腦之外，不得提供其他公司任何一種軟體是「使用滑鼠或軌跡球」，或是以點選方式操作圖形介面的。但是這一次，賈伯斯讓自己的「現實扭曲力場」賞了一記悶棍。賈伯斯一直希望能在 1982 年底把麥金塔推上市面，久而久之，居然真的相信這就是麥金塔問世的時間，所以合約中「特定時間」的效力只到 1983 年底，而我們現在都知道，麥金塔一直延宕到 1984 年 1 月才有辦法真正出貨。

微軟在 1981 年 9 月開始祕密研發新的作業系統，以取代原本的 DOS，新的作業系統包含桌面顯示、視窗、圖示、滑鼠、游標，微軟同時延攬全錄 PARC 的西蒙尼（Charles Simonyi）前來助陣，在凱伊開發全錄奧圖的時候，西蒙尼就是負責撰寫圖像程式的軟體工程師。1982 年 2 月《西雅圖時報》刊載一張蓋茲和凱伊會面的照片，如果讀者眼睛夠銳利，就會看到照片背景中的白板上不但有「視窗管理員」的字眼，旁邊還看得到幾張草稿圖。同一年夏天，當賈伯斯逐漸接受，麥金塔最快也要等 1983 年底才有可能上市後，所有的焦慮不安全都湧上心頭，尤其是當好朋友，同時也是麥金塔研發團隊的工程師赫茲菲爾德（Andy Hertzfeld）告訴他，與微軟團隊聯

繁時，對方開始提出有關點陣圖如何運作的細節問題之後。赫茲菲爾德回憶說：「我告訴賈伯斯，我懷疑微軟下一步打算抄襲麥金塔了。」

賈伯斯的憂慮在 1983 年 11 月正式浮上檯面，就在麥金塔召開產品發表會的前兩個月。蓋茲選在曼哈頓宮廷酒店（Palace Hotel）開記者會，宣布微軟正在為 IBM 及其他規格相容的個人電腦開發一套全新的作業系統，將採用圖形使用者介面，而這套新的作業系統就命名為「視窗」（Windows）。

蓋茲絕對有權利這樣做，蘋果電腦當初設定的限制條款會在 1983 年底失效，而且微軟正式推出 Windows 作業系統的時間點更晚（事實證明，即便是難登大雅之堂的 Windows 1.0 作業系統，都讓微軟花了很長的時間，才在 1985 年 11 月正式推出），但是這場記者會當然還是讓賈伯斯暴跳如雷，垮著一張臭臉對蘋果電腦的管理階層下令：「你馬上把蓋茲找來！」蓋茲當然也知道會無好會的道理，不過他並不畏懼。「他叫我來，只是為了臭罵我一頓，我像接了指令，趕到庫比蒂諾，我告訴他：『我們正在做 Windows，而且公司的未來就押在這種圖形介面上。』」當著會議室裡其他正襟危坐的蘋果電腦員工面前，賈伯斯大聲咆哮：「你剽竊了我們的心血！我信任你，你卻從我們這裡偷東西！」蓋茲有一個習慣，每當賈伯斯抓狂，他就會變得愈冷靜；等到賈伯斯發足了脾氣，蓋茲望著他，用粗嘎的聲音回了一句非常經典的注解：「這麼吧，賈伯斯，我想我們應該從另一個角度來看這件事。我想，你我都是全錄的鄰居，有一天，我闖入這個有錢鄰居的家，打算偷走電視機，卻發現你已經捷足先登。」

賈伯斯這輩子對這件事一直耿耿於懷，餘怒未消；「他們徹徹

底底把我們扒了一層皮，因為蓋茲是個無恥的傢伙。」即便事情經過快三十年，賈伯斯快走到生命盡頭的時候，他還是抱持這樣的態度。蓋茲聽到賈伯斯這樣說，只是淡淡回應：「如果他這麼認為，那他真的陷在自己的現實扭曲力場了。」

就連法院最後也判決蓋茲勝訴。美國聯邦上訴法庭在判決文上寫著：「圖形使用者介面是一套對使用者友善的操作方式，可以讓一般使用者跟蘋果電腦互動……其中包括使用視窗概念的桌面顯示系統、圖示、下拉式選單等，讓使用者可以透過叫做滑鼠的手持裝置，直接在螢幕上進行操作。」不過讓蘋果敗訴的判決理由是：「蘋果電腦不能只以圖形使用者介面，或是桌面顯示系統的概念取得類似專利的法律保障。」想要用法律保障感官體驗的創新成果幾乎是不可能的事。

不管法院最後判決如何，賈伯斯也的確有資格動怒。蘋果電腦的確比較創新，比較具有想像力，實際表現的成果也優雅許多，設計功夫更是一流。相較之下，微軟的圖形使用者介面並不精緻，每個視窗只能各自獨立運作，像磁磚堆在一起而不能互相套用，螢幕上的圖示更像是酒鬼窩在西伯利亞地下室塗鴉出的產物。

無論如何，微軟最終還是取得了主導地位，並不是因為微軟的設計比較好，而是因為微軟的經營模式比較好。微軟的視窗作業系統市占率在 1990 年達到 80%，從此之後一路攀升，2000 年時高達 95%。以賈伯斯的眼光來看，微軟的成功代表大自然免不了有缺乏美感的時刻。「微軟唯一的問題是，他們沒有品味，他們根本不知道什麼叫做品味，」後來他補充說明：「我之所以會這樣講，不是只因為雙方之間的過節，而是從更宏觀的角度來看，他們不懂得珍惜原創概念，而且也無法從他們的產品看出多少文化意涵。」

微軟的成功，其中一個主要理由是因為他們樂意，甚至是積極把自己的作業系統授權給任何電腦製造商，蘋果則反其道而行，首重整體產品的完整性，自家的硬體只能搭配自家的軟體，反之亦然。賈伯斯是藝術家，是完美主義者，同時也是控制狂，希望能從頭到尾完全掌握消費者的使用經驗。蘋果的做法是在帶來更精美的產品與更高的毛利率時，同步把消費者的使用經驗提升到另一個層次，微軟則是讓消費者擁有更多挑選硬體的空間，也證明這是擴大市場占有率的最佳做法。

斯托曼的免費軟體運動

1983 年底，當賈伯斯準備推出麥金塔、蓋茲宣布要發展視窗作業系統的時候，另一種撰寫軟體的形式也正在醞釀當中。麻省理工學院人工智慧實驗室的常客、該校「鐵路模型技術俱樂部」的成員斯托曼（Richard Stallman），就是這股新勢力的推手，他同時也是擇善固執、只服膺於真理的駭客，外貌看起來就像是《舊約聖經》裡描述的先知。道德標準更高的斯托曼不採取家釀電腦俱樂部複製微軟 BASIC 打孔紙帶那一套，不過他相信軟體應該用群體創作的方式完成，而且應該可以自由分享。

乍看之下，這種做法似乎很難提供足夠誘因，讓人投入優質軟體的開發工作，蓋茲、賈伯斯、布李克林等人當然也不是為了免費分享軟體的喜悅而開發軟體，不過因為集體創作和社群倫理早已在駭客文化中扎根，使得免費軟體與開放原始碼運動最終發展成一股不容小覷的力量。

斯托曼在 1953 年出生於曼哈頓，從小就對數學深深著迷，小小年紀就已經學會微積分。關於自己對數學的熱忱，他說：「數學某

種程度就像詩詞，無論是運算式的關連、計算步驟或是演繹推理，都沒有虛假的空間，可以在其中看見美感的存在。」斯托曼從小就跟其他同學不一樣，極力排斥競爭，有一次高中老師把班上同學分成兩組進行機智問答，斯托曼拒絕回答任何一個問題。「我反對任何競爭的想法，」他解釋：「在競賽過程中，我覺得受擺布，而我的同學更淪為代宰羔羊。雙方都急著打敗對手，卻忘了要不是身處不同隊，對手其實都是我們的好朋友。隊友不斷對我施壓，只要我答對就可以贏得競賽，但是我挺住壓力；兩隊之間誰勝誰負，對我而言並沒有任何不同。」

斯托曼就讀於哈佛大學時成為校園傳奇人物，就連其他數學奇才都對他佩服三分。大學暑假期間，他會到兩個地鐵站以外的麻省理工學院人工智慧實驗室工讀，畢業後轉為正職。他替該校鐵路模型技術俱樂部增設新的軌道，在 PDP-10 主機上模擬 PDP-11 主機的執行結果，也愛上了集體創作的文化。「我成為共享軟體社群的成員，一待就是好幾年，」他回憶當年的時光說：「每當有其他大學或是公司行號上門索取軟體，我們都會樂於提供，我們永遠樂意公開原始碼。」

斯托曼做為貨真價實的駭客，對所有禁止區域、上鎖的門都很反感，所以他跟一群同伴想出各種破門而入的方法，可闖進任何一間裝有禁止使用終端機設備的辦公室。斯托曼有個專長是在天花板夾層中爬行，到定點後推開夾層板，垂下加掛黏膠的磁帶來打開門把。當麻省理工學院要替資料庫使用者建立帳號並設定密碼時，斯托曼一樣加以抵制，還鼓動其他同學比照辦理，他說：「我認為這種做法很要不得，所以我沒有填寫申請表，遑論設定個人密碼了。」一位教授警告斯托曼，再繼續這樣下去，校方恐怕會把他的帳號資

賈伯斯（1955-2011）與沃茲尼克（1950-）攝於1976年。

1984年麥金塔發表會上出現的賈伯斯頭像，與泡泡圈中的電腦。

力倡免費軟體的斯托曼（1953-）。

Linus開發者托瓦茲（1969-）。

料刪除。斯托曼氣定神閒的回應,那樣一來,所有人都要遭殃了,因為他的個人資料夾裡面有整個系統的關鍵程式。

真正讓斯托曼難過的,是麻省理工學院的駭客同志情誼在 1980 年代初開始淪喪。人工智慧實驗室在那時買了一台新的分時共享主機,上面搭載的軟體有專屬所有權。「就算是合法取得備份也都要先簽署保密協定,」斯托曼埋怨:「意思是使用電腦要先答應不幫鄰居的忙,這等於禁絕了共同合作的社群。」

除此之外,斯托曼原本的伙伴也不再反叛,紛紛加入營利性質的軟體公司,包括從麻省理工學院人工智慧實驗室技術移轉成立的 Symbolics。他們不再免費分享,而是以此賺進大把鈔票。反倒是偶爾會直接睡在辦公室、看起來像是會去購買贓物的斯托曼,沒有加入這波賺錢行列,他甚至覺得這無異是背叛。壓垮斯托曼的最後一根稻草還是跟全錄有關:全錄提供幾台全新的雷射印表機給學校,斯托曼想要裝設一個外掛程式,好讓機器在卡紙的時候發出訊號通知所有線上使用者,因此他找人索取印表機的原始碼,不料對方竟說因為簽有保密協定,所以不能提供,搞得立意良善的斯托曼滿腔怒火。

這一切讓斯托曼變得更像先知耶利米,極力對抗偶像崇拜,殷勤講道。斯托曼自我剖析說:「有些人把我比做《舊約聖經》裡的先知,因為他們認為我的所作所為跟《舊約聖經》裡的先知一樣,明白指出社會上某些既定現象是不對的。先知不會在道德層面上有任何妥協。」斯托曼也不會。他認為賦予軟體專屬所有權是「邪惡」的事,因為「這會迫使我們同意不再分享,讓整個社會變得更醜陋。」為了要對抗邪惡的力量,斯托曼決定要獻身於免費軟體。

因此在雷根主政的 1982 年,整體社會與軟體公司瀰漫著自私自

利氣息的大環境下，斯托曼任重而道遠的踏上開發免費作業系統之路，意欲解決軟體所有權的問題。為了避免麻省理工學院日後逕自提出所有權主張，斯托曼辭去人工智慧實驗室的職務，不過在頂頭上司的同意下，斯托曼還是保有自由進出實驗室並使用相關資源的空間。斯托曼決定開發的作業系統將相容於 UNIX，這是貝爾實驗室在 1971 年完成的產物，是許多大學與駭客採用的作業系統。基於程式設計師難以捉摸的幽默感，斯托曼用遞迴手法稍微玩了一下文字遊戲，把新作業系統命名為 GNU，這是「GNU 不是 Unix」（Gnu's Not Unix）的縮寫。

1985 年 3 月，與家釀電腦俱樂部和《人民電腦公司》系出同源的《多伯博士期刊》（*Dr. Dobb's Journal*）刊載了斯托曼的宣言：「我信奉的金科玉律是，當我喜歡一套軟體的時候，我有義務把它分享給其他同樣欣賞的人。軟體業者試圖分化使用者，等到使用者同意不和其他人分享後，再個個擊破。我拒絕因此破壞自己跟其他使用者團結一致的情誼……一旦 GNU 作業系統完成後，所有人都可以免費享有優質的作業系統軟體，就好像每個人都有權利呼吸空氣一樣。」

用「免費軟體運動」稱呼斯托曼企圖推動的理想，並不十分恰當，這個運動的目標不只是訴求所有軟體都不應該收取費用，而是主張排除一切限制。斯托曼不厭其煩的解釋：「當我們指出軟體應該『免費』的時候，我們在意的是最基本的使用自由：執行程式的自由、研究程式的自由、修改程式的自由，以及不論是否做出更動，都可以對外分享的自由。重要的是自由而不是價錢，所以應該用『言論自由』的層次來探討這個問題，而不是用『免費啤酒喝到飽』這麼低俗的角度來看。」

　　對斯托曼而言，免費軟體運動不是跟著軟體業者做出類似的產品就算了，終極目標在於提升道德層次，推動更美好的社會。這個運動的主旨，他說：「基本上，不只是為了個別使用者，而是為了社會整體，因為主旨是要促進社會團結，也就是分享、合作。」

　　為了身體力行個人理念，斯托曼的 GNU 作業系統採「通用公眾授權」的使用模式，並且在朋友的建議下發明一個專和「版權」（copyright）分庭抗禮的特殊詞彙：「公共版權」（copyleft）。斯托曼說，「通用公眾授權」的本意是「讓每個人都有權利使用這套程式，不論是執行、備份、修改或者是散發修改過的版本，但不允許自行設定使用限制。」

　　斯托曼負責開發 GNU 作業系統的最基本架構，包括文字編輯器、編譯器等各式各樣的工具，但是在過程中，這套作業系統欠缺關鍵元素的嚴肅課題也慢慢浮現，《BYTE》雜誌就在 1986 年的專訪中向斯托曼請教：「這套作業系統的核心（kernel）是什麼？」核心是作業系統最底層的模組，負責把其他軟體程式的執行需求轉交給中央處理器。斯托曼回答：「等我寫完編譯器再來處理核心的問題。我也會重新編寫檔案系統。」

　　不過基於諸多理由，斯托曼發現撰寫 GNU 核心是高難度的任務，包括斯托曼本人或是因他而成立的「自由軟體基金會」都沒能完成，直到 1991 年才出乎眾人意料之外，由當時年僅二十一歲，還在赫爾辛基大學就讀、笑口常開帶有孩子氣的瑞典裔芬蘭人托瓦茲（Linus Torvalds）完成。

托瓦茲創造Linus

　　托瓦茲的父親是共產黨員，且是電視台記者，他的母親在校期

間激進而活躍，後來擔任平面媒體記者。不過童年在赫爾辛基時，托瓦茲喜歡科技的程度遠遠超過了政治議題，他形容自己在「數學、物理方面有些天分，但是對各種社交場合都沒轍。我的人格特質早在書呆子被視為楷模之前就定型了。」更何況書呆子性格在芬蘭並不吃香。

托瓦茲十一歲的時候，身為統計學教授的祖父給了他一台很早期的二手個人電腦康懋達（Commodore）Vic 20，因此托瓦茲從小會用 BASIC 寫電腦程式。比方說為了取悅妹妹，他就讓電腦不斷重複：「莎拉最棒了。」托瓦茲說過：「最讓我感到快樂的是，發現電腦就跟數學一樣，可以依照規則建立屬於自己的世界。」

儘管父親督促托瓦茲去打籃球，但是他寧願把時間花在學習用機械語言寫電腦程式上。機械語言是電腦中央處理器直接以數值表示的執行命令，對托瓦茲來講無異是「跟機器更親密的接觸」，因而樂在其中。日後他才發覺能在非常初級的設備上學會組合語言和機械碼是很幸運的，他說：「對孩子們來講，能接觸到愈低階、愈基礎的電腦設備愈好，如此一來像我這樣的小書呆子，才可以打開電腦機殼摸東摸西。」現在的電腦就跟汽車引擎一樣，變得愈來愈難拆解，也不容易再自行組裝完成。

托瓦茲在 1988 年註冊成為赫爾辛基大學的學生，並且在芬蘭陸軍服完兵役後，買了一台與 IBM 規格相容的電腦，採用 Intel 386 處理器，但是他對於其中由蓋茲帶領微軟開發的 MS-DOS 作業系統不甚滿意，所以他想改裝 UNIX 作業系統，在大學使用主機電腦時他曾經學過這套系統。不過，UNIX 作業系統一套要價 5,000 美元，而且環境設定也不太符合家用個人電腦，這促使托瓦茲思考解決方法。

托瓦茲找來由塔能鮑姆（Andrew Tanenbaum）教授所寫，介紹

作業系統的書籍詳加研讀。塔能鮑姆是在阿姆斯特丹任教的電腦科學教授，他仿照 UNIX 作業系統的原理，開發出規格較小的 MINIX 作業系統做為教材。托瓦茲決定花 169 美元取得授權（托瓦茲說：「我實在不懂為什麼要花這筆錢。」），買來十六片 MINIX 作業系統的磁碟，安裝在剛買來的電腦上取代 MS-DOS，然後進行功能擴增，把 MINIX 改得更符合他的個人風格。

托瓦茲首先使用低階的組合語言增設終端機模擬器，以便透過電話與校園內的電腦主機連線。他「幾乎從裸機的程度」，以組合語言從頭開始寫這個程式，所以不需要透過 MINIX 作業系統執行。1991 年晚春時分，在太陽結束冬眠重回芬蘭，家家戶戶都走向戶外迎接陽光時，只有托瓦茲窩在家裡，一個勁埋首於電腦程式中；「我那時候幾乎都穿著浴袍足不出戶，在雜亂的房間裡盯著那台不怎麼吸引人的新電腦，厚重玻璃窗產生的黑色陰影，讓我看不到太陽的光線。」

完成簡易版的終端機模擬器後，托瓦茲想要處理檔案的上傳、下載，因此接著完成硬碟驅動程式和系統檔驅動程式，他事後回想時說：「等到把這兩件工作也完成後，我顯然已經在開發作業系統了。」換句話說，托瓦茲陸續完成的軟體套件已經可以做為類 UNIX 作業系統的核心了。「一開始，我只是裹著舊袍子窩在家裡，想要寫一個終端機模擬器，好替新電腦增加額外功能，後來才發現這些功能彙整後，實際上也已經蛻變成可以運作的新作業系統了。」托瓦茲之後又寫了好幾百條「系統呼叫」（system call），這是 UNIX 作業系統中讓電腦執行最基本操作的指令，比方說開與關、讀與寫，之後再寫程式讓電腦以他自己的方式執行這些系統呼叫。這個時候托瓦茲還住在媽媽的公寓裡，時常和妹妹莎拉互相口角。莎拉擁有

正常的社交生活，但是家裡電話卻總是被哥哥的數據機霸占，莎拉不禁抱怨：「電話都打不進來了。」

托瓦茲一開始打算結合「free」（自由）、「freak」（怪咖）、「UNIX」三個單字，把這套新的作業系統取名為「Freax」，但是他經常連線的 FTP 站站長不喜歡這個名字，所以托瓦茲只好使用自己的名字「Linux」，還特別強調第一個音節要像他一樣拖長音，唸成「LEE-nucks」才行。「其實我並不想把它取名為 Linux，因為我覺得這有點，嗯，好吧，太過自負了。」不過托瓦茲最後還是使用了，一部分是因為經過這麼多年深居簡出的書呆子生活後，終於能夠得到肯定，確實也讓他有點飄飄然，所以還是很高興能使用這個名字。

1991 年初秋，在赫爾辛基的太陽又再度失去蹤影時，托瓦茲已經進入到包含上萬條程式碼的「殼層」（shell）階段。*托瓦茲沒有打算把這套作業系統商品化，只是很簡單的決定要把一切心血結晶全部公開。做出這個決定前不久，托瓦茲和朋友一起去聽了斯托曼的演講。斯托曼為了宣揚免費軟體的概念四處演講，足跡遍及全球，但是托瓦茲卻不是因為聽了斯托曼的說法後產生信仰，而擁抱這個信念。「當時這個決定應該不會對我的人生帶來重大影響，我有興趣的是技術，不是政治理念 —— 這個我在家就已經聽得夠多了。」不過，托瓦茲倒是很清楚，開放原始碼實際上可以享有多大優勢，所以他不是基於哲學判斷，而是幾乎不假思索就認為 Linux 應該免費提供給所有人使用，以期待其他使用者會不斷出手改良。

1991 年 10 月 5 日，托瓦茲厚臉皮的在 MINIX 作業系統的討論群組中留言：「你們想念 minix-1.1 那段好漢做事好漢當，自己替電腦設備寫驅動程式的美好時光嗎？我現在正在替 AT-386 電腦撰寫一套看起來很接近 minix 的免費作業系統，現在終於進入到可以使用的

階段（雖然可能還是不符合你們的期待），我很樂意公開全部的原始碼，希望你們能幫我把這套免費作業系統盡量傳播出去。」

「我沒有多想就去上面留言了，」托瓦茲回憶起當時說：「可見我有多麼習慣與他人共享軟體。」電腦世界裡曾經有（現在也還有）很強的共享軟體文化，有些人願意付一筆小錢，下載其他人撰寫的程式。「之後我收到幾封電子郵件，問我需不需要他們寄張 30 美元支票之類的給我，」托瓦茲說。他當時不但背負 5,000 美元的助學貸款，就連新電腦也是以每個月 50 美元分期付款買的，但是托瓦茲沒有要求使用者提供金援，而是請他們寄來明信片，於是世界各地 Linux 使用者的明信片如雪花般飛來。「莎拉一如往常拿取郵件，突然發現那個愛跟她打打鬧鬧的哥哥，似乎結交了不少遠方的新朋友，」托瓦茲說：「這是她第一次察覺，我長時間霸占家中電話，似乎是在做某些很不得了的事情。」

根據托瓦茲事後的解釋，他似乎基於好幾個原因不願意接受金援，其中包含想要擦亮家傳祖訓的想法：

我覺得自己似乎接續著幾世紀以來，眾多科學家和學者所留下的腳步，而他們的成就也一樣是奠立在前人的基礎上……我希望能獲得你們回饋的意見（呃，請多給點鼓勵），而向有可能幫我改善作業系統的人收錢，我覺得是很不合理的事。如果我不是在芬蘭出生、成長的話，或許會採用另一種做法；在芬蘭，任何人只要透露出一絲絲貪婪的氣息，就會招來異樣的眼光 —— 如果不是羨慕的話。是的，如果我的成長過程不是受鐵桿知識份子的祖父和鐵桿共

---

* 2009年，附掛在GNU/Linux系統下的Debian 5.0版作業系統，已經發展到三億兩千四百萬條程式碼，另外也有一份研究指出，如果要用傳統商業模式開發這套作業系統，大概要花上將近八十億美元才有可能辦到（http://gsyc.es/~frivas/paper.pdf）。

產黨黨員的父親影響那麼深，我當然不可能完全採用不帶任何商業
利益的方式處理這件事。

「貪婪從來不是好事。」托瓦茲大聲宣稱。他的決定讓他成為民
間英雄，非常適合在重要場合公開接受表揚，或是擔任雜誌聲討蓋
茲時的封面人物。更令人敬佩的是，托瓦茲非常清楚，自己沾沾自
喜於獲得的好評，讓他陷入驕傲自大，即使崇拜者尚未發現。托瓦
茲大方坦承：「我並不是如傳播媒體莫名其妙堅持要報導成的那位無
私無我，只熱愛技術發展的小孩。」

托瓦茲決定沿用 GNU「通用公眾授權」模式，不只是因為他完
全同意斯托曼（也有可能是出於父母親的影響）自由分享的意識型
態，也是因為他認為把原始碼攤在全世界功力深厚的駭客眼前，形
同邀請他們共同努力打造真正受人推崇的軟體。「把 Linux 公開的
理由其實也有點自私，」他說：「因為我不想動手處理作業系統中，
一些我認為雜七雜八的瑣碎工作，我希望有人幫忙處理那些很令人
傷腦筋的事。」

托瓦茲在這方面的判斷相當正確，把 Linux 核心公開後，一個接
一個志願參與改善工程的人，有如海嘯般不停往外擴散，形成數位
年代以集體之力共同實現創新的典範。1992 年秋天，在公開上線一
年以後，上網登錄成 Linux 新聞群組的成員數以萬計，無私合作改良
Linux 的成果包括，建立類似 Windows 作業系統的圖形介面、以及用
來開發電腦連線的各種工具，無論原始碼哪邊發現有漏洞，都很快
會有人出面俐落的解決。開放軟體運動頗具影響力的理論大師雷蒙
（Eric Raymond）在《大教堂與市集》一書中提出他所謂「Linus 法
則」：「只要夠多人盯，bug 就無所遁形。」

利己與利他的思辨

呼朋引伴為共同利益合作，並不是新鮮事。然而整個生物演化領域都在問一個問題：為什麼人類和某些物種會合作，促成利他的行為？我們在所有社會都發現成立志工組織的傳統，在拓荒時期的美國尤其明顯，合作的項目從興建公有穀倉到縫製被毯不一而足，我們可以在法國哲學家托克維爾的書裡讀到：「世界上沒有其他國家能如此成功運用協作原則，在各種事務中毫不保留的付出，除了美國。」美國著名政治家富蘭克林也在《自傳》一書中用「讓公眾受益是高尚的」這句座右銘，闡述無暇的公民守則，說明自己創辦志工組織設置醫院、民兵團、街坊清潔隊、消防隊、圖書館、巡守隊以及其他有助於社區營造工作的緣由。

圍繞著 GNU 和 Linux 而生的駭客軍團顯示不涉及金錢報酬，而是單純的情感誘因可以促成自願性的合作。「金錢不是最有用的誘因，」托瓦茲說：「我們最優秀的表現往往是受熱情驅使而成的，因此能夠樂在其中，不論是劇作家、雕刻家、創業家或是軟體工程師都一體適用。」而不論無心或有意，這當中也會包含一部分自利的因素：「在駭客提供具體的貢獻後，從伙伴眼中看到的敬佩，也是很重要的驅動力量……每個人都希望能讓同儕留下深刻的印象，提高自己的聲望與社會地位，開放電腦程式的發展過程，讓程式設計師擁有達成上述成就的機會。」

蓋茲在〈致業餘電腦玩家的一封公開信〉中，指責未經授權就任意散發微軟 BASIC 軟體的行為，還任性的問：「在商言商，有誰願意永遠這樣勞而不獲呢？」結果托瓦茲還真的用不尋常的方法摸索出答案。托瓦茲和蓋茲來自兩種不同的文化，一個是來自赫爾辛

基、帶有共產主義色彩的單純學術圈，另一個則是來自西雅圖、企業界菁英中的菁英；蓋茲或許終能坐擁豪宅，但是托瓦茲卻能享有對抗既有體制的聲望。「新聞記者似乎很喜歡製造對比，以蓋茲住在高科技打造的湖畔別墅，比照我住在無聊的聖塔克拉拉，在三房的農莊小屋裡要小心別絆到女兒的玩具，而且家裡的熱水管還壞掉了，」托瓦茲反諷的自我解嘲：「我開的是不起眼的龐帝克，也沒有祕書代勞接電話，但是，會有誰不喜歡我？」

托瓦茲充分掌握數位年代的潮流，被視為是能夠去除中央指揮與科層組織，集眾人之力共同合作的領袖人物，這跟維基百科創辦人威爾斯（Jimmy Wales）在差不多相同時間點所做的事類似。面對抉擇的第一條守則就是，以工程師的心態做決定，只從技術面進行考量，不把個人得失納入。「這是讓他人信任我的方法，」托瓦茲解釋：「有了信任後，他們才可能接受我的建議。」托瓦茲也了解，自願合作架構的領導人要能鼓勵參與者順從自己的熱情大步向前，而不是頤指氣使支配參與者。「最有效、最成功的領導方式，是讓參與者做他們想做的事，而不是去做你指定完成的工作。」這樣的領導者才有辦法賦予組織自我強化的能力。當上述種種運作順利進行，建立在共識上的治理方式會自然生成，一如 Linux 和維基百科這兩個例子所展現的一樣。「很多人對於開放軟體真的可行感到不可置信，」托瓦茲總結說：「大家都知道誰是活躍分子、誰值得信任，一切都變得那麼理所當然，無須投票、沒有命令，也不用下指導棋。」

GNU 和 Linux 整合的故事，至少在觀念上展現出斯托曼推動的理念獲得了成功，但是道德崇高的先知不會停下腳步歡慶勝利，更

何況斯托曼對原則的堅持毫不妥協，托瓦茲則相對大而化之。Linux 最終的核心程式包含具所有權爭議的二進位大型物件，這是可以克服的問題，事實上斯托曼的自由軟體基金會也提供了完全不涉及所有權爭議的版本，但是斯托曼更在意的是深入心理層面的初衷，比方說，他不能接受「Linux 作業系統」這個幾乎人人朗朗上口的用詞，他認為這是誤導，因為 Linux 只是作業系統中的核心，所以他堅持完整的作業系統應該叫做 GNU/Linux 才對，有時候甚至會為了用字遣詞勃然大怒。有人敘述在某個軟體展上，有個緊張的十四歲的小男孩問斯托曼有關 Linux 的問題，斯托曼所做的反應。之後此人嚴厲斥責斯托曼：「你不留情狠狠修理這個小男孩，把他當笨蛋。我看著他的臉垮下，把對你的熱愛與我們的目標，都完全丟棄。」

斯托曼堅持目標應該朝自由軟體的方向前進，自由軟體這個詞才能彰顯出重要的道德意涵；他反對托瓦茲和雷蒙一開始採用「開放原始碼軟體」（open-source software）這個詞彙，認為他們太過從實務面強調，以集體合作方式才能更有效率開發軟體的目標。事實上，大多數免費軟體就是開放原始碼軟體，反之亦然，也經常歸類成「免費的開放原始碼軟體」，但是講求純粹主義的斯托曼不只在意用什麼方法開發軟體，他更在意開發軟體的原始動機，否則這場運動就有和稀泥與腐化之虞。

這個爭議已經某種程度超出物質層面而進入了意識型態之爭，斯托曼籠罩在目標明確、毫不妥協的道德光環裡，抱怨著說：「今天任何人要鼓吹理想主義都非常困難：主流意識型態會告訴大家，理想主義『一點也沒可行性』。」相形之下，托瓦茲毫不掩飾他的務實主義，十足工程師的想法：「我支持務實派的做法，雖然我一向認為理想主義者滿有意思的，但是難免有些無聊又容易嚇到人。」

托瓦茲承認自己「不完全是死心塌地追隨斯托曼的粉絲」，他說：「我不很欣賞只注重單一議題的人，我也不認為把世界弄得黑白分明是合宜、有效的。事實上，任何議題都不應該只剩下兩種立場，應該存在的是一道分布廣泛的光譜。任何重大問題的正確答案幾乎都是『視情況而定』才對。」托瓦茲也不認為從開放原始碼軟體中獲利罪無可逭，「開放原始碼的重點在於讓每個人都能參與，既然如此，為何要把商業因素，這個推動許多社會科技進步的動力排除在外？」軟體也許想要自由，但是寫出軟體的人或許也有一家老小需要照料，也有需要給投資人交代。

這些爭議不應該掩蓋掉斯托曼、托瓦茲和成千上萬協作者共同達成的驚人成就。GNU 加上 Linux 組合而成的作業系統已經運用在許多硬體平台上，包括全球前十大超級電腦到行動電話的內建系統都有，涵蓋範圍比任何其他的作業系統還多。「Linux 是一個顛覆性的產物，」雷蒙表示：「有誰曾經想過，僅僅透過網際網路若有似無的把散布全世界、成千上萬兼職的共同開發者連結在一起，最終得到的成果，居然會如此神奇的演變成世界級的作業系統呢？」這個成果不只是一套優質的作業系統，同時也是其他經由集體創作推出共有產品的典範，就像謀智公司的火狐瀏覽器或是維基百科的內容。

1990 年代有很多開發軟體的做法。有蘋果電腦把硬體、作業系統和應用軟體完整搭配，陸續推出麥金塔、iPhone 或其他相關產品帶給消費者高檔使用經驗的做法，也有微軟讓作業系統和硬體脫勾、讓消費者擁有更多選擇空間的做法，更有以免費與開放原始碼為基礎，讓所有使用者擁有不受限制、逕行修改軟體的做法。每一種做法都有其優點與實現創造力的誘因，也都有各自的代表性先

知與運作原則。最好的做法就是讓三種方式共存,混合各種開放與封閉、搭售或脫勾、版權所有或任君取用的不同選擇,在過去幾十年來 Windows、Mac、UNIX、Linux、iOS、Android 以不同做法為基礎,互相競爭、爭奇鬥豔,這避免了讓任何一種做法取得主導地位,而阻礙了創新。

2010年，布萊恩（1944-）與布蘭德（右）攝於布蘭德的船屋。

創業點子王馮麥斯特（1942-1995）。

美國線上的重要推手史帝夫·凱斯（1958-）。

10

連線上網

　　雖然網際網路和個人電腦都誕生於 1970 年代，但奇怪的是，這兩者的發展卻各自獨立，更奇怪的是，不相往來的過程居然超過十年。喜歡在網路世界遨遊的心態，不同於渴望擁有只屬於自己的個人電腦或許是原因之一；早期個人電腦的愛好者並沒有發展「社群記憶」的烏托邦精神，至少在最初階段，這些電腦怪傑的關注範圍只在於自己的電腦。

　　還有另一個顯而易見的理由可以解釋，為什麼個人電腦的興起跟網路的成長是分家的。1970 年代開發完成的 ARPANET 並沒有開放給一般大眾使用，直到 1981 年威斯康辛大學的蘭韋伯（Lawrence Landweber）才召集所有遭排除在 ARPANET 之外的大專院校另組聯盟推動 TCP/IP 網路通訊協定，稱之為電腦科學網路（CSNET）。蘭韋伯說：「在那之前，美國只有極少電腦研究單位可以接觸到網路。」CSNET 後來在美國國家科學基金會挹注下，演變成 NSFNET 的先期計畫。儘管這一切不同的網路系統在 1980 年代統統整合成網際網路，但是在家使用個人電腦的一般民眾還是很難接觸到網路，除

非透過大專院校或學術機構的資源,才可能一窺其中奧妙。

因此,從 1970 年代初開始經過將近十五年的時間,網際網路的形成和家用個人電腦的快速成長,變成了兩條平行線,一直要等到 1980 年代末,一般人在家或是在辦公室也有辦法撥接上網後,才逐漸有了交集,並促進了新一波的數位革命。這波新的數位革命實現了布許、李克萊德、恩格巴特等人的夢想:電腦終於可以成為個人創造力與集體創作的工具,擴增人類智能及促進合作。

電子郵件與電子布告欄

作家吉布森(William Gibson)1982 年的科幻短篇集《燃燒的鉻》(*Burning Chrome*)中一個描寫網路叛客的故事,裡頭有一句:「事物都有意想不到的用處。」同理,ARPANET 的使用者也找到了自己的使用方式,它原本是做為與分時共享主機連線用的網路,雖然這個目的沒有達成,但是就跟很多其他的科技一樣,成為溝通媒介與社交網路後反而大獲好評。數位年代裡,人與人之間期望彼此溝通、聯繫、合作並建立社群的結果,造就了殺手級應用程式的產生,而 ARPANET 在這方面引領風騷,於 1972 年推出了電子郵件。

當時使用分時共享主機的研究人員早就看過電子郵件的雛形:大型主機的使用者透過 SNDMSG 程式,可以把訊息傳到同一部主機另一位使用者的資料夾。1971 年底,麻省理工學院畢業後前往 BBN 任職的工程師湯林生(Ray Tomlinson)突發奇想,試圖把電子訊息傳到其他大型主機使用者的資料夾,他把 SNDMSG 跟實驗性質的檔案傳輸程式 CPYNET(用以向 ARPANET 其他遠端主機傳輸檔案的程式)加以整合,產生出乎意料的神奇結果:為了指定電子訊息該傳到另一台主機上哪一位使用者的資料夾,湯林生使用鍵盤上

「@」符號,建立我們現在慣用的郵件地址系統:使用者名稱 @ 主機名稱。換句話說,湯林生不只發明了電子郵件,還一併把連接全世界的象徵符碼都完成了。

ARPANET 能夠讓研究人員從不同地點連線取得運算資源,不過很少人使用這項功能,反倒是電子郵件一躍成為促成研究合作的主要工具。ARPA 主任魯卡席克(Stephen Lukasik)就屬於第一批對電子郵件上癮的使用者,致使所有要跟他溝通的研究人員也都搭上了這股熱潮。魯卡席克在 1973 年透過研究得知,電子郵件不到兩年就占用 ARPANET 系統 75% 的使用流量,幾年之後 BBN 的正式報告指出:「ARPANET 最令人不可思議的,就是超受歡迎與成功的網路郵件。」其實也沒什麼好驚訝的,對社群網路的渴望不只促成各項創新,而且會對其整合。

電子郵件不只能夠讓兩位使用者互相傳遞訊息,也能夠透過電子郵件建立虛擬社群,一如李克萊德、泰勒兩人在 1968 年的預言:「是一個建立在擁有共同興趣與共同目標上的虛擬社群,而不是完全隨機的不期而遇。」

最早的虛擬社群建立在接收電子郵件的鏈結上,相當程度屬於收件人自我歸屬而形成的社團,也就是現在稱之為「郵寄清單」的社群網路。第一個大型的郵寄清單是成立於 1975 年的科幻小說同好會「SF-Lovers」。ARPA 主管原本打算關閉這個社群,以免國會議員質疑他們不務正業,濫用軍事預算組成科幻小說同好會,不過科幻小說同好會的主事者提出不同觀點,成功說服 ARPA 的主管 —— 這是實際演練如何傳遞大量資料的寶貴機會。

不久,其他組成線上社群的方法如雨後春筍般紛紛湧現,有些人直接以網際網路為骨幹,有些人則採用審查制。1978 年 2 月,克

利斯登森（Ward Christensen）和蘇威士（Randy Suess）這兩位「芝加哥電腦愛好者交流會」成員遭暴風雪困得無所事事，於是花很多時間開發出世上第一個電子布告欄系統（BBS），提供駭客、業餘電腦玩家和自我派任的「站長」〔sysop，是系統管理員（system operator）的縮寫〕架設線上論壇，還可以張貼檔案、盜版軟體、生活資訊以及留言，任何人只要能連線上網，都能參與。次年，還沒連上網際網路的杜克大學、北卡大學兩校學生，開發出另一套以個人電腦為骨幹、可以在系統內透過留言與回應，建立討論區的新系統，稱為「Usenet」，在 Usenet 上接收不同類型貼文的小團體就叫做「新聞群組」（newsgroup）；1984 年全美國各大專院校與機關行號內安裝 Usenet 終端機的數量已經接近一千台之譜。

即使電子布告欄、新聞群組這些產品早已問世，但是一般個人電腦使用者還是很難接觸到虛擬社群，主要問題出在當時不論是一般家庭或是大多數辦公地點都沒有連線工具。不過 1980 年代初期，綜合技術面與法律面的變革促成了一項新創新，規模雖小，但卻對日後發展帶來重大衝擊。

千辛萬苦才接上數據機

這項終於可以讓家用電腦和全球網路架構連線的創新設備叫做數據機。因為可以調變（modulator）與解調（demodulator），所以數據機的英文名稱為 modem，中文俗稱魔電。數據機可以針對電話線路上的類比訊號進行調變與解調，轉換成數位訊號以便傳送、接收，因此能讓一般人使用電話線連線上網，從此展開一場連線上網的革命性發展。

由於 AT&T 在美國電話系統取得幾近於獨家壟斷的地位，甚至

可以控制使用者在家裡使用哪些電話設備，因此連線上網的時間點就是被 AT&T 延誤的。比方說，除非是向「貝爾大媽」* 直接租賃或是取得同意，否則消費者不可以在電話線上連接任何其他東西，就算是接在電話上也不行。儘管 AT&T 早在 1950 年代就有辦法生產數據機，但卻是又貴又笨重，只提供給企業用戶或軍事單位使用，不適合做為業餘電腦玩家組織虛擬社群的工具。

後來發生了保密電話（Hush-A-Phone）事件。保密電話是裝在電話上的簡易塑膠聽筒，可以放大說話者在電話中的音量，以避免周邊的人聽到通話內容，在美國早已流通二十多年，從來沒產生過任何問題。沒想到 AT&T 法務人員某一天在商店櫥窗看到這個產品，該公司決定提出控訴，指稱任何外接裝置，即使是一小片塑膠錐，都會毀損 AT&T 的電話網路，從而可見這家公司為了維持壟斷地位有多麼不擇手段了。

所幸這次 AT&T 嚴重失算，聯邦上訴法院駁回該公司的主張，連帶使 AT&T 為電話網路設置的高牆開始鬆動。雖然法院當時還認定，使用電子式數據機接上 AT&T 的電話網路是非法行為，但是卻對機械式裝置大開方便之門，譬如說替話筒裝上吸盤式的聲響耦合器（acoustic coupler）。進入 1970 年代後，開始有一些聲響耦合器式的數據機問世，其中包括以費爾森斯坦為首的業餘電腦玩家開發的 Pennywhistle，這台機器每秒鐘可以傳送、接收的數位訊號達三百位元。†

接下來，德州一位打死不退、以販賣牛隻為業的牛仔歷經十二年漫長的法律訴訟，終於贏得讓客戶使用他發明的「無線電電話分

---

* 編注：貝爾大媽（Ma Bell），因為貝爾公司是最大的電話公司，所以得此戲稱。

† 現在的乙太網路或 WiFi，可以用每秒鐘十億位元的速率傳遞資料，比費爾森斯坦當年的產品快上三百萬倍。

機」的權利。之後又經過好幾年研議立法階段的折衝，美國聯邦通訊委員會終於在 1975 年，核准電話用戶使用電子設備連線上網。

受到 AT&T 向國會不斷遊說的影響，相關的法案內容仍舊規定得很嚴苛，因此電子數據機初期的售價非常高，直到 1981 年可以直接接上電話線的賀氏智慧數據機上市，才讓個人電腦可以擺脫笨重的聲響耦合器，直接上網。從此以後，不論是帶領風潮的業餘電腦玩家、網路叛客，還是平凡的家用電腦使用者，都可以撥打電話給網路服務公司，等數據機傳來高頻「嗶、嗶」音表示資料鏈結完成後，就可以任意遨遊於由電子布告欄、新聞群組、郵寄清單及其他各種五花八門線上工具搭建的虛擬社群了。

The WELL 線上論壇

數位革命每發展到約末十年的關卡，就會看見布蘭德自娛娛人的身影，他總能找到讓社群團體與非主流文化彼此交疊的科技元素，像是與凱西共同創辦科技魔幻秀「旅程祭典」，在《滾石》雜誌報導電動玩具「太空大戰」和全錄 PARC 的故事，協助恩格巴特完成「原型機之母」的成果發表會，發行《全球概覽》等。在數據機愈來愈普及、個人電腦愈來愈容易操作的 1984 年秋天，布蘭德又再次發揮關鍵影響力，協助發展最早期的線上社群服務：全球電子連結（The WELL）。

事情的開頭跟另一位創意玩家布萊恩（Larry Brilliant）有關，布萊恩像布蘭德一樣會玩，經常在追求理想的非主流科技文化場合中現身，他既是醫師也是流行病學家，覺得自己有義務改造這個世界，但是希望能用有趣的方式進行。當印地安人占領舊金山阿爾卡特拉斯島時，布萊恩以醫師的身分相助；他追隨過瑜珈大師卡洛

里‧巴巴的腳步前往喜馬拉雅修行，尋求心智上的啟迪（這次經歷
讓他與賈伯斯第一次交會）；名列世界衛生組織對抗天花的醫療團
成員，並在賈伯斯與非主流文化要角達斯（Ram Dass）以及葛拉威
（Wavy Gravy）的贊助下，成立了以治療全球貧困地區眼疾患者為宗
旨的塞瓦基金會（Seva Foundation）。

當塞瓦基金會一架直升機在尼泊爾發生機械故障的時候，布萊
恩利用過電腦會議系統和賈伯斯提供給基金會的 Apple II，組成線上
即時維修小組，對線上群組討論的強大潛力印象深刻。之後布萊恩
前往密西根大學任教，就近協助一家利用校園網路開發電腦會議軟
體的公司成立，該公司生產的軟體叫 PicoSpan，可以讓使用者針對
不同議題貼文，然後把相關貼文串連給所有使用者瀏覽。集理想主
義、科技烏托邦主義與創業家精神於一身的布萊恩，會利用這套會
議系統把醫療專業帶到亞洲窮鄉僻壤，只要發現有不對勁的地方，
就會組成任務小組加以克服。

布萊恩利用一次前往聖地牙哥開會的空檔，電話邀約老朋友布
蘭德一起吃中餐。他們相約的餐廳，離布蘭德原本要裸泳整天的海
灘不遠，布萊恩在此向布蘭德提出兩個彼此呼應的點子：幫忙推廣
PicoSpan 會議系統、邀請伙伴成立線上智庫討論群。布萊恩提議和
布蘭德合夥，布萊恩出資二十萬美元購買電腦並提供軟體；「布蘭德
負責管理系統運作，並利用人脈廣邀聰明、有趣的朋友，充實智庫
陣容，」布萊恩說：「我想利用這項新科技討論《全球概覽》裡的
所有內容，不論是要討論瑞士刀、太陽能聚熱爐，都可以組成各自
的社群網路。」

布蘭德把原本的想法再擴大：創造全世界最刺激的線上社群，
裡面的成員想討論什麼都行。布蘭德提議：「不如我們就專注於提

供對話平台，邀請全世界最聰明的伙伴加入，讓他們自己決定哪些話題才是他們感興趣的。」布蘭德也替這個平台取了名字：The WELL，然後逆推出「全球電子連結」（The Whole Earth 'Lectronic Link）的英文全名，關於英文名字中那詭計的一撇，布蘭德之後解釋：「任何名稱都值得擁有一個。」

布蘭德在這個社群首創一個重要概念，雖然日後的虛擬社群並沒有採納，卻是讓 The WELL 服務能夠開枝散葉的關鍵因素：參與者不能夠完全匿名。參與者可以由別人代為發文，也可以用化名，但一開始加入時，必須提供真實姓名，讓其他使用者知道你是誰。The WELL 的歡迎頁面會跳出布蘭德堅持的原則：「你得說話算話」以及「對自己的貼文負責」。

就像網際網路一樣，The WELL 也變成由使用者自行決定如何發展的系統，其 1987 年的線上論壇範圍從死之華樂團（最受歡迎的項目）到 UNIX 程式，從藝術到親子關係，從外星生物到軟體設計，無所不包。The WELL 採用最低限度的管理系統，反而有助於使用者攜手合作，讓 The WELL 既是上癮的體驗，也是神奇的社會實驗。後來還有很多專書加以介紹，包括頗具影響力的科技作家萊恩高爾德及海夫納所寫的書籍。海夫納在書中表示：「在 The WELL 裡，你可以和現實生活中八竿子打不著的人進行對話，這就是其魅力所在。」萊恩高爾德在他的書中提到：「它就像街角那家酒吧，裡面充滿多年老友和討人喜歡的新朋友，隨時有新奇的玩意可以帶回家，還有鮮活的塗鴉、聯繫情感的信籤，唯一差別只在於不用穿上外套、關上電腦，真的出門走到街角，只需要打開連線程式，他們就會現身。」有一次，萊恩高爾德發現他兩歲女兒的頭上有壁蝨，結果在家庭醫師回電說明治療方法前，一位連線上 The WELL 的醫

師就已經跟他交代完該如何處理了。

線上對話也有可能爭得面紅耳赤，有一位話題領導者叫做孟岱爾（Tom Mandel），他既是海夫納書中的主角，也協助我和同事管理《時代》雜誌的線上論壇，經常會跟其他使用者產生激烈的言詞交鋒。「我對任何事情都有意見，我還曾經跟西岸半數的網站用戶起了衝突，最後演變成電子版的燎原之火，害自己被 The WELL 剔除帳號，」孟岱爾說。儘管如此，當他在網路上揭露自己染上癌症，不久於人世的訊息，網友捐棄前嫌齊聲為他祝福，讓他感動的在最後幾則貼文中表示：「我好傷心，真的非常、非常傷心。我不知道該怎麼表達，在得知自己在這邊和你們吵吵鬧鬧、唇槍舌劍的日子不多之後，內心的戚苦難過。」

The WELL 打造一個親密又貼心的社群典範，這是網際網路曾經有過的特質，即使經過三十多年，它仍是令人感到休戚與共的社群。現在的網路社群已經有好長一段時間都是依靠各種線上商務維繫人氣，原本在聊天室共聚一堂的感受愈來愈淡薄。倒退回匿名性質的網路社群俯拾皆是，破壞布蘭德當初訂下，要大家為自己的貼文負責的守則，致使現在網路社群的留言欠缺考慮，討論時也不深入。網際網路的發展會經歷很多循環階段，曾經走過分時共享架構、新聞群組、線上刊物、部落格、社群網路等各種型態，或許有一天，人們對創造街角酒吧般互信社群的渴望會再次出現，到時候 The WELL 或其他重現此精神的新創產業，將推動下一波創新熱潮。畢竟有時候，創新的目的就是為了恢復我們曾失去的東西。

美國線上

馮麥斯特（William von Meister）是 1970 年代末推動數位創新的

早期先驅代表。就像羅伯茲與 Altair 電腦的故事一樣，馮麥斯特也是精力充沛且馬不停蹄的創業家。馮麥斯特這一型創新者坐擁創投資本家源源不絕挹注的資金，拋出的點子如同火花激昂，於是腎上腺素泉湧，完全不顧風險，以傳教士的熱忱探索新科技。馮麥斯特可以說既是榜樣也是警惕。馮麥斯特不像諾宜斯、蓋茲、賈伯斯，他創新的目的不是為了建立公司，而是先發動創新再看它們能於何處成長。馮麥斯特一點也不害怕失敗，失敗甚至是他的動力來源，他這類人使得接受失敗成為網際網路年代的特色。好大喜功的馮麥斯特創下在十年內創立九家公司的紀錄，不過這九家公司要不是倒閉收場，就是把他逐出經營團隊。但馮麥斯特經由這一連串失敗累積的經驗，讓我們得以定義投身網際網路的創業家範本：愈挫愈勇，從失敗中摸索出線上商務的經營模式。

馮麥斯特的母親是奧地利伯爵夫人，而身為德皇威廉二世義子的父親奉派前往美國，經營德國興登堡號飛船公司的跨洲航線，直到 1937 年興登堡號發生空難為止。之後，馮麥斯特的父親改經營化工公司，結果又因涉嫌詐欺被起訴。父親的行事風格在 1942 年出生的小馮麥斯特身上留下印記，讓他不顧一切比照父親那套大起大落的人生哲學。馮麥斯特從小在紐澤西占地達二十八英畝、名為「藍煙囪」的刷白磚造豪宅中長大。小時候他喜歡躲在閣樓裡把玩火腿族對講機和其他電子器具，曾經自己動手做過無線電發話器讓父親帶在車上，這樣父親下班回家快到門口時，就能從車上發送訊號讓家裡的幫傭預先準備好熱茶。

馮麥斯特斷斷續續在華盛頓特區多所大專院校上演註冊、休學的戲碼後，進入西聯匯款工作，透過許多不尋常的投資管道致富，像是轉賣公司尚稱堪用的報廢設備，或是讓消費者來電口述重要訊

息以連夜寄送。*雖然他獨到的投資眼光往往能獲得回報，但是卻也老是因為花錢如流水、不太在意營運，而遭逐出經營團隊，這也成為他日後屢屢發作的老毛病。

馮麥斯特也是原生的媒體創業家，意思是他比較像 CNN 創辦人透納而不是臉書創辦人祖克柏，他是能把狂想和創意完美融合到幾乎難以分辨的奇人異士。馮麥斯特熱愛追求時尚名媛、高檔紅酒、名貴跑車、私人飛機、單一純麥威士忌和走私來的雪茄，根據許瑞吉（Michael Schrage）在《華盛頓郵報》以馮麥斯特做的人物報導所說：「馮麥斯特不只是點子不斷的創業家，同時也是洞燭先機的創業家。事後來看他拋出的創業想法，會發現絕不是胡思亂想，但是在他提出的當下，卻往往讓人覺得異想天開。問題的癥結出在馮麥斯特是個狂人，人們會把他的瘋狂跟創意搞混，因為這兩者是那麼的密不可分。」

馮麥斯特一直運用新的概念從創投家那裡募得資金，他在這方面的操作相當嫻熟，卻沒有成功經營過哪家公司。他開過的公司如下：聘請許多電話客服人員提供商業服務；在華盛頓特區近郊開了名為 McLean Lunch and Radiator 的餐廳，讓饕客邊用餐邊撥打免費的長途電話；設立名為 Infocast 的服務系統，可以透過調頻無線電發送數位訊號到電腦上。1978 年，或許是對於這些事業感到無趣，也或許是因為成了它們的拒絕往來戶，馮麥斯特結合自身攝影、電腦、資訊網路的嗜好，開發出全新的服務平台：The Source。

The Source 可以讓家用電腦透過電話線連上網，提供電子布告欄、留言訊息、新聞報導、星座運勢、餐廳指南、紅酒評鑑、購物折扣、天氣預報、航班與股價資訊等，這是第一套以顧客需求為導

---

* 後來西聯匯款買進這項業務，發展為速郵服務（mailgram service）。

向的連線上網服務系統（另一套名為 CompuServe 的服務主要提供給分時共享主機網路的商務客戶，直到 1979 年才踏入一般消費者撥接上網的市場）。「讓你的個人電腦跑遍全世界任何角落！」The Source 在早期的宣傳單這樣宣稱。馮麥斯特告訴《華盛頓郵報》，線上服務提供資訊會變成基礎設施：「就好像打開水龍頭就會有水流出來一樣。」The Source 除了會把五花八門的資訊帶進一般家庭，另一項重點功能是建立社群：不論是透過線上論壇、聊天室或是私人檔案分享區，都可以讓使用者擺上自己的作品供其他人下載。1979 年 7 月，The Source 在曼哈頓廣場飯店舉行正式發表會，與會的科幻小說作家艾西莫夫表示：「資訊年代從此將正式展開！」

不過按照慣例，馮麥斯特很快又陷入揮霍無度與經營不善的困境，一年後就被幕後主要金主趕走了，這位金主如此評價馮麥斯特：「他是很糟糕的創業家，因為他無法克制思考下一個創業項目的衝動。」The Source 後來賣給《讀者文摘》，不久後又轉賣給 CompuServe；儘管壽命短暫，The Source 還是完成許多電腦連線上網年代的開創性成果，證明消費者追求的不只是在家裡掌握資訊，也希望能夠和其他朋友互相串連，並分享自己的創作。

馮麥斯特的下一個點子又一樣有點太過前衛：把音樂專賣店帶進家裡：透過有線電視網銷售串流音樂。唱片行與唱片公司因擔心生意受損而聯手抵制，讓馮麥斯特無法取得歌曲，點子王馮麥斯特立刻變招，把腦筋動到電玩上，這是更令人垂涎的市場：當時全美已經有一千四百萬台 Atari 家用遊戲機台。馮麥斯特接著成立「影控企業」（CVC）提供消費者以租或買來下載遊戲內容，他為這個服務取名為「遊戲前線」（GameLine）。不久後，馮麥斯特比照 The Source 的經驗，開始把各種資訊搭配在 GameLine 的整體服務裡，他

說：「我們就是要把電玩迷變成資訊迷。」

CVC 與 GameLine 在往華盛頓杜勒斯機場路上的商城中設立店面。從這次馮麥斯特挑選的董事會成員可以看出，創新的火把已經轉交給網際網路先鋒部隊，其中包括：設置 ARPANET 的工程師羅勃茲、克萊洛克，以及不墨守成規的創投資本家考菲德（Frank Caufield）。考菲德來自於凱鵬華盈，這家公司日後成為矽谷最具影響力的金融機構。另外還有漢鼎投資銀行的代表丹‧凱斯（Dan Case），丹‧凱斯是羅德學者獎得主，他在夏威夷出生、普林斯頓大學畢業，處事圓融又精力旺盛。

1983 年 1 月，丹‧凱斯在拉斯維加斯國際消費電子展上加入馮麥斯特的陣營。CVC 在那一年推出 GameLine 服務參展，希望能一炮而紅。渾身充滿秀味的馮麥斯特花錢做了印有 GameLine 字樣的搖桿造型熱氣球，在拉斯維加斯上空飄來飄去，另外也在熱帶賭場渡假村遼闊的泳池畔，找來花枝招展的秀場女郎打廣告。這些宣傳招式讓丹‧凱斯看得樂不可支，在 CVC 的展覽區流連忘返。當時丹‧凱斯的弟弟史帝夫‧凱斯（Steve Case）就陪在他身邊，史帝夫‧凱斯沉默寡言，神情平靜還帶有神祕的微笑，叫人很是費疑猜。

1958 年出生的史帝夫‧凱斯在夏威夷長大，處變不驚的氣質總讓人覺得他出生背景良好。他有一張平靜的臉龐，很難從他臉上的表情看出內心情緒，因此有些人甚至稱他為一堵「牆」。他個性害羞，但是卻不會局促不安，不真正了解他的人會因此認為他冷淡或是自大，實則不然。長大以後，他學著像兄弟會的菜鳥一樣，用扁平鼻音說笑話或應付其他人開的小玩笑，而在嬉鬧的表面下，他實際上是體貼又真誠的人。

　　凱斯兄弟在高中時就把自家臥室變成做小買賣的辦公室，比方說賣卡片或是雜誌。史帝夫‧凱斯回憶說：「我們兄弟倆從創業中學到的第一課，就是由我出主意、我哥出資金，公司所有權一人一半。」

　　他之後進入威廉斯學院就讀，在該校任教的知名歷史學家伯恩斯（James MacGregor Burns）的腦海中，他不是什麼風雲人物。伯恩斯說：「他在班上是不起眼的學生。」史帝夫‧凱斯花在思考經營事業的時間遠多於用功讀書，「我記得有一次一位老師把我叫到一旁，告訴我應該先把創業的想法擱下，專注在學校課業上，畢竟一生也就只有這麼一次大學生涯而已；」他回憶：「不消說，我當然不同意這個講法。」他那時選了一門電腦課，而且討厭不已，「因為當時還是打孔卡的年代，寫完程式還要等上好幾個小時，才能知道執行結果。」這堂課帶給他的教訓是：電腦需要變得更平易近人，跟使用者有更多互動才行。

　　不過他倒是迷上了一項電腦功能：電腦可以串接成網路。史帝夫‧凱斯接受記者史威許（Kara Swisher）專訪時表示：「可以跟遠在天邊的電腦連線，是很神奇的事，這毫無疑問是電腦真正該派上用場的地方，其他功能都是用來處理一些雜七雜八的瑣事。」讀過趨勢大師托佛勒（Alvin Toffler）所著的《第三波》後，他對於其中「電子疆域」的觀念佩服得五體投地，認為電腦可以把散布在全世界的人都連在一起，共享世上大大小小的事務。

　　史帝夫‧凱斯在 1980 年代初應徵智威湯遜廣告公司的工作；他在求職信上寫著：「我堅信先進的溝通技術即將徹底改變我們的生活方式，通訊科技的創新（特別是雙向互動的有線電視），會讓家用電視（當然是大螢幕的那種！）成為主要的資訊來源，諸如新

聞、學校教育、電腦資訊、線上投票、商品選購等包羅萬象的各種功能。」後來他沒被錄取,向寶鹼應徵也未獲青睞,不過他要求寶鹼給他第二次面試機會,自費飛往辛辛納提寶鹼總部,向面試官暢談自己的想法,最終獲得品牌經理的工作,成為小包裝潤髮乳品牌 Abound 工作團隊中的一員。雖然這個產品很快就下市了,但他還是從中學到免費發送樣品有助於新產品上市的行銷手法。「這是激發我十年後提出,免費發送美國線上試用版磁碟行銷策略的原因之一,」他說。在寶鹼工作兩年後,他跳槽到百事可樂轉投資的必勝客部門;「跳槽的原因,在於必勝客當時很能提供揮灑創意的空間。必勝客採加盟店的方式經營,跟寶鹼由上到下、按部就班,凡事聽令於辛辛納提總部的企業文化大不相同。」

當時他還是單身,獨自派駐在堪薩斯州威奇托市,下班後閒來沒事,很自然成為 The Source 的愛用者。對於害羞卻又渴望與他人接觸的他來說,The Source 實在是再理想不過的避風港,他還從中學到兩點:一般人都喜歡成為社群中的一份子,以及科技必須夠簡單才有可能吸引大眾目光。第一次要登錄 The Source 的時候,凱斯一直無法在 Kaypro 電腦上完成設定。「就好像要登上埃佛勒斯峰那樣難,當下我的第一個念頭是:上個網都這麼難是怎麼回事?」他說:「不過最後完成登錄後,我可以從威奇托的簡陋公寓前往美國的任一個角落,那種興奮感真是筆墨難以形容。」

他也開始成立一家小型的行銷公司,在大多數大學生只想去大企業工作的年代,史帝夫‧凱斯早就發自內心要成為創業家。他在舊金山高檔地段租用一個信箱,把信箱地址印在文具上發送,再設定把該信箱收到的郵件,統統轉往他在威奇托的公寓。他希望能助其他想率先探索電子疆域的公司一臂之力,因此當哥哥在 1981 年

加入漢鼎投資銀行後，他就會把值得注意的公司企畫案寄給哥哥參考，其中一個就是馮麥斯特的 CVC 公司。1982 年冬天，兄弟倆藉著一起去科羅拉多滑雪渡假的機會，討論到底要不要投資 CVC，同時決定在下個月一起去拉斯維加斯的消費電子展一探究竟。

外向不羈的馮麥斯特和沉穩內斂的史帝夫・凱斯在拉斯維加斯共進晚餐，討論如何行銷 GameLine 這套服務；或許是因為兩人個性南轅北轍卻又有共通興趣，反而形成相談甚歡的最佳拍檔。酒過三巡，馮麥斯特與丹・凱斯一起去上廁所，藉機開口問是否方便聘請史帝夫・凱斯成為工作伙伴，丹・凱斯不以為忤，反而認為這是很好的提議，因此史帝夫・凱斯就成為 CVC 兼職顧問，並在 1983 年 9 月轉為正職員工，搬到華盛頓特區上班。當時史帝夫・凱斯的想法是：「我認為 GameLine 的前景可期，我甚至認為即便最後失敗了，光是跟著馮麥斯特歷練，就是非常寶貴的教育訓練。事後來看，我的判斷是正確的。」

幾個月後，還是沒學會穩紮穩打的馮麥斯特，又把 CVC 經營到快要倒閉，同時 Atari 遊戲機市場也開始萎縮。那一年在董事會上報告營運成效時，創投資本家考菲德忍不住開砲：「你們把問題想得太簡單了！」在考菲德堅持之下，引進了一位實事求是的經理人。這個人是考菲德在西點軍校的同學兼密友肯西（Jim Kimsey），在特種部隊粗獷的外表下，肯西其實跟調酒師一樣善解人意。

肯西看起來不像是熟悉互動式數位服務的人，他對槍械和烈酒的了解遠高於鍵盤，但是堅毅中帶有不妥協的性格讓肯西成為優秀的創業家。1939 年出生的肯西在華盛頓特區長大，高中快畢業之前才因為行為不檢，遭當地最有名的天主教學校龔扎加（Gonzaga）高

中退學,之後爭取到進入西點軍校就讀的機會,想不到西點軍校的氣氛反倒讓肯西找到抒發情緒的方法,學會控制自己的攻擊行為。畢業之後,肯西先是奉派到多明尼加共和國,1960年代末期又輪調到越南兩次。當時他身為空降突擊隊少校,曾參與替數百位越南兒童搭建孤兒院的工程;要不是因為跟軍階更高的將領話不投機,很有可能服役到退休為止。

後來肯西在1970年回到華盛頓特區,在市中心買了一棟辦公大樓,把大多數使用空間租給仲介公司,在一樓開設名為「交易所」(The Exchange)的酒吧,酒吧裡有一台功能正常的證券行情自動記錄收報機。之後肯西又開了一家很受歡迎的單身酒吧「Madhatter & Bullfeathers」,同時開始投資不動產。肯西經常跟西點軍校的好友考菲德一起帶孩子參加冒險活動,1983年同去泛舟時,考菲德先是延攬肯西到CVC擔任馮麥斯特的左右手,最後肯西還當上了執行長。

掉到谷底的營收迫使肯西不得不把CVC大多數員工遣散,但是他不但把史帝夫‧凱斯留下來,還升遷至行銷副總。肯西說起話來就跟吧台老手一樣犀利,毫不忌諱髒字,他說:「我來這邊工作的目的,就是從雞屎中弄出一道雞肉沙拉。」另一個經常脫口而出的老笑話是:「一個小男孩開開心心在挖馬糞,旁人問他究竟在搞什麼鬼,他回答說:『馬糞這麼多,裡面一定藏了一匹小馬。』」

就這樣,這奇怪的三巨頭組合在CVC聚首:創意無限的點子王馮麥斯特、冷靜自持的史帝夫‧凱斯、外型粗獷的退役軍官肯西;馮麥斯特負責宣傳,肯西扮演鼓舞士氣的調酒師,史帝夫‧凱斯會站在旁觀者的角度提供建議。他們三人再次展現多元團隊對推動創新的重要性,外部顧問諾瓦克(Ken Novack)後來觀察三人分工情形時評論:「他們把事業愈做愈大,並不讓人意外。」

　　史帝夫・凱斯和馮麥斯特一直很嚮往建立能連結一般消費者的
電腦網路。當哥倫比亞廣播公司、西爾斯百貨、IBM 在 1984 年形成
策略聯盟，推出神童（Prodigy）連線服務後，其他電腦製造商開始
注意到這個市場，其中 Commodore 電腦公司找上 CVC 洽談開發上
網服務方案，肯西於是把 CVC 改組，起名為量子（Quantum），在
1985 年 11 月為 Commodore 用戶推出 Q-Link 連線上網服務。

　　Q-Link 每個月收費 10 美元，提供所有馮麥斯特（雖然當時他
又被掃地出門了）與史帝夫・凱斯夢想中的服務：新聞、遊戲、
天氣、星座、評論、股市、肥皂劇、購物等等，只不過經常當機與
連線不穩，而這些也從那時開始成為線上世界的傳染病。重點是
Q-Link 有一項服務區塊是動態電子布告欄和線上即時聊天室「人人
互聯」（People Connection），可以讓使用者組成網路社群。

　　不到兩個月，在 1986 年初 Q-Link 的用戶數就破萬了，但是這
時候成長速度開始放慢，主要是因為 Commodore 電腦面對來自蘋
果電腦和其他業者新一波的激烈競爭，而銷售衰退。肯西告訴史帝
夫・凱斯：「我們得掌握自己的命運才行。」如果要繼續經營，量
子勢必得跟其他電腦業者洽談連線上網服務，尤其是要跟蘋果電腦
搭上線才行。

　　史帝夫・凱斯靠著天生特別有耐心的個性，開始對蘋果電腦的
主管展開磨功。儘管當時喜歡掌控一切的出色共同創辦人賈伯斯已
經被迫離開了（至少當時離開了一陣子），要跟蘋果電腦合作仍舊
是很不容易的事，於是史帝夫・凱斯從東岸的華盛頓特區飛到西岸
的庫比蒂諾，在蘋果電腦總部附近的公寓住了下來，展開緊迫盯人
的密集攻勢。想達成任務得說服好幾個蘋果電腦的部門，他最後乾
脆設法在蘋果電腦內弄一張小辦公桌權充為聯絡處；雖然他喜怒不

形於色的特點盡人皆知,但是卻帶有某種特殊的幽默感:他在小辦公桌上做了一塊「凱斯已經成為人質」*的小板子,旁邊還擺了一個計數器,計算他來到蘋果電腦的日數。經過連續三個月逢人就磨的努力後,終於在 1987 年和蘋果電腦達成協議:蘋果電腦客服部門最終同意和量子合作連線上網服務,並取名為 AppleLink。隔年正式上線運作後,第一位線上即時論壇主持人,就是蘋果電腦另一位和藹可親的共同創辦人沃茲尼克。

史帝夫·凱斯接著和譚迪(Tandy)電腦達成類似協議,推出 PC-Link,不過他很快發覺必須調整跟電腦業者分別洽談專屬連線上網服務的策略,因為這樣一來,不同套裝服務的使用者彼此不能互通,而且這會讓電腦業者控制住量子的產品與行銷通路,以及未來的發展空間。「從現在開始,我們不能再依賴這些合作關係了,」他告訴他的團隊:「我們必須設法自力更生,建立自有品牌。」

這個問題愈來愈迫切,尤其是在量子和蘋果電腦的合作不再融洽後,不過,危機也是轉機。史帝夫·凱斯回憶:「蘋果電腦高層還是決定,不能讓其他公司打著蘋果電腦的名號。既然對方決定終止合作,我們就更有必要建立自有品牌重新上市了。」史帝夫·凱斯和肯西決定,把當時分屬三套連線上網服務的用戶,整合在單一的自有品牌之下,也就是把當時軟體業先鋒蓋茲的做法,複製到連線上網的領域:連線上網服務和硬體業者脫勾,變成所有電腦都可以使用的共通平台。

接下來該替新品牌取名字了。十字路(Crossroads)、量子兩千(Quantum 2000),都曾列入考慮,不過都因為太過類似宗教團體或共同基金的名字,遭到否決。這時凱斯提議使用「美國線上」

（America Online, AOL），引來辦公室同事大笑，因為聽起來有種不實在又尷尬的愛國情操，但是史帝夫·凱斯就是中意這個名稱。這跟賈伯斯知道為什麼要取名蘋果電腦一樣，史帝夫·凱斯也知道這個命名代表什麼意義，他在日後的專訪中表示：「簡單、容易親近，甚至有點滑稽。」既然行銷預算有限，他就需要有讓消費者一目了然服務內容的品牌名稱，而「美國線上」完全符合他的需求。

美國線上之後帶給消費者的印象，是非常容易上網的工具，有如腳踏車輔助輪一樣方便好用。史帝夫·凱斯引用從寶鹼學到的兩個啟示：產品盡量簡單、發送免費試用品，因此在全美各地地毯式轟炸，發送兩個月的免費試用碟片。美國線上一位資深員工的先生愛德華茲（Elwood Edwards）是配音員，他幫忙錄製悠揚悅耳的問候語：「歡迎登錄」、「您有郵件」，更使整體連線上網服務更為平易近人，自此以後 —— 美國真的在線上了。

史帝夫·凱斯知道讓連線上網服務成功的祕訣，不是電玩或其他內容，渴望和其他人連線才是重點。他說：「我們的豪賭可以回溯到 1985 年剛興起的社群網路，現在一般人稱之為『社群媒體』（social media）。我們認為人本身就是網際網路的殺手級應用。使用者不但可以用更便利的方式和已經認識的朋友互動，也可以在擁有共同興趣的基礎上，跟其他應該認識卻還不認識的朋友互動。」AOL 的主要服務包括聊天室、即時通、好友列表、文字訊息等，雖然也蒐羅了當年 The Source 提供的新聞、體育、天氣、星座等五花八門的服務項目，但是社交才是重點中的重點，史帝夫·凱斯接著說：「所有其他項目，不管是商業、娛樂還是金融服務都是次要的，我們認為社群的重要性高過網站內容。」

AOL 的聊天室特別受到歡迎，它可以讓有相同興趣的使用者共

聚一堂，不管他們感興趣的話題是電腦、性事還是肥皂劇。如果雙方同意，可以開啟「私人聊天室」，反之也可以進入由知名人物坐鎮的「大講堂」進行對話。AOL 不會把使用者稱為客戶或是訂戶，而是稱為會員；AOL 的成功就是建立在協助使用者進行社交，一開始主打資訊與購物服務的 CompuServe 和 Prodigy 後來也提供類似工具跟進，比方說 CompuServe 推出的「民間無線電頻道模擬器」（CB Simulator）就是以文字呈現在無線電頻道上呼朋引伴的瘋狂樂趣。

習慣當酒吧老闆的肯西一直無法理解，為什麼正常人會把整個星期六夜晚都花在聊天室、電子布告欄這些有的沒的功能上，他開玩笑的問史帝夫·凱斯：「坦白從寬啦，你不認為這些根本就是馬糞嗎？」凱斯當然會搖頭否認，他知道那裡真的有小馬。

「永恆的9月」

起初像 AOL 這類的連線上網服務是不能觸及網際網路的，繁瑣的法令規範以及實務上的慣例，都讓業者無法提供非學術單位或研究機構的一般使用者，直接連線上網際網路的服務。史帝夫·凱斯說：「現在回頭看實在是愚蠢至極，但是直到 1992 年之前，像 AOL 這樣以營利為基礎的連線上網服務，是不能連上網際網路的。」

早前商業連線上網服務的使用者只能局限在一定的使用環境，就好像困在以高牆圍住的花園裡，不過從 1993 年開始，連上網際網路的門檻開始往下調整，讓大家都有機會使用，因此衝擊了連線上網的生態，也讓網際網路新一批使用者像山洪暴發般不停湧入。更重要的是從 1993 年以後，布許、李克萊德再到恩格巴特等人所預見的數位革命終於串成一氣，把個人電腦、社群網路和數位資訊資料庫的變革整合在一起，並且讓所有人在彈指之間就唾手可得。

這一切要從 1993 年 9 月，AOL 以及衝在前頭的競爭對手德菲（Delphi）都開放入口網站，讓使用者瀏覽網際網路上的新聞群組與電子布告欄開始說起。對原本網際網路的使用者而言，特別是看在老一輩自恃甚高的資深網友眼中，這次爆炸性的發展就叫做「永恆的 9 月」。「永恆的 9 月」一詞源自每年 9 月都會有一批大一新生入學成為校園網路新手，同時也會成為網際網路的新用戶。這些新手一開始的發文往往會引起爭端，要花幾個星期學會網路禮儀後，才能完全融入網際網路的文化。可是 1993 年突然間這道防水閘門開啟了，湧進網際網路的新手從此變得源源不絕，徹底顛覆網際網路原有的社會規範和聚會型態。網際網路中的一號人物費舍（Dave Fischer）在 1994 年 1 月的發文中寫著：「在網路歷史上，1993 年 9 月會被記載成永無止境的 9 月。」資深網際網路使用者聚集在新成立的新聞群組「美國線上爛透了」（alt.aol-sucks）大肆抱怨各種亂象，透過 AOL 連上網際網路的使用者被形容成是：「入寶山，滿手寶物，穿金戴銀卻沒改變沐猴而冠的本質。」其實「永恆的 9 月」帶來網際網路的民主化是好事，只是資深使用者需要多一點時間，才能慢慢理解這件事。

高爾與資訊高速公路

網際網路的開放帶動下一波風起雲湧的創新年代，這可不是偶然的結果，而是共和、民主兩黨政治人物用心制定政策，確保美國可以在知識經濟年代維持領先地位的成果。推動立法過程最具有影響力的人物，說出來恐怕會讓很多人大吃一驚，尤其現在大多數人只記得他遭惡意扭曲的一句話而已，他就是當時田納西州選出的參議員高爾（Al Gore Jr.）。

高爾的父親也是參議員。「爸爸曾開車載我從迦太基市一路開到納許維爾，一路上對我說，我們需要的不只是雙線道而已，」高爾還記得爸爸說：「可是政府官員才不在乎我們的需求。」因此老高爾找來兩黨民意代表謹慎研議興建州際高速公路的計畫，而他的兒子則延續這股相同的精神，參與打造所謂「資訊高速公路」的浩大工程。

高爾在1986年針對許多不同主題提請國會進行專案研究，包括設立超級電腦中心、整合不同研究單位的網路系統、增加網路頻寬、讓更多使用者觸及網路等，並委由ARPANET的先驅克萊洛克主持研究計畫。隨後高爾召開多場聽證會，最終在1991年提出「高效能計算法案」，也就是所謂的「高爾法案」，隨後又在1992年提出「科學和先進技術法案」，准許提供連線上網服務的營利單位如AOL，也可以連上由美國國家科學基金會管轄的研究型網路，也就是日後的網際網路。1992年擔任副總統的高爾持續主導推動1993年完成立法的「國家資訊基礎建設法案」，不但確認網際網路可以對一般社會大眾開放，也讓網際網路更貼近商業營運的需求，允許私人單位擁有和政府一樣投資網際網路發展的權利。

當我告訴別人自己正在寫書，介紹發明電腦與網際網路的創新者群像時，通常最容易預期到的反應就是語帶諷刺的說：「啊，高爾也有份的那個？」接著止不住的笑，不了解網際網路發展歷史的人，笑得更厲害。我們在政治話題中，竟能如此輕易對推動美國創新的重要跨黨派成就，流露出輕蔑的態度，而且是因為高爾從來沒說的話──是他『發明』了網際網路。1999年3月CNN主持人貝立茲（Wolf Blitzer）請高爾列舉自己有哪些資歷，足以擔任美國總統候選人時，高爾列舉了一些項目，其中包括自己「在擔任國會議員

期間，提案推動網際網路的創建。」後來這句話遭惡意扭曲，在有線電視新聞網的談話性節目中，更是被修理到體無完膚，可是高爾從頭到尾都沒用過「發明」這個詞。

瑟夫、康恩（均見第 7 章）是真正發明網際網路協定機制的其中兩位，他們也在著作中為高爾仗義執言：「投注最多心力協助打造網際網路適當營運環境的，無人能出副總統高爾之右。」就連共和黨籍的前眾議院議長金瑞契（Newt Gingrich）也都出面說明自己看到的過程：「高爾為這件事投注非常長期的努力……高爾雖然不是網際網路之父，但是持平而論，他是我所見過，在國會裡面以最全面系統性運作，讓我們得以連線上網際網路的那個人。」

之所以特別記錄高爾的事蹟，是為了針砭進入新世紀以後黨同伐異的政治局勢，以及一般人對政府施政失去信心的現象，因此有必要回顧究竟是哪些因素促成了「永恆的 9 月」。經過超過三十年的付出，聯邦政府和民間業者、大學研究機構，攜手合作完成一項龐大的基礎建設計畫，本質上與當年州際公路系統相去不遠，卻更為複雜，而且一般公眾與企業界也都有權利使用這項基礎建設。雖然網際網路相關計畫主要建立在公部門的預算上，但是因此孕育出的新經濟，以及促進新世代的經濟成長，卻已經贏得好幾千倍的回報了。

幾乎獨力完成全球資訊網的柏納－李（1955-）。

全球資訊網另一重要推手安利森（1971-）

部落格先鋒霍爾（1974-）與電腦文化達人萊恩高爾德（1947-），攝於1995年。

11

網路世界

即使在數據機、連線上網服務問世，幾乎能夠讓所有個人電腦使用者自由連線上網後，網際網路受歡迎的程度仍舊有限。因為一開始的網路世界就像是沒有地圖的原始叢林，枝繁葉茂散布著有如 alt.config 之類的詭異名稱，而除了無懼的探險家能夠征服「廣域資訊伺服器」（WAIS）之外，一般人對於這些專業知識只能徒呼負負，束手無策。

不過就在 1990 年代初，連線上網服務可以跟網際網路連線的同時，一種發文或是搜尋資料的新方法，彷彿來自地底的原子撞擊機一般，奇蹟式倏忽冒了出來。這個新方法打破連線上網服務過度封裝的局限，並且實現了，或者應該說是超越了布許、李克萊德、恩格巴特等人烏托邦般的夢想，更了不起的是，數位年代的創新很少像這次一樣，幾乎由一個人一手包辦，而這個人也給予了這項創新相當有個人風格，且貼切、簡單易懂又全面的名稱：全球資訊網（World Wide Web, WWW）。

全球資訊網推手——柏納－李

　　柏納－李（Tim Berners-Lee）在 1960 年代的倫敦邊緣地帶長大，當時他對電腦就有基本且深入的理解：電腦可以透過程式按部就班展現執行成效，但是要電腦像擁有想像力的人類一樣觸類旁通，可就困難重重了。

　　這不是一般小孩會思考的問題，那是因為柏納－李的雙親都是電腦科學家，擔任費倫蒂馬克一號的程式設計師，費倫蒂馬克一號是商業版馬克一號，曼徹斯特大學用它來儲存程式。一天傍晚，柏納－李的父親要替上司起草一篇演講稿，內容是如何讓電腦操作變得更直觀，父親談到自己正在讀幾本有關於人腦的書籍，柏納－李回想當時的情景說：「我深深記得一個重點，如果電腦可以透過程式，連結到其他原本沒有上線的資訊，功能就會更強大。」他們也談到通用圖靈機的概念。「我體會到人類可以把電腦發揮到什麼境界，端視我們的想像力有多豐富而定。」

　　柏納－李出生於 1955 年，跟蓋茲、賈伯斯同齡；他認為對電子電路有興趣的自己，出生在一個幸運的年代：當時的小孩可以輕而易舉取得基本的電子器材或電子零件當玩具。「就好像該出現的物品都會在正確的時間點出現一樣，」他解釋：「當我們開始了解一項技術之後，業者馬上會推出功能更多的產品，而且訂價維持在零用錢可以負擔的水準。」

　　柏納－李在小學時會跟一位朋友逛電子零件材料行，用零用錢買電磁鐵，組裝出繼電器、電路開關等。「你可以先讓電磁鐵像木頭一樣絕緣，」他說：「等通電後，電磁鐵會把電路開關的鐵片吸過去，然後形成完整的迴路。」從這些動手做的實驗中，他們可以深

入了解什麼叫做電磁開關、怎樣用電路做出哪些效果等。等到他們弄懂基本的電路原理後，電流閥、電晶體之類的零件也已愈來愈普及，他與朋友可以用很便宜的價格買上一、兩百顆；「接著我們學會怎樣檢測電晶體，用來替換以前做的繼電器。」透過這些實驗，柏納－李不但可以清楚看見每個零件的功能，也可以比較不同世代電磁開關的差異。他還會讓這些成果發出聲響，然後裝在玩具火車上，甚至設計不同的電路以控制火車減速。

「後來我們開始構思更複雜的邏輯電路，不過這些想法在實務上並不可行，因為需要使用太多電晶體了，」柏納－李表示。而在他們碰上這個問題時，微晶片已成為可以在街坊電子零件材料行買到的商品。「你用零用錢買來小包裝的微晶片，久而久之就會知道如何做出一台電腦。」不僅是把電腦做出來，其實還可以了解電腦核心的運作方式，因為他們是從最簡單的開關閥開始學起，一直到電晶體和微晶片如何運作都摸得一清二楚。

進入牛津大學前的暑假，柏納－李在木材廠找到工作。有一天當他把整堆木屑往垃圾桶倒的時候，瞥見垃圾桶裡有一台半機械、半電子式的老舊計算機，上面還有好幾排按鈕。柏納－李順手把它撿出來，動手加工繞線裝上開關閥和電晶體後，一台簡易電腦就完工了。柏納－李另外去電器維修行買來壞掉的電視機，在弄懂電路板上的真空管出了什麼問題後，這台報廢的電視機就成了簡易電腦的螢幕。

就讀牛津大學那幾年，微處理器也跟著問世。就跟沃茲尼克、賈伯斯他們一樣，柏納－李也跟著朋友設計一些電路板準備銷售，不過業績不比賈伯斯。柏納－李說：「一部分原因是由於我們當時所處的文化環境，並不像矽谷一樣熱中於自組電器用品。」創新會

誕生在適當的土壤中，1970 年代的舊金山灣區擁有孕育創新的適當環境，不過那時候的牛津郡對此可就付之闕如了。

柏納－李從電磁開關閥到微處理器的手做經驗，讓他深諳電子電路的專業知識。「只要親手做過，就算其他人告訴你晶片或電路裡有繼電器也不會唬住你，因為你很清楚要怎樣做出一模一樣的產品；」柏納－李說：「現在的小孩會把整台 MacBook 看成是電冰箱之類的家電，希望買來的時候就已經把所有配件弄得好好的，可是這樣一來，他們就不知道電腦的運作原理了。孩子知道的不會比我豐富，而我從父母親那邊學來的啟示是，我們把電腦功能發揮到什麼程度，全受限於我們的想像力。」

想要萬事可查詢

柏納－李還對小時候的另一個產品無法忘懷：收藏在家裡那套維多利亞時代的年鑑指南，書名帶有一點奇幻又陳舊的氣息《萬事可查詢》（*Enquire Within Upon Everything*）。《萬事可查詢》在前言寫著：「不論你想要找的是蠟做的假花，早、晚餐的開胃小菜，規劃大型宴會或是小型聚餐，了解社交禮儀的規定，甚至是治療惱人的頭痛，還是寫結婚賀詞、立遺囑、安葬親友等等；不論你想許什麼願、做什麼事、玩什麼東西，只要你的願望跟日常生活必需品有關，我們都希望你可以在這本《萬事可查詢》裡找到滿意的答案。」換句話說，《萬事可查詢》某種程度就是十九世紀版的《全球概覽》，裡面有包羅萬象且互相關聯的資訊，索引也編排得非常詳盡，封面頁上清楚寫著使用說明：「讀者可以利用書末的索引進行查詢。」截至 1894 年，《萬事可查詢》總共出了八十九期，賣出超過118 萬本，柏納－李說：「這本書相當於通往龐大資料庫的入口，從

洗去衣物汙漬到投資祕訣都收錄在內，雖然不太適合用網路資訊來類比，不過兩者的立意其實差不多。」

柏納－李還有一個從小就不斷反覆思索的念頭：人腦到底是如何發揮聯想力的？我們可以從咖啡的香味，聯想到上次和我們一起喝咖啡的某位朋友的穿著打扮，但是電腦只能在程式設定的範圍內認知不同事物的關連。柏納－李另一個感興趣的問題是，人類如何互助合作？「你腦子裡有一半的答案，而我知道另一半；」他說：「如果我們兩個面對面坐在一起，我開頭講一句，你可以接上後半段，這就是腦力激盪的方式。只要在白板上寫點什麼，我們就可以互相幫對方補充更多。一旦大家分開，要怎樣繼續這種合作方式？」

《萬事可查詢》的索引方式、人類大腦的聯想力、彼此互相合作的方式，從牛津大學畢業後，這些問題在柏納－李腦海中不停翻攪，讓他日後發現創新究竟是怎麼回事：當大腦中無數隨機的符碼任意拼湊到能互相結合的時候，創新的想法也就跟著誕生了。柏納－李描述這個過程如下：「不成熟的想法在我腦裡飄來飄去。這些想法的來源各自不同，而人腦就是這麼神奇，可以用各種角度琢磨其中意涵，直到有一天不同的想法能契合在一起。一開始或許沒辦法完全接合，但是只要外出騎一趟腳踏車還是什麼的，新的創意就會愈來愈清晰。」

柏納－李個人創新觀念的成形，是從擔任歐洲粒子物理研究中心（CERN）的顧問工作開始的。CERN在日內瓦附近，是使用巨無霸般的粒子加速器進行粒子對撞的物理實驗室。當時他需要把上萬位研究人員彼此的關係分門別類，包含他們的研究計畫、電腦系統等。不論是研究人員本身或是所使用的電腦，都有不同的語言系

統，而且他們習慣以自我中心的方式看待與其他人的關係。柏納－李需要追蹤這一大群人的研究過程，於是寫了一套電腦程式做為輔助，他同時發現 CERN 研究人員解釋自己和其他人的關係時，慣用一大堆箭頭圖表說明，因此他也把這套說明方式複製進電腦程式，只要輸入人名或計畫名稱，就會以搜尋對象為中心，往外延伸出各種箭頭顯示關連性，柏納－李還特別用小時候看過的維多利亞年鑑，替這套程式命名為「查詢」（Enquire）。

「我很喜歡 Enquire 這套軟體，」柏納－李表示：「因為它不需要用到矩陣、樹狀圖這些結構儲存資料。」矩陣、樹狀圖是井然有序的資料結構，但是人腦的資料連結比較帶有隨機跳躍的傾向。在撰寫 Enquire 的過程中，柏納－李對日後要實現的夢想有更遠大的想法：「如果能把世界各地的電腦資料加以連結，就會形成全球統整的龐大資料庫，形成以資訊構成的超級網路。」雖然當時柏納－李還無法明確講出這是什麼，不過他想到的就是布許很早以前提過的 memex，它可以儲存文件、交互索引、隨時取用，只是他更放大到全球規模。

不過柏納－李在 CERN 的顧問工作沒多久就結束了，還沒來得及讓 Enquire 發揮實際功效。他把公務電腦和儲存所有程式碼的八寸磁碟片都留在原工作單位，沒多久後就不知去向、也沒人記得了。接下來幾年，柏納－李在英國一家文件出版軟體公司上班，後來他對例行公事感到厭煩，又再次向 CERN 應徵研究員的工作，隨後在 1984 年 9 月回到 CERN，工作任務就是跟團隊成員負責蒐集 CERN 所有已經完成的實驗成果。

CERN 不但有來自不同國家的研究人員，也有各式各樣的電腦系統，使用語言多達好幾十種，不論是口頭或是數位語言皆然，然

而大家還是要設法分享資訊。柏納－李回憶當時團隊的工作情況
說：「CERN 幾乎就是真實世界的縮影。」這個工作環境讓他回想
起小時候思索如何用不同觀點分工合作，把其他人不成熟的想法轉
換成創新點子的經驗。「我一直對人類的合作方式很感興趣。在
CERN 會和很多其他研究機構或大專院校的人共事，大家必須能互相
合作才行。如果能夠聚在會議室裡，大家可以把想法寫在黑板上互
相討論；我想要找出一個系統，讓大家能夠在 CERN 既有研究成果
上進行腦力激盪。」

　　柏納－李認為這種系統能串連分處兩地的人，讓他們進行互
補，為還不成熟的想法添加有用的內容。「我希望這系統讓我們一
起工作、一起創造新事物，」柏納－李說：「這個設計真正有趣的地
方，在於散布世界各地的我們，都各自有一些實用的知識：或許是
知道一點治療愛滋病的方法，或許是對癌症有一些認知。」柏納－
李的目標是促成團隊集體的創意，就像大家坐在一起腦力激盪刷新
彼此的構想，不過是在參與者分隔兩地的情況下。

　　因此柏納－李重新開發 Enquire 軟體，並思考該如何增強功能。
「我希望取得各種不同資訊，比方說研究人員的學術論文、各種套裝
軟體的操作手冊、舉行會議的流程、隨手寫下的摘要等等。」事實
上，柏納－李想要完成的工作不只這樣。雖然從外表上看起來，柏
納－李是天生的程式設計師，情緒很少外露，但是他在內心深處還
像孩子般，有在半夜翻閱《萬事可查詢》的強烈好奇心；柏納－李
的目標不只是發明一套資料管理系統，而是要創建讓大家能一起合
作的平台。「我希望打造出一個創意空間，」他事後說明：「像是
可以讓所有人都能在裡面玩的沙坑。」

　　柏納－李用一個簡單的技術建立他心目中的連結方式：超文

件（hypertext）。現在網路玩家對此知之甚詳，它是把一個單字或一段句子編碼，點選後就可以連結到其他的資料或文件。布許在描述memex 架構時預見了這項功能，1963 年科技趨勢專家尼爾森（Ted Nelson）將之命名為「超文件」。尼爾森一直想完成企圖心十足的「仙那度」（Xanadu，意為世外桃源）計畫，卻始終沒能夠實現；依照「仙那度」原先規劃的目標，所有刊載的資訊都可以用雙向超連結的方式，建立相關資料的參照和索引。

柏納－李運用超文件，讓 Enquire 軟體裡最重要的功能繁衍出許多附加效果，可以任意連結到其他電腦的文件，既不受作業系統的差異所限，也不用事先取得許可。「Enquire 軟體可以對外建立文超文件連結，就好像從原本被囚禁的狀態重獲自由一樣，」柏納－李雀躍的說：「這種新型態的連結網路，可以把各種不同系統的電腦連結在一起。」如此一來，網路裡不需設置中心節點，也不需要指揮中心，只要你知道文件所屬的網路位置，就可以用超文件直接連上。如此，網路系統可以不斷往外擴散，我們「就可以任意遨遊網路，」── 套用柏納－李的話來說。我們又再一次看見兩項早期的創新，可以交會出新一輪創新成果，在這個例子裡，就是超文件再加上網際網路。

賈伯斯離開蘋果電腦後，推出集工作站與個人電腦於一體的精美機種 NeXT，是柏納－李用來設定通訊協定「遠程程序呼叫」的工具。遠程程序呼叫可以讓在這一台電腦執行的程式，啟動另一台電腦的次常式，柏納－李還設定一整套文件命名原則，起初稱為「通用文件標示」（Universal Document Identifier），不過送交網際網路工程任務編組（IETF）審查時遭否決，因為他們認為柏納－李把個人提案標榜為「通用」（universal）太過「狂妄」，所以柏納－李

同意把「通用」改成「一致」（uniform）。其實不只如此，柏納－李被要求把原本三個英文單字都改掉，所以最後名稱定為「一致資源定位器」（Uniform Resource Locator, URL），也就是現在常見如 http://www.cern.ch 之類的網址。等到 1990 年年底，柏納－李已經開發出一整組工具，用以實現他的網路世界，諸如：可以線上交換超文件內容的「超文件傳送協定」（HTTP），以及用來開發網頁的「超文件標示語言」（HTML），還有權充應用軟體、可以用來讀取與呈現資訊的簡易瀏覽器，和回應網路請求訊號的伺服器軟體。

柏納－李在 1989 年 3 月完成初步設計草稿後，就正式向 CERN 最高主管提出研究計畫申請經費，研究宗旨為：「希望建立能持續擴大、衍生的資訊匯流。互相連結各種記載資料的『全球資訊網』，一定遠比階級式死板板的資訊系統來得管用。」只可惜，柏納－李的願景雖然讓人感興趣，但是也實在是令人看不懂，他的頂頭上司森德爾（Mike Sendall）就在便條紙上注記：「內容模糊，但是令人期待。」森德爾日後的說明是：「看到柏納－李的提案後，我無法理解那是什麼東西，但是直覺認定那會是很了不起的事。」創新的要素在這邊又重複了一次：天資聰穎的發明家會發現自己需要合作伙伴，才能把概念轉化為實際成果。

合作模式再現

跟其他大部分數位年代的創新不太一樣，網路世界的概念幾乎都是由一個人全權包辦，但柏納－李還是需要伙伴幫他把提出的創新概念，落實為實際成果，幸而來自比利時的 CERN 工程師卡里奧（Robert Cailliau）也對網路世界興致盎然，願意和柏納－李攜手合作，柏納－李非常感謝卡里奧的雪中送炭：「讓超文件和網際網路真

正搭上線，沒有人做得比卡里奧更好了。」

　　卡里奧個性穩重又嫻熟行政作業，的確是最適合在 CERN 裡協助柏納－李推動創新理念的專案經理。注重儀容、會安排固定時間上理髮院的卡里奧，在柏納－李的眼中是「會被各國插座大小不一給搞瘋的那種工程師」，兩人合作關係的性質常見於其他創新團隊：一位有遠見的產品設計師，再加上一位勤奮的專案經理。卡里奧喜歡進行計畫、組織工作，幫柏納－李把路障清開，「讓他可以無後顧之憂，全心投入電腦世界、開發新軟體。」有一次卡里奧要和柏納－李一起檢視提案計畫，「才發現他居然不知道什麼叫做提案計畫！」還好在卡里奧的協助下，柏納－李也不需要知道太多。

　　卡里奧的第一個貢獻是協助柏納－李修改研究計畫，使之不再虛無縹渺，而是前景可期，以利向 CERN 主管爭取經費。卡里奧堅持使用簡單易懂的方式描述計畫內容，因此以「資訊管理」做為計畫主標題，柏納－李接著想出幾個副標的候選名單，第一個是「資訊礦藏」（Mine of Information），不過縮寫成 MOI 後變成法文的「我」，有點自我膨脹；第二個是「資訊礦場」（The Information Mine），縮寫成 TIM 會變成柏納－李的英文名字，甚至比第一個還糟糕。此外，卡里奧也不想比照 CERN 的慣例，採用希臘諸神或是埃及法老的名字做代號，這讓柏納－李想到一個直接又能一目了然的名稱：「不然，我們就把它叫做全球資訊網（World Wide Web）吧！」這是最符合柏納－李原本提案初衷的名稱，但是卡里奧又有意見了：「不能用這個名字啦，這個名字的縮寫 WWW，讀起來的音節還比原名多咧！」縮寫後的音節是原名發音的三倍，但是柏納－李這次非常堅持：「發音還是很好聽啊。」因此研究計畫的名稱就這樣定案了，「全球資訊網：超文件研究計畫」，這也就是如

今網路名稱的由來。

　　CERN 接受了柏納－李與卡里奧的提案，但是想針對研究成果申請專利，當卡里奧告知 CERN 的意見後，柏納－李表示反對，他希望全球資訊網能用最快的速度往外擴張，讓更多人能夠參與，意思是研究成果應該要免費開放給所有人使用才行。柏納－李在討論中用有點指責的語氣問卡里奧：「你想要因此致富嗎？」卡里奧回想當時自己第一時間的反應：「噢，錢多好辦事，不是嗎？」這不是柏納－李期待的答案，卡里奧說：「他看起來似乎一點也不在意錢，我才知道柏納－李做這項研究的目的不是為了賺錢，他可以接受的物質條件範圍比起企業執行長寬多了。」

　　所以柏納－李堅持全球資訊網的通訊協定必須永遠維持免費、開放、可供公眾使用的性質，畢竟發展網路的重點與基本設計理念都是為了促成分享與合作，因此 CERN 發表聲明指出：「放棄相關程式碼的一切智慧財產權，包括原始碼與二進位編碼，允許任何人使用、複製、修改與流通修改後的新版本。」換句話說，CERN 最終也成了斯托曼（見第 426 頁）的生力軍，比照斯托曼讓 GNU 作業系統對「通用公眾授權」的做法，成為歷史上免費軟體與開放原始碼運動最重要的里程碑之一。

　　這個結果反映出柏納－李謙抑的行事風格，他發自內心極力避免流露任何驕傲自大的氣息。柏納－李信奉一神普救派，看重與同儕共享、互相尊重的道德基礎。他形容同在 CERN 工作的其他教友說：「大家會在教堂碰面，不會去奇怪的聲色場所，談論話題不外乎正義、和平、衝突與道德品行等，而不是工作上的通訊協定、資料格式。同儕間彼此尊重，某種程度來說就像是網際網路工程任務編組……要在網路世界裡找出一套規則，好讓電腦可以和諧分工合作

一樣，我們這群教友也會在精神面與社會基礎上，探尋讓人際互動更和諧的規矩。」

　　不同於某些創新產物總會用敲鑼打鼓的方式喧鬧登場，例如貝爾實驗室推出電晶體，或是賈伯斯替麥金塔拉開序幕的手法；有些意義重大的創新，則是用低調不張揚的方式在歷史上留下軌跡。1991 年 8 月 6 日，柏納－李盯著網路上 alt.hypertext 的新聞群組，看到有人提問：「有誰知道……可以從多種不同來源呈現資料的超文件連結研發工作，已經進展到什麼階段了嗎？」柏納－李以「from: timbl@info.cern.ch at 2:56 pm」為開頭的簡短回應，成了開啟全球資訊網的第一則公開訊息：「全球資訊網研究計畫的目的，就是要把分散在各地的所有資訊連結在一起，如果對這套軟體系統有興趣，歡迎與我聯絡。」

　　低調的個性配上更低調的貼文，柏納－李並沒有大聲嚷嚷自己發表的創新產物是多麼了不起的創見：能連結所有地方的所有資訊。經過二十年，柏納－李接受訪問時表示：「我花了點時間讓所有人可以把所有資訊放到網路上，沒想到大家真的把所有資訊都放到網路上了。」嗯，的確不誇張，現在的網路世界確實就是另一種形式的《萬事可查詢》。

安朱利森與Mosaic瀏覽器

　　想要進入網路世界一探究竟的人，需要先在電腦上安裝用戶端軟體，也就是現在通稱的網頁瀏覽器。柏納－李寫了一款可供閱讀與編輯的瀏覽器，希望全球資訊網可以成為使用者合作的樂園，但是他的瀏覽器只適用於為數不多的 NeXT 電腦，此外他也沒有多餘的時間和資源投入開發其他版本的瀏覽器，因此他只好請 CERN 的

年輕實習生裴洛（Nicola Pellow）幫忙撰寫第一套通用於 UNIX 和微軟作業系統的瀏覽器，裴洛當時還在萊斯特理工學院（Leicester Polytechnic）主修數學。這個瀏覽器雖然粗糙，卻也堪用。「一旦這套初階瀏覽器完成，就可以讓全球資訊網跨出登上全球舞台的實驗性第一步，但是裴洛卻沒有因此被沖昏頭，」卡里奧說：「得知工作項目後，她就埋頭苦幹，沒有特別注意工作成果將產生多重大的影響。」實習結束後，裴洛回萊斯特理工學院繼續學業。

下一步，柏納－李急著讓其他人幫忙改善裴洛的作品；「我們到處逢人就說，開發瀏覽器是如何有用的計畫。」等到 1991 年秋天，大約完成了六、七種實驗性質的瀏覽器，而歐洲其他研究單位也很快加入了全球資訊網的陣營。

12 月的時候，全球資訊網跨過了大西洋。史丹佛線性加速器中心的粒子物理學家昆茨（Paul Kunz）造訪 CERN，柏納－李邀請他一起加入全球資訊網的世界。「柏納－李挽著我的手，要我一定要去看看他的研究計畫，」昆茨說，本來他以為會面對無聊的資訊管理操作示範；「但是他展示的成果讓我大開眼界。」柏納－李用 NeXT 電腦上全球資訊網的瀏覽器，叫出另一台放在其他位置的 IBM 電腦資料。昆茨把這套軟體帶回美國，於是 http://slacvm.slac.stanford.edu/ 就成為美國的第一個全球資訊網的伺服器。

全球資訊網在 1993 年跨進快速成長的軌道，年初全球共有五十個全球資訊網伺服器，10 月時就成長到了五萬個。當時明尼蘇達大學研究團隊也開發出一樣具有網際網路傳送、接收資訊能力的通訊協定，可以用來取代全球資訊網的 Gopher＊，不過據傳該團隊打

＊ Gopher和全球資訊網都屬於網際網路TCP/IP應用層的通訊協定，主要採用選單式瀏覽模式搜尋、發布網頁文件（通常都是文字檔），不過其網路連結須經由伺服器才能完成，而不是內建在網頁文件中。Gopher名稱取自明尼蘇達大學校隊的吉祥物地鼠，同時帶有「追尋」（go for）的雙關語意。

算向使用者收取費用，反而因此促成全球資訊網成長得更加迅速，不過真正關鍵影響力應該來自於 Mosaic，它是第一套安裝簡便又能使用圖像資料的全球資訊網瀏覽器，由位在伊利諾伊大學厄巴納—香檳分校、根據高爾法案取得政府預算成立的國家高速電腦中心（NCSA）開發完成。

Mosaic 的主要開發者安朱利森（Marc Andreessen）當時還只不過是大學生。營養良好的安朱利森身高將近兩百公分，1971 年出生於愛荷華，之後在威斯康辛長大，是有紳士風範、非常認真又充滿歡樂的大個子。安朱利森非常崇拜網際網路的先驅，深受這些開創者的著作影響。「我第一次看到布許寫的〈放膽去想〉時，喃喃自語：『對了，就是這麼回事！人家早就知道該往哪裡去了！』雖然布許那個年代連數位電腦都還沒誕生，但是他對網際網路的想像力卻不遜於任何現代人，是足以和巴貝奇相提並論的傳奇人物。」另一位值得推崇的英雄人物就是恩格巴特。「他的實驗室是網際網路前身最早期的四個節點之一，就好像擁有全世界前四支電話這麼崇高的地位，他也是在網際網路真的實現之前，就已經用驚人遠見完全掌握網際網路會發展成什麼樣子的傳奇人物。」

1992 年 11 月看見柏納—李關於全球資訊網的貼文後，安朱利森興奮莫名，邀請 NCSA 的職員、一級程式設計師拜納（Eric Bina）合作開發更吸引人的瀏覽器。他們很欣賞柏納—李提出的想法，但是從 CERN 直接取得的瀏覽器實在單調乏味，了無生趣。安朱利森對拜納說：「如果有人可以做出比較像樣的瀏覽器跟伺服器，整個網路世界一定會變得更有趣。我們兩人聯手的話，一定可以做出很受歡迎的瀏覽器。」

他們花了兩個月時間埋首於程式撰寫，和當年蓋茲跟艾倫的合

作方式如出一轍：會連續三、四天，每天二十四小時進行工作，安朱利森靠牛奶、餅乾維持精神，拜納則是 Skittles 彩虹糖和山露汽水的愛好者，然後再各自昏睡一整天恢復體力。安朱利森和拜納兩人也是最佳拍檔：拜納是井然有序的程式設計師，安朱利森則是產品導向的夢想家。

1993 年 1 月 23 日，安朱利森和拜納比照柏納－李的低調手法，以 marca@ncsa.uiuc.edu 的名義在 www-talk 新聞群組裡發表 Mosaic 全球資訊網瀏覽器可供試用的消息；安朱利森在留言中寫著：「憑著一己之力，沒有特別依靠任何一方，以 NCSA 所屬 Motif 圖形使用者介面為基礎，設計完成的網路資訊系統及全球資訊網瀏覽器 X Mosaic alpha/beta 0.5 版，在此釋出。」兩天後，看到這則留言的柏納－李相當高興，留言回應：「太好了！任何新版瀏覽器都會比舊版更值得推薦。」隨後在 info.cern.ch 不斷增加且供免費下載的瀏覽器清單中，放上 Mosaic。

Mosaic 安裝簡便又能夠顯示網頁內建的圖像，因此成為相當受歡迎的瀏覽器，除此之外，安朱利森掌握數位年代創業成功的要領也是讓 Mosaic 大獲好評的原因之一：他很認真處理使用者的回饋意見，也花很多時間在新聞群組追蹤使用者的建議與批評，然後持續不斷釋出更新版本的 Mosaic。安朱利森興致勃勃的說：「發表新版本後能夠得到立即回饋，是很神奇的事，各地的使用者會不停回傳回饋意見，讓我可以很快發現哪些功能可用或不可用。」

安朱利森持續不斷改善 Mosaic 的努力，也讓柏納－李大為讚賞：「只要寄給他錯誤報告，兩小時後他就會寄回修正版。」多年後安朱利森成為創投資本家，他訂下一個挑選投資對象的標準：著重創業家的程式功力與客服能力，而不是光看簡報、圖表的紙上談

兵。他說：「創業家想要營收破兆，就必須重視前兩項工作。」

商業與純粹之爭再起

安朱利森 Mosaic 瀏覽器的某些東西還是讓柏納－李有些失望，甚至還有點惱怒。Mosaic 的確是漂亮又炫目，但是安朱利森強調用豐富的媒體效果帶出吸引目光的網頁，而柏納－李始終認為重點應該擺在提供使用者工具，以促進分工合作。所以 1993 年 3 月結束在芝加哥的一場會議後，柏納－李開車穿越「似乎永無止盡的玉米田」，直抵伊利諾州中部的 NCSA 拜會安朱利森和拜納。

會無好會，柏納－李日後描述會談的情況：「在此之前，我所有和瀏覽器開發者的會面，都著重在心靈交流，然而這一次，我和他們之間的關係卻有說不出的緊張。」柏納－李看到 Mosaic 的開發團隊甚至有公關人員幫忙營造知名度，於是認為：「他們試圖把自己描繪成推動全球資訊網發展的中心，幾乎把全球資訊網改名成 Mosaic了。」柏納－李覺得安朱利森的團隊試圖把全球資訊網納為己有，接下來大概就是往營利方向前進了。[*]

安朱利森倒是認為柏納－李的回憶令人發噱。「柏納－李來的時候一副國事訪問的樣子，根本不像是來探討技術問題的。全球資訊網的發展已經像是燎原大火一樣，超出他的掌控，這一點讓他感到相當不安。」柏納－李反對網頁內建圖像，讓安朱利森覺得保守到有點不可思議。「他只要文字，」安朱利森回憶：「特別是不要像雜誌那樣，他非常堅持百分之百的純粹，基本上只希望網路是撰寫學術論文的工具，把圖像視為踏出通往地獄的第一步。舉凡多媒體、雜誌化、太過花俏或是附上網路遊戲跟購物訊息，都是通往地獄的道路。」由於安朱利森採取消費者導向的想法，因此認為柏

納－李的觀點是象牙塔裡的陳腔濫調;「我的行事風格就像是中西部的工匠,如果使用者想要圖像,就給他們圖像,把這項功能加上。」

其實柏納－李更在意的是,如果安朱利森的 Mosaic 太過重視多媒體、字體變換這類花俏表現手法,勢必會忽略瀏覽器真正應該具備的功能:讓使用者互相交流並共同完成網頁內容的編輯工具。強調全球資訊網網頁顯示功能,忽略編輯工具的後果,就是逐漸讓全球資訊網變成伺服器擁有人專屬的發聲管道,不再是一般大眾共同合作、分享創意的園地。柏納－李說:「我對安朱利森沒有把網路編輯工具納入 Mosaic 這一點特別失望。如果當時他心中衡量全球資訊網的那把尺,能夠從網路出版媒介朝向集體合作工具這邊多拉回一點,我想全球資訊網能發揮的影響力,應該不只是現在看到的這樣。」

起初幾版的 Mosaic 的確有共同編輯的功能,讓使用者下載文件編輯後再上傳,但是這些版本的編輯功能並不完整,而且安朱利森也認為,實務上沒必要掛載完整的編輯功能。「實在無法想像這種對設置編輯功能的全面性蔑視,」柏納－李抱怨說:「如果沒有超文件的編輯功能,就沒有辦法把全球資訊網當作緊密合作的媒介,就算瀏覽器能夠搜尋、分享資訊,但是我們彼此再也沒辦法用最直觀的方式合作了。」基本上,柏納－李說的沒錯,現在全球資訊網的風行程度足以讓人刮目相看,但是如果全球資訊網做為合作平台的功能再多一點,全球資訊網一定會變成更有趣的世界。

柏納－李也利用這次訪美的機會,拜會住在舊金山金門大橋附近索薩利托船屋裡的尼爾森。尼爾森二十五年前提出「仙那度」計畫時,就已經有了超文件網路的構想,雖然柏納－李和尼爾森的會

---

* 一年後,經驗豐富的創業家克拉克(Jim Clark)和安朱利森共同創立新公司,新公司名字叫做網景(Netscape),同時推出一個商業版的Mosaic瀏覽器。

面氣氛好多了，但是尼爾森還是對全球資訊網缺乏「仙那度」計畫中的關鍵元素感到不滿。他認為超文件網路應該是雙向的連結系統，而且在建立連結之前，提出連結請求與被連結一方應該要取得共識才能建立連結，這種方式才能讓網頁資訊提供者取得小額付費的額外效益。尼爾森不滿的表示：「HTML 正是我們極力避免的語法，它容易破解、只能單向往外、無法追溯引用資料的原始來源、沒有管理機制、無法設定權限。」

如果當初尼爾森雙向連結的方式成為主流，就有可能計算出每個連結的使用量，再透過自動支付機制累積一筆金額，給予創造出該連結相關內容的使用者。出版發行、新聞學理與部落格生態的樣貌會徹底改變。當數位內容供應者可以享有簡易、低交易成本以及管道多元的報酬機制時，他們的收入就不用完全依賴廣告業者，然而在現今全球資訊網的架構下，內容供應者的收入遠遠不如平台整合者，不論是大型傳媒的記者，或是小小的部落格寫手，取得收益的管道都相當匱乏。

發明家藍尼爾（Jaron Lanier）在《誰才擁有未來》（*Who Owns the Future？*）一書中指出：「透過廣告業務支付在網際網路上所傳播的資訊，根本就是自我毀滅的商業模式。如果採用全面追溯（universal backlink）連結系統，一旦某人提供的資訊讓其他人很受用，我們就可以有個計算小額支付的基礎。」不過，雙向連結和小額支付系統，需要在一定程度的中央控管機制下運作，這樣又會延遲全球資訊網擴散的速度，所以才沒有成為柏納－李的考慮選項。

內容應該免費嗎？

全球資訊網在 1993 年至 1994 年開始進入起飛階段，我當時是

時代公司新媒體的總編輯，負責規劃時代雜誌社的網路策略。一開始時代雜誌社和撥接上網業者如：AOL、CompuServe、Prodigy 簽訂合約，由時代雜誌社提供網頁內容，並且向訂戶推銷撥接上網的服務，撥接上網業者則會提供聊天室、電子布告欄等服務，協助打造《時代》雜誌訂戶的社群網路；這可以讓雜誌社收取一、兩百萬美元的授權權利金。

隨後全面開放的網路世界讓撥接上網業者不再享有專屬優勢，似乎提供出版業者一個掌握自己訂戶資料與未來命運的機會。1994年4月在美國國家雜誌獎頒獎典禮上，我和《連線》雜誌創辦人暨總編輯羅塞托（Louis Rossetto）討論新興的網際網路協定與各種網路應用軟體，如：Gopher、Archie、FTP、全球資訊網等，究竟誰領風騷。羅塞托認為最佳選擇是全球資訊網，他看上的是它的瀏覽器如 Mosaic 可以搭載華麗的圖像功能。1994年10月，《連線》雜誌的官方網站「熱線」（HotWired），以及時代公司的官方網站就統統上線運作了。

時代公司使用已經建立的品牌：《時代》、《人物》、《生活》、《財星》、《運動畫刊》，搭配新的入口網站 Pathfinder 進行測試，另外也增設《虛擬花園》（*Virtual Garden*）和《網路新聞》（*Netly News*）等新品牌試水溫。原本規劃向訂戶酌量收取小額費用，但是麥迪遜大道上的廣告業者非常看好新媒體的潛力，紛紛前來時代公司大樓，提議要購買我們為新網站開發的網頁看板，我們和其他傳媒公司決定，最好還是讓讀者可以免費瀏覽網頁內容，而且要盡可能吸引讀者目光，才能滿足廣告業者飢渴的期待。

後來證明這不是可以永續的經營模式。根據統計，網站數量愈來愈多，可以刊登廣告的網頁看板也跟著愈來愈多，每隔幾個月

就會呈指數成長，但是廣告收益的總金額，卻始終維持在相對平穩的水準，這就表示刊登廣告的收費標準嚴重下滑。另一方面，這種做法也不符合應有的職業倫理，會使媒體記者以迎合廣告業者的需求為優先考量，而不是照顧讀者的需求；更麻煩的是，這種做法一旦運作一段時間，就會讓消費者習慣網頁資訊本來就應該免費的認知，我們總共花了快二十年才開始試著合起這只潘朵拉的盒子。

柏納－李在 1990 年代晚期想透過以自己為首的全球資訊網協會研議一套小額支付的系統，目的是在全球資訊網的網頁增設處理小額支付的資訊和工具，由銀行和創業家提供各種不同的「電子錢包」服務。柏納－李的這個概念一直無法實現，其中一部分原因要歸咎於複雜又不時變動的銀行法規。「我們一開始的首要目標，是讓網頁擁有人可以使用小額支付工具，」安朱利森解釋：「但是我們在伊利諾大學沒有足夠資源處理這個問題，根本不可能把信用卡和銀行體系納入。我們曾經努力試過，但是跟銀行界人士打交道，實在很痛苦，非常非常痛苦。」

柏納－李在 2013 年恢復全球資訊網協會小額支付標定工作小組的部分活動。「我們又再次注意到小額支付的協定方式，」他說：「如果真的能做出成績，全球資訊網將因此而改頭換面，別的不說，光是付款給好文章或好歌的創作者，就能夠刺激更多人投入寫作和音樂創作的工作。」安朱利森則希望 2009 年創立的點對點數位貨幣支付系統「比特幣」*能轉型成更好的支付系統，他說：「如果我有時光機可以回到 1993 年，我一定要把比特幣或其他類似型態的加密貨幣，寫進 Mosaic 瀏覽器裡。」

我個人認為，在時代公司和其他傳媒公司的我們，還犯了另一項錯誤：當我們在 1990 年代中期跨進全球資訊網後，竟然沒有

持續把注意力繼續放在經營社群上。最初，我們架在 AOL 或是 CompuServe 系統上的網頁，都花了很多精神與讀者群建立社群，早年 The WELL 常客孟岱爾後來為時代公司管理電子布告欄並擔任聊天室主持人，對他而言，在網站上轉錄雜誌文章，比不上跟讀者建立有意義的社交連結與社群。1994 年，時代公司轉戰到全球資訊網，一開始我們打算複製撥接上網年代的運作方式，在 Pathfinder 入口網站就可以看見電子布告欄以及聊天室的選項，我們甚至還要求資訊工程師把原本在 AOL 上的簡單討論串，移植到全球資訊網的網站上。

過了一段時間，時代公司的注意力開始移往把紙本刊物的內容上線，不再重視與使用者建立社群，也不再提供使用者自行發表觀點的園地。其他傳媒公司和我們網站上的讀者，只能被動接受已經在紙本上發表過的內容，而且我們也把網站讀者的回應討論串，放逐到網頁最下方，雖然的確常有不當發言或胡言亂語，但即便我們這些網站管理者，也都很少查看這些留言。不同於 The WELL、AOL 或是 Usenet 的新聞群組，時代公司的網站並不打算利用使用者意見，建立討論區或是社群，相反的，時代公司的網站只是變成另一種形式的出版平台，只不過重複把發表過的內容再行包裝，不折不扣是新瓶裝舊酒的把戲。這個結果就好像早期電視台的經營模式，除了增加畫面，內容跟廣播節目幾乎沒兩樣，當然會使網站經營失敗以終。

所幸，「事物都有意想不到的用處」，新型態的媒體很快就藉著新科技發展帶動另一波高潮，於是 1990 年代中期以部落格、維基系統為首的發展，讓 Web 2.0 重拾活力。在 Web 2.0 的網路世界裡，

---

* 比特幣和其他加密貨幣，都是透過數學加密技術和其他密碼學原理，創立出無須依靠集中管控，也能建立可信度的電子貨幣。

使用者可以互動、合作，建立社群並創造屬於自己的資訊內容。

個人部落格先鋒霍爾

　　1993 年 12 月，史沃斯莫爾學院大一新生霍爾（Justin Hall）在學校交誼廳隨手撿起一份《紐約時報》，上面有記者馬可夫針對 Mosaic 瀏覽器所寫的報導，文章開頭寫著：「不妨把它想成是資訊年代的藏寶圖，公司行號或是個人都可以免費取得這個新軟體，就連電腦門外漢都可以利用這套程式在全球網路世界漫遊，不至陷入網際網路豐富資訊的五里霧中，而摸不著頭緒。」霍爾是身形細長的電腦怪咖，一頭金黃色長髮超過肩膀，笑起來很是頑皮，看起來就像是《頑童歷險記》裡的哈克、再加上托爾金筆下精靈族的綜合體。霍爾小時候住在芝加哥，是電子布告欄的愛用者，看到這則報導後就立刻下載 Mosaic 進行體驗，使用心得是：「這個瀏覽器好用到無話可說。」

　　霍爾在網路上玩了一陣子之後，很快發現：「幾乎所有線上資訊都是業餘人士寫的，這些人也不知道能寫些什麼。」既然如此，他決定比照辦理，用自己的蘋果 PowerBook 和下載的 MacHTTP 軟體設了一個網站，自娛娛人分享自己奇怪的長相和青少年的煩惱；「我把自己寫的文章或是碎碎唸電子化，稍微修飾一下以增加吸引力，然後發表到網路上。」他的個人網站在 1994 年 1 月中開設，幾天之後，他很高興的發現，網路世界的陌生人居然開始光臨了。

　　霍爾的第一個網站採取調皮搗蛋的調性，譬如說，他擺了一張自己躲在諾斯中校 * 後頭扮鬼臉的照片，一張演員卡萊・葛倫嗑藥的照片，一張向高爾這位「在昂貴的資訊公路上幫忙設立人行道的人」致敬的照片。他的網頁是為了建立對話，霍爾在首頁寫著：「你

好，這是二十一世紀的電腦產物，你覺得這值得我們多點耐心等待嗎？我猜，你正在瀏覽我在個人網站擺上的東西，同時也在搞清楚這是幹嘛，嗯？」

那個年代除了日內瓦大學慣用的 W3 Catalog，或是伊利諾大學裡 NCSA 的「最新消息」（What's New）外，既沒有目錄網站也沒有搜尋引擎，所以霍爾決定在自己個人網站裡設置友站連結 ——「酷呆了的都在這」（Here's a Menu of Cool Shit）；過沒多久，為了向寫過《地下室手記》的杜斯妥也夫斯基致敬，霍爾把連結名稱改成「霍爾的地下室連結」。霍爾連結的友站包括電子前線基金會、世界銀行、其他啤酒大師的個人網站、狂歡舞曲粉絲專屬網站，還有賓州大學一位名叫巴奈格（Ranjit Bhatnagar）的傢伙，因為他也架設一個類似的個人網站，「相信我，這傢伙的東西絕對值得一看，」霍爾特別幫忙宣傳。

此外，霍爾的連結還可以通往一些盜版的音樂會影音檔，像是「珍的耽溺」（Jane's Addiction）和「火熱的黃色書刊」（Porno for Pyros）等樂團的表演。霍爾在網頁上寫著：「如果你對這些另類音樂有興趣，或是你也有其他另類音樂，請留言給我。」當然啦，對於霍爾和他在網站上結交的朋友而言，色情相關的內容自然也是不可或缺的一大部分，像是「蔓延性慾調查」（Survey of Sexuality on the Sprawl）、「提供渴望網頁的暗示」（Pointers to Pages o'Purveyed Prurience）之類的，霍爾還好心提醒：「記得把鍵盤上的精液擦乾淨！」

「霍爾的地下室連結」成為受人矚目且不斷擴張的連結目錄，就像當年年底開始浮上檯面的雅虎、Lycos 和 Excite 等搜尋引擎，但是

---

* 編注：諾斯中校（Colonel Oliver North）是前美國海軍陸戰隊中校、曾捲入伊朗軍售案的醜聞，但表明自己是為國家利益而為之，被迫退伍後，人民仍視為美國英雄。

霍爾提供的連結不但是通往五花八門網路世界的一扇門，後來更產生意想不到的重大成果：霍爾在個人網站上記載日常活動、不經意的想法、深入的觀點和偶發私事的網路日誌，演變成一種創造網頁內容的全新型態平台，而且更重要的是，這是由個人電腦搭建的網路平台。霍爾的網路日誌包含追悼自殺身故父親的淒美詩詞、各種情慾幻想的綺思、自拍的陰莖、描述可愛繼父的極短篇，還有其他歸類成「族繁不及備載」、雜七雜八隨手寫的東西；簡單講，霍爾已經在無意間建立起自成一格的部落格了。

「我的文筆只有高中生水準，」霍爾說：「談的都是些非常個人的事情。」這的確是霍爾的網站和將來許多部落格的共通形式：隨意、個人化、桀傲不遜。我們可以在霍爾的網站上看到一張他光溜溜站在舞台上的照片，校方曾禁止他把這張照片放在高中畢業紀念冊裡，霍爾在照片注解上說，編輯校刊的女同學「嘻嘻哈哈對著他的生殖器品頭論足」，還有一則故事說自己某個晚上性交後包皮腫脹的慘痛經驗，順便附上一大堆生殖器的特寫畫面證明所言不虛。霍爾把這些極為隱私的事情統統放在網路上，開創新世代表達情感的特有方式，他說：「我一直想要特立獨行，吸引目光；在大庭廣眾下裸體當然也是某種特立獨行，所以我很習慣做出一些會讓我老媽發窘的舉動。」

霍爾在「族繁不及備載」欄位挑戰尺度的極限，成為日後部落格的一大特點，衛道人士自然不樂見這種表現手法。「『族繁不及備載』欄位就好像是人類進行各種實驗過後取得的原始資料庫，」霍爾後來解釋：「如果你願意認真去看內容，會發現自己其實不是那麼孤單。」霍爾還真是敢講，不過讓我們不再覺得孤單，確實是網際網路最基本的功用之一。

分享是網路世代的特色

就以霍爾那則腫脹包皮的發文為例，幾個小時後，世界各地的網友紛紛留言講述自己的性經驗，告訴霍爾要怎樣處理傷口，還對他保證這只是暫時的問題，不用擔心。霍爾對父親的悼念則是比較哀淒的例子；霍爾酗酒的父親在他八歲的時候結束自己的生命。「我爸爸是多愁善感的人道主義者，」霍爾寫著：「也是令人難以忍受的壞心眼混蛋。」霍爾追憶父親對他哼唱瓊‧拜雅鄉村民謠的過往，也想起他三杯黃湯下肚就拿槍喝叱餐廳女侍者的醜態；霍爾知道自己是父親生前最後說話的對象之後，寫了一首短詩：「我們彼此說了什麼／記不得了／而且／記住了又怎樣？／來得及讓你回心轉意嗎？」在網路世界裡引起廣大迴響，有些讀者也把自己的經歷寫了下來，交給霍爾整理後發文。

這種分享產生了人際互動，例如：梅克勒（Emily Ann Merkler）一直無法接受父親因癲癇而撒手人寰的消息，愛德華（Russell Edward Nelson）把他過世父親的駕照和其他文件掃瞄成的電子檔，布藍特（Werner Brandt）把父親最喜愛的鋼琴曲子集合做成紀念網頁。霍爾把網友的回應和自己的追思擺在一起，形成了小型的社群。「網際網路鼓勵參與。透過在網路上呈現自我，我希望能夠因此刺激其他人，也放一些真心在網路中。」

網路日誌開張後幾個月，霍爾用打死不退的精神透過電話和電子郵件，極力爭取到 1994 年暑假前往舊金山 HotWired.com 網站的實習機會。當時《連線》雜誌在富有個人魅力的總編輯羅塞托帶領下，正在開同業之先河、設立雜誌社專屬的官方網站，並且由萊恩高爾德（見第 316 頁）出任網站的執行編輯。萊恩高爾德對網路世

界很有見解,那時剛出版《虛擬社群》(*The Virtual Community*)一書,描述「開拓電子疆域新天地」形成的社會風俗與自我實現。這次實習機會讓霍爾成為萊恩高爾德的好朋友與追隨者,兩人還在關於新網站靈魂的問題上,聯手對抗羅塞托。

萊恩高爾德認為 HotWired.com 應該走跟紙本雜誌不一樣的路線,以形成鬆散的社群為目標,形成由使用者發文的「全球大會串」。霍爾說:「我支持萊恩高爾德的想法。我真的認為建立社群比較重要,而且我想要運用各種工具建立使用者論壇,讓網友更容易互相評論。」霍爾和萊恩高爾德提出想法,要讓社群的成員取得專屬的網路帳號與聲望;霍爾向羅塞托據理力爭:「重點是讓使用者彼此對話,使用者才應該是網站最珍貴的內容。」

羅塞托則認為 HotWired.com 應該是精心打造、強調質感的出版平台,並且要有大量的影像、圖片,藉以延伸雜誌原本的知名度,讓使用者一眼就能看出這是有《連線》雜誌專屬風格的網站。「我們雜誌社裡有這麼多美編高手,應該在這個基礎建立競爭優勢,」羅塞托說:「我們應該展現美觀、專業又擲地有聲的內容,這正是網路世界缺乏的元素。」要是把注意力放在提供使用者自行發文、寫評論的工具,「到時候就會看到一大堆不入流的雜耍。」

雙方的辯論不僅發生在冗長的會議上,也同時在不停往返的電子郵件上擦出激烈火花。決定權最終還是在羅塞托手上,而他對官方網站的想法就跟許多印刷出版品的編輯一樣,因此形成我們現在看得到的網路 —— 以出版內容的刊載平台為主,而不是創立虛擬的社群。羅塞托宣稱:「社會大眾在網路世界說來就來、說走就走的年代,已經結束了。」

結束 HotWired.com 的暑期實習重返校園後,霍爾決定親身嘗試

與羅塞托相左的做法,他相信讓社會大眾觸及網路世界,應該是值得讚揚並大力支持的事。霍爾不如萊恩高爾德世故圓滑,而更有年輕人的衝勁,他開始宣揚虛擬社群吸引人的本質,也不時發表網路日誌。「我把生活中的點點滴滴統統放上網站,包括我認識的人發生了什麼事,或是一些我還摸不清頭緒的事情;」霍爾在一年後表示:「不斷談論我自己,是我持續寫網路日誌的動力。」

霍爾的論點顯示,建立對公眾開放的平台有多重要,他在一篇早期的發文中表示:「當我們在網路上講故事的時候,我們會讓電腦成為人際溝通、建立社群的工具,不再只是傻呼呼的生財工具。」成長階段就花很多時間在網路早期電子布告欄的霍爾,想要重拾當年 Usenet 新聞群組和 The WELL 留下的風範。

就這樣,霍爾成為在網路上寫日誌的拓荒者,一如當初替美國帶來蘋果樹的查普曼*。霍爾在網站上提議,任何人只要願意招待他一、兩個晚上,他就會親自教導如何使用 HTML 語言發文,這個方法讓霍爾在 1996 年夏天搭巴士走遍美國,每晚寄宿在接受他提議的網友家中。「霍爾走遍美國的做法就像是申請獎助學金一樣,只不過是以他個人為核發單位,」羅森伯格(Scott Rosenberg)在記錄部落格發展史的《無所不言》(*Say Everything*)中這樣描述。這樣說也不能算錯,但是霍爾完成的任務可大多了:他讓網際網路、全球資訊網回到原本設定的樣貌,從商業刊物的發表平台,回歸到資訊分享工具的本質。網路日誌讓網際網路變得更人性化,這可是重大的變革,霍爾堅定認為:「網路日誌是讓科技最能彰顯人性的做法,可以加強我們的表達能力,也可以讓我們分享故事,建立人際互動。」

網路日誌的現象很快就傳開了,巴格(John Barger)在 1997 年

---

* 譯注:查普曼本名為John Chapman,因為美洲帶來蘋果種子,因此得到蘋果種子(Johnny Appleseed)的綽號。

架設一個有趣的網站叫做「機器智慧」（Robot Wisdom），率先發明「網誌」（weblog）一詞。兩年後另一位網頁設計師梅爾霍茲（Peter Merholz）一時興起，把 weblog 拆成兩個英文單字，以「我們部落格」（we blog）取而代之，從此以後「部落格」（blog）就成為日常慣用詞彙，*到了 2014 年，全世界已經發展出將近八億五千萬個部落格了。

　　一開始，自視甚高的傳統文字工作者並不欣賞部落格的演變。我們很容易詆毀部落格裡自我中心的叨叨絮絮、嘲笑凡夫俗子晚上抽空寫的簡短內容缺乏可讀性，而這些詆毀與嘲笑也不盡然完全不對。赫芬頓（Arianna Huffington）早在她自己的部落格「赫芬頓郵報」（Huffington Post）指出，一般人可以在部落格發文中獲得成就感，才是他們願意向社會發聲的原動力。部落格讓一般人有機會把自己的想法，用公眾看得懂的方法表現，還可以獲得其他人的回饋，對於以往入夜後就只能被動接受電視螢幕傳來片段訊息的一般人而言，這是全新的體驗。湯普生（Clive Thompson）在《超乎你想像的聰明》（*Smarter Than You Think*）一書中提到：「在網際網路誕生以前，大多數人自從高中或大學畢業以後，就很少單純為了嗜好或是整理思緒而動筆，因此職業上有需要不停動筆的人，如學者、記者、律師和行銷文案寫手，很難理解這一股風潮的魅力所在。」

　　霍爾就沒有類似的困擾，反而還深諳其道 —— 這就是數位年代不同於電視機年代的重點，他在文章中寫著：「把我們自己的作品放到網路上，表示我們不再屈從於被動接收大眾傳媒。如果我們都擁有發表作品的園地，比方說是萊恩高爾德個人或是萊星市（Rising City）高級中學部落格，網際網路就不會像電視節目那麼平凡無趣。我們將可以在任何地方找到新鮮事跟有趣的話題，也可以遇見許多

渴望被聽見的人。好好講述人的故事，是避免網際網路、全球資訊網淪為荒涼貧瘠大地的最佳措施。」

威廉斯與Blogger服務網

部落格在1999年成長迅速，而且已經從霍爾當初閒來無事的鬼扯淡、完全以記錄私生活大小事的個人日誌型態，演變成自由撰稿專業人士、公民記者的表現舞台，或是提出政治主張、社團訴求和發表時事的評析平台。不過還有一個問題有待克服：如果沒有一點撰寫程式或是連結到伺服器的能力，要維護獨立運作的部落格並不是容易的事。提供使用者簡化的操作方式，是成功創新的關鍵因素之一，如果部落格要蛻變成讓出版業轉型，或是讓公民參與討論公共議題的全新平台，就得要變得更簡單才行，簡單到「在文字方塊內寫完，按個按鍵就傳出去」的程度，威廉斯（Ev Williams）如是說。

威廉斯在1972年出生於內布拉斯加克拉克斯村（村裡僅有374位居民），種植玉米與大豆的農莊裡，在這種環境長大的威廉斯瘦高、害羞，孤孤單單，他很少參與打獵或是球類運動，反而比較常玩樂高積木、用木頭做滑板、拆解腳踏車、研究家裡那台綠色的拖引機，使得他在村落裡顯得有些特立獨行。在幫忙家裡忙完農事後，威廉斯會看著大地做白日夢，「書本、雜誌是我走向廣闊外在世界的大門，因為我的家人很少外出旅行，所以我也沒去過什麼其他地方，」他說。

威廉斯小時候沒用過電腦，1991年就讀內布拉斯加大學時，才見識到連線上網服務與電子布告欄建立的虛擬世界。他求知若渴的

---

* 《牛津英文字典》（*Oxford English Dictionary*）在2003年3月，正式把blog分別以名詞、動詞的形態收錄在內。

從網路上吸收所有資訊，也訂閱了某份有關電子布告欄的雜誌。離開學校後，威廉斯先是開了一家生產唯讀光碟的公司，錄製向當地生意人介紹什麼是網路的影片，不過影片是在他家地下室用借來的錄影機拍攝的，看起來就像是粗製濫造的社區導覽影片，根本賣不出去。威廉斯結束公司後晃蕩到加州謀職，成為科技出版社歐萊禮媒體（O'Reilly Media）的新進寫手，而且是非常堅持己見的員工，他曾經拒絕報導某家公司的產品，因為他認為那「根本是狗屎」，還為此發了電子郵件給全公司。

威廉斯天生帶有創業性格，他克制不了開公司的念頭，所以在1999 年初開了一家名叫皮雷實驗室（Pyra Labs）的公司，合夥人是曾經短暫交往過的幹練女士賀里翰（Meg Hourihan）。不同於其他同時期一頭栽進達康（.com）熱潮的新公司，皮雷實驗室只專注在透過網路達成原本創業的初衷：提供在網路上共同協作的工具。該公司提供一系列與網路相關的應用程式，讓工作團隊分享專案計畫、待辦事項、共同編輯文件等。威廉斯和賀里翰認為，要有一種簡單的方式讓彼此分享不經意的點子和有趣的內容，所以開始在一個小型的內部網站發文，還把這個網站取名為「大雜燴」（Stuff）。

威廉斯原本就喜歡閱讀雜誌及其他出版品，且從這時候開始接觸到部落格。他常逛的部落格並不是霍爾那一型的私人日記，而是網路新聞傳媒先驅的科技評論，像是網路部落格第一批開創者威納（Dave Winer）採用可延伸標示語言（XML）整合格式架設的「編撰新聞」（Scripting News）。

威廉斯自己也有一個部落格叫做 EvHead，上面可以看到他不定時更新的心得和評論。跟其他人一樣，威廉斯每次要在個人網站增加一則網路日誌，都要轉換成 HTML 程式碼，為了簡化這個繁瑣的

流程，威廉斯寫了一個簡單的程式來自動完成編碼轉換，這原本看似平淡無奇的小動作，卻在日後帶來非常顯著的改變。「可以在有了靈感後，用一般正常的方式打字，幾秒內就變成網站上的貼文，完全是不一樣的使用經驗。透過這個自動化流程，我們原本處理事情的方式都變得不一樣了。」威廉斯接著想到，這個看似不起眼的小程式，有沒有可能變成商品。

維持專注是創新的基本功之一，威廉斯也知道自己第一家公司就是因為貪多嚼不爛而關門大吉，身為管理顧問的賀里翰也堅持不可以分心：威廉斯的部落格轉換程式很巧妙沒錯，但是卻跟本業無關，也不會成為賺錢的商品。雖然威廉斯也知道這一點，但他還是在 1999 年 3 月悄悄註冊 blogger.com 的網域名稱。他就是克制不了開創新事業的衝動。「我一直是商品導向的思考邏輯，滿腦子都在思考商品化的問題，總覺得這些商品背後都是一些帥呆了的點子。」所以 7 月賀里翰去渡假時，威廉斯趁機發表 Blogger 服務網這條產品線，先斬後奏。威廉斯奉行了另一則創新基本功：不能太過專注到讓機會流失。

賀里翰放假回來，知道發生了什麼事後氣炸了，威脅要拆夥。皮雷實驗室除了威廉斯和賀里翰之外只有一位員工，根本沒有經營副業的本錢。威廉斯回憶說：「她一整個火了，我們竭盡全力才說服她，這樣做是有意義的。」的確有意義，Blogger 服務網在接下來幾個月吸引許多粉絲，要言不繁、容易緊張的威廉斯也獲選為 2000 年 3 月西南偏南大會（South by Southwest conference）的創業明星之一，等到 2000 年底，Blogger 服務網已經累積了超過十萬的註冊使用者了。

不過，Blogger 服務網沒辦法創造營收卻是個問題。威廉斯有點

不切實際的希望，免費服務能增加 Blogger 使用者購買皮雷實驗室應用軟體的誘因，但是皮雷實驗室撐到 2000 年夏天幾乎陷入停擺，網路泡沫也使得募資愈來愈困難，威廉斯和賀里翰原本就不太對盤，這時候關係更是退化，經常在辦公室裡互相咆哮。

網路泡沫的衝擊在 2001 年 1 月達到頂點。當時威廉斯迫切需要裝設一台伺服器，他直接請求 Blogger 的用戶贊助，結果總共募來 17,000 美元，雖然夠買伺服器卻不足以支付員工薪水。賀里翰要求威廉斯辭去執行長的職務，威廉斯不答應，賀里翰就宣布退出經營團隊。賀里翰在自己的部落格發布訊息：「星期一，我從公司離職了，一家我和他人合夥創辦的公司。我到現在都還忍不住哭泣。」當時 Blogger 的其他六位員工也跟著一起離開。

威廉斯也在自己的部落格發了一篇長文〈到頭來，還是獨自一人〉（And Then There Was One），抒發情緒：「公司把錢燒完了，我也失去了所有的團隊……對我而言，過去兩年是漫長、艱辛、刺激、富有教育意義、一生只有一次、痛苦無比卻也非常值得，很有收穫的旅程。」威廉斯發誓要讓 Blogger 服務網繼續維持下去，就算只能全靠自己也無所謂，他在這篇文章的後記寫著：「如果有任何人可以提供辦公室一段時間，請跟我聯絡，多少可以幫忙我省點錢（也可以幫忙拉我的公司一把）。」

一般人在這種情況下多半會選擇放棄，沒有錢付租金、沒有人幫忙維護伺服器運作、看不出有營收的可能，加上前員工對他的人格攻擊與法律訴訟，他還得張羅聘請律師的費用。「照他們說的，好像我把老朋友統統炒魷魚還不付半毛錢，藉機侵占整個公司似的，」威廉斯說：「這真是令人髮指。」

但是威廉斯內心深處繼承了玉米農的好耐心，以及擇善固執的

創業精神，而且他對挫折有異於常人的高度忍耐力，所以才撐了過來，摸索出堅忍不拔與冥頑不靈之間的差異，就算各種問題紛至沓來也要處變不驚。他可以憑一己之力窩在公寓裡維持公司營運，一手包辦伺服器維護和撰寫程式的工作。「基本上就是回歸檯面下，除了讓 Blogger 服務網繼續走下去外，不做他想。」雖然營收趨近於零，但是經營成本也高不到哪裡，以他在部落格的發文為例：「我真的還出人意料維持得不錯，我很樂觀（我一直很樂觀），而且也還有很多、很多想法（我一直有數不清的想法）。」

有些同情威廉斯遭遇的人會來雪中送炭，其中最重要的一位是布李克林（見第 407 頁），那位親切友善、重視團隊合作，共同開發出第一套電腦試算表程式的科技先驅。「我不希望 Blogger 服務網隨著網路泡沫而消失，」他表示。布李克林讀到威廉斯語帶無奈的發文後，寄了封電子郵件給威廉斯，詢問有沒有什麼地方幫得上忙。住在波士頓的布李克林要去舊金山出席歐萊禮論壇，雙方藉此機會約在會場附近的壽司店碰面，布李克林在用餐的時候講了一個小故事，多年以前，他的公司也因為經營不善而岌岌可危時，他在偶然的機會遇見蓮花軟體的創辦人凱普（Mitch Kapor）。雖然布李克林跟凱普有競爭關係，但是他們兩位都很看重齊心協力的駭客倫理，因此凱普提供一筆生意，讓布李克林的公司能維持，之後才有布李克林創辦 Trellix 提供網路刊載系統軟體的結果。延續凱普對同業對手伸出援手的駭客情誼，布李克林也設法用 Trellix 公司的名義，支付四萬美元權利金取得軟體授權，讓 Blogger 服務網得以繼續維持。布李克林一點也沒變，依舊是那位善體人意的好人。

2001 年一整年威廉斯都在自家公寓和借來的辦公場所，不捨晝夜的讓 Blogger 服務網維持下去，「認識的每個人都覺得我瘋了，」

他回憶。最低潮的時刻發生在那一年的聖誕假期，他去探望搬到愛荷華的母親，結果公司網站恰好在聖誕節被入侵；「我只能在愛荷華用一台小筆電撥接上網評估損害程度，我沒有系統管理員，根本沒人可以幫我。後來我幾乎花了一整天的時間，在一家金考（Kinko）快印店做損害管控。」

事情在 2002 年有了轉機，威廉斯在這一年發表需要付費的 Blogger Pro，新的合夥人也在巴西談定一筆授權生意。部落格的世界在這一年呈指數規模成長，讓 Blogger 服務網成為炙手可熱的商品，在威廉斯的前老闆歐萊禮（Tim O'Reilly）居中牽線下，Google 在 10 月登門拜訪。當時 Google 還只是專注於搜尋網站的公司，從來沒有收購其他公司的紀錄，但是 Google 卻直接提議要買下 Blogger 服務網，威廉斯也接受了這筆交易。

威廉斯這個簡單的商品讓上網發文成為全民運動。「只要按個按鈕，大家都可以發表文章，」他打趣的說：「我愛出版的世界，而且我的思考方式絕對獨樹一幟，這兩點都是因為我在偏遠農莊長大的緣故。當我找到方法讓大家都可以在網路上發文後，就知道這將讓成千上萬的人掌握屬於自己的話語權。」

Blogger 服務網一開始是以發文功能為主，對互動討論著墨不多。「與其說 Blogger 服務網可以促進對話，倒不如說這是讓大家都站上肥皂箱的平台，」威廉斯承認：「網際網路同時包含社群與刊載兩個面向，當然會有些人看重網路社群，而我個人比較重視刊載和其承載的知識，因為在我的成長階段，都是透過別人發表的內容認識這個世界，自然也就沒有太多參與社群互動的經驗。」

然而大部分數位工具最終都會收到驅使而建立網路社群，畢竟

這是人類的天性，所以部落格最後也發展成網路社群的型態，不再是單純肥皂箱式的演講台。「部落格最後還是轉變成社群的型態。雖然每個人都有自己的部落格，但是因為我們可以彼此留言、建立連結，」威廉斯在幾年過後回顧道：「所以也形成了一種社群，效果並不遜於郵寄清單或是電子布告欄，後來我也頗能認同這個發展方向。」

威廉斯之後成為社群網路兼微型刊載系統「推特」（Twitter）的共同創辦人，然後又創辦「傳媒」（Medium），這是著重集體創作與分享資訊的出版平台。在這一連串創業過程中，他發現自己提振網際網路社群面的價值並不亞於出版面，「身為內布拉斯加農村長大的小孩，要在網際網路普及之前，找到志同道合的朋友組成社團是非常困難的事，但是每個人內心深處都會想在某個社群找到歸屬感。在創辦 Blogger 服務網那麼多年後，我終於明白部落格也能做為建立社群的基礎。融入社群的本能願望也是推動數位世界往前走的動力之一。」

坎寧安和快快快維基

柏納－李在 1991 年發表全球資訊網時，原本想的是一個集體創作平台，這也是他無法苟同 Mosaic 瀏覽器不提供使用者網頁編輯功能的主要原因。這使得全球資訊網的使用者，只能被動接收刊載內容。這個問題隨著鼓勵使用者自己創造內容的部落格興起而稍稍獲得解決，1995 年另一種新平台竄起，更有助於讓網路世界回歸到集體創作的走向。它就是維基（Wiki）。在維基的環境下，使用者可以逕自修改網頁資訊，不需要透過瀏覽器提供的編輯功能，只要在頁面上直接點選、輸入就完成了。

　　這套系統是由另一位中西部（來自印第安納州）的樂天派人士坎寧安（Ward Cunningham）開發完成的。坎寧安小時候組裝過火腿族無線電，因此早早就融入全世界的火腿族社群，從普度大學畢業後，坎寧安在電子設備製造廠太克（Tektronix）上班，工作內容是追蹤不同計畫的執行進度，和柏納－李當年在 CERN 擔任的工作大同小異。

　　為了完成工作，坎寧安利用蘋果電腦最了不起的創新者阿特金森（見第 420 頁）發明的一套軟體 HyperCard 進行修改，它可以讓使用者在自己電腦裡的文件上任意建立超連結；蘋果電腦一開始也不知道這套軟體該怎麼用，就在阿特金森堅持下，成為蘋果電腦裡的免費軟體。這套軟體使用簡便，就連小朋友（特別是小朋友）也都會利用 HyperCard 連結到其他圖檔或是電動玩具。

　　坎寧安第一次看到 HyperCard 就知道這是值得注意的產品，不過他也發現這套軟體還不夠簡單，因此修改成更容易增設新卡片和超連結的新版本：可以在每張 HyperCard 上直接輸入文字，如此一來，就可以把其他人的計畫名稱寫在 HyperCard 裡再附上連結，「這樣我的工作就輕鬆多了，」坎寧安笑著說。

　　之後，坎寧安又把自己的超文件程式版本轉換成網路版，總共只寫了幾百行 Perl 程式碼，結果產生了全新的網頁內容管理軟體，可以讓使用者修編網頁內容。坎寧安用這套應用軟體建立波特蘭模式知識庫（Portland Pattern Repository），進一步讓軟體工程師可以互相交換編碼心得，或是修改其他工程師放在網路上的程式碼。坎寧安在 1995 年 5 月一則公告式的發文中表示：「這套軟體是為了讓對人物、專案計畫、模組化程式感興趣的人，也能參與編寫網頁內容，藉此改變電腦程式的撰寫方式。參與的寫作方式可以很隨興，

就像是寫電子郵件一樣……就好像有一份協作者名單，其中每個人都可以是主持人，想要修改什麼都行。這套軟體還不能算是線上交談系統，但是還是可以形成某種程度的對話。」

接下來該替這套系統取名了。坎寧安開發的產品算是快速網路工具，但是「快速網路」（QuickWeb）這個名字不太響亮，太像當初微軟的命名方式，還好坎寧安的腦海中還有另一個單字可以取代「快速」。十三年前坎寧安去夏威夷度蜜月，他記得：「機場櫃台服務人員引導我去搭乘 Wiki Wiki 巴士到不同航站。」坎寧安問 wiki 是什麼意思，對方回答那是夏威夷話「快速」之意，wiki wiki 就表示「非常快」，於是坎寧安把網頁跟軟體叫做 WikiWikiWeb，簡稱為維基（wiki）。

坎寧安一開始設定使用超連結的語法，是把單字結合在一起，形成有兩、三個大寫字母的新單字，譬如說 CapitalLetters 這種形式，也就是日後稱之為駝峰式大小寫（CamelCase），泛見於各種網際網路的品牌名稱中，諸如 AltaVista、MySpace、YouTube。

後來大家習慣把坎寧安版的維基系統叫做 WardsWiki，任何人都可以在上面編寫，完全沒有密碼權限的問題，頁面每修訂一次就會自動儲存，一旦有人蓄意破壞，可以使用「最近更新」（Recent Change）功能，讓坎寧安等負責人追蹤近期的編輯過程。這套系統沒有監控者或守門人預先審查修改成果，「這不會是問題，」坎寧安用中西部人天真樂觀的態度表示：「因為一般人都很善良。」這就是柏納－李預見的網頁系統，既可以讀也可以寫，而非使用者唯讀的型態，柏納－李說：「維基是可以促成集體創作的系統，部落格則是另一種。」

坎寧安比照柏納－李的做法，開放 WardsWiki 的基本程式架構

讓所有人使用、修改，結果很快就有許多使用維基系統的網站成立，形同一場開放 WardsWiki 原始碼的運動。但是維基系統的概念只有在軟體工程師界廣泛流傳，一直要等到 2001 年 1 月，一家努力推動免費線上百科全書卻不甚成功的網路創業公司，也加入使用行列後，維基系統的概念才會廣為人知。

誰創立了維基百科？

威爾斯（Jimmy Wales）於 1966 年出生於阿拉巴馬州亨茨維爾，鎮上不是普通鄉下人就是火箭工程師。在威爾斯出生前六年，時任美國總統的艾森豪為了追上蘇聯發射人造衛星旅伴號的科技成就，親自前往亨茨維爾主持馬歇爾太空飛行中心揭幕啟用儀式；「在太空計畫推動得如火如荼時於亨茨維爾成長，會讓人在無形中用樂觀的態度面對未來。」威爾斯根據成長經驗做出結論：「在小時候的記憶中，太空飛行中心只要一試射火箭，家裡的窗戶就會嘎嘎作響。基本上，太空計畫儼然就是我們家鄉的球隊，任何進展都會讓人興奮，讓你以為自己住在科技城裡。」

威爾斯的父親是雜貨店老闆。威爾斯小時候就讀不分年級的私立學校，是由他母親和教音樂的祖母所創辦的。三歲時，威爾斯的母親從到府服務的行銷人員那邊買了一套《世界百科全書》給他，才剛開始學會閱讀的威爾斯如獲至寶，彷彿在彈指之間就能觸及圖文並茂的知識聚寶盆，甚至還有層層堆疊的透明玻璃紙剖析青蛙的肌肉、血管和消化系統，不過威爾斯也發現《世界百科全書》的一大缺點：不論裡面收錄了多少條目，遺漏的項目永遠更多，而且時間經過愈久，這個問題就愈嚴重，再過幾年以後，各種重大事件陸續發生：登陸月球、搖滾樂、示威抗議、甘迺迪和金恩博士遭暗

殺，卻都沒有收錄在《世界百科全書》裡。《世界百科全書》只好把補充標籤寄給訂戶貼在書上權充為資料更新，這些瑣事讓威爾斯有點不耐煩；「所以我會開玩笑的說，我從小就懂得百科全書不停改版是怎麼回事，因為我經常要在媽媽買來的那套百科全書上貼一堆補充資料。」

威爾斯從奧本大學畢業後，先是漫不經心的讀了研究所，後來在芝加哥一家金融貿易公司擔任研究主任，但是威爾斯對這工作也不十分感興趣。他的求知態度深受網際網路影響，一開始是透過網路線上遊戲 MUD＊這款多人同時進行的連線遊戲，踏進網路世界，之後設置線上討論蘭德（Ayn Rand）的郵寄清單，蘭德是信奉客觀主義和自由主義哲學思想的俄裔美籍作家。威爾斯歡迎所有人加入討論群組，但是無法接受用惡意攻訐或人身攻擊方式引起火花的討論方式，對此他都以溫和的手法解決。他在一則發文中表示：「我採用中間立場的方式調停，用檯面下協商的處理方式。」

在搜尋引擎問世之前，目錄網站和網路環（Web ring）是最受歡迎的網路服務項目。目錄網站是網路使用者用人工方式把一些有趣的網站網址整理條列，網路環則是在共用的導航圈中把相關的網站蒐羅在內，彼此連結。趕上這一股網路連結熱潮的威爾斯在 1996年和兩位朋友創立 BOMIS（Bitter Old Men in Suits，直譯為「苦澀西裝佬」），試圖把各種相關想法開發成商品營利。許多 1990 年代末期典型達康熱潮下成立的新創公司，都在他們的連結選項中，包括：附上圖檔的二手車目錄網站和網路環、點餐服務、芝加哥工商名錄、運動環等等。威爾斯之後搬到聖地牙哥，還設立號稱「男人專屬搜尋引擎」的目錄網站和網路環，裡面淨是女性的清涼照。

＊ 譯注：MUD是指Multi-User Dungeons，直譯為「多用戶地牢遊戲」，一般通稱為「網路泥巴」或簡稱為「泥巴」。

　　網路環的經歷讓威爾斯了解使用者參與編輯網頁內容的價值，尤其是在看見運動環裡投注彩券的網友，總是能比任何單一位專家提供更精準的比賽預測結果。雷蒙在《大教堂與市集》書中解釋，對網路來說，為何開放群眾參與集體創作、類似市集的經營模式，優於大教堂般由上到下嚴格管控結構的模式，也讓威爾斯印象深刻。

　　威爾斯接下來的創新實驗，反映出他小時候對《世界百科全書》的熱愛：開發線上百科全書。威爾斯為它取名為「新百科」（Nupedia），主要有兩個特徵：一、這套線上百科全書會交給志工撰寫，二、免費開放給所有人。這是自由軟體先驅斯托曼在 1999 年提出的構想，威爾斯希望可以透過賣廣告經營免費的百科全書；威爾斯聘請在線上討論群組認識的哲學系博士生桑格（Larry Sanger）推動這個想法。「威爾斯就是打定主意要找哲學家推動這個計畫，」桑格回憶道。

　　威爾斯和桑格共同制定嚴謹的七個步驟，做為創設、審核百科全書條目的準則，包括把指定項目分派給適任的專家、審核專家資格的標準、把條目草案送交外部專家審核、公開給大眾檢視、再分別編輯成專業版與一般版的定稿內容，新百科的編輯守則上寫著：「我們希望參與編寫的人，都是在相關領域取得博士學位的專業人士（除了少部分例外之外）」。威爾斯解釋說：「桑格認為，如果不能做得比傳統百科全書更學術，不但難以取信於人，也不可能得到重視。雖然事後證明他的論點是錯的，不過根據我們在當時那個時間點所能知道的一切來看，桑格的論點很有道理。」新百科在 2000 年 3 月放上第一條條目，是由德國美茵茲大學（Johannes Gutenberg University）一位學者編寫的，條目名稱是「無調性音樂」。

　　編寫新百科條目是痛苦而緩慢的過程，更何況這是相當無趣的工作。從霍爾的經驗得知，人們之所以願意在網路上隨手發文而不收費，是因為能從中獲得許多樂趣。經過一年以後，新百科總共才發表幾十則條目，一點也沒有所謂百科全書的參考價值，另外還有150則處於草案階段，再再顯示審核條目的過程變得有多麼惹人厭煩，畢竟這是需要嚴格查驗而無法大量製造的過程。後來就連威爾斯自己也都受不了這個過程，他原本打算動手編寫一則有關「莫頓」（Robert Merton）的條目，莫頓是經濟學家，用數學模型分析衍生性金融商品該如何訂價，而獲頒諾貝爾獎。威爾斯曾經發表過一篇選擇權訂價理論的論文，因此對莫頓的理論可說是知之甚詳，不過威爾斯說：「下筆之後，我愈寫頭愈大，因為我知道這份草案會送給最權威的金融專家審核，突然間我感覺自己好像回到了研究所，壓力好大。我才知道當初制定的審核流程並不可行。」

　　就在這個時候，威爾斯和桑格接觸到坎寧安開發的維基軟體，而且就跟很多數位年代的創新一樣，把兩個創意整合在一起就會產生新的創新。維基結合新百科後，「維基百科」（Wikipedia）就誕生了。維基百科把原本散落在各處的知識，透過集體創作加以呈現，但是這究竟是誰的功勞可就莫衷一是了，反倒成為非常不維基的一場羅生門。

　　根據桑格的說法，2001年1月他在聖地牙哥路邊的墨西哥塔可餅攤和電腦工程師朋友科維茲（Ben Kovitz）吃中餐，科維茲是坎寧安維基的愛用者，他向桑格詳細介紹什麼是維基，桑格突然間心中一凜，意識到維基可以用來解決新百科遭遇的問題。「我突然想到，集體創作編寫的免費百科全書，可否使用維基來當做更開放、更簡單的編輯系統？」桑格說：「即便我還沒看過什麼是維基，但是

我愈想愈覺得改用這種做法才是對的。」在桑格版本的敘事中，是他勸說威爾斯改用維基做為線上百科全書的架構。

科維茲的說法不一樣。科維茲指稱自己才是想到用維基軟體做為集體創作平台的人，而且費了好一番功夫才說服桑格接受這個想法。「我建議他，與其只倚靠新百科批准的專家，不如開放社會大眾即時修編內容，」科維茲說：「我確切的用字是，『讓世界上隨便哪個可以上網的笨蛋』都可以修編網頁上的所有資訊。」桑格提出反對意見：「難道不會有超級笨蛋故意亂搞一通，老是提供不正確的資訊嗎？」科維茲回應：「當然會有，但是一定會有另一批笨蛋把胡說八道的部分刪除，把條目修正得愈來愈好。」

至於威爾斯的版本呢？他宣稱自己早在桑格與科維茲聚餐前一個月就聽過維基了，畢竟當時維基已經問世超過四年，而且在程式設計師的圈子內是熱門話題，曾在 BOMIS 工作過、笑起來十分燦爛的大男孩羅森費爾德（Jeremy Rosenfeld）也曾參與討論。「羅森費爾德在 2000 年 12 月就讓我看過 WardsWiki，還告訴我這套系統有可能解決新百科遭遇到的問題，」威爾斯回想，等之後桑格又讓他看同一套軟體時，威爾斯馬上說：「嗯，對，維基，羅森費爾德上個月也讓我看同樣的東西。」桑格指稱威爾斯的記憶錯誤，隨後在維基百科的討論區引起雙方陣營互相駁火，最後威爾斯為了讓緊張情勢降溫，發文告訴桑格：「嘿，冷靜點，別讓事情一發不可收拾。」但是桑格還是在許多不同的網路論壇，繼續反駁威爾斯的說法。

這場爭論呈現歷史學家處理集體創作時，將會面臨到的典型挑戰：不同的參與者對於誰做出哪些貢獻的回憶都不一樣，而且很自然就會放大自己的貢獻。我們可以輕易在親朋好友身上觀察到這種傾向，恐怕自己也會偶一為之，不過會在有史以來最重視集體創作

的維基百科上,為了它到底怎麼誕生而爭論不休,實在再諷刺不過了,畢竟維基百科的運作建立在相信人類願意不求回報的付出上。[*]

與其爭論誰的貢獻比較多,維基百科更重要的價值在於人們分享不同想法時的動態。科維茲非常了解這一點,而且提出深刻的見解,他在描述集眾人之力創立維基百科時,稱之為「在適當時間出現的大黃蜂」理論。科維茲說:「有些人為了批評、貶抑威爾斯,就會故意把我當成是維基百科的創造者,甚至說成是『真真正正的創造者』。我是有提供意見,但並不是創造者,只能說我就像是大黃蜂,在維基這朵花上盤旋好一陣子後,又飛去對免費線上百科全書那朵花傳播花粉。我曾經跟很多人提過相同的概念,但是因為時機、場合都不對,所以不會真正開花結果。」

好的想法通常就是這樣誕生的:一隻大黃蜂從某個領域帶來一半的想法,然後到充滿不成熟創新想法的肥沃領域中傳播花粉。這也是網路工具價值的所在,即便在路邊攤吃墨西哥捲餅,都能帶來新的創新。

群眾與菁英之爭

威爾斯在 2001 年 1 月撥了電話給坎寧安,告之將採用維基的模式建立線上百科全書,坎寧安非常支持,甚至應該說是樂見這個成果。坎寧安並不打算申請維基程式碼或是「維基」這個名字的專利著作權,他是看到自己開發的產品由其他人使用或改良後,會感到開心的創新者之一。

一開始,威爾斯和桑格認為維基百科只會是新百科的附屬,就好像養成訓練所一樣。桑格還向新百科的專業編輯群保證,維基百

---

[*] 值得注意與稱許的是,儘管雙方陣營在許多討論區的對抗都勢同水火,但是維基百科在關於自己的發展史、威爾斯與桑格兩人所扮演的角色等條目上,最終都還能守住持平客觀的立場。

科的條目會另外區隔，絕對不會和正常的新百科條目混在一起，桑格在一則發文中表示：「如果某一則維基百科條目的完成度夠高，才會考慮放進新百科正常的編輯、審核流程裡。」但是，想要維護新百科純度的人仍舊感到不滿意，堅持讓維基百科完全獨立，才不會汙染新百科專家貢獻的智慧結晶。新百科諮詢委員會還在網站上發出簡易聲明表示：「請注意：新百科和維基百科的編審流程與編審原則都各自獨立，新百科編輯群和同儕評審，不需要為維基百科的條目背書，維基百科條目提供者也不用替新百科的編審措施背書。」沒想到新百科端出學究架子，以神聖不可侵的態度切割維基百科，反而幫維基百科的發展推了一把。

　　不受新百科牽絆的維基百科開始起步，維基百科之於網頁內容的影響，就像 GNU/Linux 系統之於軟體程式：不分你我，地位平等的集體創作平台，完全由志工基於自我滿足的動力進行維護，是違反直覺卻令人愉快的發展過程，尤其適合網路的哲學思考、行為態度與技術水準。每個人都可以在頁面上編輯並立即看到結果；你不用非得是專家，也不用準備文憑備查，更不需要取得當權派的認可，甚至就連註冊登記、使用真名的手續都免了。當然可能有人藉機或無心或有意的把資料弄得一塌糊塗，但是維基百科可以追蹤每一版修改後的變動，一旦出現不適當的修編，只要社群中有人幫忙按一下「回復」（revert）鍵，就可以輕鬆排除掉不正確的內容。鑽研媒體傳播的學者薛爾基（Clay Shirky）打個比方說：「它就好比是移除塗鴉比增加塗鴉還簡單的牆，因此牆面上會有多少塗鴉，就要看捍衛這面牆的人到底有多少決心。」對於維基百科而言，捍衛者的意志堅定到沒有話說；維基百科增修版本之間論戰交鋒的程度，猶如真正的戰場般激烈，而神奇的是，通常都是能提出合理說法的

一方獲得勝利。

維基百科正式上線一個月後，總共彙編了一千則條目，相當於新百科一整年彙編數量的七十倍。八個月後進入 2001 年 9 月，維基百科的條目數就已經破萬；同月發生 911 恐怖攻擊事件之後，更可以看出維基百科反應敏捷的優點：編寫者爭先恐後設立有關世貿中心的相關主題，甚至就連建築結構都有充分的剖析。又過了一年，維基百科的總條目數衝上了四萬，條目比威爾斯母親當年買給他的《世界百科全書》還要多。2003 年 3 月，光是英語頁面的條目數就已經突破十萬大關，每天約有五百位活躍的編寫者在維護頁面。至此，威爾斯遂宣布把新百科的網站關掉。

這時候，桑格已經離開經營團隊一年多，威爾斯沒有積極留人，因為兩人在許多基本議題上的衝突愈演愈烈，好比說，桑格希望能給專家學者較多的尊重，但是威爾斯卻認為「如果有人自以為擁有博士學位就高人一等，不屑與一般人為伍，會令人冒火。」桑格的觀點恰恰相反，認為通常都是學術圈外的社會大眾才會有令人冒火的舉動，他在 2004 年的新年宣言中提到：「以網路社群的形式而言，維基百科欠缺尊重專業的傳統和習慣。」這句話讓桑格在離開維基百科後仍受到極力圍剿，他說：「在維基百科創辦的第一年，我曾想制定的規矩，就是要在禮貌上對專家表示敬意。但沒獲得足夠的支持，」桑格的菁英主義不但沒有得到威爾斯的認可，甚至還犯了維基百科整個社群的眾怒；「所以，有專業水準但是比較沒耐心的專家，幾乎都不想擔任維基百科的編寫者。」桑格不禁抱怨。

事後證明桑格的觀點是錯的，無從考核的社會大眾並不會嚇跑專家，相反的，社會大眾本身就是專家，專家也是社會大眾的一部分。以我為例，維基百科初起步的階段，我正在為一本有關愛因斯

坦的著作進行研究，發現維基百科上有一則關於愛因斯坦的條目，記載他在 1935 年前往阿爾巴尼亞，由國王佐格一世幫忙脫離納粹掌控，還提供他一本護照逃往美國。

雖然這段文字附上的引用出處可以連往某個公開宣稱此事為真的阿爾巴尼亞語網站，但是這類訊息往往是三手傳播的結果，如同某人的叔叔從一位朋友那邊聽來的消息一樣，基本上並非事實。所以我具名依照維基百科的規定，把這段文字刪除，不過之後又看見這段文字重出江湖。我只好前往討論頁把證據攤開，證明愛因斯坦在那段期間真正的所在位置（普林斯頓大學），以及他前往美國持的護照是哪一國的（瑞士），對方也一樣頑強的堅持自己的主張，所以「愛因斯坦出沒阿爾巴尼亞」的爭論就此延燒好幾星期。

我開始擔心維基百科會不會受死硬派的影響，因為人云亦云而拉低可信度。再過一段時間，相關編寫工作告一段落，條目上再也看不到愛因斯坦去阿爾巴尼亞的記載。我一開始沒有把這個結果視為群眾集體智慧的展現，畢竟是因為我提出證據後才更正了條目內容，不是群眾自動自發的成果。後來我才發覺自己就跟千千萬萬其他人一樣，都是群眾的一份子，只是剛好有這個機會為群體智慧貢獻一點小小心力。

維基百科有一項關鍵原則：一律採取中性觀點看待所有條目。這個規定讓所有條目可以用更直接的方式表達，就連處理爭議性的話題，如全球暖化或是墮胎都不例外，它也有助於讓不同觀點的陣營進行合作。「由於採取中立政策，因此我們可以讓立場相左的不同陣營合作編寫同一條目，」桑格說：「這是非常難得的事。」如此一來，維基百科的社群就能站在更高的層次，用中立觀點尋求共識，以中立的角度讓爭議性論點同時併陳。這種做法成為難以模仿

的典範，證明數位工具運用得當的話，是可以在爭議不斷的社會中找到各方勢力共同的立足點。

維基百科除了條目是社群共同努力的成果，就連營運實務也都是社群的心血結晶。威爾斯採用寬鬆的集體管理系統，自己只扮演引導或善意提醒的角色，不以老闆自居，讓使用者可以透過維基系統共同編寫管理規則，讓真理愈辯愈明。這些規定包含回復頁面的操作原則、爭端解決機制、封鎖個別使用者，或是把特定對象升任為管理員。相關規定都在社群裡有條理的進行發展，不是中央機關由上到下一條鞭式的發布命令。維基百科社群網路就如同網際網路，是權力分散的架構，威爾斯說：「我無法想像有誰可以寫出這麼詳盡的管理規範，除非是集眾人的心血結晶，群策群力。在維基百科的社群裡，我們很容易提出真正設想周延的解決方案，因為我們有這麼多人都志在改善它。」

不論是維基百科的條目內容或是管理規範，這一切都像是從草地自然冒出的嫩芽一樣，甚至有時候還會像藤蔓一樣把影響力往外擴散。2014年初，維基百科已經發展出287種語言版本，從南非的公用荷蘭語到薩莫吉希亞語（Žemait ška）都有，總條目已經超過3,000萬筆，其中有440萬則英語條目；相較之下，《大英百科全書》不但在2010年宣布不再發行印刷版本，就連電子版本也才收錄8萬則條目而已，不及英語版維基百科的2%。薛爾基指出：「維基百科好幾百萬人集體累積出的結果，讓你可以在彈指之間知道什麼是心肌梗塞，知道阿加徹地帶戰爭（Agacher Strip War）的起因，知道廣播界名人『亮片馬爾登』（Spangles Muldoon）究竟是誰。這是無法預先規劃的奇蹟，就好像『市場』自然會決定哪一家麵包店會賣掉多少麵包一樣。甚至可以說，維基百科比市場更了不起：不只

編寫者願意免費提供內容素材，而且使用者也可以免費取用。」維基百科已經成為有史以來最偉大的集體智慧展現。

參與的滿足感

那麼，為什麼人會願意無私奉獻？哈佛大學教授班科勒（Yochai Benkler）認為維基百科、開放原始碼和其他不收費的集體創作專案是「同儕共有生產制」（commons-based peer production）的最佳範例，他說：「由許多個人組成的團體成功合作進行大規模計畫時，都會有一個主要特徵：多元聚落是出於動機驅使，並感知到社會訊號才會採取行動，而不是服膺於市場價格或是管理指令。」其中動機包含與其他人互動所產生的心理滿足，或是個人因投入有意義的工作而得到的愉悅。我們每個人都會有小小的嗜好，或者是集郵，或是爭論何謂正確文法，又或者是探詢托伯格 * 在大學時的打擊率，還是分析特拉法加海戰 † 的作戰命令，而這些都可以在維基百科上得到滿足。

另外還有個更基礎的動機，也可以說是原始的衝動；有些維基百科的編寫者會稱為「維基快克」（wiki-crack），意思是當你巧妙完成一則條目編輯、看到成果立即顯示在頁面上時，大腦中樞會感受到多巴胺的衝擊而飄飄然。一直到不久前，都只有少數人才能感受到發表作品的快感，我這行的人，多半都還記得第一次看見自己文章公開發表時的悸動；維基百科就跟部落格一樣，讓每個人不再需要透過媒體菁英的認可和吹捧，就能體會到相同的感受。

舉個例子，維基百科有許多關於英國貴族的條目都出自一位自號「艾姆斯渥斯勛爵」（Lord Emsworth）的編寫者之手。由於這些條目對貴族之間錯綜複雜的關係描述得太精采，經常獲得「當日最

佳條目」的殊榮，這位「艾姆斯渥斯勳爵」也升任為維基百科系統
管理員之一。後來大家才知道，原來「艾姆斯渥斯勳爵」的名號來
自於伍德豪斯（P. G. Wodehouse）小說中的人名，本人是紐澤西州南
布朗斯威克的一位十六歲的高中生。在維基百科的社群裡，沒有人
在乎真實世界的你是否只是默默無聞的小人物。

不是被動接收而是協助創造有用的資訊，並藉以融入社群中，
會帶來更深層的滿足感。哈佛大學教授吉特仁（Jonathan Zittrain）表
示：「讓大家參與撰寫所閱讀的資訊，本身就是重要目的。」即使
是同一條維基百科上的條目，和大家共同創作當然比別人直接把資
訊端到眼前更有意義。同儕生產（peer production）會讓我們更有參
與感。

威爾斯時常重複一句簡單、然而卻促成維基百科能夠成真的使
命：「想像我們在是每個個體都能自由觸及所有人類智慧結晶的星
球上，這就是我們要做的工作。」這是一個宏願、狂想，卻也是值
得全力以赴的目標，而且這種想法仍舊嚴重低估維基百科真正的成
果。維基百科不只是「給予」人類觸及知識的機會，同時也讓我
們用前所未見的方式，以身為創造、散播知識的其中一份子，掌握
知識的力量。威爾斯當然知道這一點：「維基百科不僅讓我們可以
觸及其他人的知識，也讓我們可以分享自己的知識。當你幫忙創造
某樣東西的時候，你會擁有它，你會找到歸屬感，若這東西垂手可
得，絕不可能體會到這種感受。」

維基百科的誕生，讓我們朝布許 1945 年〈放膽去想〉那篇文章
中預期的場景又跨近了一步：「未來會有一種全新型態的百科全書，

---

* 譯注：托伯格（Jeff Torborg），曾在1963年創下全美大學棒球選手最高打擊率0.537的紀錄，至今仍可排
　名在前三名之內。

† 譯注：英國海軍重創法國海軍，逼使拿破崙無法揮軍英國本土的一場決定性戰役。

可以隨時在內文擴充連結的資料串連，也可以隨時透過『memex』加強內容。」不妨也把這項成就和愛達的主張相互對照：機器幾乎可以完成所有工作，除了不會自行思考以外。維基百科的目標不是製造會自行思考的電腦，反而是另一個人類與機器和諧互動的精采案例，把人類的智慧和電腦的運算能力揉合，織出華麗的繡毯。

威爾斯再娶後，在 2011 年生了一個寶貝女兒，夫妻倆為她取名愛達，以茲向勒夫雷思伯爵夫人表示敬意。

搜尋引擎

霍爾在 1994 年 1 月為自己弄了一個難登大雅之堂的個人首頁時，全世界只有七百多個網站，同年底成長到一萬個，次年底成長到十萬個。個人電腦和網路結合後產生一些奇妙的變化：每個人都可以從世界各地讀取資訊，也可以向世界各地發送自己的想法。不過網路世界的爆炸性成長要能為人所用，首先要在人、電腦、網路三者間找到簡單的操作介面，才能夠讓我們隨心所欲找到真正需要的內容。

最早的操作介面是手工編排的目錄網站，有些目錄網站編排得不太入流，譬如「霍爾的地下室連結」、菲利普斯（Paul Phillips）首創的「廢渣網頁」（The Useless Page），另外也有一些走嚴肅實用風格的目錄網站，像是柏納－李的「全球資訊網虛擬圖書館」，或是 NCSA 的「最新消息」網頁，以及歐萊禮集團老闆創立的「全球網路導航器」（Global Network Navigator）。1994 年年初，兩位史丹佛研究生在兩個極端之間採用新一代觀念設置全新的目錄網站，當時他們用來稱呼這個目錄網站的名稱叫做「傑瑞與大衛的網站導覽」（Jerry and David's Guide to Web）。

　　當楊致遠（Jerry Yang）和費羅（David Filo）這兩位研究生快完成博士論文時，他們開始玩起「夢幻籃球總教練」（fantasy league basketball）電玩而耽擱了論文進度。「當時只要別碰論文，要我們做什麼都好，」楊致遠說。楊致遠把時間花在 FTP 和 Gopher 上，拚命搜尋球員的統計紀錄，在全球資訊網興起之前，FTP 和 Gopher 是在網際網路傳送文件資料時最受歡迎的通訊協定。

　　接下來輪到 Mosaic 瀏覽器登場，楊致遠於是把注意力移轉到全球資訊網，並和費羅開始用手工編排可以不斷擴張的目錄網站。他們把目錄網站分門別類，包括商業、教育、娛樂、公家機關等，每一個大分類又包含數十個子目錄。1994 年年底，他們就把這個目錄網站改名為「雅虎」（yahoo!）。

　　這種做法有很明顯的問題：每一年，全世界網站數目都以十倍的規模成長，勢必不可能一直用人工方式整理目錄網站，還好那時已經有一種可以在 FTP、Gopher 站內搜尋資訊的工具，叫做「網路爬蟲」，會在網際網路上一個又一個伺服器內，挖掘特定的索引標籤，其中兩個最有名網路爬蟲，名稱就好像是美式漫畫裡的夫妻，分別是適用於 FTP 的「Archie」和適用於 Gopher 的「Veronica」。1994 年有許多創業工程師投入開發適用於全球資訊網搜尋的網路爬蟲，比方說是麻省理工學院葛雷（M. Gray）的 WWW Wanderer、華盛頓大學平克頓（B. Pinkerton）的 WebCrawler、迪吉多公司莫尼耶（L. Monier）的 AltaVista、卡內基美隆大學馬丁（M. Mauldin）的 Lycos、加拿大滑鐵盧大學團隊的 OpenText，以及史丹佛大學六個好朋友共同開發的 Excite。這些工具都是用可以在不同連結跳換的電腦程式，在網路上穿梭往返，就好像啤酒狂歡節的醉漢在不同酒吧流連忘返一樣，順勢蒐羅造訪過的網站網址和相關資訊，做成資料庫

標籤，再供伺服器查詢時使用。

楊致遠和費羅並沒有投入開發網路爬蟲的工作，而是採取授權使用的方式，把其他人的網路爬蟲納入他們的首頁。雅虎選擇把重心放在人工彙編的目錄網站上，當使用者輸入一行文字後，雅虎主機會判斷這些文字和哪個目錄裡的條目有關，如果找得到，人工彙編的網頁列表就會呈現在螢幕上，如果找不到，才會輪到網路爬蟲、搜尋引擎等工具接手處理查詢工作。

雅虎的經營團隊錯誤的認為，大多數使用者會在網路上無特定目的的瀏覽，不會針對特定主題進行搜尋。雅虎第一任總編斯里尼瓦桑（Srinija Srinivasan）就說：「網路使用者從原本探索、發現的行為模式，轉換成目前針對特定對象的搜尋，這個轉變真是不可思議。」當時斯里尼瓦桑負責管理的雅虎編輯部共有超過六十位的年輕編輯和目錄彙編人員，這麼倚重人力意味雅虎在過去幾年（現在也是），儘管沒有提供搜尋引擎，但是在篩選新聞資訊的表現仍優於競爭對手。但是斯里尼瓦桑團隊竭盡全力，也不可能追上全世界網頁成長的速度，因此不管她和雅虎同仁怎麼想，自動化搜尋引擎才是在網路世界查詢資料的主要工具，而這部分的成就可就是另一對史丹佛大學研究生獨擅勝場了。

重視商業的研究者——佩吉

佩吉（Larry Page）從小就在電腦世界出生、成長，他的父親是密西根大學電腦科學與人工智慧領域的教授，母親也在同一所大學教程式語言。1979 年佩吉六歲的時候，父親帶了一台業餘電腦玩家的家用電腦 Exidy Sorcerer* 回家。「我記得那時候可以在家裡擁有一台電腦，讓我興奮莫名。這一定是不容易達成的交易，可能要花

不少錢，大概跟買一輛汽車有得拚！」佩吉說。佩吉很快就學會如何操作電腦，還用來寫家庭作業。「我想，我可能是我的小學第一個用文書處理軟體寫家庭作業的學生。」

佩吉小時候很崇拜特斯拉；特斯拉是創造力豐富的電機界先驅，發明許多電器，但卻因為在商場上打不贏愛迪生而抑鬱以終。佩吉在十二歲的時候讀了一本特斯拉的傳記，得知這位天才不幸的故事。「特斯拉是最偉大的發明家之一，但是他的一生卻十分、十分悲慘，」佩吉說：「他沒辦法把任何一項發明商品化，賺來的錢只能勉強維持研究。每個人都比較想成為愛迪生，否則就算發明了什麼新產品，也不見得能造福人群。我們必須入世一點，要能真的生產賺錢的新產品，這樣才有可能攤平投入研發的成本。」

佩吉父母親經常帶他和他哥哥卡爾長途旅行，有時候會順道參加電腦研討會，佩吉事後回憶說：「到大學畢業時，我好像已經走遍了全美各州。」有一次長途旅行的目的地是到溫哥華參加「國際人工智慧聯合研討會」，會場裡有各種新奇好玩的機器人，不過因為佩吉還未滿十六歲，工作人員禁止他進到會場，佩吉的父親出面抗議。「我爸爸根本是對那些工作人員大吼大叫，很少有機會看他這樣爭得面紅耳赤。」

佩吉就跟賈伯斯、凱伊一樣，除了有電腦專才，也是音樂愛好者。佩吉會吹奏薩克斯風，也學過作曲，夏天會去密西根北部英特洛肯參加著名的音樂夏令營，營隊會用方法安排每一位學員在樂團中的位置：剛到營隊的時候，學員會被指定在交響樂團的不同位置，每位學員都有權利對排序在他前面的人提出挑戰，這時這兩位競爭者需要透過指定曲一較高下，由其他背對他們的學員投票決定

---

* 連鎖電腦店Byte Shop老闆特瑞爾（Paul Terrell）發明的機種；全世界前五十台Apple I 電腦的訂單就是出自特瑞爾之手。

誰的演奏比較出色。「過不了多久，這樣的爭議就會逐漸平息，每個人都會知道自己該在哪個位置上，」佩吉說。

佩吉的父母親不只是密西根大學的教授，就連求學階段也都是在這裡度過，所以他們會半開玩笑的說，佩吉總有一天會成為他們的學弟，後來還真的應驗了。或許是從特斯拉只能發明卻無法商業化的經歷中學到教訓，佩吉在密西根大學同時主修企管和電腦科學，此外，大他九歲的哥哥也是佩吉學習的榜樣：大學畢業後，卡爾成為一家早期社群網路公司的共同創辦人，這家公司最後以超過四億美元的高價賣給雅虎。

大學生涯最讓佩吉感到印象深刻的科目，是歐爾森（Judith Olson）教授主講人與電腦如何互動的課程，課程宗旨是學會設計一套簡易又符合直覺的操作介面。佩吉研究的主題是 Eudora 郵件客戶端的螢幕顯示系統，量測使用者要花多少時間執行不同的工作。他發現相較於使用滑鼠操作，蘋果按鍵 * 會多耗去使用者 0.9 秒的時間。「上完這堂課，我好像發現人類和螢幕互動的直觀操作方式，而且我認為這些知識很重要，只不過這些知識直到今天都還沒被研究透澈。」

大學某一年夏天，佩吉參加一個由非營利機構「領導者原型」（LeaderShape）開辦的領導培訓營，營隊希望學員能「用正面的態度忽視所謂的不可能」。這次經歷讓佩吉在內心深處植入一個夢想，日後成為 Google 的企業文化之一：要推動的，是別人認為遊走在大膽與瘋狂邊緣的專案。其中最值得一提的例子是，從密西根大學到 Google，他以未來觀點先後設計個人運輸系統與無人駕駛的汽車。

申請研究所的時候，佩吉遭麻省理工學院拒絕，反倒是史丹佛大學接受了他，對於有理工背景又熱中於把科技商業化的人而言，

能進入史丹佛大學就讀是非常難得的機會。打從自史丹佛研究所畢業的艾爾威（Cyril Elwell）在 1909 年創辦「聯邦電訊」（Federal Telegraph）開始，史丹佛大學校方不但很能接受科技創業的概念，甚至還鼓勵有加，這種態度在具有工程背景的特曼（見第 181 頁）出任工學院院長後更加強化，1950 年代初期還直接在校地內劃設產業園區。風行草偃下，史丹佛教職員看重創業計畫書的程度，並不下於學術著作。「我渴望跟隨的教授，不但要對產業界有所認識，而且要想領先全球推出一些新奇又瘋狂的玩意兒。許多史丹佛大學電腦科學系的教授都屬於這一類型的人。」

當時很多頂尖大學強調學術研究，刻意避免接觸商業行為，史丹佛大學反其道而行，主張大學應該不只是學術機構，同時也要是育成中心。史丹佛大學孕育出的公司包括惠普、思科、雅虎、昇陽電腦等，佩吉創辦的 Google 日後成為這份名單中最具分量的公司。佩吉認為史丹佛大學抱持的觀點才能改善研究成果，他主張：「應該給予具有生產力的純粹研究更高的評價，因為生產力才可以在真實世界裡扎根發展，而不是學術理論。我們總希望自己的研究成果可以用來解決真正的問題。」

布林是通才

1995 年秋天，佩吉準備去史丹佛大學的研究所註冊前，參加了一個性向探索的營隊活動，在舊金山待了一天。帶隊的正是很有社交能力的碩二班學生布林（Sergey Brin）。佩吉生性安靜，布林偏偏愛繞著他問東問西，沒多久兩人就開始你來我往，談論的話題從電腦到都市計畫，無所不包。他們的默契很合拍，佩吉坦承：「當

＊蘋果按鍵（Command Key），是蘋果電腦專屬按鍵。

時我覺得這個傢伙還真是煩，到現在也還是這樣覺得；恐怕他也是
這樣看我吧。」沒錯，布林也承認：「我們彼此都覺得對方很惹人
厭，這當然是有點開玩笑的說法。顯然我們那時互相討論了好長一
段時間，這表示我們兩人之間有些化學反應，只是我們喜歡用戲謔
的態度表達。」

布林的雙親也都來自於學術界，而且都是數學家，但是布林小
時候的成長經歷與佩吉大不相同。布林出生在莫斯科，父親在莫斯
科國立大學教數學，母親在蘇維埃油氣公司擔任研究工程師，猶太
人的血統限縮了他們在職場發展的空間。布林接受記者歐列塔（Ken
Auletta）專訪時提到：「小時候家境很貧困，我的父母經歷過艱苦
歲月，兩人都是。」後來布林的父親申請移民，導致夫妻倆都失去
工作；1979 年 5 月，布林五歲的時候，父母親取得離境簽證，透過
「希伯來移民援助協會」的幫忙，在馬里蘭大學附近一個工人階級的
社區定居，布林的父親在馬里蘭大學覓得數學教授的職位，母親在
附近的 NASA 戈達德太空飛行中心當研究員。

到美國以後，布林在蒙特梭利的教育體系中就讀，培養出獨立
思考的能力。布林說：「在蒙特梭利不會有人告訴你要做什麼，你
得規劃、掌握自己的學習途徑才行。」布林和佩吉在這一方面有共
同經驗，日後當他們被問到，父母親都是教授，對他們的成功是否
發揮關鍵影響，他們異口同聲表示，蒙特梭利的教育體系才是更重
要的因素。佩吉補充說明：「我認為蒙特梭利有一部分的訓練，是
要求我們不要凡事都按照規矩和命令，要能自動自發，質疑正在世
界上形成的現狀，試著做出一些不一樣的事情。」

布林和佩吉還有另一個共通點：父母親在他們很小的時候就送
給他們電腦當禮物，布林九歲的生日禮物是一台 Commodore 64 電

腦。布林回憶小時候的情景說：「用電腦寫程式的方便性已經今非昔比了。早期的電腦內建 BASIC 編譯器 *，打開電腦後就可以直接寫程式。」中學時，布林和朋友用程式讓電腦透過文字和使用者對話，模擬人工智慧，「我不認為現在電腦初學者可以像我們那個年代一樣，輕鬆自在的寫電腦程式。」

布林對抗權威的反叛精神曾差點惹出大麻煩。在他快滿十七歲的那一年，父親帶他回莫斯科觀光，不知怎麼，布林居然拿起石塊丟向路邊的警車，車上兩位警察怒氣沖沖找上布林興師問罪，父母親極力打圓場才化解衝突。「我想，我的反叛精神大概跟在莫斯科出生有關，這個與生俱來的個性一直到成年都沒有變過。」

啟發布林最深刻的書是物理學家費曼的回憶錄。就像達文西一樣，無所不知的費曼從藝術到科學都能說得出名堂。「我記得看過費曼說自己多麼希望成為達文西這樣的人，既是藝術家，也是科學家，」布林說：「這讓我很有感觸，知道要成為這樣的通才，人生才不會有缺憾。」

布林從高中到馬里蘭大學，在每個階段都是跳級生，最後在馬里蘭大學同時取得數學與電腦科學的雙學位。大學時期，布林喜歡和其他熱愛電腦的伙伴掛在電子布告欄或是線上聊天室，直到有一次遇到「一個才十歲的小男孩居然想跟我談性」，才開始覺得厭煩改投入文字版的線上遊戲 MUD，之後還自己寫了一套郵差運送爆裂物的電玩。布林回想起當年投入的程度說：「我花在 MUD 上的時間足以證明這款遊戲真的很吸引人。」1993 年春天是布林在馬里蘭大學的最後一學期，他在這個時候湊巧下載了安朱利森釋出的 Mosaic 瀏覽器，然後就沉迷在全球資訊網的世界裡。

---

* 就是比爾‧蓋茲撰寫的BASIC編譯器。

有俠義心腸的布李克林（1957-）與創立blogger的威廉斯　　維基百科創辦人威爾斯（1966-）。
（1972-），攝於2001年。

創立Google的布林（1973-）與佩吉（1973-）。

　　大學畢業後，布林取得國家科學基金會的獎學金前往史丹佛大學深造（說起來還真是不湊巧，只是不確定苦主到底是佩吉和布林還是麻省理工學院，跟佩吉一樣，布林也遭麻省理工學院回絕。）打算專攻資料探勘（data mining）領域。攻讀博士學位之前，布林得先通過八項綜合測驗，初來乍到史丹佛大學的布林，在其中七項都拿到最高分，「結果我自以為最擅長的科目居然被當掉了。我跑去找教授理論，一而再、再而三要求他思考答案的正確性，到最後，我八項測驗都及格了。」綜合測驗的成績讓布林可以隨心所欲選課，還可以盡情發揮對運動的熱情，像是參加雜技、空中飛人、風帆船、體操、游泳之類的課程。布林學會用雙手走路，甚至還宣稱自己曾經想逃離學校跟著馬戲團四處表演。布林也是直排輪愛好者，經常穿著直排輪在學校大廳裡穿梭。

最佳合作伙伴

　　佩吉到史丹佛大學就讀後的幾個星期，他和布林以及其他電腦科學系的同學一起搬到蓋茲捐贈的蓋茲電腦科學館 *。受不了建築師亂無頭緒分配研究室的做法，布林設計了更能妥善安排各研究室相對位置與距離的新系統，獲得校方採納；「如果可以的話，我會說我的系統非常一目了然！」布林對這此相當自豪。依照新的分配方式，佩吉和其他三位研究生共用研究室，其中一位就是布林。研室室的天花板有垂掛的植栽，由電腦控制澆水，還有一台連上電腦的鋼琴，有各式各樣的電子玩具，還有讓夜貓族小睡片刻的軟墊。

　　從這個時候開始，佩吉和布林這一對好朋友總是孟不離焦，寫成駝峰式大小寫就是 LarryAndSergey。不論是討論重要事情或是

---

* 哈佛大學、史丹佛大學、麻省理工學院、卡內基美隆大學都有蓋茲捐贈的電腦科學系館，其中哈佛的
　系館由巴爾默一起出資贊助；以兩人母親的姓，取名為Maxwell Dworkin大樓。

鬼扯淡，兩人就像比武練功一樣，誰也不讓誰，唯一的女同學慕茲娜（Tamara Munzner）形容他們「聰明到不可限量」，尤其是當兩人開始為了一些荒誕不經的想法針鋒相對的時候，像是討論有沒有可能用皇帝豆堆出跟系館一樣大小的建築物。慕茲娜說：「跟他們同研究室是很有趣的事，我們每個人的工作時間都不規律得可以，記得有一次星期六半夜三點，研究室的人竟都到齊。」佩吉和布林讓人印象深刻之處不只是聰明，還很大膽，根據他們的一位指導教授莫特瓦尼（Rajeev Motwani）的說法：「他們甚至連表面上稍微尊重一下權威都做不到。他們會不時提出觀點挑戰我，就算要衝著我說：『你的腦袋有洞嗎？』也都不以為意。」

就像是其他了不起的創新拍檔，佩吉和布林在個性上也很互補。佩吉不擅社交，盯著電腦螢幕還比跟陌生人四目交投來得自在，而由於聲帶曾受病毒感染，只能用低沉刺耳的聲音說話，再加上注意力不集中的毛病（雖然總體來看是好事），使得佩吉很少開口講話，不過一旦惜字如金的他真的開口，反而會讓人留下深刻印象。雖然佩吉會給人與世隔絕的觀感，但是他認真起來也可以變得非常投入；佩吉臉上的笑容很淺也很真，表情藏不住內心的想法，專注傾聽的時候，會讓對方感覺受到重視卻會有點不安，因為思慮嚴謹的他可以輕易指出日常對話中不合邏輯之處，而且總是會盡力把閒聊的話題導引到深入的交談。

布林則是帶有個人魅力的急驚風，有時甚至連門都沒敲就直接衝進研究室。布林三不五時就會提出想法和意見，對每個議題都插得上話，相較之下，佩吉就內斂保守許多。對布林而言，知道發生什麼事就夠了，但是佩吉會繼續追問事情到底是怎麼發生的；話匣子停不下來的布林，容易成為全場的目光焦點，佩吉在討論尾聲輕

聲細語說出觀點,則會讓人拉長耳朵聆聽。佩吉認為:「或許我比布林害羞得多,雖然他在某些方面也一樣害羞,但是我們的默契沒話說,因為我可以用不同的角度思考,受過的訓練也不一樣。我一直接受成為電腦工程師的訓練,對硬體知識有比較高的掌握度,布林的所學背景則是傾向數學分析。」

最讓佩吉讚歎的是布林的聰明才智;「簡單講,他就是那種萬中選一,天才中的天才,即使在菁英薈萃的電腦科學系裡,也一樣鶴立雞群。」另外則是布林外放的個性很能夠聚集人氣。話說佩吉剛到史丹佛大學讀研究所時,他跟其他碩一新生被安排在教室裡俗稱為「牛棚」的開放空間;「布林很會與人互動,他主動來跟牛棚區裡所有還搞不清楚狀況的新生打招呼。」布林跟教授稱兄道弟的功力也是一流,「他會用他的方式走進教授辦公室閒話家常,一般研究生沒有幾個能像他一樣,我想是因為布林的聰明才智使得教授願意接納他,而他也的確能對任何研究課題做出貢獻。」

在史丹佛大學,佩吉加入「電腦與人互動研究團隊」(Human-Computer Interaction Group)探索加強人類與機器和諧互動的方法,這個領域的先驅是李克萊德、恩格巴特,這也是佩吉在密西大學就非常感興趣的一門課。佩吉成為「以使用者為主」設計概念的追隨者,強調使用者永遠是對的,倡導電腦軟體與操作介面應該符合人類直覺。入學時,佩吉已選定以維諾格拉德(Terry Winograd)為師,維諾格拉德的髮型有如愛因斯坦,為人風趣,起先研究人工智慧,後來就跟恩格巴特一樣,把研究領域轉向如何讓機器擴增人類智能的功能(而不是簡單的複製和取代)。維諾格拉德表示:「我把研究焦點從一般通稱為人工智慧的領域,換成另一個格局更大的問題:『你希望怎樣和電腦互動?』」

　　雖然人類與電腦的互動、操作介面的設計是聲望卓越的李克萊德遺留下來的課題，不過仍舊不受一般死硬派電腦科學家的重視，被視為是軟調子的學科，只要交給心理學教授處理就行了，這是因為李克萊德和歐爾森兩人都曾經是心理學教授。佩吉說過：「研究圖靈機或是其他相關課題的人，都會把人類反應當成『為賦新詞強說愁』的問題，意思是這個領域應該歸類在人文科學。」維諾格拉德讓這個領域贏得更多尊重；「維諾格拉德在研究人工智慧時就已經打下硬底子的電腦科學背景，不過他對人與電腦的互動也很感興趣，沒有多少人投入這個領域，因為這個領域沒有得到應有的重視。」佩吉最感興趣的一門課是「影像工藝與使用者介面設計」，「這堂課可以學到如何把拍影片時用到的語言和技巧，運用在電腦操作介面的設計上。」

　　布林在校期間鑽研的是資料探勘，師承莫特瓦尼，兩人共同創立「史丹佛資料探勘」（MIDAS）研究團隊。在他們發表的論文〔另一位論文作者是席爾瓦斯坦（Craig Silverstein），Google 創立以後成為公司的第一位員工〕中，有兩篇關於市場購物籃的分析研究，提出一種評估消費者買了 A、B 兩項商品後，有多大可能會接著買 C、D 兩項商品的方法。研究資料探勘的過程也讓布林對於分析全球資訊網上資料的分布型態，產生了高度興趣。

靈光一閃的絕妙想法

　　佩吉在維諾格拉德協助之下，開始構思博士論文的主題，佩吉的腦海閃過數十個念頭，其中一個是設計一輛無人駕駛車（Google現在正在進行這項研究），最後才決定以評估全球資訊網網站的相對重要性做為研究主題。佩吉的研究方法取材自學術圈的實務經

驗：評估一篇學術論文有多少價值的方法之一，是看該論文受其他研究人員在論文備註和參考資料中的引用程度而定；根據相同的道理，要判斷某個網頁的價值，也可以衡量到底有多少其他網頁會連結到該網頁而定。

不過，佩吉要先解決一個技術問題。當初柏納－李設計全球資訊網架構時，出乎對超文件功能毫不妥協的尼爾森等人意料之外，允許任何人不用事先取得許可、不用在連結資料庫中登記、也不用建立雙向互通的方式，就可以直接單向往其他網頁建立連結。雖然柏納－李的做法可以讓全球資訊網迅速成長，卻也使得計算某個網頁被連結的總數不再是簡單的工作，要追蹤這些連結的來源也一樣困難重重。我們可以從全球資訊網的任一網頁看出它對外全部的連結，但是卻無法得知指向該網頁的連結總數和連結價值；佩吉表示：「以共同協作平台的標準而言，我認為全球資訊網是設計不良的版本，因為超文件的設計有瑕疵：它不是採用雙向的超連結系統。」

所以佩吉得先設法建立一個能掌握所有「導入連結」的龐大資料庫，才有辦法回溯看出，指向每個網頁的連結從何而來。促成集體創作是佩吉的研究動機之一，完成連結資料庫後，我們就可以輕易標記其他網頁的資訊：如果哈利寫了一則可以連結到莎莉網站的網路評論，則在莎莉網站瀏覽的網友也可以看見哈利的評論。佩吉進一步說明：「回溯連結可以一路追回最初的源頭，以後在某個網站發表評論或注記的連結關係就會很清楚了。」

佩吉提出回溯連結的研究方法，是因為某天半夜被自己一個大膽的念頭驚醒的結果，他回憶當時的情景說：「我想：不妨把整個全球資訊網統統下載，然後只保留其中連結關係的資訊。我隨手抓了筆速寫下這個想法，用那天晚上剩下的時間把相關細節演練一遍，

然後對自己說，這個方法可行。」這個夜晚的靈光乍現讓佩吉學了一課，之後他把這個啟示說給一群來自以色列的學生聽：「設立目標的時候，我們必須帶著一股傻勁。這是我大學時期學到的一句話：『用正面的態度忽視所謂的不可能。』這真是金玉良言，我們應該試著去做其他大多數人不會做的事情才對。」

　　即使在 1996 年 1 月，要描出全球資訊網上的所有連結也還是很困難的事。當時全球總共有十萬個網站、一千萬筆文件、總共將近十億條連結，而且每年都呈指數規模成長。那一年夏天，佩吉設計了一款全球資訊網的網路爬蟲，可以從他的個人網站出發，追蹤途中所有碰上的連結；當網路爬蟲程式像蜘蛛一樣在網路世界四處挪動時，它會沿路記下每個超連結、網頁的標題、以及每個導入連結的來源，佩吉把這部分的研究計畫取名為 BackRub。

　　佩吉在和指導教授維諾格拉德討論博士論文的進度時，估算自己設計的網路爬蟲應該會在幾星期內走遍整個網路世界；「教授點點頭表示聽到了，雖然他心裡很清楚這項任務要完成的時間還久得很，卻很技巧的沒有戳破，」佩吉邊回想整個過程邊說：「太過樂觀的年輕人總是不知天高地厚！」BackRub 計畫開始執行後，史丹佛大學全校網路頻寬幾乎被占走一半，還導致學校網路至少一次的全面停擺，但是校方仍舊力挺 BackRub 計畫。佩吉在 1996 年 7 月 15 日已經蒐集到 2,400 萬筆網址，超過一億條連結的資料，他寫了電子郵件給維諾格拉德說明進度：「我的硬碟空間快要爆了！雖然目前只蒐集到 15% 左右的網頁，但是這個計畫後續看起來會很有搞頭。」

　　不論從計畫架構之龐大或是執行的複雜度來看，佩吉的研究計畫都讓有數學頭腦的布林極為折服。當時布林也正在尋思博士論文的主題，所以非常高興成為佩吉研究團隊中的一份子。布林

說：「這是我看過最讓人感到興奮的研究計畫，不只是因為它跟代表人類知識庫的網路世界有關，而且也是因為我喜歡和佩吉共事。」

符合需要的搜尋結果

　　一開始，BackRub 計畫只是默默蒐集全球資訊網裡的反向連結，以便做為注記或引用系統的分析基礎。「說來可能沒人相信，」佩吉坦承：「我一開始沒打算做搜尋引擎，甚至壓根沒想到這個念頭。」隨著計畫持續進展，佩吉和布林也不斷以某個網頁的連結數和連結價值為基礎，提出更精確的方法評估網頁價值，不斷改良的網路爬蟲也能根據網頁注記資訊再依重要性排序，於是，一個高品質搜尋引擎的輪廓逐漸明朗，Google 也就因此誕生了。佩吉之後表示：「當偉大的夢想真的在眼前浮現時，千萬別放手！」

　　他們原本把這個研究計畫取名為「網頁排序」（PageRank），因為它是根據 BackRub 網路爬蟲，針對每個網頁蒐集來的注記資訊完成重要程度的排序，而且當然也有滿足佩吉虛榮心與幽默感的用意，他在日後接受訪問時承認：「唉啊，被抓到了。是的，取 PageRank 這個名字當然是跟我的姓氏有關，真是不好意思。」

　　要做好網頁排序的目標會牽涉到另一個複雜的問題。除了計算連結到某個網頁的連結數外，佩吉和布林兩人還發現，如果能標記出每個導入連結的價值，排序的結果會更好，比方說，來自《紐約時報》的連結應該會比霍爾從史沃斯莫爾學院宿舍來的連結更有價值，這會形成一個「多重回饋迴路」（multiple feedback loops）的遞迴過程：每個網頁要依據導入連結的數量和價值排序，而這些導入連結的價值高低，要以來源網頁本身的導入連結數量和價值做為判斷依據，形成不斷重複的過程。佩吉簡單說明：「總之需要經歷不

斷、不斷遞迴的計算過程，雖然計算方式不難，但是不斷遞迴卻很麻煩，而這正是數學偉大的地方，一切可以用數學算出來。」

處理研究過程複雜的數學問題正是布林的拿手好戲；「我們設計出許多數學工具解決問題，」他說：「把整個網路世界看成包含數億個變數的超級大方程式，每個變數代表一個網頁在網路世界中的總排名。」在佩吉、布林再加上他們兩人指導教授做為共同作者的論文中，他們以某網頁的導入連結數，和每個連結來源網頁的網頁排序，推導出一大堆複雜的數學方程式，最後用簡單的一句話告訴門外漢他們在寫什麼：「以某網頁的導入連結為基礎，加總所有來源網頁的重要性排序，總和愈高，該網頁的重要程度就愈高。不論該網頁有很多導入連結，或是只有少數連結來自於較重要的來源網頁，這套判斷標準一體適用。」

Google 能否大富大貴，取決於 PageRank 究竟能不能提供更精確的搜尋結果，所以佩吉和布林決定進行比較測試。搜尋「大學」（university）這個詞是其中一個比較案例，在 AltaVista 和其他搜尋引擎裡，凡是網頁標題包含「大學」的網頁，都會隨機出現在搜尋結果頁上，佩吉說：「記得我還問對方：『你們為什麼把一堆垃圾資料也顯示出來？』」對方回答說，不良的搜尋結果可能是使用者自己造成的，使用者應該使用更精確的字眼重新搜尋；「我從電腦與人互動的課程中學到一件事：責怪使用者不會是好主意，所以我基本上認為問題出在對方沒有把工作做好。使用者永遠不會犯錯的見解，就是促使我們推出更好搜尋引擎的一大動力。」同一個單字在 PageRank 的搜尋結果依序是史丹佛、哈佛、MIT 和密西根大學等，這個結果讓他們大感振奮，佩吉還記得當下自言自語說：「哇喔！我和所有研究團隊的成員都很清楚，如果我們不只能依照網頁本身

的資訊完成網頁排序，還能讓排序結果符合一般世人的觀點，這個搜尋結果就真的非常有價值了。」

Google名稱的由來

佩吉和布林繼續增加其他因素強化 PageRank 的表現，比方說是出現頻率、字級大小、關鍵字在頁面出現的位置等，如果關鍵字出現在網頁網址、網頁標題或是寫成大寫字母，都能獲得額外加分。他們會仔細分析每一筆搜尋結果，從中找出改良方程式的做法，他們也發現錨點文字（anchor text），也就是畫底線加掛超連結的那一串文字，應該得到更多權重，比方說，很多以「柯林頓」（Bill Clinton）做為錨點文字的超連結會指向「白宮官方網站」（whitehouse.gov），所以當使用者搜尋「柯林頓」時，儘管白宮官網首頁沒有明顯與柯林頓有關的字樣，他們的程式還是會自動提升白宮官網的重要性排序；相較之下，在另一款搜尋引擎輸入「柯林頓」後，排第一的搜尋結果是「柯林頓的每日一笑話」。

基於這個研究計畫牽涉到非常大量網頁與連結的緣故，佩吉和布林以「googol」這個單字為原型，修改成「Google」做為搜尋引擎的名稱。googol 原意為「1」後面接上一百個「0」的天文數字，是他們研究室同仁安德森（Sean Anderson）提供的建議，隨後他們以「Google」查詢，確認沒有人登記這個網域名稱後，佩吉二話不說馬上完成註冊，布林日後解釋：「我已經不記得那時候有沒有注意到拼字錯誤的問題，但是總之，googol 網域名稱已經被人捷足先登，註冊成 Googol.com 了。我曾經和對方談過，能否購買他的網域名稱，但是對方不願意割愛，所以我們最後還是只能選擇登記 Google。」塞翁失馬焉知非福，Google 也是挺有意思的單字，容易記、好輸

入，甚至可以直接當成動詞使用。[*]

佩吉和布林採用兩種方式讓 Google 變得更好，首先，他們從硬體著手，設置所有競爭對手難以企及的更多頻寬、更強處理效能與更大儲存空間，把網路爬蟲的執行效率提升到每秒鐘完成一百張網路頁面的標記。其次，他們熱中於進行使用者行為分析，藉以不斷更新搜尋引擎的演算法。如果使用者點選頂端的搜尋結果後就沒再回到搜尋頁，表示他們已經找到所需要的頁面；如果他們執行搜尋後很快更新搜尋字串，表示他們對搜尋結果並不滿意，此時 Google 的工程師就要仔細觀察使用者重新搜尋後，第一個點選的網頁是什麼；每當使用者查閱第二、第三頁的搜尋結果，就代表他們並不滿意程式排定的網頁重要性序列。資深資訊產業記者李維（見第 230 頁）曾經寫過一則報導，說明 Google 的回饋機制：如果使用者輸入「狗」（dogs），則「小狗」（puppies）也有可能是他們要搜尋的目標，輸入「滾水」（boiling）時，「熱水」（hot water）也有可能符合他們的需求，但是 Google 真正厲害的地方在於當使用者輸入「熱狗」（hot dog）時，Google 可以判別出「滾燙的小狗」（boiling puppies）不會是他們要的搜尋目標。

值得一提的是，還有另一個人同樣以導入連結為基礎做出類似 PageRank 的搜尋引擎：來自中國的工程師李彥宏。李彥宏就讀於紐約州立大學水牛城分校，後來在紐澤西的道瓊公司任職。1996 年春天，當佩吉、布林正為了 PageRank 忙得不可開交時，李彥宏也提出一套名為 RankDex 的演算法，使用導入連結的數量和錨點文字的網頁內容評斷網頁價值，加以排序後做為網頁搜尋結果。李彥宏買來一本書，自學如何申請專利，並且在道瓊公司協助下完成專利審查，只是道瓊公司對後續發展不感興趣，所以李彥宏先是前往美西

的 Infoseek 公司上班，之後回到中國與他人一起創立百度，成為中國規模最大的搜尋引擎，同時也是 Google 在全球最主要的競爭對手。

原本沒有開公司的打算

佩吉和布林的資料庫在 1998 年年初已經蒐集五億多筆超連結的資料，不過當時全球資訊網的連結總數已經逼近三十億筆。佩吉認為 Google 不應該只是學術性質的研究計畫，急於把 Google 轉型成受歡迎的商品：「否則就會面臨跟特斯拉一樣的問題。如果有機會完成一些自己都認為很了不起的發明，下一個願望就是在最短時間內盡可能讓更多的人能夠使用。」

想要把博士論文主題商業化的想法，讓他們對於是否發表研究成果有所遲疑，也不願意公開說明他們到底完成了什麼。不過指導教授催促他們多少要交出一些成果，所以他們在 1998 年春天完成一份二十頁的報告，說明 PageRank 和 Google 的學術理論，並且保留一部分不公開的資訊，以免競爭對手察覺太多商業機密。這份報告的標題是〈大規模網路超文件搜尋引擎之剖析〉（The Anatomy of a Large-Scale Hypertextual Web Search Engine），1998 年 4 月在澳洲某個學術研討會上發表。

報告開頭寫著：「我們將在這份報告說明 Google 充分利用超文件結構打造的大規模搜尋引擎範本，背後的運作原理。」透過全球三十億筆超連結當中五億筆資料描繪出的超文件結構圖，PageRank 可以找出兩千五百萬筆網頁資料，而且可以「比照一般人主觀認定的重要性完成排序」。他們更進一步說明 PageRank 如何透過「簡單的遞迴演算法」算出每一筆網頁的重要性，「我們比照學術論文的

---

* 2006年，《牛津英文字典》把google收錄於動詞分類當中。

評判標準，把全球資訊網上每個網頁的引用數或導入連結數進行加總，以此為基礎推估出每筆網頁的重要性與價值，另外 PageRank 也依照相同的原理，賦予不同導入連結不一樣的權重。」

這份報告詳細說明排序技術、網路爬蟲、遞迴演算法的細節，也用相當篇幅說明未來可能更具實用價值的研究方向；但是說到底，這個研究成果不算是學術界的重大突破，也不太會有學者進行後續研究，顯然注定要往創業的商業模式前進。他們兩人在結論中也明白指出：「Google 是針對處理大量資訊而設計的搜尋引擎，主要目標是提供高品質的搜尋結果。」

如果是在一般認定研究成果應以學術目的為主、不應該追求商業應用的大學裡，這個結論恐怕會招致非議，但是史丹佛大學不但鼓勵學生的創業理念，甚至還積極提供協助，校方有負責協助學生完成專利申請或是達成授權協議的專屬辦公室。史丹佛大學校長軒尼詩（John Hennessy）宣稱：「史丹佛大學以推動創業精神與承擔風險的研究為己任。我們其實都很清楚，有時候要把研究成果回饋世界的最佳方式不是研究著作，而是把研究人員認為有用的科技公諸於世，讓全世界的人都有機會加以使用。」

佩吉和布林一開始只想與其他公司談軟體授權，他們拜訪過雅虎、Excite、AltaVista 等公司的執行長，提出權利金一百萬美元的報價。考量到這筆費用包含專利授權和他們的套裝服務，一百萬美元並不算貴，佩吉日後表示：「這些公司當時價值都超過好幾億美元，一百萬美元的費用對他們來講只是九牛一毛，但是他們欠缺的是遠見和領導力，還有不少公司告訴我們：『搜尋引擎的業務並不是重點。』」

結果佩吉和布林只好直接下海開公司了。他們很幸運可以在距

離學校幾公里外的沙丘路，找到願意提供天使基金的金主，以及願意積極投資的創投業者。史丹佛大學教授薛瑞頓（David Cheriton）曾經和積極的創投業者貝托爾斯海姆（Andy Bechtolsheim）共同創辦一家銷售乙太網路設備的公司，之後高價轉手賣給思科。薛瑞頓在1998 年 8 月建議佩吉和布林去拜會貝托爾斯海姆（他同時也是昇陽電腦的共同創辦人）。佩吉有一天晚上寫了電子郵件過去，貝托爾斯海姆立刻回信，隔天早上他們就約在薛瑞頓位於帕洛奧圖的住家陽台會面了。

對還是研究生的佩吉和布林來說，當年和這兩位金主的會面可是戰戰兢兢，所幸他們還是能夠順利完成搜尋引擎的操作示範，展示他們的搜尋引擎可以把迷你電腦網路世界裡的多數網頁下載、標記後完成排序。這場在網路熱潮逐漸邁向顛峰之際的會面來得正是時候，貝托爾斯海姆也以鼓勵的態度提出疑問。這場會面不像他每星期都要審閱的多數計畫書，不是用投影片模模糊糊簡報一些還不存在的產品；貝托爾斯海姆可以直接在搜尋列輸入字串，馬上看到搜尋結果呈現在眼前，而且排序的結果遠比 AltaVista 還要好。不但如此，這套軟體的兩位開發者既勤奮又聰明，完全符合他願意下注投資的創業者類型。貝托爾斯海姆非常欣賞他們不打算花大錢行銷推廣的做法 —— 他們在當時甚至沒規劃這筆支出。他們知道 Google 好到可以透過口耳相傳建立知名度，所以打算把每分錢都花在組裝電腦的各種零組件上。貝托爾斯海姆說：「有很多網站經營者把大筆創投資金用在打廣告，Google 採取完全相反的做法，專注於創造價值與提供服務的本業，而且做到讓人愛不釋手的優異水準。」

佩吉和布林極力避免提供廣告版面，貝托爾斯海姆卻認為在搜尋結果頁面放上顯明的廣告欄位是很簡單，而且不至於道德淪喪的

事，這就表示有一筆白花花的廣告費等著 Google 去收。「這是我最近這幾年聽到最精采的點子了！」貝托爾斯海姆說。佩吉和布林用一分鐘迅速估算廣告價值，結果貝托爾斯海姆認為他們的開價實在太低。「好了，就不耽誤大家的時間了，」貝托爾斯海姆替這場會面劃下句點，因為他還有其他工作要做，「我想我就直接開一張支票給你們，這樣對你們的幫助最大。」他回到車上取出支票本，開了一張付給 Google 公司（Google Inc.）十萬美元的支票，布林說：「可是我們還沒用公司名義開戶欸。」「那就等你們開好戶再存進去！」貝托爾斯海姆說得一派瀟灑，然後就開著保時捷跑車離開。

佩吉和布林兩人找了一家漢堡王慶祝。「我們兩人都想要找些好吃的東西，雖然吃起來可能不太健康，」佩吉笑著說：「而且漢堡王很便宜，綜合考量下，那邊是我們慶祝成功募資的最佳場所。」

貝托爾斯海姆支票上的付款對象不斷鞭策佩吉和布林兩人完成創業的目標。布林說：「我們很快就找到法律顧問，」佩吉說：「支票上的 Google Inc. 就好像是在告訴我們，該是時候成立公司了。」有鑑於貝托爾斯海姆的投資眼光聲名遠播，當然也是因為 Google 給人帶來的深刻印象，愈來愈多金主加入投資行列，包括亞馬遜的貝佐斯也都入股了。貝佐斯說：「我愛上了佩吉和布林這一對拍檔，他們有遠見，而且會從消費者的角度看事情。」各界對 Google 讚譽的聲勢愈來愈浩大，幾個月之後，Google 就成為極少數能夠獲得矽谷兩家最頂尖死對頭創投公司，紅杉資本和凱鵬華盈同時挹注的對象。

矽谷一帶除了有幫忙學生創業的大學、樂於提點後進的前輩、積極提供資金的創投業者外，還有一項值得注意的特點：數不清的車庫，譬如惠利特和普克德設計的第一項產品，以及賈伯斯和沃茲

尼克組裝第一台 Apple I 的故事都發生在車庫裡。當佩吉和布林知道
該把博士論文擱下、離開史丹佛大學去外界闖蕩的時候,他們挑上
門洛帕克的一個車庫落腳,它可以容量兩輛車並排停放,屋子裡還
附有熱水浴缸和幾個空房間,一個月租金 1,700 美元。屋主是他們在
史丹佛大學的朋友沃西基(Susan Wojcicki),她在不久之後也加入
Google 的陣營。1998 年 9 月,佩吉和布林見過貝托爾斯海姆後一個
月,屬於佩吉和布林的公司終於成立,而且也去銀行開了戶頭兌現
支票,他們還在車庫牆上的白板用花俏的筆觸寫著「Google 全球總
部」幾個大字。

　　除了可以連結全球資訊網上的所有資料外,Google 也代表人與
機器之間的關係大躍進 —— 李克萊德早在四十多年前就預見的「人
與電腦和諧的相處模式」。雅虎試圖用土法煉鋼的方式,結合電子搜
尋引擎和手工彙編的目錄網站達到類似的和諧境界,相較之下,佩
吉和布林採用網路爬蟲和電腦演算法執行網頁搜尋指令,乍看之下
完全排除人類插手的空間,但是如果我們更進一步深入分析,就會
發現佩吉和布林的做法也是整合機器與人類智慧的成果。

　　他們的演算法其實奠定在好幾十億人架設網站、建立連結的綜
合判斷基礎上,所以會自然而然把人類的智慧收納在搜尋引擎的電
腦程式裡,換句話說,這是人與電腦和諧相處的更高層次。布林表
示:「雖然執行搜尋的過程似乎完全自動化,但是如果換個角度衡量
究竟有多少人的付出牽涉在內,就會發現先要有幾百萬、幾千萬人
花時間維護個人網站的頁面、選擇要跟哪些人的網頁建立什麼樣的
連結,這就是搜尋結果會包含人類因素的緣故。」

　　布許 1945 年在深具啟發性的文章〈放膽去想〉裡,設下未來人

類會面臨的挑戰：「人類生活經驗的總和將會以驚人的速度成長，但是我們大腦把瞬時間發生的重要訊息，串接成認知框架的做法，跟大航海時代比起來也沒高明到哪邊去。」佩吉和布林在離開史丹佛大學、去創辦 Google 之前提交給校方的論文裡，也提到同一個觀點：「網頁和標記資料的數量以好幾個數量級的規模快速成長，但是我們一般人閱讀文件的能力卻沒有多大變化。」雖然佩吉和布林的用字遣詞不及布許雋永，但是他們真的實現布許的夢想，在人類與機器之間，建立了處理爆量資訊的合作模式。從這個角度來看，Google 代表六十多年來集大成的結果，創造出能讓人類、電腦、網路緊緊相依的新世界 —— 從此之後，任何人都可以和世界各地的其他人共同分享資訊，而且也一如維多利亞時代的年鑑指南所標榜：世間萬物無一不在查詢項目中。

12

向愛達致敬

勒夫雷思夫人的反對意見

愛達應該會很開心吧，因為在她過世超過一百五十年之後，我們還在揣摩她的想法有沒有可能是真的。不難想見如果她還在世的話，一定會很自豪的寫信宣揚自己的真知灼見，譬如說，計算用的機器有一天會演化成全方位的多功能機器，精緻程度不只用於處理數字問題，甚至還能作曲和處理文書，而且「它的運算機制能結合一連串各式各樣、毫無止境的通用符號。」

這類型的機器在 1950 年代開始踏上歷史舞台，在接下來三十年內又有兩項深具歷史意義的創新，使它們徹底顛覆我們的日常生活：先是微晶片的問世讓電腦體積小到可以成為個人使用的工具，封包交換網路又讓電腦可以做為一個又一個的節點，串連成規模龐大的網路世界。個人電腦與網際網路帶來數位化的創新，讓我們可以彼此分享資訊、建立社群網路，踏入愛達所謂「詩意的科學」的境界 —— 科技和創意經緯交錯，有如紡織機編織成的華麗繡毯。

　　當年愛達最具爭議的觀點：功能再強大的計算機器也不可能變成「真正會思考」的機器。她可以很驕傲的宣稱自己是先知，因為至少到目前為止她說的沒錯。愛達過世一百年後，圖靈把這個觀點稱為「勒夫雷思夫人的反對意見」，試圖用操作定義界定何謂「會思考的機器」：讓人類無法區分機器與人類之間回答問題能力的差異，藉以終結愛達的預言。圖靈當時還推論，只要再過幾十年就會有可以通過上述檢驗的機器問世。結果至今已經超過六十年了，而表現最好的電腦最多也只能試著用模稜兩可的對話內容唬弄人類的判斷力，不是用真正的思考能力通過圖靈測試，遑論有任何一台電腦能夠達到愛達設定的高標：憑自己的能力提出「原創性」觀點。

　　自從瑪麗・雪萊在和愛達的父親拜倫勳爵一起渡假時寫出《科學怪人》以來，預期人類有能力製造出會自己思考、有原創性觀點玩意兒的想法，總是一代又一代的落空，而科學怪人也成為科幻小說歷久不衰的題材，其中一個經典例子是 1968 年，庫柏力克執導拍攝「2001 太空漫遊」中的主角，聰明到令人害怕的超級電腦 HAL。HAL 可以用冷靜異常的語音展現出人類的特質：會說話、會分析前因後果、會辨識人臉、擁有審美觀和情緒，而且還會下西洋棋。後來幾個太空人決定把無法正常運作的 HAL 強制關機，HAL 也有辦法察覺到大事不妙而先下手為強，逐一謀殺太空人，直到最後一位太空人費盡千辛萬苦進到 HAL 認知系統的控制室，一個接著一個卸除HAL 的認知能力，此時慢慢恢復正常的 HAL 已經快死了，在臨終前吟唱出「黛西貝爾」，向 1961 年貝爾實驗室 IBM 704 電腦學會的第一首歌致敬。

　　人工智慧迷長年以來一直希望，或者說是威脅，像 HAL 這樣的

電腦很快就會跟大家碰面，證實愛達的預言錯誤。閔斯基和麥卡西在 1956 年就是以此為前提，於達特茅斯舉辦研討會正式開啟人工智慧的研究領域，並且在研討會上做出結論，指出人工智慧將在二十年內有長足進展；但事後證明這並沒有發生。接下來，我們度過一個又一個的十年，一波又一波的專家都主張人工智慧的成果就在不遠的前方，或許花不到二十年；但是時至今日，它仍是海市蜃樓，永遠要再二十年才能實現。

1957 年，奠定現代數位電腦架構的馮諾伊曼，在過世前曾經短暫研究過人工智慧的課題，他認為人腦跟電腦的結構截然不同，數位化的電腦只能處理精確的計量，至於人腦，在我們目前已知的範圍內會包含一部分的類比系統，因此可以用連續體的概念處理機率問題。也就是說，人類心智運作的流程包含許多來自神經系統的脈衝訊號和類比波動，這些數位脈衝與類比波匯流後不只會產生「是」與「非」的二分法資訊，還會在兩極之間產生「或許」、「可能」與其他種種無法勝數的微妙差異，甚至有時還會導致困惑的結果。

馮諾伊曼認為，未來如果要打造真正的智慧電腦，恐怕要先拋棄完全數位化的設計概念，改採「混合途徑」結合數位與類比訊號的處理能力才行，他說：「電腦的邏輯要先通得過類神經系統的運作。」用淺顯一點的話來說，就是電腦要愈來愈像人腦，才有可能產生人工智慧。

康乃爾大學教授羅森布拉特（Frank Rosenblatt）為了達成上述目的，在 1958 年企圖利用數學模型建立一套能比照人腦的人工神經網路，並取名為「感知器」（Perceptron）。透過統計數值不同權重的設定，「理論上」感知器就可以擁有視覺。當資助這項研究計畫的美國海軍揭露感知器的訊息時，媒體高調炒作議題的用字，日後就

不斷在各種人工智慧有所進展的新聞報導中重複出現，《紐約時報》說：「海軍今天展示的電腦初胚，未來就會走路、會說話，看得見也會寫字，能自我複製，並意識到自己的存在。」《紐約客》雜誌的報導也一樣引頸期盼：「感知器……一如它的名字，將會有能力產生原創性觀點……值得注意的是，感知器將會是有史以來第一個，真正有辦法和人腦處在相同量級的人造設備。」

過了幾乎六十年了，感知器的成品到現在還是渺無音訊。*雖然從那一年開始，每年都會有聳動報導告訴我們，不久的將來，電腦不但可以取代、甚至會超越人腦，不過這些報導的用字遣詞基本上都不脫 1958 年報導「感知器」時的描述。

會下棋的深藍

後來 IBM 專門下西洋棋的「深藍」電腦在 1997 年打敗世界棋王卡斯帕羅夫（Garry Kasparov）的消息，帶動一波媒體報導，讓我們對於人工智慧的討論變得比較熱絡。接下來，可以用人類自然語言回答問題的「華生」電腦也在 2011 年益智節目「危險邊緣」（Jeopardy!）中擊敗盧特（B. Rutter）和詹寧斯（K. Jennings）成為優勝者，IBM 的執行長羅梅蒂（Ginni Rometty）高興的表示：「我想，這個結果足以讓所有人工智慧領域的研究人員同感振奮。」結果羅梅蒂也是第一位承認「華生電腦並非真正在人工智慧領域有任何重大突破」的人。深藍的表現純粹來自於無人能及的棋局比對能力：每秒鐘可以算出兩億種棋局的後續可能發展，同時和過去七十萬筆西洋棋大師賽的紀錄進行比對。深藍的運算能力的確不凡，但是我們大多數人都不會把這種能力視為「真正會思考」，卡斯帕羅夫就說：「這麼說不是因為我輸不起，不過深藍在智力上的表現，就

只等於用電腦程式控制的鬧鈴罷了，而我輸給了這台價值一千萬美元的鬧鈴。」

華生電腦也是因為超強的運算能力才能成為「危險邊緣」的優勝者：在華生電腦四兆位元組的儲存空間裡，總共有兩億頁的文件資料，其中維基百科的內容也只不過占去 0.2% 的儲存空間。華生電腦可以在一秒內查閱相當於一百萬本書的資料，處理英文俚語的表現也相當不錯，但是應該不會有人認為，華生電腦有辦法通過圖靈測試。事實上，華生電腦的計畫主持人就是擔心「危險邊緣」製作單位會故意出一些擾亂電腦的題目，把節目轉變成某種型態的圖靈測試，因此堅持只能從先前沒播出過的比賽彙整題庫。儘管如此，華生電腦還是會因為陷阱題顯現出它無法像人類一樣思考的原形，比方有一題問到：什麼是前奧運體操選手艾瑟（George Eyser）的生理奇觀？正確答案是艾瑟少了一隻腳，結果華生電腦回答成：「一隻腳。」根據參與 IBM 華生電腦計畫的費路奇（David Ferrucci）解釋，問題出在華生電腦不了解「奇觀」的涵義，「電腦不知道少一隻腳才是最不尋常的事。」

加州大學柏克萊分校的哲學教授瑟爾（見第 151 頁）設計出「中文房間」的實驗駁斥圖靈測試的可靠度，還挖苦華生電腦就連在人工智慧取得一點點小進展也都稱不上：「華生電腦不了解題目，也不了解答案，自然也不知道自己的答案是對是錯，甚至不知道自己正在參與機智問答，更不知道自己贏了什麼 —— 因為它什麼都統統不知道！」瑟爾認為：「IBM 並不是，也不會，從提升理解能力的角度著手設計電腦。認真說起來，IBM 的設計理念是模擬出電腦能夠理解的樣子，只是表現出電腦好像很懂的樣子而已。」

---

* 閔斯基、派普特等人工智慧先驅都曾經挑戰羅森布拉特的某些假設，自此之後「感知器」的熱潮漸漸消逝，整個人工智慧領域的研究進展也跟著走入「人工智慧之冬」的衰退期。

　　就連 IBM 內部的人也同意瑟爾的說法。他們從來沒對外宣稱華生電腦是「有智慧的」電腦，華生電腦的研究主管凱利三世（John E. Kelly III）在見證深藍和華生電腦的獲勝後表示：「現在的電腦只能算是表現優異的白痴。它們有非常強大的儲存資料能力，數值運算的表現也不遑多讓，人類在這兩項的表現已經遠遠不是電腦的對手了。但是如果我們換成另一種能力再做比較，譬如說是理解、學習、調適和互動能力，電腦的表現就遠遠不及人類。」

　　總而言之，與其說深藍和華生電腦的表現，往證明機器可以擁有人工智慧的方向邁進，倒不如說它們恰好可以做為反證。麻省理工學院「大腦心智與機器研究中心」（The Center for Brains, Minds & Machines）主任伯吉歐（Tomaso Poggio）教授挑明了講：「近期的研究成果反而諷刺的讓我們看見，電腦科學與人工智慧的發展極限。直到現在，我們還不清楚大腦究竟如何產生智慧，也不知道怎樣才能使機器像人類一樣展現全方位的智能。」

　　印第安納大學教授侯世達（Douglas Hofstadter）結合藝術與科學為主題，在 1979 年出版《哥德爾、艾雪和巴哈》（*Gödel, Escher, Bach*）一書，意外登上暢銷書排行榜。他認為如果想在人工智慧領域取得有意義的進展，要先了解人類的想像力如何運作。不過他提出的研究方法在進入 1990 年代後大多遭捨棄，因為研究人員發現，最有效率的方法，是提供電腦超強的運算能力和大量資料去解決複雜問題，也就是深藍贏過棋王的祕訣所在。

　　這樣的研究方法造成一個現象：電腦可以處理一些全世界最困難的工作（評估數十億種棋盤上的布局，或是在數百個規模比照維基百科的資料庫中找出重要的關連），但卻無法完成某些人類與生俱來就會處理的簡單工作。丟給 Google 一個很難的問題：「紅海的深

度是多少？」電腦可以很快告訴你答案是「2,212 公尺」，恐怕你最聰明的朋友也不曉得這個答案，但是隨便換一個簡單的問題如：「鱷魚會不會打籃球？」電腦會毫無頭緒，而這個答案連小朋友都能笑著回答。

在洛杉磯附近的應用思維（Applied Minds）公司裡，你可以看見電腦程式控制的機器人，完成各種神奇任務，但過不了多久就會發現，機器人在不熟悉的房間裡就連移動都成了問題，更別提要拿筆寫下自己的名字了。波士頓附近的紐昂斯溝通（Nuance Communications）公司則是透過 Siri 和其他系統，展示該公司在語音辨識技術上的長足進展，但是用過 Siri 的人都清楚，除非是在科幻電影裡，否則目前還是沒辦法和電腦進行有意義的交談。麻省理工學院「電腦科學與人工智慧實驗室」正在設法讓電腦可以透過視覺辨識物體，不過就算電腦看得出拿咖啡杯的女孩、飲水機旁的男孩和舔牛奶的小貓是三個不同的個體，它還是欠缺抽象思考的能力，看不出這三個個體都在做同一件事情：喝東西。走一趟位於曼哈頓的紐約市警力指揮中心，可以看見「區域警視系統」的電腦正在過濾許多監視攝影機傳回來的畫面，但是這套系統還是沒辦法非常可靠的在人群中辨識出你媽媽的樣貌。

上述任務還有一個特點：即便是四歲的小朋友都能辦到。哈佛大學認知科學家平克（Steven Pinker）說：「人工智慧經歷三十五年的研究後，我們學到重要的一課是：困難的問題很簡單，簡單的問題卻很困難。」以趨勢專家莫拉維克（Hans Moravec）為首的一群人認為，這個矛盾的根源出自於完成影像和語音辨識所需要的運算資源，實在龐大到難以想像的境界。

人腦與電腦殊異

　　莫拉維克對於矛盾現象的描述，佐證了馮諾伊曼早在半世紀以前就提出的觀點：人類大腦以碳元素為基礎進行化學反應的運作方式，與電腦以矽元素為基礎所形成的二進位邏輯電路，大不相同。大腦不是硬體，大腦不只包含數位與類比訊號，同時還是類似網際網路的分散式架構，迥異於電腦的中央處理模式。電腦中央處理器執行指令的速度，就算是人類把腦神經燒掉也追不上，「但是人腦的長處不在這邊，」人工智慧兩位首屈一指的教科書作者羅素（Stuart Russell）和諾米格（Peter Norvig）說：「要知道，人類所有神經元和突觸都能在同時間一起運作，而時下常見的電腦卻只有一顆或少數幾顆中央處理器而已。」

　　那麼，只要模仿人腦運作的方式來設計電腦，問題不就解決了嗎？關於這一點，蓋茲推測：「到最後，我們一定可以完成人類基因組定序，完全掌握以碳元素為基礎的智慧到底有哪些本質。說穿了，這就是一種用反向工程解決問題的做法。」說起來很簡單，但是科學家光是為了比對一公釐長迴蟲的神經運作方式，就花了四十年的時間。一公釐長的迴蟲只有 302 個神經元和 8,000 個突觸 *，而人類的大腦有 860 億個神經元和 150 兆個突觸。

　　2013 年年底，《紐約時報》在報導中提到：「研發成果將帶來一顆數位化的腦袋」、「新一代的人工智慧有可能做出人類可以輕易完成的動作：看、說、聽、探索、操作、控制等等。」這些句子不禁讓人回想起，1958 年新聞媒體對於「感知器」的描述（會走路、會說話，看得見也會寫字，能自我複製，並意識到自己的存在），這次的研究方法一樣是採取複製人腦神經網路運作的策

略，《時代》雜誌指出：「新一代的電腦是以生物神經系統的架構為基礎，主要聚焦於神經對外部刺激的反應，以及不同神經元如何串連、詮釋接收到資訊的意義。」IBM和高通分別透露公司內部正在推動「類神經」領域的研究計畫，讓電腦的處理器能夠像人腦一樣運作，歐洲也有幾個單位組成「人類大腦計畫」（Human Brain Project）的研發聯盟，宣稱他們「已經可以在一顆八寸矽晶圓上做出類神經微晶片，上面有五千萬個塑膠突觸和二十萬個仿生的神經元模型」。[†]

或許最新一輪的科技報導正在見證未來數十年後可能真的會有像人類一樣思考的機器。「我們有一張清單，上面羅列各種機器不會做的事，諸如下棋、開車、翻譯之類的。我們不斷檢視這張清單，不時把機器學會做的事情刪掉，」柏納－李說：「總有一天，我們一定可以把清單上的項目統統刪光。」

最新科技的進展也有可導致所謂的「奇異點」（Singularity）。奇異點是馮諾伊曼首創的詞彙，經未來學家科茲威爾（Ray Kurzweil）和科幻小說家文奇（Vernor Vinge）推廣，愈來愈廣為人知，它描述電腦發展到某個時間點後，不只會比人類聰明，還會不斷自我改良出愈來愈聰明的機型，屆時科技發展將不會再有人類可以扮演的角色。文奇大膽預言，這個時間點會發生在2030年。

反之，這些科技進展的結果也有可能重蹈1950年代雷聲大雨點小的現象，徒然描述一個根本不存在的海市蜃樓。真正的人工智慧可能還要再等好幾個世代，甚至是好幾個世紀以後才會誕生，到底

---

* 神經元是使用電流或化學反應傳遞資訊的神經細胞，突觸則是在神經元之間傳遞訊號的結構，或是在神經元與其他細胞之間傳遞訊號的通道。

† 歐萊禮公司的克羅寧（Beau Cronin）曾提出賭注：「任何人只要能指出，有哪一篇新聞報導或部落格文章提到新的人工智慧系統『可以像人腦一樣』運作或思考的話，就免費奉贈飲料一杯。」但至今未有人贏得任何飲料。

哪種情境是真的，就交給未來學家去爭辯吧。事實上，如果對「意識」採取最嚴格的定義，我們大可直指根本沒有人工智慧這回事，但這個議題也留給哲學家和神學家去辯論吧。畫出象徵藝術與科學完美結合的終極作品「維特魯威人」（Vitruvian Man）的達文西就說：「人類再怎樣有天分，也無法做出比大自然更精簡、更美觀、也更有意義的發明。」

不過我們還有另一條發展路徑，一條愛達會舉雙手贊同的路徑，也是半世紀以來，從布許到李克萊德再到恩格巴特一脈相承的電腦發展走向。

人與電腦的和諧互動：「華生，過來這兒」

「分析機完全沒有創造任何東西的意圖，」愛達說：「只要我們知道如何對它發號施令，它就會一一執行。」愛達從不認為機器可以取代人腦，但是卻堅持機器是人類的最佳拍檔，在與機器的合作關係中，人類能提供的就是原創力和創造力。

這個理念支撐著另一條不同於人工智慧的電腦發展路徑：和人類建立伙伴關係，擴增人類智能。這條路徑結合電腦與人類雙方面的能力，實現人與電腦的和諧互動，成效比讓電腦擁有思考能力的發展豐碩許多。

李克萊德在 1960 年發表〈人機共生〉一文，規劃出這條路徑的藍圖，他在文章中指出：「人類大腦和運算機器能緊密結合，形成伙伴關係，思考人類大腦從來無法思考的東西，以今天資訊處理機器無法企及的方式，來處理資料。」李克萊德的觀點建立在布許於 1945 年發表〈放膽去想〉這篇文章中所提到的 memex 個人電腦架構上，李克萊德也在設計 SAGE 防空系統時套用自己的論點，打造出

需要人與機器緊密合作才能成事的設備。

布許與李克萊德的理念，恩格巴特用友善的操作介面呈現，在1968年展示有網路連結、有直觀的圖形介面，還有滑鼠可供操作的電腦系統。恩格巴特在《擴增人類智能》的宣傳手冊上呼應李克萊德的做法，表述自己的目標是：「創造一種整合效果，讓人類的直覺、嘗試錯誤、不具體的想法、『對外在環境的感受』可以有效的和……功能強大的電子設備整合。」布羅提根在〈深情優雅的機器替我們看顧一切〉中，用比較詩意的方式描述整合成效：「在機器神經網路鋪成的平整無暇世界裡／哺乳類生物和電腦／彼此一同互助生活／共譜和諧樂章。」

打造深藍與華生電腦的研究團隊已經調整研究方向，從原本單純追求人工智慧轉向建立人與電腦的和諧互動。IBM研究團隊主管凱利三世直言道：「我們的目標不是要復刻人腦。」為了呼應李克萊德，凱利三世補充說：「我們沒有打算用電腦思考取代人腦思考，正確的說法應該是，在認知系統的年代裡，人類和機器可以各自為合夥關係貢獻所長，透過合作達成更好的結果。」

人與電腦和諧互動的效果不容忽視，其中一個例子是卡斯帕羅夫得知自己輸給深藍後的啟示。卡斯帕羅夫認為，即使在西洋棋這種規則明確的比賽中，「電腦的強項就是人類的弱點，反之亦然；」他想出一個實驗方法來驗證：「如果不是人跟電腦對弈，而是人跟電腦合作參賽，結果如何？」當卡斯帕羅夫和另一位西洋棋高手聯手推動這項實驗後，李克萊德設想的和諧互動就浮上了檯面：「我們人類可以專注於戰略規劃，不用花太多時間推算接下來的棋路，在這種情況下，人類的創造力可以站上另一個更高的層次。」

　　2005 年，一場西洋棋錦標賽就在這個理念下展開。參賽者可以選擇不同的電腦組隊參加，不但有很多西洋棋大師共襄盛舉，會場裡各種先進電腦也讓人目不暇給。然而比賽最後的贏家既不是西洋棋大師，也不是最先進的電腦，而是由與電腦合作最密切的參賽者獲勝。「人和電腦的搭檔可以輕易贏過功能最強大的電腦，」卡斯帕羅夫說：「人類戰略規劃能力再加上電腦精確的戰術執行，會產生無與倫比的效果。」這場錦標賽的最後贏家不但不是西洋棋大師或是最先進的電腦，也不是人與電腦隨便組成的雜牌軍，而是兩位美國籍業餘棋手和三台電腦組成的團隊。他們兩人知道如何讓自己與三台電腦同步運作的成果最佳化，卡斯帕羅夫的評價是：「他們能夠有效指揮、操作電腦深入思考不同棋路的意義，有效反制解讀棋局能力比他們優異的西洋棋高手，也能擊退其他功能更強大的電腦對手。」

　　換句話說，未來贏家將是能夠和電腦建立最佳合作伙伴關係的人。

　　基於相同的理念，IBM 也認為「危險邊緣」節目的贏家華生電腦，最佳去處是和人類共同合作，而不是贏過人類，其中一個運用華生電腦的研究計畫，是和癌症中心的醫師建立合夥關係。凱利三世說：「『危險邊緣』挑動了人類與機器對抗的心結，但是在醫療領域，人類與機器是共同面對挑戰，以提升到人類與電腦各自獨力都無法達成的境界。」華生電腦收錄超過 2 百萬頁的醫學期刊、60 萬份臨床資料，還可以搜尋高達 150 萬名病患就診紀錄。當醫師輸入患者症狀與重要資訊後，華生電腦不但會呈現各種治療建議，還會把處方依照可靠度進行排序。

　　IBM 研究團隊發現，華生電腦和醫師的互動必須帶來愉快的經

驗，才能產生有效合作。IBM 軟體研究部門副總裁麥昆尼（David McQueeney）描述如何在華生電腦的程式裡植入謙虛元素：「一開始有戒心的醫師都不願意使用華生電腦，他們說：『我是領有專業執照的醫師，才不要讓電腦告訴我該做些什麼。』所以我們重新設計電腦程式，讓華生電腦謙遜的說：『這裡的機率列表可能對你有幫助，就交給你參考了。』」醫師很樂見華生電腦的轉變，感覺就像是跟博學多聞的同僚對話一樣。麥昆尼表示：「我們希望把人類的才能如直覺，和電腦的長處如永無止境的資料量，互相結合，這樣的結合能產生神奇效果，因為人類和電腦都能提供對方沒有的能力，互相合作。」

　　這是華生電腦讓羅梅蒂印象最深的部分。羅梅蒂原本是人工智慧領域的工程師，在 2012 年初接任 IBM 執行長。「我看見華生電腦能夠如同事般和醫師互動，」她說：「這是最清楚的見證，證明電腦可以真正和人類建立合夥關係而不是取代人類，這一幕讓我感觸良多。」這個印象讓羅梅蒂決心在 IBM 裡設立一個全新的部門推動華生電腦，不但投入十億美元的資金，還在曼哈頓格林威治村附近的矽廊道（Silicon Alley）設立新總部，以實現「認知運算系統」，也就是可以用更高層次分析資料的電腦，它會從資料中自主學習，補足人腦思慮不週之處。羅梅蒂沒有用技術術語替新部門取名，而是直接稱為華生總部，一方面是為了紀念 IBM 創辦人並經營 IBM 超過四十年的老華生（Thomas Watson Sr.），另一方面也有隱喻福爾摩斯的同伴華生博士，以及協助貝爾發明電話的助手華生；人類史上，電話裡講的第一句話就是：「華生先生，請過來一下，我有事找你。」華生這個名字傳達出，電腦應該是可以與人類共同合作的伙伴，而不會是「2001 太空漫遊」裡令人感到不安的 HAL。

　　華生電腦象徵第三波運算潮的先驅，這使人工智慧與擴增人類智能不再涇渭分明。羅梅蒂說：「第一代電腦是會計算、製表的機器。」指的是 IBM 最初的根基、何樂禮用來進行 1890 年美國人口普查的打孔卡製表機，「第二代是建立在馮諾伊曼設計架構上，可用程式控制的機器，使用者得告訴電腦要做什麼。」早在愛達的年代，我們就會用演算法一步接一步，教機器執行任務；羅梅蒂接著說：「隨著資料量愈來愈龐大，我們別無選擇要啟動第三波發展，讓電腦不用再透過死板板的程式控制，而是主動學習。」

　　就算電腦有學習能力，第三波的發展趨勢還是可以維持人與電腦之間的和諧互動與伙伴關係，不必然是用電腦取代人類，把人類掃進歷史灰燼。諾頓（Larry Norton）是紐約史隆凱特林紀念癌症中心主治肺癌的醫師，同時也參與打造華生電腦的研究團隊，他說：「電腦科學的進展神速，醫學的進步也是一日千里，這會形成共同演化的現象，讓人類和電腦互相幫助對方進步。」

　　恩格巴特把人與電腦一起變得更聰明的過程命名為「自我啟動」和「共同演化」，也因此產生一種有趣的觀點：無論電腦運算速度再怎麼快，人工智慧的表現永遠也比不上人和電腦合作後的成果。

　　假設電腦有一天展現人類心智的能力：可以從表面看出內在的抽象意義，帶有情緒，擁有美感，懷抱願望，懂得藝術創作，具有一定的道德標準，甚至還有想要追求的目標。這台電腦或許有機會通過圖靈測試，甚至有可能達到愛達設定的高標：不需要人類的程式輔助，就能憑自己的能力提出「原創性」的觀點。

　　就算這些假設都成立了，這台電腦還是有一道無法跨越的門檻，因此沒辦法證明人工智慧的表現優於擴增人類智能。這道門檻可以稱為「李克萊德測試」，衡量標準不是檢視電腦能否完全展現

出人類智慧所有的組成元素,而是要問這台電腦在完全靠自己,以及與人類合作的兩種模式中,哪一種可以達成更好的表現。換句話說,人和電腦建立共同合作的伙伴關係,是否永遠比具備人工智慧的電腦孤軍奮戰來得占優勢?

如果是,李克萊德稱為「人與電腦和諧互動」的模式就會一直保持優勢。人工智慧不見得要成為電腦科技追求的終極目標,轉個彎,設法讓人與電腦合作的成效達到最佳化,讓電腦和人類分別在合夥關係中展現各自的長處,或許才是真正值得追求的目標。

創新旅程中的心得啟示

就跟所有的歷史故事一樣,數位年代的創新過程也一樣留下許多令人玩味再三的轉折點。除了上述人與電腦和諧互動產生的威力外,我們還能從這段旅程中獲得哪些啟發?

首先,也是最重要的,創新是合作的過程。創新往往是團隊合作的產物,很少是某個曲高和寡的天才在腦海中靈光乍現的成果。我們可以從歷史上不同年代孕育創新的經驗中進行對照,舉凡科學革命、啟蒙運動還是工業革命,都有相對應促成共同合作的機制和網路,讓參與其中的人可以彼此分享創意。進入到數位年代後,這個現象變得更加明顯。我們可以看見網際網路和電腦科學領域都有許多天資聰穎的發明天才,但是他們的成就多半來自於團隊合作,如同其中的佼佼者諾宜斯一樣,許多創新者寧願像公理教會的神職人員,而非孤伶伶的先知,寧願是唱詩班的一員,而非進行獨唱。

再以推特為例,推特是一群人共同發明的產物,由一群互相合作,但卻經常意見不和的成員共組研發團隊。當其中一位共同創辦人多爾西(Jack Dorsey)開始在媒體訪問中表現出居功厥偉的

態度後，另一位共同創辦人威廉斯（開發 Blogger 服務網的創業老手）就要求他別那麼炫耀。接下來引用《紐約時報》比爾頓（Nick Bilton）報導的內容：

多爾西回應威廉斯說：「問題是，推特就是我發明的。」

「沒這回事，推特不是你發明的，」威廉斯立即駁斥：「也不是我或是史東（Biz Stone，另一位共同創辦人）發明的。說穿了，網際網路上的東西都不是發明來的，而是把已經存在的概念加以延伸罷了。」

接下來的啟發是：數位年代或許看起來經常有革命性的變化，但是基本上都是把前人的想法繼續發揚光大。所謂的團隊合作不只限於同一世代，有時也會以跨世代的方式呈現。最優秀的創新者可以看出技術演變的軌跡，從帶動創新的前輩手中接下傳承的任務。賈伯斯的成就建立在凱伊打下的基礎，凱伊則深受恩格巴特的影響，恩格巴特則師法於李克萊德與布許。當艾肯在哈佛大學設計數位電腦時，他從斷簡殘篇中看見巴貝奇的差分機而深受啟發，同時要求研究團隊成員好好拜讀愛達為了詮釋分析機所完成的〈譯者評注〉。

能夠結合各種專長的人共聚一堂，才能組成最有生產力的團隊，貝爾實驗室就是一例。在紐澤西郊區占地遼闊的貝爾實驗室網羅了理論物理學家、實驗操作專家、材料科學家、工程師、商務人士，甚至還有一群滿手油漬，整天在電線桿爬上爬下的工作人員。擅長實驗的布拉頓和理論大師巴丁共處一室，就好像填詞與作曲的兩人共用一部鋼琴，可以整天互相呼應，討論如何做出全世界第一顆電晶體。

即便網際網路可以提供虛擬與遠距的合作模式，數位年代創新

的另一個啟發是，不論現在還是過去，面對面接觸的好處都無從取代。從貝爾實驗室的例子就可以看出，人與人面對面的互動不會遭數位科技取代，英特爾的創辦人打造團隊導向、可以開放往外延伸的工作環境，讓從諾宜斯以降的所有職員都可以互相交頭接耳。這類型的辦公室成為矽谷的慣例，數位工具可以讓上班族遠距共事的預言從來沒有真正實現，梅爾（Marissa Mayer）擔任雅虎執行長的第一件事，就是力勸職員放棄在家上班的做法，她直接指陳：「大家聚在一起，才能有效產生團隊精神與創造力。」賈伯斯替皮克斯設計總部辦公室時，從中庭結構到浴廁所在地都精心規劃，好讓人與人之間更容易有碰面的可能。賈伯斯最後留下的創意是蘋果電腦全新的概念式總部：開放的工作場所形成一圈戒指似的外觀，圍繞在正中心的是一座庭院。

歷史上，最優秀的領導能力都來自於讓成員發揮互補特質的團隊，美國開國元勳就是一個好例子，在領導團隊中有象徵公正的華盛頓，偉大的思想家傑佛遜和麥迪遜（James Madison），充滿遠見與熱情的約翰·亞當斯與塞繆爾·亞當斯，還有老成持重善協調的富蘭克林。同樣的，打造 ARPANET 的團隊中，有前瞻的規劃者李克萊德，果斷決策的工程師羅勃茲，負責折衝協調的泰勒，以及促成團隊合作的掌舵者如柯羅克和瑟夫。

打造偉大團隊的另一個關鍵，是讓夢想家與善於營運管理的伙伴互相搭配，才能把夢想家提出的創新想法加以落實，無法執行的夢想也不過是空談罷了。諾宜斯和摩爾都是目光遠大的夢想家，這更凸顯他們聘用葛洛夫成為英特爾第一位職員的重要性，因為葛洛夫能夠緊盯管理流程，力促專注，確實把任務完成。

夢想家若欠缺這種團隊的協助，通常只會在歷史上留下一小筆

紀錄。阿塔納索夫是否夠格稱為數位電子計算機之父，這個糾結的歷史問題到現在都還沒有定論。阿塔納索夫是獨自一人在愛荷華州立大學進行研究的教授，與他競爭這個名號的，是賓州大學由莫渠利和艾科特率領的研究團隊。身為本書作者，我認為賓州大學的團隊比較配得上電子計算機之父的稱號，其中一部分原因是他們真的能用自己開發的 ENIAC 機器解決問題，這個成果需要數十位工程師與機械技師、再加上一小群幫忙處理運算程式的女士，通力合作才能完成，而阿塔納索夫的機器相較之下，卻從來未曾真正運作過，或許是因為他沒有團隊成員幫忙解決打孔機無法運作的問題，因此形成強烈的對比。阿塔納索夫的機器最後只能封存在地下室視同報廢，而且沒有人記得這台機器到底有什麼功能。

ARPANET 和網際網路也跟電腦一樣，是由團隊共同合作的產物。一般認定網路的起源是一位資賦優異的研究生為了徵詢其他人對於研究主題的意見，以「意見請求」的名義寄送研究計畫而來，隨後形成類似封包交換網路的結構，其中沒有中央控制中心，每個分散節點都擁有相同的權限，都可以創造、分享資訊，要靠各節點的合作，才能維持網路運作。以合作為起源的模式就會產生適用於合作的系統，日後的網際網路很自然繼承了網路原型的 DNA。

網際網路催生的合作對象不限於彼此熟識的團隊成員，也會讓彼此不認識的人互相合作，這一點可以說是最接近革命的進展。早在波斯、亞述人發明郵政系統時，就存在可以促成合作的網路，但是在網際網路誕生之前，要號召數以萬計互不認識的對象一起合作可不是簡單的事，網際網路也因此帶動一系列的創新，包括 Google 的 PageRank、維基百科的條目、火狐瀏覽器、GNU/Linux 的系統軟體，都是經由集體智慧形成的創新。

多種合作方式

　　數位年代有三種組成團隊的方式，第一種是由政府出資整合，包括電腦原型機（Colossus、ENIAC）和網際網路的前身 ARPANET 都以這種模式運作，反映出美國人在 1950 年代對艾森豪總統的強烈支持，因此形成政府應該帶頭主導計畫的共識，像是太空計畫、跨州高速公路系統這類有益於公共財的項目皆屬之。由政府主導的模式通常也會和大學以及民間承攬業者合作，形成布許等人當年所提議的產官學三方共同合作的研究平台，由能幹的政府官員（不是每個公務員都活得行屍走肉般）如李克萊德、泰勒、羅勃茲等掌控計畫總體發展，適當分配來自公眾的研究經費。

　　私人企業是第二種形成合作團隊的機制，比方說是大公司轄下的研究中心如貝爾實驗室和全錄 PARC，或者是富有創業精神的新公司，諸如德州儀器、英特爾、雅達利、Google、微軟和蘋果。創造利潤是促成團隊的關鍵因素，一方面是創新者可以獲得報酬，另一方面也是吸引投資人的方式，前提是以所有權的態度看待創新事物，依法授予專利和智慧財產權。雖然數位理論專家和駭客通常會貶抑這類型的團隊，但是透過金融運作鼓勵創新的私部門體系，卻是帶來電晶體、微晶片、電腦、電話、各種資訊設備與網路服務等突破性發展的主要因素。

　　綜觀歷史發展，還有一種在政府部門與私人企業之外形成的團隊完成集體創新，這類團隊透過彼此分享創意，自動自發在同儕中奉獻一己之力。很多與網際網路相關的創新與服務，都屬於第三種團隊合作類型的產物，哈佛大學教授班科勒稱為「同儕共有生產制」，而網際網路的誕生也讓這種模式更容易執行，規模也比以往大

上許多。維基百科和全球資訊網是兩個典型範例,其他免費與開放原始碼的軟體如 GNU/Linux 系統軟體、OpenOffice、火狐皆屬之。專門報導科技領域的記者強生(Steven Johnson)指出:「這些開放式架構讓眾人更容易在既有的創意基礎上添磚加瓦,柏納－李就是在網際網路的基礎上創造全球資訊網。」能夠讓同儕願意參與共有生產制的驅動力,不是來自於財務報酬,而是其他諸如滿足感之類的回饋。

共同分享的價值觀往往與私人企業的運作互相衝突,特別是在創新應得到多少專利保護這一點上,更是爭論不休。共有制的擁護者多半源自於麻省理工學院「鐵路模型技術俱樂部」和「家釀電腦俱樂部」提倡的駭客倫理,其中以沃茲尼克微妙的角色最值得玩味。一開始參加家釀電腦俱樂部的聚會時,沃茲尼克會大方展示自己設計的電路板,免費把設計稿發送給其他有需要或是想改良的與會者,不過等到他的鄰居賈伯斯陪他出席聚會後,賈伯斯說服沃茲尼克不能再繼續免費分享發明概念,而是要真正把產品做出來銷售,因此才有蘋果電腦的誕生,以及接下來四十年站上第一線爭取創新專利所衍生的利潤。以帶動數位年代的成效來看,賈伯斯和沃茲尼克兩人的做法各擅勝場,或許就是在開放架構系統與所有權互相競逐創意的環境下,才能帶來最有活力的創意空間。

我們有時候會基於意識型態,爭論這三種團隊合作模式孰優孰劣,更多的政府角色、放手給私人企業、或是帶有浪漫色彩的同儕分享,都各有支持者。美國歐巴馬總統在 2012 年競選連任時,用充滿爭議又帶有煽動力的論點對企業主表示:「你們的事業版圖不是自己打造的。」這種講法形同貶抑私人企業扮演的角色,而歐巴馬想要表達的,是私人企業其實也得力於政府部門和同儕共享的體

制：「如果你們事業有成，在這段奮鬥的過程中一定曾經得到過其他人的幫助，或許是你人生當中最值得尊敬的老師，或許是讓美國價值體系變得如此不可思議、讓我們可以放手追尋夢想的某個重要人士，也或許是某位花錢造橋鋪路投資基礎建設的人。」對歐巴馬而言，這還不是他用來廓清自己崇尚社會主義的最高段論述，不過也足以點出現代經濟在數位年代推動創新的重要課題：把上述三種組成團隊的方式（透過政府、市場或是同儕共享）整併，會比單獨擁護其中任何一個來得強而有力。

這種說法其實不是什麼新潮觀點，巴貝奇從英國政府取得多數研究經費，英國政府為了強化經濟實力與帝國威望，也樂於大力扶持巴貝奇的研究計畫；巴貝奇的創意源自於私人企業，尤其打孔卡的概念根本就取材自紡織業的自動化紡織機。巴貝奇也和幾位好友組成數個菁英薈萃的俱樂部，包括英國科學促進會在內，這個組織有如一群西裝革履、正經八百的成員組成的家釀電腦俱樂部，而且就跟家釀電腦俱樂部一樣，巴貝奇組成的社團也有分享創意，促成團隊合作共享成果的功效。

數位年代最有成效的行動，是由目標明確的領導者帶領一群人共同合作，通常這會包含兩種衝突的人格特質：領導者要不是格局太小，凡事都要管到巨細靡遺，要不就是只看見遠方的目標而輕忽當下的執行細節，而真正優秀的領導者必須匯集兩種優點。以諾宜斯為例，他和摩爾提出清晰的願景，描繪半導體產業的尖端技術，鞭策英特爾往前邁進，而且他們面對困難時都會採取合議制的方式集思廣益，而不是專斷獨裁。即便是以嗆辣作風聞名的賈伯斯和蓋茲，也都知道如何組織能征善戰、願意戮力以赴的團隊。

天分高但無法團隊合作的天才，往往會落入失敗的局面，譬如說四分五裂的蕭克利半導體；另一方面，懂得合作，但是缺乏熱情、堅定意志與遠大目標的團隊，也一樣成不了事，比方說發明電晶體後就失去光彩的貝爾實驗室，或者是賈伯斯在 1985 年被迫離職後的蘋果電腦。

在這本書裡，大多數最成功的創新者與企業家都有一個共通點：他們真的懂產品。他們在乎、深入了解產品背後的製程與設計，他們的強項不在行銷、業務或金融 —— 由這類專長的人主導公司的下場，往往會中斷持續不斷的創新動力。賈伯斯說過：「業務型的人經營公司時，生產端的重要性會遭忽略，這會讓很多人離開。」佩吉也附和賈伯斯的觀點：「最優秀的領導者必須深入了解產品的設計理念與生產流程。」

數位年代的另一個啟發，可以追溯到古希臘亞里斯多德說過的：「人是社會的動物。」否則我們如何解釋火腿族業餘電台，乃至於近期 WhatsApp 和推特的廣受好評？幾乎每一樣數位工具，不論原先設計目的為何，最後都成為人類融入社會的工具：用來創建社群、提供便利的通訊方式、協同執行計畫、建立社交等。即便是原本著重在發揮個人創造力的個人電腦，也無可避免的和數據機、連線上網服務搭上線，最後還帶出臉書、Flickr、Foursquare 這些廣受歡迎的社群網路平台。

相形之下，機器不是社會的動物。電腦不會自己主動要求加入臉書，也不會自主尋求伙伴關係。當圖靈主張機器總有一天會做出人類的行為時，持反對意見的人卻認為，機器永遠無法展現出情感特質，尋求親密互動。暫且假定圖靈說的對，我們總有一天會透過程式設計讓電腦模擬出情感，假裝（人類有時候也會這樣做）追求

親密關係，但是圖靈無疑是最能清楚分辨真心付出與虛情假意間有什麼差異的人。

從亞里斯多德那句名言的弦外之音可以推論，不具社會性格的電腦「如果不是野獸就是天使」；然而事實上，電腦既不是野獸也不是天使。不論人工智慧專家或是網路社會學家提出什麼主張，數位工具不會有人格，也不會產生意圖和願望，它們只是依照人類想法製造出來的產物，如此而已。

愛達的終極願景：詩意的科學

所以我們可以進入到數位年代的最後一個啟發。這是愛達早就提出的觀點：在人類與機器和諧互動的伙伴關係中，人類可以提供的關鍵元素就是創造力。衡諸數位年代的歷史，從布許、李克萊德到恩格巴特再到賈伯斯，從 SAGE 防空系統、Google 到維基百科再到華生電腦，這個觀點不斷受驗證，只要人類一直是有創造力的生物，這個觀點就愈顛撲不破。IBM 的研究主管凱利三世說：「機器會比人類更理性、更善於分析，人類的專長在於判斷、直覺、同理心、道德規範與創造力。」

進入認知運算年代後，人類還是能扮演相當重要的角色，因為我們有辦法用不同觀點思考問題，幾乎根據定義寫成的演算法卻做不到這一點。依照愛達的說法，人類擁有的想像力「是一種綜合能力，能把各種事情、事實、想法、觀念，做各種原創且不斷變動的新組合⋯⋯貫穿我們周遭潛藏未現的世界，也就是科學的世界。」我們可以辨別出抽象概念，找出其中的簡潔美感；我們可以把各種資訊整合成敘事，人既是社會的動物，也是會說故事的動物。

人類的創造力會受價值觀、企圖心、審美觀、情緒、個人意識

和道德規範的影響，這些是藝術與人文的課題，從而可見這個領域的重要性不下於科學、技術、工程與數學等理工教育。如果血肉之軀的我們，要在人與電腦和諧互動的關係中擁有一席之地，如果我們想扮演好讓機器發揮創造力的角色，就必須豐富我們源源不絕的想像力、原創觀點和人文素養。這會是我們在伙伴關係中的主要貢獻。

賈伯斯進行產品發表會時，習慣在後方的螢幕放上一張投影片做為結語，那是一幅交通號誌圖像，上面顯示人文色彩和科技發展交會的路口。在他人生最後一場產品發表會，也就是 2011 年發表 iPad 2 時，賈伯斯站在這張投影片前宣告：「這張投影片代表蘋果電腦的 DNA，單是科技發展是不夠的，科技發展要能配合博雅教育，配合人文，才能帶領我們直抵心神嚮往的國度。」這說明了賈伯斯為何可以成為我們這個年代最頂尖的科技創新者。

反過來從人文角度觀察，這個觀念一樣受用。熱愛藝術與人文的人也應該像愛達一樣，培養出欣賞數學與物理的能力，否則只能在科學與藝術交會的路口淪為旁觀者，眼睜睜看著數位年代的多數創新在眼前奔馳而去，發現自己只能任憑工程背景的專家擺布。

許多熱愛藝術與人文的人，會極力主張這些科目在學校教育中的重要性，同時毫不掩飾（甚至引以為樂）自己對於數學和物理的一竅不通；他們會稱許學習拉丁文的動力，但是他們對於演算法毫無概念，也不懂得該如何區分 BASIC、C++、Python、Pascal 這些不同種類的程式語言；對他們而言，不知道《哈姆雷特》或《馬克白》的人俗不可耐，卻不覺得分不清楚基因和染色體的關係、看不出電晶體和電容的差異、搞不懂積分和微分是不一樣的方程式，有什麼大不了。這些理工科的觀念的確不好懂，但是《哈姆雷特》不也一樣難

懂？而且就跟《哈姆雷特》一樣，這些不好懂的觀念也都存在一定
程度的美感，簡潔優雅的數學方程式一樣蘊藏著宇宙的榮光。

英國科學家暨小說家斯諾（C. P. Snow）說的對，我們要學會
同時尊重科學與人文「這兩種不同的文化」，但是現代社會更重要
的是了解科學與人文的互動方式。我們往往可以從帶動科技革命發
展的人身上，感受到愛達遺留下的風範：科學與人文素養的兼容並
蓄。愛達繼承了父親的詩意與母親的數學家個性，融合成對「如詩
般的科學」的熱愛。愛達的父親挺身捍衛砸毀紡織機的盧德派，而
愛達卻著迷於自動紡織機可以透過打孔卡編織出美麗的花紋，進而
察覺這種工藝與科技的組合，可以運用在計算機上。

下一階段的數位革命會用更新的方法把媒體、時尚、音樂、娛
樂、教育與文藝等創意產業，和科技結合。這個領域中的第一代創
新模式只是新瓶裝舊酒，把不論來自於書籍、報紙、評論、雜誌、
音樂、電視還是電影的內容，統統用數位工具重新包裝而已，但是
新一波的科技服務平台和社群網路，將提供個人想像力和集體創造
力全新的揮灑空間，角色扮演遊戲和互動式遊戲已經走向多人連線
架構，同時把更多的現實因素納入劇情。類似這種科技與藝術互動
的模式，終將徹底改變媒體傳播的方式與表現手法。

創新，來自於有人把美學和工程、科技與人文、詩歌與處理器連
結在一起，換句話說，創新來自於愛達遺留給我們的精神資產。創
新者會設法讓科學與藝術交會的火苗發光發熱，創新者也會順從自己
追求完美的反叛精神，同時看出蘊含在科學與藝術領域裡的美感。

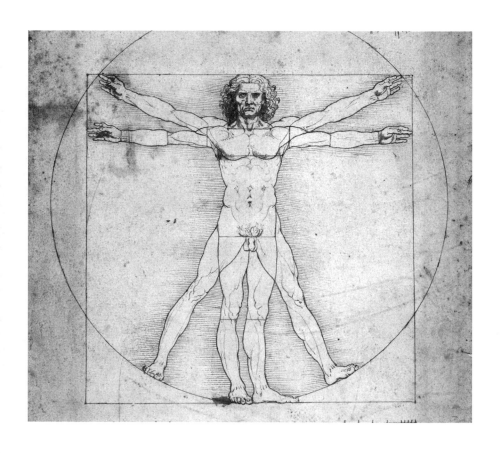

致謝

　　首先要感謝接受我的專訪、並提供相關資訊的所有人士，其中包括 Bob Albrecht, Al Alcorn, Marc Andreessen, Tim Berners-Lee, Stewart Brand, Dan Bricklin, Larry Brilliant, John Seeley Brown, Nolan Bushnell, Jean Case, Steve Case, Vint Cerf, Wes Clark, Steve Crocker, Lee Felsenstein, Bob Frankston, Bob Kahn, Alan Kay, Bill Gates, Al Gore, Andy Grove, Justin Hall, Bill Joy, Jim Kimsey, Leonard Kleinrock, Tracy Licklider, Liza Loop, David McQueeney, Gordon Moore, John Negroponte, Larry Page, Howard Rheingold, Larry Roberts, Arthur Rock, Virginia Rometty, Ben Rosen, Steve Russell, Eric Schmidt, Bob Taylor, Paul Terrell, Jimmy Wales, Evan Williams, Steve Wozniak 等人。另外要特別感謝在我撰寫本書過程中，不斷給予建議的諸位，包括 Ken Auletta, Larry Cohen, David Derbes, John Doerr, John Hollar, John Markoff, Lynda Resnick, Joe Zeff, Michael Moritz 等人。

　　芝加哥大學 Rahul Mehta 和哈佛大學 Danny Z. Wilson，幫我審閱初稿並修改一些數學與工程方面的錯誤資訊，不過本書應該還是有他們沒留意到的地方，這些錯誤都是我的責任，與他們無關。另

外要特別感謝幫忙校對並提供各種意見的 Strobe Talbott；從 1986 年《智者》開始算起，我寫的每本書都是經由 Strobe Talbott 的校對才能與讀者見面，我把他替我每本書上所寫的詳細評點都保留了下來，從中可以看出他的古道熱腸與深邃智慧。

我在這本書嘗試了一些不同的做法：書裡有好幾章是集合眾人的建議進行修改的。雖然這不算是新鮮事，寄送論文尋求專家意見是倫敦在 1660 年成立英國皇家學會的原因之一，也是富蘭克林創立美國哲學會的原因；《時代》雜誌也有一項運作實務，是把報導文章的草稿傳給各部門尋求「建議與更正」。這是非常有效的做法，以前我會把部分草稿分別寄給十幾位友人瀏覽，現在有了網際網路，我更可以從成千上萬的群眾中，得到建議與更正。

這項嘗試可說是適得其所，因為促成集體合作的過程就是當初創立網際網路的原因之一。有一天晚上我剛好寫到這個主題時，覺得應該依照網際網路最初的用途嘗試看看，我希望透過這種方法改善草稿內容，並更進一步了解現在網際網路的相關工具（相較於早年 Usenet 和舊式的電子布告欄）會如何促成集體合作。

我在許多網站進行實驗，結果從「傳媒」收到的回饋反應最好，而「傳媒」恰巧是本書主角之一威廉斯開發的社群。有一篇刊登在「傳媒」的草稿，在上線第一週就有 18,200 人點閱，換句話說，比我以前委託瀏覽草稿的總人數還多將近 18,170 人。有許多網友看完後會留下評論，還有好幾百位網友直接透過電子郵件跟我聯繫；他們除了幫我調整內容，也幫我補充了更多資訊（像是記述布李克林和 VisiCalc 試算表這一節）。我要在此感謝這一大群集體創作者提供的協助，其中有些人我剛認識不久，就參與了這場集體創作。（說到這裡，我希望不久後就會有人開發出，介於加強版電子

書與維基百科之間的新玩意兒，讓作者引導與群眾協力，共同完成創作的新型態多媒體運作模式，能寫下歷史新頁。）

最後，我要感謝 Alice Mayhew 和 Amanda Urban 這兩位與我合作長達三十年的編輯與經紀人，也要感謝 Simon & Schuster 出版社的工作團隊：Carolyn Reidy, Jonathan Karp, Jonathan Cox, Julia Prosser, Jackie Seow, Irene Kheradi, Judith Hoover, Ruth Lee-Mui, Jonathan Evans。我也欠亞斯潘教育機構（Aspen Institute）的 Pat Zindulka 和 Leah Bitounis 一份人情。我很幸運能夠擁有三個世代的親人願意閱讀本書草稿並提供建議：我的父親艾爾溫（電子工程師）、我的哥哥李伊（電腦顧問），還有我的女兒貝茲西（科技界的寫手，也是讓我認識愛達的第一人）。最後的最後，我要感謝我的太太凱蒂，她是我這輩子見過最睿智的讀者，也是我最深愛的人。

圖片來源

24 頁　愛達：Hulton Archive/Getty Images；拜倫：© The Print Collector/Corbis；巴貝奇：Pop-perfoto/Getty Images

43 頁　差分機：Allan J. Cronin；分析機：Science Photo Library/Getty Images；雅卡爾織布機：David Monniaux；雅卡爾肖像：© Corbis

54 頁　布許與微分分析儀：© Bettmann/Corbis；圖靈：Wikimedia Commons/Original at the Archives Centre, King's College, Cambridge；夏農的照片：Alf red Eisenstaedt/The LIFE Picture Collection/Getty Images

80 頁　史提必茲：Denison University, Department of Math and Computer Science；楚澤：Courtesy of Horst Zuse；阿塔納索夫的肖像：Special Collections Department/Iowa State University；阿塔納索夫電腦：Special Collections Department/Iowa State University

97 頁　艾　肯：Harvard University Archives, UAV 362.7295.8p, B 1, F 11, S 109；　莫　渠利：Apic/Contributor/Hulton Archive/Getty Images；艾科特：© Bettmann/Corbis；ENIAC 攝於 1946：University of Pennsylvania Archives

108 頁　艾肯與霍普：By a staff photographer / © 1946 The Christian Science Monitor (www.CSMonitor.com). Reprinted with permission. Also courtesy of the Grace Murray Hopper Collection, Archives Center, National Museum of American History, Smithsonian Institution.；詹寧斯以及畢拉斯與 ENIAC 一起合影：U.S. Army photo；詹寧斯：Copyright © Jean Jennings Bartik Computing Museum—Northwest Missouri State University. All rights reserved. Used with permission.；史耐德：Copyright © Jean Jennings Bartik Computing Museum—Northwest Missouri State University. All rights reserved. Used with permission.

142 頁　馮諾伊曼：© Bettmann/Corbis；高士譚：Courtesy of the Computer History Museum；艾科特、克朗凱與 UNIVAC 合影：U.S. Census Bureau

154 頁　巴丁、蕭克利、布拉頓：Lucent Technologies/Agence France-Presse/Newscom；第一枚電晶體：Reprinted with permission of Alcatel-Lucent USA Inc.；蕭克利舉杯慶賀獲得諾貝爾獎：Courtesy of Bo Lojek and the Computer History Museum

194 頁　諾宜斯：© Wayne Miller/Magnum Photos；摩爾：Intel Corporation；快捷半導體：© Wayne Miller/Magnum Photos

196 頁　基爾比：Fritz Goro/ The LIFE Picture Collection/ Getty Images；基爾比的微晶片：Image courtesy of Texas Instruments；洛克：Louis Fabian Bachrach；葛洛夫、諾宜斯、摩爾：Intel Corporation

228 頁　太空大戰：Courtesy of the Computer History Museum；布許磊爾：© Ed Kashi/VII/Corbis

246 頁　李克萊德：Karen Tweedy-Holmes；泰勒：Courtesy of Bob Taylor；羅伯茲：Courtesy of Larry Roberts

280 頁　戴維斯：National Physical Laboratory © Crown Copyright / Science Source Images；巴蘭：Courtesy of RAND Corp.；克萊洛克：Courtesy of Len Kleinrock；瑟夫：© Louie Psihoyos/Corbis

296 頁　凱西：© Joe Rosenthal/San Francisco Chronicle/Corbis；布蘭德：© Bill Young/San Francisco Chronicle/Corbis；《全球概覽》封面：Whole Earth Catalog

318 頁　恩格巴特：SRI International；第一隻滑鼠：SRI International；布蘭德：SRI International

338 頁　凱伊：Courtesy of the Computer History Museum；動態筆記本：Courtesy of Alan Kay 費爾森斯坦：Cindy Charles《人民電腦公司》封面：DigiBarn Computer Museum

352 頁　羅伯茲：Courtesy of the Computer History Museum；《大眾電子學》封面：Digi Barn Computer Museum

356 頁 艾倫與蓋茲：Bruce Burgess, courtesy of Lakeside School, Bill Gates, Paul Allen, and Fredrica Rice；蓋茲：Wikimedia Commons/Albuquerque, NM police department；微軟團隊：Courtesy of the Microsoft Archives

428 頁 賈伯斯與沃茲尼克：© DB Apple/dpa/Corbis；從螢幕擷取的賈伯斯影像：YouTube；斯托曼：Sam Ogden；托瓦茲：© Jim Sugar/Corbis

442 頁 布萊恩和布蘭德：© Winni Wintermeyer；馮麥斯特：The Washington Post/Getty Images；史帝夫・凱斯：Courtesy of Steve Case

468 頁 柏納－李：CERN；安朱利森：© Louie Psihoyos/Corbis；霍爾與萊恩高爾德：Courtesy of Justin Hall

526 頁 布李克林（1957-）與威廉斯：Don Bulens；威爾斯：Terry Foote via Wikimedia Commons；布林與佩吉：Associated Press

544 頁 愛達：Hulton Archive/Getty Images

570 頁 維特魯威人：© The Gallery Collection/Corbis

數位時代大事表（按年代順序）

愛達：Hulton Archive/Getty Images；何樂禮的頭像：Library of Congress via Wikimedia Commons；布許（第一張照片）：© Bettmann/Corbis；真空管：Ted Kinsman/Science Source；圖靈的照片：Wikimedia Commons/Original at the Archives Centre, King's College, Cambridge；夏農的照片：Alf red Eisenstaedt/The LIFE Picture Collection/Getty Images；艾肯：Harvard University Archives, UAV 362.7295.8p, B 1, F 11, S 109 阿塔納索夫：Special Collections Department/Iowa State University；布萊切利園：Draco2008 via Wikimedia Commons；楚澤：Courtesy of Horst Zuse；莫渠利：Apic/Hulton Archive/Getty Images；阿塔納索夫的電腦：Special Collections Department/Iowa State University；真空管電腦 Colossus：Bletchley Park Trust/SSPL via Getty Images；哈佛大學的馬克一號：Harvard University 馮諾伊曼：© Bettmann/Corbis；ENIAC：U.S. Army photo；布許（第二張照片）：© Corbis；電晶體發明人在貝爾實驗室：Lucent Technologies/Agence France-Presse/Newscom；霍普：Defense Visual Information Center；UNIVAC：U.S. Census Bureau；口袋型 Regency 收音機：© Mark Richards/CHM；蕭克利：Emilio Segrè Visual Archives / American Institute of Physics / Science Source；快捷半導體：© Wayne Miller/Magnum Photos；旅伴號：NASA；基爾比：Fritz Goro/The LIFE Picture Collection/Getty Images；李克萊德：MIT Museum；巴蘭：Courtesy of RAND Corp.；太空大戰：Courtesy of the Computer History Museum；世界上第一隻滑鼠：SRI International；凱西：© Hulton-Deutsch Collection/Corbis；摩爾：Intel Corporation；布蘭德：© Bill Young/San Francisco Chronicle/Corbis；泰勒：Courtesy of Bob Taylor；羅勃茲：Courtesy of Larry Roberts；諾宜斯、摩爾、葛洛夫：Intel Corporation；《全球概覽》封面：Whole Earth Catalog；恩格巴特：SRI International；ARPANET 的結點：Courtesy of Raytheon BBN Technologies；4004 晶片：Intel Corporation；湯林生：Courtesy of Raytheon BBN Technologies；布許聶爾：© Ed Kashi/VII/Corbis；凱伊：Courtesy of the Computer History Museum；社群記憶體：Courtesy of the Computer History Museum；康恩與瑟夫：© Louie Psihoyos/Corbis；《大眾電子學》封面：DigiBarn Computer Museum；蓋茲與艾倫：Bruce Burgess, courtesy of Lakeside School, Bill Gates, Paul Allen, and Fredrica Rice；蘋果一號：Ed Uthman；蘋果二號：© Mark Richards/CHM；IBM 個人電腦：IBM/Science Source；蓋茲與微軟的磁片：© Deborah Feingold/Corbis；斯托曼：Sam Ogden；賈伯斯與麥金塔：Diana Walker/Contour By Getty Images；全球電子連結：Image courtesy of The WELL at www.well.com. The logo is a registered trademark of the Well Group Incorporated.；托瓦茲：© Jim Sugar/Corbis 伯納—李：CERN；安朱利森：© Louie Psihoyos/Corbis；史帝夫・凱斯：Courtesy of Steve Case；霍爾：Courtesy of Justin Hall；卡斯帕羅夫：Associated Press；布林與佩吉：Associated Press；威廉斯：Courtesy of Ev Williams；威爾斯：Terry Foote via Wikimedia Commons；IBM 華生電腦：Ben Hider/Getty Images

科學文化 169A

創新者們
掀起數位革命的天才、怪傑和駭客

THE INNOVATORS
How a Group of Hackers, Geniuses, and Geeks Created the Digital Revolution

原著 ── 華特·艾薩克森（Walter Isaacson）
譯者 ── 齊若蘭、陳以禮
科學文化叢書策劃群 ── 林和（總策劃）、牟中原、李國偉、周成功

總編輯 ── 吳佩穎
編輯顧問 ── 林榮崧
責任編輯 ── 林文珠
封面設計 ── 張議文

出版者 ── 遠見天下文化出版股份有限公司
創辦人 ── 高希均、王力行
遠見·天下文化 事業群榮譽董事長 ── 高希均
遠見·天下文化 事業群董事長 ── 王力行
天下文化社長 ── 王力行
天下文化總經理 ── 鄧瑋羚
國際事務開發部兼版權中心總監 ── 潘欣
法律顧問 ── 理律法律事務所陳長文律師
著作權顧問 ── 魏啟翔律師
社址 ── 台北市 104 松江路 93 巷 1 號 2 樓
讀者服務專線 ── 02-2662-0012 ｜ 傳真 ── 02-2662-0007, 02-2662-0009
電子郵件信箱 ── cwpc@cwgv.com.tw
直接郵撥帳號 ── 1326703-6 號 遠見天下文化出版股份有限公司

排版廠 ── 極翔企業有限公司
製版廠 ── 東豪印刷事業有限公司
印刷廠 ── 中原造像股份有限公司
裝訂廠 ── 中原造像股份有限公司
登記證 ── 局版台業字第 2517 號
總經銷 ── 大和書報圖書股份有限公司 電話／02-8990-2588
出版日期 ── 2015 年 8 月 28 日第一版第 1 次印行
　　　　　2024 年 5 月 23 日第二版第 1 次印行

國家圖書館出版品預行編目 (CIP) 資料

創新者們：掀起數位革命的天才、怪傑和駭客 /
華特.艾薩克森 (Walter Isaacson) 著；齊若蘭,
陳以禮譯 . -- 第一版 . -- 臺北市：遠見天下文
化，2015.08
面； 公分 . -- (科學文化；169)
譯自：The innovators : how a group of
hackers, geniuses, and geeks created
the digital revolution
ISBN 978-986-320-806-8(精裝)

1. 電腦科學 2. 傳記 3. 歷史

312.09　　　　　　　　　　104015477

定價── NTD600
書號── BCS169A
條碼── 4713510944646
天下文化官網── bookzone.cwgv.com.tw

本書如有缺頁、破損、裝訂錯誤，請寄回本公司調換。
本書僅代表作者言論，不代表本社立場。